软件开发方法学精选系列

Mastering the Requirements Process:
Getting Requirements Right，Third Edition

［英］Suzanne Robertson　James Robertson　著

王海鹏　译

掌握需求过程

（第3版）

人民邮电出版社

北　京

图书在版编目（CIP）数据

掌握需求过程：第3版 / （英）罗伯逊
(Robertson, S.)，（英）罗伯逊 (Robertson, J.) 著；
王海鹏译. -- 北京：人民邮电出版社，2014.1（2023.6重印）
（软件开发方法学精选系列）
ISBN 978-7-115-33181-6

Ⅰ. ①掌… Ⅱ. ①罗… ②罗… ③王… Ⅲ. ①软件开
发—系统分析 Ⅳ. ①TP311.52

中国版本图书馆CIP数据核字(2013)第223328号

内 容 提 要

本书论述了软件开发中的重要课题——如何得到正确的需求。书中用一个接一个的步骤、一个接一个的模板、一个接一个的例子，向读者展示了经过业界验证的需求收集和验证过程，为精确地发现顾客所需所想提供了技巧和深刻见解。第 3 版延续了之前版本的优势，提供了 Volere 需求过程和需求规格说明书模板，同时为传统、敏捷和外包开发提供了不同的策略指导。对客户价值、迭代式开发和故事卡片的讨论，体现了作者对敏捷软件开发的深刻理解。利用验收标准让需求可测试，是在项目早期消除需求缺陷的好方法。书中还提供了各种检查清单，帮助识别利益相关者、用户、非功能需求。第 3 版引入了 Brown Cow 模型，清晰地展现了"做什么"和"怎么做"的关注点分离。各种需求案例的讨论，是作者多年实践经验的结晶。书中还探讨了复用需求和需求模式的方法。

本书可作为软件开发人员在开发过程中随时参考的手册，是产品经理、系统分析师、软件开发者和测试者必读的一本好书。

- ◆ 著　　　　［英］Suzanne Robertson　James Robertson
　　译　　　　王海鹏
　　责任编辑　杨海玲
　　责任印制　程彦红　杨林杰
- ◆ 人民邮电出版社出版发行　　北京市丰台区成寿寺路 11 号
　　邮编　100164　　电子邮件　315@ptpress.com.cn
　　网址　https://www.ptpress.com.cn
　　北京七彩京通数码快印有限公司印刷
- ◆ 开本：800×1000　1/16
　　印张：26.75　　　　　　　　2014 年 1 月第 1 版
　　字数：587 千字　　　　　　 2023 年 6 月北京第 14 次印刷
　　著作权合同登记号　图字：01-2012-9295 号

定价：119.90 元

读者服务热线：**(010)81055410**　印装质量热线：**(010)81055316**
反盗版热线：**(010)81055315**
广告经营许可证：京东市监广登字 20170147 号

版权声明

第 3 版译者序

《掌握需求过程》已出版到了第 3 版，其间的时间跨度达到了十多年。当年的第 1 版让我惊艳，现在的第 3 版让我看到经过岁月和历练，她散发着成熟的魅力。

Elon Musk 在一次 TED 访谈中提到，有两件事情很重要：一是好的理论框架，二是注重实践反馈。《掌握需求过程》的第 3 版正好体现了这两点。

在理论框架方面，作者完善了以前版本中需求过程和需求规格说明书模板的内容。另外，第 3 版增加了 Brown Cow 模型，将以前版本中隐含的发现需求本质的思想阐述得更清晰。所谓需求，绝不是解决方案。所谓解决方案，决不是需求。只有弄清楚真正的需求，才能得到创新的解决方案。我以为，自动化的信息系统和业务领域的完美结合，是这个时代的最大创新；而创新是 IT 从业人员最应该关注的事情。

在实践反馈方面，作者继续强调了需求验收标准的重要性，这是利益相关者早期的重要反馈。第 3 版重点讨论了迭代式开发中需求工作的方式，体现了需求理论框架与项目实践反馈的完美结合。作者完全拥抱了敏捷开发的价值观：成功的项目不是按时间、按预算交付产品，而是给产品拥有者带来巨大的价值。

没有什么比好的理论更可实践的了。在这本书的翻译过程中，我学到很多，在此郑重将本书推荐给大家。

王海鹏

2013 年夏于上海

第 3 版前言

为什么需要第 3 版的《掌握需求过程》？因为我们需要它。自本书的上一版本出版以来，已过了不少时间，在需求和开发的世界里发生了不少事情。我们已将本书中介绍的 Volere 需求技术应用到许多项目中。我们从项目、客户和其他 Volere 技术的实践者那里得到了反馈。有了这些知识，我们觉得是时候更新本书，反映需求实践的当前状况了。今天的系统、软件、产品和服务必须更吸引人、更适用，才能让人们注意、购买、使用和珍爱。我们比以前更需要确保我们在解决真正的问题，我们比以前更需要更好地完成需求发现的工作。

软件开发的新技术（最值得注意的是敏捷技术的兴起）已经改变了需求发现者的角色：不是指需求活动背后的真相，而是指需求发现的方式。与敏捷团队合作的业务分析师完成任务的方式是不一样的。结合迭代、增量和螺旋式开发技术，这要求业务分析师用不同的方式来完成需求任务。

外包的增长巨大，这没有减少需求的工作负担，而是更需要得到准确、无二义性的需求。如果你计划将规格说明书发到地球的另一端，就需要考虑外包方是否能理解它，准确地知道要构建什么。

尽管这些变化改变了我们开发和交付产品和服务的方式，但底层的事实仍然没变，即：如果我们要构建某种软件、产品或服务，那么它必须为其拥有者提供最佳价值。

你会在这个版本中看到最佳价值的主题，它得出的结论是：怎样开发软件并不重要，重要的是软件为其拥有者做些什么。你可以按时、按预算完成一个项目，但如果交付的软件没有给拥有它的组织机构带来什么好处，那就是浪费钱。换言之，你可以超预算或超工期，但如果交付的产品带来了几百万美元的价值，那它就比便宜的竞争产品更有益。

业务分析师的任务是发现软件要改进的真正的业务。这不能简单地在键盘上完成，因为软件是一种解决方案，要提供有价值的解决方案首先要理解要解决的问题（真正的问题）。在这个版本中，我们增加了在横线上思考的内容。这里的横线来自于 Brown Cow 模型（你需要阅读本书来了解它是什么），代表技术实现和抽象本质世界之间的分界，在抽象本质世界中才能发现真正的需求。我们增加了创新的内容，这是发现更好的、更适用的需求和解决方案的方法。

这就是需求发现者的任务，也是这一版的任务：更深入地探讨如何理解客户的组织机构，如何通过发现和沟通对问题的更好的理解，来找到更好的解决方案。

2012 年 6 月于伦敦

致谢

写书很难。如果没有他人的帮助和鼓励，编写一本书几乎是不可能的，至少对于本书的作者是这样。所以我们很高兴能花一些篇幅来告诉你是谁给了我们帮助和鼓励，使本书得以出版。

Vaisala 公司的 Andy McDonald 慷慨地贡献出他的时间，并向我们提供了相当多的技术评论和观点。我们迫不及待地想要说明的是，本书中的 IceBreaker 产品只是 Vaisala 公司的 IceCast 系统的一个"远亲"。Vaisala 用户组（Vaisala User Group）也提供了很有价值的评论和观点，E. M. Kennedy 是 Vaisala 用户组的主席。

感谢那些技术审阅者，他们在百忙之中抽出时间辛苦地读完了相当不完善的材料。Mike Russell、Susannah Finzi、Neil Maiden、Tim Lister 和 Bashar Nuseibeh 都无愧于接受我们的敬意。

我们也要感谢在 Atlantic Systems Guild 公司的同事（Tom DeMarco、Peter Hruschka、Tim Lister、Steve McMenamin 和 John Palmer），感谢他们多年来给予的帮助、指导和不轻信的关注。

Pearson Education 公司的职员也做出了贡献。无论何时，当我们谈及延长最后期限时，Sally Mortimore、Alison Birtwell 和 Dylan Reisen berger 总是非常慷慨和有技巧，使用了非常有说服力的语言。

对于第 2 版，Peter Gordon 在恰当的时间提供了指导和建议。Kim Boedigheimer、John Fuller 和 Lara Wysong 在本书的出版过程中发挥了巨大的作用。Jill Hobbs 更正了我们的语法错误和断句错误，使这本书具有可读性。Ian Alexander、Earl Beede、Capers Jones 和 Tony Wasserman 提供的技术信息是无价的。先生们，谢谢你们敏锐的洞察力。所有剩下的技术错误都要归因于我们自己。

你也许觉得，到了作者出第 3 版时，就不需要帮助了。事实并非如此。我们非常感谢负责文字的三人小组 Gary Austin、Earl Beede 和 John Capron。我们的 Volere 同事 Stephen Mellor 解决了我们遇到的一些麻烦问题。我们的 Volere 同事 James Archer 和 Andrew Kendall 在这些年里提供了帮助，贡献了他们的想法和经验，拿着一杯红酒和我们进行了有意义的对话。

Pearson 的员工 Peter Gordon、Kim Boedigheimer 和 Julie Nahil 提供了无价的帮助。我们特别要感谢 Alan Clements 设计了本书的封面。Jill Hobbs 再次更正了我们的语法错误和语义错误。

最后要感谢我们研究班的学员和咨询的客户。他们的评论、他们坚持要求的清晰解释、他们的洞见以及他们的反馈意见，都对本书产生了影响，不管这种影响是否直接。

谢谢大家！

Suzanne Robertson

James Robertson

2012 年 6 月于伦敦

第 1 版序

从 Don Gause 和我出版了 *Exploring Requirements: Quality before Design* 一书到现在已经差不多 10 年了。我们的书实际上是一种探索，是关于人们的处理过程的调查，这些过程能够用于为软件系统或其他产品收集完整、正确和可沟通的需求。

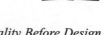

参考阅读

Gause, Donald C., and Gerald M. Weinberg. *Exploring Requirements: Quality Before Design.* Dorset House, 1989.

这里使用了"能够"一词，但在这 10 年里，我们的客户最常问到的问题是：我如何能够将这些分离的过程组织起来，成为针对信息系统的完整全面的需求过程？

最终，James Robertson 和 Suzanne Robertson 在本书中提供了一个答案，我可以负责任地将它提供给我的客户。《掌握需求过程》一书一步接一步、一个模板接一个模板、一个例子接一个例子，展示了一个经过良好测试的方法，该方法反映了一个完整的、全面的需求过程。

他们的过程暗含了"合理性"。换言之，过程的每一部分都是有意义的，即使是对那些在需求工作方面不太有经验的人来说也是如此。在组织机构中引入这类结构时，合理性就转化为易接受性，在如此多的复杂过程被尝试和拒绝之后，这一点显得非常重要。

他们描述的过程被称为 Volere 方法，这是他们在多年帮助客户改进需求的过程中积累而得的产物。撇开 Volere 方法本身不谈，对所有想开发需求并把这件事做好的人，James 和 Suzanne 对这项艰难的任务贡献出了他们非凡的教学技巧。

对于 Robertson 夫妇的教学技巧，他们研究班上的学员和对他们的《*Complete Systems Analysis*》一书有很高热情的读者都很了解。《掌握需求过程》一书为分析方面的书提供了一个众人期盼的"前传"，也可以说是任何分析类书籍的"前传"。

参考阅读

Robertson, James, and Suzanne Robertson. *Complete Systems Analysis: The Workbook, the Textbook, the Answers.* Dorset House, 1998.

我们可以使用所有我们能够获得的需求方面的好书，本书就是其中之一！

Gerald M. Weinberg
http://www.geraldmweinberg.com
1999 年 2 月

目　　录

第 4 章　业务用例

第 5 章　工作调研

第 6 章　场景

第 10 章 功能需求

第 11 章 非功能需求

第 12 章　验收标准和理由

第 13 章　质量关

第 14 章　需求与迭代开发

第 15 章　复用需求

第 16 章　沟通需求

第 17 章　需求完整性

附录 A　Volere 需求规格说明书 模板

附录 B　利益相关者管理模板

附录 C　功能点计数简介

附录 D　Volere 需求知识模型

词汇表

参考文献

第1章
基本事实

本章讨论需求的基本构成。

1.1　事实 1

需求其实并非在谈需求。

对于软件产品、硬件产品、服务或任何你想构建的东西，需求就是它们要做的事或要成为的东西。不论你发现还是没发现，写下来或没写下来，需求都存在。显然，除非产品满足需求，否则就不对。所以从这个角度你可以认为，需求是某种自然法则，等着你来发现。

这就是说，需求活动主要不是编写需求文档。相反，它专注于理解业务问题，并为之提供解决方案。软件是要解决某种问题，硬件和服务也是。需求发现的真正艺术是发现真实的问题。只要你做到了这一点，就为识别和选择不同的解决方案奠定了基础。所以，从本质上说，需求与编写需求无关，而是发现要解决的问题。

另外，当我们说"业务"、"业务问题"或"工作"时，我们的意思就是你所关心的各种活动，它们可以是商业上的、科学上的、嵌入式的、政府的、军方的，实际上也可以是所有其他类型的活动、服务或消费品。

此外，在本书中，当我们说"他"（常指业务分析师）时，我们的意思是"他或她"。我们发现说"他或她"或"他/她"很不方便。请相信，需求工作不分性别。

在本书中我们用"他"来指所有性别。两位作者（一名男性和一名女性）觉得用"他或她"容易导致阅读不流畅，不方便。

1.2　事实 2

如果我们必须构建软件，那么它必须为拥有它的人提供最理想的价值。

请注意，我们关注最终结果的拥有者，只是间接地关注用户。这种关注似乎与通常的优先级相反，所以我们最好解释一下。

拥有者是为软件（也可以是硬件或其他要构建的产品）付费的人或组织，不论拥有者为该软件的开发付了钱，还是从别处购买了该软件。软件部署时造成的业务影响，也是拥有者付出的成本。另一方面，拥有者从软件中得到好处。描述这种关系非常简单，拥有者花钱买好处。

我们可以用另一种方式来表述：除非产品提供了利益，否则拥有者不会付钱。这种利益通常表现为提供某种以前没有的能力，或改变某种业务过程，使之更快、更便宜、更方便。自然，这种利益为拥有者提供的价值，必须超过开发该产品的成本（参见图 1-1）。

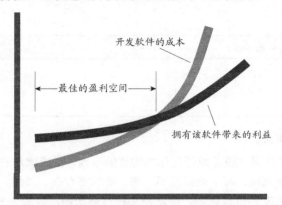

图 1-1　随着软件变得越来越强大、成本越来越高，软件带来的利益也越来越大。但在某一点，构建的成本开始超过利益，项目就不再盈利了

要最好地体现价值，产品提供的利益必须与产品的成本相称。在某些情况下，如果带给拥有者的价值足够大，产品可以成本很高。例如，航空公司愿意付大量的钱来开发模拟器，确保飞行员获得合适的资质和技能。如果他们没有合适的资质和技能，就会造成生命财产损失。航空公司可能也会花大量的钱来开发自动化的值机系统，因为这将大幅减少乘客登机的成本。同一家航空公司只愿花很少的钱来开发食堂员工花名册系统，因为事实是：这类任务可以手工完成，食堂里的人不对可能带来烦恼，但几乎不会对生命构成威胁。

需求发现者（称为"业务分析师""需求工程师""产品拥有者""系统分析师"或其他头衔）的职责，就是确定拥有者看重的价值是什么。在某些情况下，提供一个小系统，解决一些小问题就能够为拥有者提供足够的利益，让他们觉得值。在另一些情况下（可能这种情况很多），扩展系统的功能将提供很大的价值，并且可能只要增加少量成本就可以实现。这都取决于拥有者认为什么有价值。

然后就是最佳价值：充分理解拥有者的问题，以便交付一个解决方案，以最好的价格提供最好的回报。

1.3 事实 3

如果软件不必满足要求，那你怎么干都行。但是，如果它打算满足要求，你就必须知道要求是什么，才能构建正确的软件。

这样思考很有价值：如果开发者正确地理解了产品打算为用户完成什么，以怎样的方式完成，这些产品就是最有用的。要理解这些事情，你必须理解拥有者的业务工作，并决定将来工作如何进行。

如果这些事情得到理解并达成了一致意见，业务分析师就与拥有者沟通，探讨怎样的产品能为工作带来最大的改进。业务分析师得到需求，描述产品的功能（它要做什么）以及产品的属性（它做到什么程度）。

不知道这些需求，开发项目得到的产品就不太可能有太大价值。除了少数撞大运的意外，没有产品能在事先不理解需求的情况下成功。

不论拥有者希望做哪种工作，科学的、商务的、电子商务的或社交网络的，也不论使用什么开发语言或开发工具来构建产品，开发生命周期（敏捷、原型、螺旋、Rational 统一过程或其他方法）也与理解需求的要求无关。

这一事实总是会出现：你必须得到需求的正确理解，并与客户达成一致意见，否则你的产品或项目就会有严重的缺陷。

不幸的是，需求并非总是得到正确的理解。作者 Steve McConnell 和 Jerry Weinberg 提供的统计数据表明，多达 60%的错误源自于需求活动。软件开发者（几乎）有机会消除这些错误，但许多人选择（或他们的经理选择）几乎跳过需求发现，直接轻率地开始构建错误的产品（这是不可避免的）。结果，他们在产品上花了许多倍的金钱。如果开始就发现了正确的需求，成本会低得多。糟糕的质量在开发生命周期中传递，事情就这么简单。

> 有两次我被问到："请告诉我，Babbage 先生，如果向机器输入错误的数字，会得到正确的答案吗？"我无法理解问出这种问题的混乱思维。
>
> —— Charles Babbage

1.4 事实 4

构建一个软件和解决一个业务问题之间，存在巨大的差别。前者不一定实现后者。

许多软件开发项目只关注软件。这也许看起来很合理，毕竟，大多数软件项目设法开发出某种软件。然而，只关注软件有点像在建帕台农神庙时只关注石头。软件要对拥有者有价值，就必须解决拥有者的业务问题。

我们开发了相当多的软件。每年产生数千万行代码（也可能是数亿行）。这些代码中包含许多错误，最多的错误是需求错误。因此，世界上相当多的软件不能解决正确的问题。

某些开发过程基于一种理念，即向目标用户交付某种功能，然后请他们来说是否能解决他们的问题。如果不能解决，软件就返工一下，然后再次展示并请求批准。这样做有一个问题：我们永远不知道用户批准前一次交付是因为对它满意，还是因为被过程搞得筋疲力尽。

最重要的是，很难让单个用户理解部署一个软件在更大范围内造成的影响。通常软件用户不知道更大业务的足够信息，不能确定具体应用这种软件是否会对业务的其他部分带来问题。

就算是啰唆，我们也要再次强调，软件就是要解决一个业务问题。于是很清楚，所有开发工作都必须从问题开始，而不是从看到的解决方案开始。

1.5　事实 5

需求不一定要写下来，但构建者必须知道它们。

通常，需求项目的目标看起来就是尽可能得到一份厚厚的需求规格说明书。很少有人能理解它的大部分内容，甚至更少的人有耐心去读它，但这似乎都不重要。需求编写者相信，需求规格说明书越厚，他们的工作就越会受到欣赏。

在写好之后，这份可观的文档就被抛过墙头（或者应该说用铲车抛过墙头），交给开发者，盼望这些人对厚厚一叠规格说明书感到高兴。毕竟，它的页数越多，内容遗漏的可能性就越少。也许理论上是这样。自然，开发者几乎总是对这种文档毫无兴趣，要么忽略它，要么固执地坚持它。这两种方式的最终结果，通常都不能令人满意。

虽然有这种奇怪的行为，我们仍然需要分析需求，并将这些需求告诉给开发团队（参见图 1-2）。

图 1-2　自然，需要和产品构建者沟通需求

需求是否写下来，这不是问题的要点。在某些情况下，口头沟通需求更有效，在另一些情况下，必须永久地记录下需求。

虽然口头沟通需求效率高，但我们觉得，所有需求都用这种方式来沟通是不可行的。在很多时候，编写需求的活动有助于业务分析师和利益相关者彻底理解需求。除了改进理解之外，正确编写需求也提供了追踪文档。需求的理由，或故事卡上的缘故，记录了团队的决定。它也为测试者和开发者提供了清晰的指示，说明了需求的重要性，从而建议需要花多少工作量。此外，如果维护者知道为什么有这项需求，也会降低将来维护的成本。

需求并不是要为项目增加额外的负担，所以除非很有必要，否则就不应该写任何东西。但是，如果有需要，那么编写需求的工作将带来数倍的回报，因为需求的准确性和对将来维护工作的减少。

1.6　事实 6

客户不一定总能给你正确答案。有时候客户也不可能知道什么是对的，有时候他就是不知道需要什么。

传统来讲，需求活动被看成是某种类似速记员的任务。也就是说，业务分析师仔细聆听利益相关者，准确记录他们说的所有东西，并将他们的要求翻译成产品的需求。

这种方式的缺点是，它没有考虑到利益相关者在试图描述需求时的困难。展望一个产品来解决一个问题，这不是一项简单的任务，尤其是问题并非总是理解得很彻底。考虑到今天业务的复杂性和规模，个人确实很难理解业务所有适当的部分。

我们也有"增量改进"的问题。在询问有关新系统时，利益相关者常常会描述原有的系统，并加上一些改进。这种增量的方式通常排除了所有重大的创新，常常会导致平庸的产品，不能满足期望。

业务分析师必须表演戏法。有时候他必须记录下客户的要求，有时候他必须说服客户，他们要求的并不是他们需要的，有时候他必须从客户的解决方案中导出需求，有时候他必须提出没有人提到的创新，得到更好的解决方案。在所有情况下他都应该想到，每个利益相关者都可能是匹诺曹（见图1-3），不要什么都相信。

图 1-3　有时候，你的客户就像匹诺曹，不会告诉你全部事实

1.7　事实 7

需求不是偶然得到的，要通过某种有序的过程得到。

所有重要的努力都需要有序的过程。随机使用钢筋和水泥不会建成大楼，需要一个定义的过程来设计和建造这样的结构。类似地，有一个定义的、系统的过程来拍电影。摩托车也是通过有序的过程来设计和建造的，你的最近一次飞行也是一组有序的过程，几乎是逐字执行的。甚至艺术工作，如写小说和画画，艺术家都会遵循一个有序的过程。

这些过程不是因循守旧的过程，不是无头脑地执行所有指令，不问任何问题，按预先描述的顺序，没有任何变通。相反，有序的过程由一组任务构成，实现预期的结果，但这些任务的次序、重点和应用程度需要采用该过程的人或团队来决定。

最重要的是，参与这个过程的人必须能看到，为什么过程中不同的任务是重要的，哪些任务对项目最重要。

1.8　事实 8

你怎么迭代都可以，但仍需要理解业务的需求。

自本书的上一版出版以来，迭代式开发方法变得越来越流行。这肯定是有意义的进步，但像很多进步一样，这些技术有时候炒作过度了。例如，我们曾听到有人说（也有人印刷出版），迭代式交付让需求变得多余。

冷静的头脑会意识到，任何开发技术都需要发现需求，这是认真开发的先决条件。因此，冷静的头脑已经将需求过程吸收到他们的开发生命周期中。聪明的方法不是废除需求，而是从一个不同的方向接近需求。

真正值得关注的是既要发现需求，又不必编写无用的、不成熟的、浪费的成堆文档（这适用于所有类型的开发技术）。

不论你怎样开发软件，总是要理解客户的业务问题，以及产品必须做些什么来解决这个问题（即它的需求）。

1.9　事实 9

没有银弹。所有方法和工具都无法弥补糟糕的想法和糟糕的手艺。

虽然我们需要一个有序的过程，但不应该认为它能够代替思考。过程有帮助，但它们对聪明人帮助较大，对不准备思考的人帮助较小。对于需求过程来说，这一点尤其正确。在需求过程中，业务分析师需要面对几个版本的需求，同时还要想象未来最好的软件产品是怎样的。

需求活动一点儿也不简单，要想成功，就需要业务分析师的思考和理解。一些自动化工具可以有所帮助，但它们只能作为辅助手段，而不能替代好的需求实践。盲目遵循事先制定的实践，根本不能取得有经验的业务分析师能取得的结果。分析师使用最重要的工具：头脑、眼睛和耳朵。

1.10 事实 10

要想成功地实现需求，需求就必须可度量、可测试。

从本质上说，功能需求是产品支持其拥有者的业务时必须做的事。非功能需求是产品要在拥有者的环境中取得成功，必须将功能完成得多好的量化描述。

要让构建的产品完全满足这些标准，在编写需求时就必须准确。同时，必须考虑到需求来自于人，而人并非总是准确，可能总是不准确。要达到必要的准确程度，必须对需求进行某种测量。如果可以用数字代替文字来测量需求，就能让需求可测试。

> "即使完美的程序检验工作，也只能建立满足规格说明的程序。软件任务最难的部分在于，得到完整而一致的规格说明书。构建一个程序的许多本质工作，实际上就是消除规格说明书中的缺陷。"
>
> ——Fred Brooks, *No Silver Bullet: Essence and Accidents of Software Engineering*

例如，如果你的产品有一个需求是"应该对新用户有吸引力"，那么就可以建立一个测量指标，即初次使用的用户能够在 2 分钟内成功建立一个账户，对于用户应该知道的所有数据项，都不会有超过 5 秒钟的犹豫，如他的姓名、邮件地址和类似的数据项。（犹豫时间是测量产品直观程度的指标，是对用户的吸引力的一部分。）自然，如果你用这种方式来测量需求，测试人员就可以确定产品（有时候是产品原型）是否满足需求。

可以很放心地说，如果你不能为需求找到测量指标，那它就不是需求，只是一种无根据的想法。

1.11 事实 11

作为业务分析师，你将改变用户思考这个问题的方式，不是现在就是将来。

在你开始理解需求时，尤其在需求来自于不同的利益相关者时，你就开始建立一些抽象概念，并建立一个词汇表。你展示业务过程的模型，与利益相关者一起发现工作的本质，得到清晰和可测量的需求，并将所有这些事实反馈给利益相关者。在做这些事情时，你就会改变（改进）他们对业务问题的看法。

如果人们对需求的含义有了更好的理解，他们就可能看到改进的办法。你的一部分工作就是帮助人们尽早理解和质疑他们的需求，这样他们就可以帮助你发现他们真正的需求。

1.12 需求究竟是什么

在了解这些事实之后，我们一直在讨论的需求到底是什么呢？简而言之，需求就是产品支持其拥有者的业务所必须完成的事，或让拥有者接受并感兴趣所必须具备的品质。需求之所以存在，要么因为该类型的产品要求某些功能和品质，要么因为客户希望该需求成为交付的产品的一部分。

1.12.1 功能需求

功能需求描述了一个动作，产品要对操作者有用，就必须执行该动作。功能需求源于利益相关者需要完成的工作。几乎所有的动作（计算、检查、发布或其他动作）都可以是一项功能需求。

> 功能需求是产品必须完成的那些事。

> 产品应该生成一份所有道路的除冰调度表，这些道路在给定的时间参数内预计会结冰。

这类需求是产品要做的一件事。产品要在拥有者的业务背景下有用，就必须做这件事。你可以推断，上例中的拥有者是一个组织机构，负责保持道路的安全，实现方式是分派卡车，在快要结冰的道路上播撒除冰物质。

1.12.2 非功能需求

非功能需求是产品的属性或品质。产品要让拥有者和操作者接受，就必须具备这些属性或品质。非功能需求描述了诸如观感、可用性、安全性和法律限制等需求，在某些情况下，这对于产品的成功是至关重要的。例如下面这个例子：

> 产品必须在 0.25 秒以内确定对方是"朋友"还是"敌人"。

> 非功能需求是产品必须具备的属性或品质。

有时它们作为需求的原因是为了改进产品，或让人们想买它。例如：

> 产品应该提供愉快的用户体验。

有时它们让产品可用：

> 产品应该能被到达大厅的旅行者使用，这些旅行者可能不使用当地的语言。

非功能需求可能开始看起来很模糊，或不完整。在本书后面的内容中，我们会看到如何为它们制定验收标准，让它们可度量、可测试。

1.12.3 限制条件

限制条件是全局性的需求。它们可以是对项目本身的限制，或是对产品最终设计的限制。例如，这是一个项目限制条件：

> **产品必须在新的税务年度开始前准备好。**

限制条件是一个全局问题，约束着所有的需求。

产品的客户是在说，如果顾客不能在新的税务年度中使用该产品，那么它就没有什么用了。其效果是，需求分析师必须对需求进行限制，只包括那些在最后期限内能够提供最大价值的需求。

还有一些限制条件是针对产品的最终设计和构造的。例如，下面的例子：

> **产品应该作为 iPad、iPhone、Android 和 Blackberry 应用来运行。**

如果这是一个真正的业务限制条件，而不只是某种看法或观点，那么不满足这个限制条件的所有解决方案显然是不能接受的。

不论限制了什么，限制条件都可以看成是另一种类型的需求，参见图 1-4。

限制条件只是另一种类型的需求。

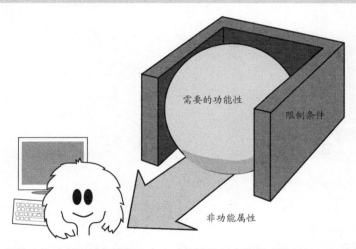

图 1-4 最终产品的功能受到限制条件的约束。功能性是用户能得到的好处，但"交付"功能性的非功能需求让产品可用，被用户接受

1.13 Volere 需求过程

本书描述了一个过程，目的是成功地收集、验证需求，并编写需求文档。每一章都将介绍该过程的一项活动，或者完成活动所需的需求收集的一个方面的问题。

Volere 是意大利语，意思是"希望"或"想要"。

在学习该过程时，要记住它是针对得到提交产物的一个指南。通过该过程所做的工作是由相关的提交产物驱动的，而不是一种流程。我们希望你把这个过程看作一组任务，成功的需求工作必须完成它们（细节程度不同）。这个过程不是不惜一切代价必须遵守的固定流程。阅读每一部分时，要考虑在自己的组织结构中如何执行这部分过程。

你通过该过程所做的工作是由相关的提交产物驱动的，而非流程。

要理解这个过程，不一定要按本书的顺序来阅读，尽管可能有一些术语是前面章节中出现的。你的需求自然与其他读者的需求不同，因此你可能想先探索该过程的某些方面，然后再是其他方面。当你熟悉了该过程的基本框架后（第 2 章中提供），就可以随意阅读对你最有价值的章节。

第2章
需求过程

本章探讨需求收集过程，并讨论如何来应用它。

本书是我们经验的提炼。在书中，我们描述了一个需求过程，它源自我们在需求领域多年的工作。在这些年里，我们与做聪明事的聪明人合作，参与不同领域的项目。世界各地有许多人使用了我们的技术的不同部分，我们从他们的经验中也学到很多。

不论是要构建用户定制的系统，还是构建组件集成的系统，或者使用商业上架销售的软件包，或者采用开源软件，或者将开发外包，或者对已有的软件进行改动，都需要发现、捕获和交流需求。

在多年的项目和客户咨询工作中，从最有效的活动和提交产物中，我们形成了 Volere 需求过程和与之相关的规格说明书模板。这些经验的结果就是一个需求收集和规格说明过程，其中的原则几乎可以应用于所有开发环境中所有类型的应用开发中，实际也确实是这样。

我们想从一开始就强调，当我们提供一个过程时，是将它作为一个发现需求的工具。我们不希望你挥舞着这个"过程"对同事说，这就是"做事情的唯一方式"。我们非常希望你从这个过程中发现许多有用的事情去做，从而更有效、更准确地收集需求。我们对这一点很有信心，因为我们亲眼看到数百个公司，他们根据自己的文化和组织机构来调整这个过程，我们也听说数千个公司已经这样做过。

采用 Volere 需求过程的客户，开发产品时采用了 RUP、增量、迭代、螺旋、Scrum，或其他类型的迭代式开发过程，也有的客户采用了更正式的瀑布式过程，或自己定制的开发过程。这些年来他们与我们达成了一致意见：要构建正确的产品，就必须发现正确的需求。但需求不会来自于幸运的意外。为了发现正确、完整的需求，需要某种有序的过程。

要构建正确的产品，就要发现正确的需求。

图 2-1 展示了 Volere 需求过程。图中包含的每项活动，以及它们之间的联系，都在本书的后续章节中进行了详细讨论。

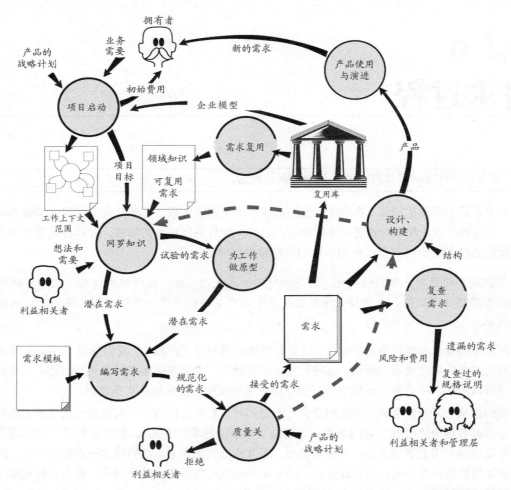

图 2-1　这张 Volere 需求过程图展示了活动及其提交产物。我们使用了特定风格的数据流图表示法。每个活动（圆圈表示）及其提交产物（带标签的箭头或文档）将在正文中解释。虚线代表这个过程如何在迭代项目中使用

2.1　需求过程的上下文

我们需要指出（实际上需要强调），这个过程没有设计成一个瀑布式的过程。在本书的不同部分，我们都会指出在采用某种迭代开发时，如何修改这个过程。

需求发现应该被看成是所有构建活动的先驱，但它也应该被看成是某种可以很快执行的活动，有时候相当不正式，有时候与后续的设计和构建活动重叠，但永远也不应忽略。

让我们先简单看一下图 2-1 中的所有活动，后续章节中会更详细地介绍。本章的目的是向你简要介绍这个过程，它的组件、它的交付物，以及它们结合在一起的方式。如果你想了解某项活动的更多细节，也可以在读完这部分简介之前，直接跳到相关章节。

在介绍这个过程时，我们假定你在开发一个新产品，也就是说，从头开发一个产品。我们采用这种方式，是为了暂时避免纠缠于所有维护项目都有的约束条件。稍后，我们将讨论这些情况下的需求，即产品已经存在，需要进行改动。

2.2 案例分析

我们将通过一个项目来解释 Volere 需求过程，该项目采用了这个过程。

IceBreaker 项目的目标是开发一个产品，能预测何时何地道路会结冰，并调度卡车用除冰物质处理道路。这个新产品使得道路管理部门能够更准确地预测冰情，更精确地安排道路处理，从而使道路更为安全。该产品也会减少除冰物质的需求，对道路管理部门的预算和环境都有帮助。

> 形成雾或冰的可能性取决于道路表面能量的接收或丧失。这种能量流由一些环境的因素和气象的因素（诸如暴露程度、海拔高度、交通状况、云的多少和风速等）控制。这些因素造成了道路表面温度随时间和位置的变化而变化。冬季夜间一个郡的道路网中路面温度差可达 10℃。"
>
> —— Vaisala News

2.3 项目启动

想象一下火箭发射。10—9—8—7—6—5—4—3—2—1—发射！如果只需要从 10 开始倒计数就能发射火箭，那么就算是安道尔①也会有自己的太空计划。实际情况是，在我们进行火箭发射最后 10 秒倒计数之前，要进行大量的准备工作，火箭加满了燃料、计算了飞行轨道，实际上进行了一切火箭离开地面之前需要进行的工作。

启动（blastoff）也被称为"项目发起"、"发动"、"制定项目章程"以及许多其他的名称。我们使用启动这个术语来描述我们想表述的意思——发动项目并让它起飞。

启动会议的主要目的是为接下来的需求发现工作奠定基础，并确保项目成功需要的所有东西

---

① 安道尔是比利牛斯山中的一个小国，在法国与西班牙之间。1993 年之后它才实现议会民主，但作为公国，它保留了传统的两位国家元首。法国国王的职责现在属于法国总统，在西班牙，"国王"是主教 Seo de Urgel。安道尔在 20 世纪 60 年代出了名，因为它的国防预算是 4.5 美元，这个故事已变成了传奇。今天，安道尔的国防预算是零。

都已到位。主要的利益相关者（客户、关键用户、首席需求分析师、技术和业务专家，以及其他对项目的成功具有关键作用的人物）聚在一起，对关键的项目问题达成一致意见。

启动会议确定了业务问题的范围，争取让利益相关者达成一致意见，认为拥有者的组织机构的这个部分需要改进。启动会议确认了需求发现工作中要包含的功能，以及明确排除在外的功能。

确定业务问题的范围通常是最方便的启动方式。在 IceBreaker 项目中，首席需求分析师协调整个小组的讨论，直到他们对工作的范围（也就是要研究的业务领域）以及工作与周围的世界有怎样的联系达成一致意见。会议参与者们在白板上画出上下文范围模型，展示工作所包含的功能，并引申开来，展示他们认为在冰情预报业务范围之外的东西。这个图展示了工作与外部世界的关系，从而准确定义了包含的功能。（下一章会对此有更多介绍。）图 2-2 展示了上下文范围图在这里的用法。以后，随着需求活动的推进，上下文范围图将用于揭示辅助这项工作的最优产品。

【关于项目启动的详细讨论，请参考第 3 章。】

图 2-2　上下文范围模型针对要研究的工作范围，在风险承担者之间达成一致意见。最终的产品将作为工作的一部分

当他们对要研究的业务范围差不多达成一致时，小组开始确定利益相关者。利益相关者是在项目中有利益关系的人，或者具有与该项目相关的知识，实际上，是所有对它有要求的人。对于 IceBreaker 项目来说，有利益关系的人是道路工程师、卡车车库负责人、气象预报人员、道路安全专家、除冰处理顾问等。必须确定这些人，这样需求分析师就能与他们一起工作，找出所有的需求。上下文范围图建立了工作的范围，对确定许多风险承担者是有帮助的。

项目启动也确认了项目的目标。启动小组对进行项目的业务理由达成了一致意见，并同意做这个项目可以得到清晰的、可测量的好处。小组也同意，业务投资于这个产品是值得的，而且组织机构有能力构建和运营该产品。

在这个阶段对项目的需求部分所涉及的成本进行初步预估，是不错的项目管理实践。这可以通过工作范围模型中包含的信息来完成。对项目可能面临的风险进行早期评估，也是不错的项目管理实践。尽管这些风险看起来像是负面新闻，但在为新项目将带来的好处而欢欣鼓舞之前，早一些了解项目的不利一面（它的风险和成本）总是好的。

最后，小组成员对项目是否值得进行和是否可行达成一致意见。这是"进行或终止"的决定。在早期取消一个项目似乎很残忍，但我们从痛苦的经验中得知，与其经过数月或数年的搏斗，消耗掉有价值的资源而又没有成功的机会，不如在项目早期就取消它。

或者，如果此时还有许多未知的东西，启动小组可以决定开始需求调研，不久后再来复查需求，重新评估项目的价值。

> 在为新项目将带来的好处而欢欣鼓舞之前，早一些了解项目的不利一面（它的风险和成本）总是好的。

参考阅读

DeMarco, Tom, Tim Lister. *Waltzing with Bears*: *Managing Risk on Software Projects*. Dorset House, 2003.

McConnell, Steve. *Software Estimation*: *Demystifying the Black Art*. Microsoft Press, 2006.

2.4 网罗需求

启动会议结束后，需求分析师们开始在工作中网罗，学习和理解它的功能性，即"这部分业务是做什么的"。为了获得方便性和一致性，他们将工作上下文图划分为一些业务用例。

每个业务用例都是一部分功能，这是工作正确响应一个业务事件所必需的。（这些术语很快就会全面解释。）每个业务事件都指派一名需求分析师（分析师几乎可以相互独立地工作），以便进行进一步更详细的研究。分析师采用一些技巧，如做学徒、场景分析和用例研讨会等，来发现工作的真正本质。第 5 章对这些技巧进行了详细描述。

【关于业务事件、业务用例以及如何发现和使用它们的讨论，可参考第 4 章。】

网罗意味着发现需求。业务分析师与IceBreaker的技术人员坐在一起，听他们描述当前的工作，以及对希望的工作方式的想法。业务分析师也咨询其他感兴趣的利益相关者和主题事务专家（易用性、安全、运营、管理等方面的专家），以发现最终产品的其他需求。IceBreaker的业务分析师花了许多时间与气象学家和高速公路工程师在一起。

【关于网罗活动的详细内容，可参考第 5 章。】

也许需求调研中最难的工作就是发现系统的实质。许多利益相关者不可避免地会谈到他们眼中的问题的解决方案，或表达他们在当前工作中的需要。而问题的实质是，拥有这个产品的底层业务的理由。或者，可以将它看作是工作的策略，或者想象在没有技术的情况下工作会是什么样子（也包括人）。关于系统实质的问题，第 7 章中会有更多讨论。

【关于开发创新性产品，可参考第 8 章。】

在理解了工作的实质之后，分析师们与关键利益相关者一起工作，决定改进工作的最佳产品。也就是说，他们确定多少工作需要自动化或改变，以及这些决定会对工作产生什么影响。当需求分析师知道了产品的范围，就为它编写需求。我们在图 2-3 中展示这个过程。

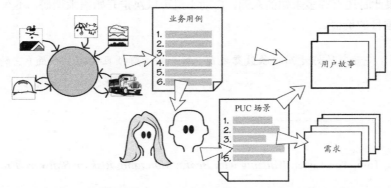

图 2-3　启动会议确定了待改进工作的范围。业务用例可以通过这个范围图导出。每个业务用例都由需求分析师和相关的利益相关者进行研究，以发现期望的工作方式。在理解了这些之后，就可以确定适合的产品（PUC 场景），并写下需求或用户故事

IceBreaker 产品不能简单地将现在完成的工作自动化，最好的自动化产品不只是对原有情况的模仿。为了交付真正有用的产品，分析团队必须与利益相关者一起创新，也就是说，找到更好地完成工作的方式，并开发一个产品来支持这种更好的工作方式。他们举行创新研讨会，团队成员在会上使用创造性思维技巧和创造性触发物，产生关于最终产品的更新、更好的想法。

参考阅读

Maiden, Neil, Suzanne Robertson, Sharon Manning, and John Greenwood. *Integrating Creativity Workshops into Structured Requirements Processes*. Proceedings of DIS 2004, Cambridge, Mass. ACM Press.

Michalko, Michael. *Thinkertoys：A Handbook of Creative-Thinking Techniques,* second edition. Ten Speed Press, 2006.

Robertson, Suzanne, and James Robertson. *Requirements-Led Project Management*. Addison-Wesley, 2005.

2.5　快而不完美的建模

模型可以用于 Volere 生命周期的任何时候。在图 2-1 中，我们将这种活动表示为"为工作做原型"。当然，你可以看到一些正式的模型，用 UML 或 BPMN 制作的，但许多时候业务分析师可以有效地利用快速的草图，对调研的工作进行建模。这里我们要提到一种快而不完美的建模技术，就是使用即时贴来对功能建模，每张贴纸可以用于表示一个活动，贴纸可以快速地重新安排，展示工作目前完成的方式和可能完成的方式。我们发现，利益相关者将这种建模方式与他们的业务过程联系起来，总是愿意参与，亲手安排贴纸，说明他们认为工作应该是怎样的。我们将在第 5 章"工作调研"中详细讨论这种建模方法。

在第 8 章中，我们探讨如何转入实现已经发现的需求。此时，你的模型就从解释当前的工作，变成解释将来的产品将如何帮助工作。

我们现在可以称这类模型为原型，是潜在产品的快而脏的展现形式，使用的工具是笔和纸、白板或其他熟悉的方式，如图 2-4 所示。这个阶段使用的原型，目的是向用户展示可能实现的需求的模拟。IceBreaker 的业务分析师勾画出一些建议的界面，以及需要的功能的可能实现方式。这种可视的工作方式，让工程师和其他利益相关者的想法融合在未来的产品中。

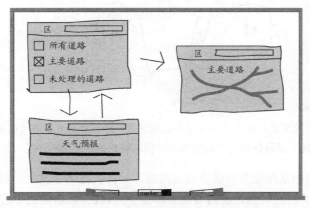

图 2-4　白板上随手画出的原型，对可能实现的需求提供了快速的视觉解释，并澄清一些误解或遗漏的需求

2.6　场景

场景非常有用，所以我们用第 6 章整章来讨论。场景展示了业务过程的功能性，将业务过程分解为一系列容易识别的步骤，用英语写成（或任何你在工作中使用的语言），所有的利益相关者都可以参与讨论。IceBreaker 的分析师用场景来描述业务过程，并展示他们对所需功能的理解。然后这些场景会根据需要修改，不同的利益相关者对场景的不同部分感兴趣。在较短的时间后，

业务分析师就能让每个人理解工作要做什么，并达成一致意见。

在他们达成一致之后，场景就成为需求的基础。

【关于使用场景的详细讨论，参考第 6 章。】

2.7　编写需求

系统开发的一个主要问题就是需求被误解。为了避免误解，分析师必须以一种无二义的、可测试的方式写下需求，同时确保提出需求的利益相关者理解并同意写下的需求，然后再传递给开发者。换言之，分析师编写需求是为了确保参与开发的各方对需要做的事达成一致的理解。

虽然写下需求可能看起来是繁重的负担，但是我们发现这是确保记录和沟通需求实质的最有效方式，也确保交付的产品可测试（参见图 2-5）。

图 2-5　需求以书面的形式记录下来，以使利益相关者、分析师和开发者（以及其他有兴趣的人）之间能够有效地沟通。通过仔细写下这些需求，团队确保构建正确的产品

IceBreaker 的分析师从用业务的语言编写需求开始，这样不懂技术的利益相关者才能理解这些需求并检验这些需求的正确性。他们为需求添加了"理由"，这说明了需求的背景理由，这消除了许多二义性。而且，为了确保彻底的准确性，也为了确保产品设计者和开发者能够准确地实现利益相关者的需求，他们为每项需求添加一个"验收标准"。验收标准是对需求的一种量化或测量指标，让需求可测试，这样测试人员就可以确定实现的产品是否满足了需求。

理由和验收标准让业务的利益相关者更容易理解需求，他们有时候会说："我不想要任何我不懂的需求，我也不想要没用的、对工作没贡献的需求。我想理解它们的贡献。这就是我希望每项需求都有理由，并且可测量的原因。"

对于测量需求，业务分析师有一不同的、互补的理由："我需要确保每项需求都没有二义性，对于提出它的利益相关者和实现它的开发者都是一样的意思。我也需要确保按照利益相关者的预期来测量需求。如果我不能对它进行测量，那就永远无法判断构建的产品是不是利益相关者真正需要的。"

【第 12 章详细描述了验收标准。】

分析师使用了两种机制，使编写需求规格说明的工作更容易。第一种机制是需求规格说明模板，它是需求规格说明的一个提纲。业务分析师用它作为一个检查清单，检查哪些需求应该询问，同时也作为组织需求文档的一致的方式。第二种机制是需求项框架，也称为"白雪卡"。每项原子需求（最低层的需求）都由一些属性组成，白雪卡是一种方便的方式，确保每项需求都有正确的组成要素。

【编写需求的详细讨论，参见第 10 章、第 11 章、第 12 章和第 16 章。】

当然，编写过程并非真的是一项独立的活动。实际上，它与围绕它的一些活动（网罗需求、制作原型和质量关）是集成在一起的。但是，为了理解如何将正确的需求变成可沟通的形式，我们将单独来看它。

迭代式开发方法采用"用户故事"作为传递需求的方法。这些故事实际上是低层需求的占位符。它们在开发者和利益相关者的对话中得到扩充，从而发现详细的需求。在第 14 章"需求与迭代开发"中，我们将详细讨论业务分析师如何能得到更好的用户故事。迭代式工作并不排斥需求，而是寻求另一种方式来发现和沟通需求。

想编写需求，主要不是为了得到书面的需求（虽然这常常是需要的），而是去"写"需求。写需求这个活动，以及与之相关的理由和验收标准，澄清了编写者对需求的看法，用无二义的、可验证的方式确定下来。换句话说，如果业务分析师不能正确地编写需求，他就没有理解需求。

2.8 质量关

在产品开发周期中，需求是后面所有工作的基础。因此有理由断定，要想构建正确的产品，需求在交给设计者/开发者之前必须保证正确。为了确保正确性，质量关对需求进行检查（参见图 2-6）。质量关是一个单点，每项需求都必须通过它，才能成为需求规格说明的一部分。质量关通常由一到两个人组成，可能是首席需求分析师和一个测试人员，只有他们有权允许需求通过质量关。在允许需求加入需求规格说明之前，他们一起检查每项需求的完整性、相关性、可测试性、一致性、可追踪性和其他一些质量属性。

【第 13 章描述了质量关怎样检查需求。】

确保质量关是需求传递给开发者的唯一通道，这样项目团队就能控制需求，没有绕过去的通道。

图 2-6　在每项需求传递给开发者之前，质量关测试每项需求的完整性、正确性、可度量性、无二义性和其他一些属性，确保它是严格的

2.9　复用需求

构建的任何产品的需求都不会是完全独一无二的。我们建议在开始任何新需求项目之前，浏览一下以前项目的规格说明书，寻找潜在可复用的东西。有时会发现许多需求是可以复用的，不用进行修改。更常见的情况是，会发现一些需求尽管不完全是所想要的东西，但它们可以作为写入新项目的需求的基础。

例如，在 IceBreaker 项目中，道路工程的规则在不同的产品中是一样的，因此需求分析师不必再重新发现这些需求。他们也知道卡车调度的业务在每一年里变化不会很大，所以他们的需求网罗过程可以利用以前项目的一些需求。

类似地，在一个组织机构的不同项目中，非功能需求是相当标准的，因此分析师可以从以前项目的规格说明书开始，把它作为一个检查清单。

【第 15 章讨论了复用需求。】

复用需求的要点是，一旦成功地确定了产品需求，并且产品本身也是成功的，那么需求就不需要重新开发。在第 15 章中，我们讨论了如何利用组织机构中已有的知识，还讨论了如何通过复用以前项目的需求来节省时间。

2.10　复查需求

质量关存在的目的是将不好的需求拒之门外，但是它一次只处理一项需求。当考虑需求规格说明是否完整时，应该对它进行复查。最终的复查会检查是否存在遗漏的需求，保证所有的需求相互一致，需求与需求之间没有悬而未决的冲突。简而言之，复查工作确保规格说明书是完整的、恰当的，这样可以转向下一个开发阶段。

【关于复查规格说明书的更多内容参看第 17 章。】

复查也为重新评估产品的费用和风险提供了一个机会。既然拥有一份完整的需求集，对产品的了解就比启动会议要更多。特别是，对产品的范围和功能有了一个更准确的认识，所以这就是重新估计产品规模的时候。根据产品的规模，以及你所知道的项目的限制条件和解决方案架构，可以预估构建该产品的费用。

在这个阶段你也会知道，哪些类型的需求会导致巨大的风险。例如，用户可能要求一种你的组织机构从来没有构建过的界面。或者他们不得不使用从未试验过的技术来构建产品。开发方是否有人力能够构建指定的产品？通过此时重新评估风险，就更有机会成功地构建期望的产品。

2.11   迭代和增量过程

在需求业界有一项常见误解，认为必须先收集所有的需求，才能够进入到下一步的设计和构建工作。换言之，做需求就意味着采用传统的瀑布式过程。在某些环境下这样做是必须的，但并非总是这样。一方面，如果打算外包，并且需求文档构成了合同的基础，那么很显然需要完整的需求规格说明。另一方面，如果总体架构已知，构建工作就可以在全部需求收集完成之前开始。图 2-7 中展示了这两种方式，建议你在做自己的需求项目时，考虑哪一种方式最合适。在第 9 章"今日业务分析策略"中，我们对不同方法进行了更多的讨论。

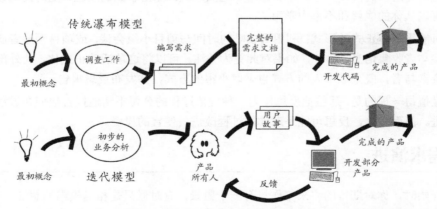

图 2-7　许多不同开发生命周期中的两种。图的上部是传统瀑布模型，得到完整的需求文档后再开始产品开发；图的下部是迭代过程，在初步分析之后，产品以小的增量进行开发。两种方式实现同样的目标

在 IceBreaker 项目中，开发者已经准备好开始构建产品了，所以在启动会议之后，关键的利益相关者选出了 3 个（可以是任何较小的数字）业务价值最高的业务用例。需求分析师只收集这

些业务用例的需求，暂时将其他业务用例放在一边。然后，当第一部分需求成功地通过质量关之后，开发者就可以工作了。这样做的目的是尽早实现一小部分用例，取得利益相关者的反馈。如果他很吃惊，那么 IceBreaker 团队也希望尽早知道。当第一批用例开发和交付时，需求分析师就在为下一优先级的用例收集需求。他们会很快建立起交付的节奏，新的用例会几周交付一次。

2.12　需求反思

你在阅读这本关于需求过程的书，假定目的是为了改进自己的过程。反思，有时也称为经验总结，是发现过程的优缺点，并提出改进行动的最有效的方法。对需求项目的反思包括一系列的风险承担者访谈，以及与开发者进行小组会谈。目的是探究过程中所有涉及的人，并问这些的问题：

- 我们做对了什么？
- 我们做错了什么？
- 如果我们必须重做一次，在哪些地方会做得不同？

通过寻找些问题的诚实的答案，你为自己提供了一个改进过程的最佳机会。思路很简单：有效的事多做，无效的事少做。

> "如果我们在明天重做这个项目，在哪些地方会做得不一样？"

将反思时学到的经验记录并保留下来。虽然人有记忆，可以从这些经验中学习，并在将来的项目中改进，但组织机构却没有，除非你写下这些经验。保留学到的经验，随时可以读到，后面的项目就可以从你的成就和不幸中学习。

反思可能采取非正式的形式：利用喝咖啡的时间与项目小组会谈，或项目领导者通过电子邮件向项目参与者收集信息。另外，如果对此更为关注，可以将这项活动正式化，让外部的协调人来仔细调查参与者，既采取个人的方式也采取小组的方式，并发布反思报告。

反思最值得一提的是，那些把反思作为一种规范过程的公司不断地报告他们在过程方面取得的重要改进。简而言之，反思可能是对你的过程改进最便宜的投资。

2.13　需求演进

项目开始时，你对期待的将来工作只有一个愿景，有时候只是相当模糊的想法。（就像本书其他地方一样，我们使用术语"work"来指拥有者组织机构的一个部分，这部分的工作需要改进，通常是自动化或重新自动化其中的一部分。）

在需求发现的早期阶段，分析师利用各种正式程度不同的模型，帮助他们和利益相关者学习工作目前是怎样的，将来会是怎样。通过这种工作调查，每个人都达成一致理解，利益相关者就能发现真正有益的改进。

在理解工作时，如果分析师和利益相关者能够看到工作的实质，帮助就会很大。这种实质是对工作的抽象，看到的是工作的底层策略，不会因工作实际采用的技术而蒙蔽我们的双眼。正如我们在第 7 章中所说的，如果希望需求不只是复制现状，如果希望避免重复"化石般的技术"和不恰当的过程，那么这种"横线上的思考"就非常重要。

随着对工作理解的深入和成熟，利益相关者可能在业务分析师和系统架构师的指导下，确定改进工作的最佳产品。到了这个阶段，业务分析师确定产品的详细功能（要记住，并非工作的所有功能都要包含在产品中），并编写产品需求。非功能需求差不多同时导出，与那些还没记录的限制条件一起被记录下来。此时，需求以一种与技术无关的方式写下来，它们规定了产品应该为工作做些什么，但没有规定应该使用什么技术来实现。

可以认为这些需求是"业务需求"，意思是它们规定了支持业务所需的产品。当对它们的理解达到足够的程度时，这些需求就被交给设计者，他们添加产品的技术需求，然后为构建者提供最终的设计规格说明书。这个过程如图 2-8 所示。

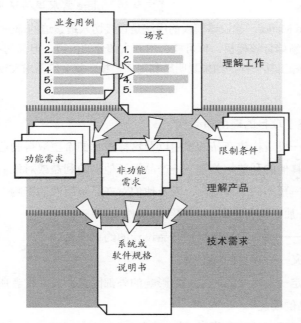

图 2-8　需求随着产品开发过程而演进。它们开始是相当模糊的想法，分析师和利益相关者会探索工作领域。随着时间的推移，关于产品的想法出现了，需求变得精确、可测试。它们一直是与技术无关的，直到设计者加入进来，增加了一些技术需求，使产品能够在它的技术环境中工作

我们说需求会演进，但这个过程不应该看成是一种无法改变的过程，指向某种已知的目的地。正如 Earl Beede 所指出的，每次你想到一个解决方案，它都会导致一些新问题，要求你回过头去，重新审视以前的一些工作。在我们探讨需求过程时必须记住，要让这个过程有用，就要既允许向

前，也允许向后。自然，你可能喜欢大部分时间都在向前，但如果回到以前你认为已经完成的工作，也不要太失望。

2.14　模板

如果你在编写需求时有一份指南，就会更容易、更方便。本书的附录 A 是 Volere 需求规格说明模板，它是对产品功能和能力的完整蓝图。这个模板是从数百份需求规格说明中提炼出来的，目前被世界上成千上万的组织机构使用。

为了方便，我们将需求分成几种类型。这个模板的每一部分描述了一种类型的需求及其变种。因此，当你与利益相关者发现了需求时，可以将它们加入规格说明书中，利用模板作为所需内容的指导。

该模板的设计目的是作为一份成熟的检查清单，提供一份要记录的事情的清单，并对如何编写需求给出了建议。下面将摘录模板的目录，在本书的后续章节中，将详细讨论每一部分的内容。

【完整的 Volere 需求规格说明模板参见附录 A。】

我们的伙伴 Stephen Mellor，建议该模板的用法是直接切入最紧迫的部分（对你可能最有用的部分），然后根据需要重新修订该模板。你可能会用到大部分的内容，但真的不需要从第一页一直填到最后一页。像所有的好工具一样，如果聪明地利用该模板，就会给需求发现工作提供极大的好处。

下面是模板的目录。

项目驱动——描述了项目的理由和动机

1. **项目的目标**——投资构建产品的理由以及这样做我们希望取得的业务上的好处。

2. **客户、顾客和其他的利益相关者**——产品涉及他们的利益或对他们产生影响。

3. **产品的用户**——预期的最终用户，以及他们对产品可用性的影响。

项目限制条件——加在项目和产品上的约束条件

4. **需求限制条件**——项目的局限性和产品设计的约束条件。

5. **命名标准和定义**——项目的词汇表。

6. **相关事实和假定**——对产品产生一定影响的外部因素，或开发者所做的假定。

功能需求——产品的功能

7. **工作的范围**——针对的业务领域。

8. **产品的范围**——定义预期产品的边界，以及它与相邻系统的连接情况。

9. **功能与数据需求**——产品必须做的事情以及功能所操作的数据。

非功能需求——产品的品质

10. **观感需求**——预期的外观。

11. **易用性和人性化需求**——如果产品要让预期用户成功地使用，它必须是怎样的。

12．**执行需求**——速度、大小、精度、人身安全性、可靠性、健壮性、可伸缩性、持久性和容量等需求。

13．**操作和环境需求**——产品预期的操作环境。

14．**可维护性和支持需求**——产品的可改动性必须达到什么水平，以及需要怎样的支持。

15．**安全性需求**——产品的信息安全性、保密性和完整性。

16．**文化与政策需求**——人和社会因素。

17．**法律需求**——满足适用的法律。

项目问题——这些适用于构建产品的项目

18．**开放式问题**——那些尚未解决的问题，可能对项目的成功有影响。

19．**立即可用的解决方案**——利用已有的组件而不是从头开发。

20．**新问题**——引入新产品而带来的问题。

21．**任务**——将产品投入使用必须要做的一些事情。

22．**迁移到新产品**——从现存系统转换的任务。

23．**风险**——项目最有可能面对的风险。

24．**费用**——早期对构建产品的成本或工作量的估计。

25．**用户文档**——创建用户指南和文档的计划。

26．**后续版本需求**——可能在产品将来的发行版本中包括的需求。

27．**解决方案的想法**——我们不想错失的设计想法。

在进一步阅读本书之前，请先浏览一遍附录 A 中的模板。你会发现关于编写需求的许多内容，以及收集各类需求的一些思考方向。

在本书中，我们将按需求的类型来引用那些需求，也就是在以上模板内容清单中列出的那些类型。

2.15　白雪卡

模板是要写什么的指南，白雪卡是怎么写的指南。每一条单独的需求都有一个结构，即一组属性，每个属性对理解该需求有贡献，对需求的精度有贡献，从而对产品开发的准确性有贡献。

在进一步讨论之前，我们必须指出，尽管我们称这种机制为卡片，而且我们在课程中也使用卡片，本书中也时常出现这张卡片的图，但我们并不主张将所有需求都写在卡片上。在与利益相关者访谈，想到需求就草草写下时，使用卡片可能会有一些好处。稍后，这些需求将以某种电子的方式记录下来，同时填入它们的组成信息。因此，提到"卡片"的地方，应该指的（也许）是计算机化的版本。

它们初看上去似乎过于形式化（参见图 2-9）。我们不是想为需求工作增加负担，而是想提供一种准确和方便的方式，来收集所需的信息。卡中的每个属性都有贡献。随着本书的展开，我们将介绍这些组成部分。

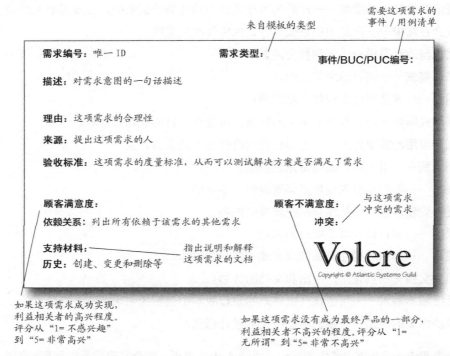

图 2-9　需求项框架或白雪卡，使用（5×8）英寸的卡片，印有需求的各种属性，用于最初的需求收集工作。　每个属性都对需求的理解和可测试性有一定贡献。尽管卡片上出现了版权声明，但我们不反对任何读者在需求工作中使用它，只要注明出处就行

有一些自动化工具可以用于记录、分析和追踪需求。

2.16　定制需求过程

到处兜售骗人药剂的 Dulcamara 医生吹嘘说，他的万能药保证能治好牙痛，让人变得有力气，消除皱纹，拥有光滑美丽的皮肤，消灭老鼠和臭虫，让你喜欢的对象爱上你。**Donizetti** 的歌剧 *"L'elisir d'amore"* 中相当富有想象力的歌词指出，某些事尽管很明显，却常常被忽视：这世间没有包治百病的药。

我们真的很愿意向你提供一个需求过程，它具备 Dulcamara 医生的万能药的所有特征——一个适合所有应用程序、所有项目和所有组织的过程。但是从经验中我们得知，每个项目都需要一个

不同的过程。同时我们又知道，一些基本的原则对所有项目都是有益的。因此我们不会向你提供一个"均码"的神奇药方，而是从各种不同项目中提炼出我们的经验，提供一组适于所有项目的基本活动和提交产物。

> *我们从各种不同项目中提炼出我们的经验，提供一组适用于所有项目的基本活动和提交产物。*

本书中描述的过程，是成功地收集需求必须要完成的一些事情。而且，这里展示的提交产物是所有需求活动的基础。我们不是想说需求的极乐世界只有一条正道，而是想给你一些组件，你需要它们来顺利完成各个需求项目。

在阅读本书时，请根据自己的文化、环境、组织结构的限制条件，以及选择的产品开发方式，思考如何使用这些组件。要调整这个过程，就要理解它的提交产物。本书余下的部分将详细讨论这些提交产物。在理解了每种提交产物的内容和目的之后，想一想如何在你的项目环境下，利用你的资源，最好地得到每项提交产物（只要它是有重大意义的）。

- ❏ 在你的环境中，该项提交产物被称为什么？使用一般过程模型中的术语定义，并确定在你的组织中等价的提交产物。
- ❏ 该项提交产物与本项目有关吗？
- ❏ 对该项提交产物知道多少？是否有足够的知识，能避免在它上面花费额外的时间？
- ❏ 谁负责得到该项提交产物？明确提交产品的哪一部分是由谁负责的。当涉及多个人时，需要定义他们之间的接口。
- ❏ 该提交产物何时产生？将项目阶段与一般过程进行对照。
- ❏ 该提交产品在何处产生？一般的提交产物常常是由多个部分形成的,这些部分是在不同地点得到的。定义不同地方之间的接口，并规定它们的工作方式。
- ❏ 谁需要复查该提交产物？在组织内寻找已有的文化检查点。在项目中是否有大家公认的阶段，是否由同级人员、用户或经理来复查需求规格说明？

一般的模型描述了提交的产物和得到它们的过程。我们希望你来决定怎样使用它们。

参考阅读

Brooks, Fred. *No Silver Bullet: Essence and Accidents of Software Engineering*, "No Silver Bullet Refired." *The Mythical Man-Month: Essays on Software Engineering*, twentieth anniversary edition. Addison-Wesley, 1995.

这可能是软件开发方面最有影响力的书，它肯定是经得起时间考验的。

我们也推荐阅读本书的第 9 章。这一章会考虑如何对待你的需求项目。我们建议，在深入需求发现机制之前，先思考一下最适合你的策略。

2.17　正式性指南

无数的理由都要求发现和沟通尽可能地非正式。我们说"尽可能"是因为你希望的并不一定是你的情况所要求的，通常正式程度会受到一些你无法控制的因素的制约。例如，可以通过合同外包的开发方式来开发软件。在这种情况下，很显然是需要完整的需求规格说明的。在其他情况下，沟通需求的方式可以相当非正式，有部分需求不用写下来，或只写下部分内容，并口头上沟通。

我们加入了正式性指南，建议你何时可以采用较为轻松的方式来处理需求的记录，以及何时应该让需求发现和沟通更系统化。你在阅读本书时，会遇到下面的惯例说法。

兔子——小、快、寿命不长。兔子项目通常是较小的项目，生命周期不长，关键的利益相关者可能参与。兔子项目通常涉及的利益相关者较少。

兔子项目通常是迭代式的。它们以较小的单位来发现需求（可能是一次一个业务用例），然后对能工作的功能实现一个小的增量，利用实现的东西来获取利益相关者的反馈。

兔子项目不会花大量的时间来编写需求，但通过与利益相关者的对话，来细化故事卡片上写下的需求。在兔子项目中，懂业务知识的利益相关者几乎总是和业务分析师、开发者在同一地点。

骏马——快速、强壮并且可依靠。骏马项目可能是最常见的公司项目。它们具有中等正式性。骏马项目需要一定的正式性，可能需要书面的需求，这样就能从一个部门传递到另一个部门。骏马项目具有中等的寿命，涉及十来个或更多的利益相关者，通常在不同的地点，这就需要一致的书面文档。

如果不知道你的项目属于什么类型，就当它是骏马项目。

大象——坚固、强壮、寿命长、记忆时间长。大象项目需要一份完整的需求规格说明。如果你打算外包工作，或者你的组织结构需要完整的、书面的规格说明，你就是大象。在一些特定的行业中也会出现这种情况，如制药业、飞机制造业或军队，法规不仅要求得到完整的规格说明书，还要求得到它们的过程的文档，并可以进行审计。大象项目通常具有很长的周期，涉及许多利益相关者，他们处于不同的地点。开发者的数量也很大，需要更正式的沟通方式。

2.18　本书后续内容

我们已经简单描述了收集和验证需求的过程。本书后面的章节将详细描述该过程中的各种活动，以及活动的提交产物。可随意跳到你现在关心的章节。我们编写章节的顺序大致是按照活动进行的顺序，但不必按这个顺序来阅读。

在阅读本书时，请不断地问自己，你如何完成我们描述的事情。毕竟，是你必须做这些事。

我们希望你在后续章节中发现有用的思想、过程和提交产物。也希望你享受阅读和应用它的过程。

第 *3* 章
确定业务问题的范围

本章确定要改变的业务领域，确保项目团队清楚地知道项目的目标。

重温一下我们的基本假定：如果一件软件（或设备、服务）要开发，那么它必须为拥有它的人提供最理想的价值。

从这句话出发，你可以可靠地推出，如果想知道什么是最理想的价值，必须先确定拥有者实际在做什么，他和谁一起做，为谁做，或为什么他想这样做。换而言之：范围、利益相关者和目标是什么？保留这个问题，稍后我们会回来探讨。

如果要构建一个软件，它必须为拥有者提供最佳价值。

如图 3-1 所示，在 Volere 过程模型中，第一项活动是项目启动。在这个活动中（通常是与关键利益相关者的会议），你确定一些关键的因素，它们共同决定了需求项目的可行性。

3.1 项目启动

项目启动确定了工作领域的边界，产品将成为其中的一部分，同时也确定了产品要实现的目标。它也确定了利益相关者，即对产品的成功有兴趣的人。项目启动的其他提交产物确定了项目的可行性，并作为后续需求发现活动的输入信息。

也可以将这个活动称为"项目发动"、"项目发起"或冠以其他名称。不论把它叫做什么，目的都是为了打下基础，这样需求发现就能有效地开展。

项目启动会得到一些提交产物。你可能从项目经理那里得到一部分，其他的可能需要你自己去寻找。不论是哪种情况，要成功地展开需求活动，你都需要这些提交产物。看看下面这份清单，并考虑这些典型的提交产物对你的项目的影响。

- ❏ 项目的目标：一段简短的、定量的陈述，说明产品要做的事，以及带来的业务好处。这个目标陈述解释了为什么业务会投资这个项目，也解释了期望实现的业务收益。它为项目提供了理由，同时也是需求发现过程关注的焦点。

- ❏ 工作的范围：产品安装将影响的业务领域。你需要理解这项工作，才能确定最合适的产品。

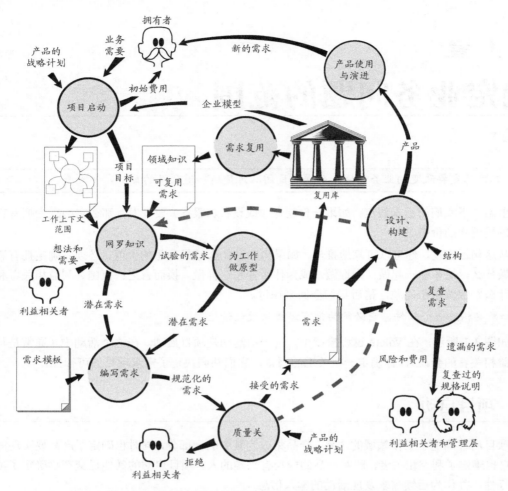

图 3-1　项目启动活动为接下来的需求发现活动奠定了基础

- [ ]　利益相关者：在项目中拥有利益的人。这个群体包括所有对结果会产生影响的人，或拥有发现产品需求所需知识的人。

- [ ]　限制条件：对产品的范围或风格的约束条件。包括事先决定必须采用的解决方案，对现有业务过程进行改变的限制条件，以及项目可用的时间和经费。

- [ ]　名称：项目中使用的特别术语。

- [ ]　相关事实和假定：是否有一些特殊的事实需要让大家知道？是否做了一些假定，而这些假定会影响到项目的结果？

- [ ]　估算的费用：项目启动提供的一些提交产物为预估过程提供了输入，让我们在项目的早期就能进行相当不错的估算。这实际上不是一个需求问题，但因为需求提交产物是它的主要输入信息，所以项目管理者会感谢你提供的这些信息。

❑ **风险**：可能是一段简短的风险分析，揭示项目面临的主要风险。一些精于风险评估的人将完成这种分析。

将这些提交产物放在一起（参见图3-2），可以提供足够的信息，得到项目启动的最终产物。

❑ **继续或终止的决定**：该项目是否可行？考虑生产该产品的成本，值得吗？是否拥有足够的信息继续需求活动，或者需要多花一些时间了解更多的信息？

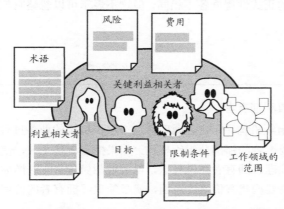

图3-2 项目启动活动汇集了足够的信息，确保项目能顺利地继续。它也验证了项目的可行性和价值。大部分的输出产物为接下来的需求网罗活动奠定了基础。风险和费用信息将被项目管理者所使用

3.2 正式性指南

项目启动的提交产物（尤其是范围、利益相关者和目标）对所有项目都是必需的，无论项目的规模如何，也无论对非正式性渴望如何。即使是对原有系统的最小的变更，也需要问这些问题。所有项目都必须清楚地明白它的目标，避免处于漫无目的的状况。而且，项目必须理解待改进的工作，否则，就会有得到解决方案之后再找问题的风险。

在第二章中，我们提到了兔子、骏马和大象项目，这些类型与正式性有关，它们的区别如下。

兔子项目应该将工作范围草图贴在墙上，旁边是用户故事，紧挨着利益相关者的列表。最后，用记号笔将项目目标写在墙上。兔子项目可能最多只召开一个简短的启动会议，关于项目启动的大部分一致意见来自于wiki、电话，以及其他非正式的交互方式。尽管相对不太正式，但是我们还是非常强调将工作范围写成文档的重要性，这确保了思考相关的工作，而不只是打算构建的产品。

骏马项目更正式，应该举行一个项目启动会议。应该记录下提交产物，并与相应的利益相关者进行沟通。如果能得到设想产品的第一张草图，确保所有利益相关者理解项目的方向，骏马项

目将从中受益。这张草图在利益相关者确认之后，应该尽快毁掉。

如果没有在项目进行前准备好项目启动提交产物，大象项目会损失惨重。在大多数情况下，提交产物在与关键利益相关者的会议中形成，结果会被记录下来并分发给相关人员。大象项目应该采取额外的步骤，即让质量保证（QA）人员测试项目启动提交产物：大象项目非常重要，出错的代价很大，所以需求的基础必须非常牢固，并经过证明。风险分析和费用预估对大象项目来说很重要。有清晰定义的、正确理解的工作范围是非常关键的。

项目启动提交产物的正式性程度各不相同，但这不表示可以忽略它们。本章解释了这些提交产物。

3.3　设定范围

让我们回到最佳价值和拥有者。

如果拥有者是一个组织机构，你就必须理解这个组织机构的业务过程和目标，或像大多数项目一样，必须理解项目要影响的那部分组织机构。如果拥有者是个人，使用某种个人电脑软件或移动设备应用，你也必须理解拥有者在做什么，以及他想做什么，这样你才能交付最佳价值。不论是什么情况，如果你需要构建有价值的东西，就必须理解拥有者的价值，以及他在使用你的产品时，想达到什么目的。

你不太可能需要研究拥有者的全部业务。你几乎肯定只需要研究部分业务，就是安装了待开发的产品后，将发生改变的业务。我们称这部分业务为"工作"，产品开发生命周期的第一项任务，就是定义工作的准确范围。你需要知道工作包括哪部分业务，哪部分业务可以安全地排除在外。

图 3-3 展示了这些不同范围之间的关系：工作的范围、外部世界中整个组织机构的范围，以及你的项目要构建的产品的可能范围。

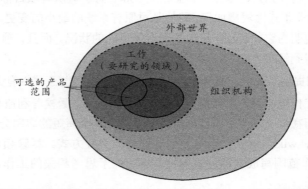

图 3-3　工作是组织机构的一部分，你需要研究它以发现需求。工作通常连接到组织机构的其他部分，并连接到外部世界。你必须对工作有足够深入的研究，才能理解它的功能。这种理解让你能够为产品提出不同的可选范围，并最终选择一个范围进行构建

此时，你要有意忽略所有提出的解决方案。如果不理解该解决方案将用来做什么，在上面花时间是没什么意义的。相反，你应该退后一步，看看拥有者所重视的工作，最重要的是要确定工作的范围。

> 退后一步，看看拥有者所重视的工作，确定工作的范围。

在需求项目开始阶段，你感兴趣的范围是拥有者的工作范围，具体来说，就是拥有者希望改变或改进的那部分工作。该工作可能是商业活动、某种科学或技术工作，或是游戏，只要包含某种有意义的活动就行。该工作目前可能是自动化的或手工的，或利用手工和自动化工作的组合，用到几种不同的设备。不论你的产品要卖给外部的客户，还是在自己的组织机构中使用，在这个阶段都没有区别。只要它涉及一些处理活动和一些数据，我们就称之为"工作"，而你必须知道它的范围。

从环境中分离工作

任何一部分工作，都必须至少和另一部分工作有联系。没有外部联系的工作是不存在的。如果没有联系，工作就没有用，它不会有任何输出。同理，这项工作内的活动都至少和另一个活动有联系。记住了这一点，你就可以分离出你感兴趣的活动，即在你的工作之内的活动，以及其他你不感兴趣的活动。后者被认为是在工作的范围之外。

要完成这种分离，你依赖一个简单的事实，即所有活动都由数据驱动。我们刚才提到，活动与其他活动有联系，这种联系就是数据流。也就是说，活动产生某种数据，然后将数据传递给其他活动。后续的活动收到进入的数据流，触发执行它要做的处理，并生成不同的数据输出，这些输出又传递给其他活动。因此这些数据流就是活动之间的联系。

通过确定这些数据联系，你就确定了兴趣的边界。这样做你实际上是在说，你把产生某个数据包的活动放在工作范围之内，但对接收这个数据包的活动不感兴趣。通过画一条线来代表工作边界，区分类似的、耦合的活动，你就创造了一个区域，最终包含了所有构成工作的活动。

你不能简单地看看完成工作的处理者，就有效地描述出工作的范围。问题在于，几乎所有的处理者（计算机、人、机器设备），都能够执行多种活动。你也不能仅用词语来有效地描述工作的范围：几乎不可能准确地描述什么要研究，什么要忽略。

为了实现拥有者的最佳价值，就要研究足够的拥有者的工作，以确定什么有价值。然后决定要花多少工作量来构建一个产品，改进这部分有价值的工作。很清楚，如果你研究得太多，那么项目就会产生较少的价值，因为你浪费了资源来研究不必要的活动。相反，如果你对拥有者的工作研究得太少，也许不能实现最佳价值，因为你对业务懂得不够多，不能作出正确的价值决定。

> 为了实现拥有者的最佳价值，就要研究足够的拥有者的工作，以确定什么有价值。

让我们来看一个例子，说明如何分离要研究的活动和要忽略的活动。我们前面曾说过，活动之间有数据流。这个简单的事实让你能够画出一张图，展示一些数据流，它们从不感兴趣的活动流向你感兴趣的活动。图 3-5 展示了这张图的一个例子，称为上下文范围图，或工作范围图。但在探讨它之前，你需要这张图的一些背景知识。

3.4　IceBreaker 项目

IceBreaker 项目是学习的案例，我们用它来展示需求过程。IceBreaker 使用来自环境的数据，来预测何时道路将结冰，然后安排调度并派出卡车，在道路变得危险之前用除冰物质（一种盐类化合物）来处理道路。IceBreaker 案例用到的主题事务知识来自于许多冰情预报和道路除冰系统，以及由 Vaisala 英国公司和 Vaisala 国际公司生产的其他产品。我们感谢 Vaisala 公司允许我们使用他们的资料，同时感谢他们友好的合作。图 3-4 展示了 IceBreaker 使用的一个气象站。

设想 IceBreaker 是你自己的项目。你在为 Saltworks Systems 公司工作，负责得到需求规格说明。第一个顾客是诺森伯兰郡高速公路部门。诺森伯兰是英格兰东北部的一个郡，位于与苏格兰的交界处，冬季的冰雪情况很严重。高速公路部门负责保持道路不要结冰，因为结冰容易引发事故。该部门同意提供专业知识和信息，以便你为他们构建最佳价值的产品。

图 3-4　这个气象站将天气和道路表面情况数据传送到 IceBreaker，IceBreaker 使用这些信息预测道路何时将结冰。预测结果用于分派卡车，用除冰物质处理路面。Vaisala 气象站 ROSA 的照片，经 Vaisala 同意使用

首次分析工作上下文范围

许多活动是作为过程的一部分来执行的，在这个过程中，IceBreaker 的工作预测是否需要处理某一条道路：生成气象预报，读取道路表面的温度，预测哪些道路将结冰，分派卡车，等等。为了交付最佳价值，你必须确定哪些活动可能改进，所以应该研究，并确定哪些活动可以安全地排除在研究范围之外。

为了说明你的决定，收集要研究的所有活动，并暂时将它们隐藏在中间的框里。将有联系但不属于研究范围的活动放在框外，并显示联系它们的数据。通过这种方式，我们得到了 IceBreaker 工作的第一张上下文范围草图，如图 3-5 所示。

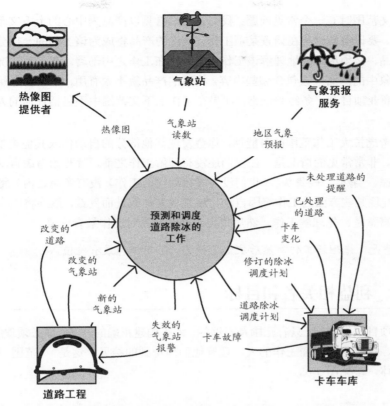

图 3-5 工作上下文范围图确定了我们打算研究的工作的边界。该图将工作显示为一个活动，周围环绕着相邻系统。命名的箭头代表了相邻系统和我们的工作之间的数据流。相邻系统是你决定不研究的活动

上下文范围图展示了要研究的工作，以及你决定不研究的那些活动。后者称为相邻系统。上下文范围图的目的是展示工作的处理职责，以及相邻系统的职责。但要意识到，职责实际上是由上下文范围图中的数据流来定义的。例如，在图 3-5 中有一条数据流名为"卡车变化"，向工作提供了卡车变化方面的信息，比方说，新的卡车加入了车队，有些卡车已经停止服务，对卡车的改动可能影响对它们的调度方式。为什么会存在这条数据流？因为工作将卡车分配到某条需要处理的道路时，需要这方面的信息，这是除冰调度产品的一部分。但如果你改变该职责会出现什么情况？如果由车库负责决定派哪辆车去哪条路呢？如果是这样，数据流就会不一样。实际上，"卡车变化"数据流将不会出现在工作上下文范围图中，因为这个数据流触发的活动已经变成了相邻系统的职责。

工作上下文范围展示了工作的职责和相邻系统的职责起止之处。

因此我们说，围绕工作边界的数据流清楚地说明了它的处理职责。定义了这些数据流，你就精确定义了工作和相邻系统的起止之处。

设定上下文范围时有一个常见问题：我们常常只看见以产品为中心的上下文范围，只包含想要的软件产品。要记得自己是在调查某项工作，最终的产品将成为该工作的一部分。为了能确定最有价值的产品，必须尽可能地理解该工作，产品将在工作之中部署。在多数情况下，如果项目只研究他们想象中的产品应该包含哪些内容，构建的产品就不太有用，常常会遗漏对拥有者很有价值的功能。商业项目有一条经验法则，如果在工作上下文范围中不包括任何的人，那么它很有可能太狭窄了。

同时也要考虑扩大工作范围的可能性，你会发现其他部分的自动化或其他类型的改进，可能也是有价值的。非常常见的情况是，在我们还没有理解工作之前，就开始考虑自动化的边界，并且不再重新考虑。当然，"硬骨头"（我们没打算自动化的工作）没有考虑之内。将网再撒得大一些，常常可以发现某些方面的工作将因自动化或某种其他改进而受益，最终将比我们想象的费用要低。故事的寓意是：先理解工作，然后决定怎样的产品对工作最有价值。

> 故事的寓意是：先理解工作，然后决定怎样的产品对工作最有价值。

3.5　范围、利益相关者和目标

要让需求项目取得进展，只有范围是不够的。为了构建正确的产品，你必须理解工作的范围，理解完成工作、影响工作或懂工作的人，理解他们想得到的结果。这是 "范围-利益相关者-目标"的三位一体，参见图 3-6。

图 3-6　范围、利益相关者和目标不是独立确定的。工作的范围说明了对工作感兴趣的利益相关者，利益相关者反过来又决定了期望的项目结果，即目标

范围是受产品影响的业务领域的部分。因为它确定了真实世界组织机构的一部分，所以范围指出了一些利益相关者，他们对项目的成功有兴趣或有影响。利益相关者反过来又决定了目标，即产品使用后期望获得的业务上的改进。

决定这些因素时没有特定的顺序。大多数项目从范围开始，但这不是必须的，你可以利用手上先有的任何信息。你必须在 3 个因素间迭代，直到它们稳定下来，但如果组织机构知道为什么要投资这个项目，这几乎总是一个较短的过程。

3.6　利益相关者

　　三位一体的下一个部分是利益相关者。利益相关者包括对产品的结果有兴趣或有影响的人。拥有者是最明显的利益相关者，但还有其他利益相关者。例如，产品的目标用户是利益相关者，他们对使用产品正确地完成他们的工作有兴趣。主题事务专家显然也是利益相关者，安全专家是不那么明显的利益相关者，但所有保存机密或财务信息的产品，都必须考虑他。每个项目都可能有几十种利益相关者。记住你要为拥有者创造最佳价值，这可能意味着与很多人交谈，他们都可能是需求的来源。

> 利益相关者是需求的来源。

　　图 3-7 是利益相关者图（Ian Alexander 称之为"洋葱图"），它确定了利益相关者的常见类型，可能由项目中的一个或多个角色来承担。让我们更仔细地看一下这张图。

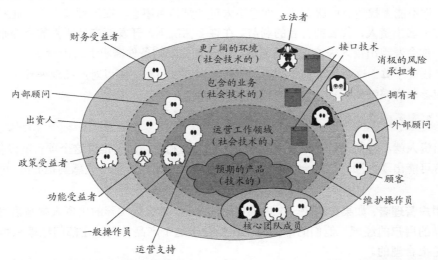

图 3-7　这幅利益相关者图展示了围绕最终产品的组织机构环，以及在这些区域中的利益相关者的类型。用这个图可以确定哪些类型的利益相关者与项目有关，以及自己需要代表哪些角色

参考阅读

　　关于利益相关者分析的更多内容，可参考：

Alexander, Ian, Neil Maiden, et al. *Scenarios, Stories, Use Cases Through the Systems Development Life-Cycle*, John Wiley & Sons, 2004.

在利益相关者图中央的是"预期的产品"。注意它有模糊的云状外形，这是有含义的。它表明在需求活动开始的时候，对产品的确切边界不能肯定，所以我们只是大致地确定。围绕预期产品的环代表"运营工作领域"，这里的利益相关者是直接与产品接触的人。下一个环是"包含的业务"，在这里会发现以某种方式从产品中获益的人，尽管他们不在运营领域。最外面的一个环是"更广阔的环境"，包含对产品产生影响或对产品有兴趣的人。注意"核心团队成员"（分析师、设计者、项目经理等）的深入、多重参与是很重要的，他们跨越了所有的环。

因为有这么多利益相关者类型，所以我们先讨论一些重要的类型。然后我们将提供一种方法，通过利益相关者分析模板将他们规范化。

3.6.1 出资人

我们常说（也会一直重复），产品必须为它的拥有者提供最佳价值。但是，对于许多产品来说，你没有也不能直接接触拥有者。许多项目由商业组织机构执行，严格来说拥有者是他们的股东。自然，你不能去找所有的股东谈，你也不太可能拜访董事会。在这种情况下，通常的方法是为项目指定一名出资人，代表拥有者的利益。在许多情况下，开发新产品所需的资源来自于出资人的预算。你会发现出资人关注项目的问题，并在某些限制条件需求上给出命令。

基于"钱说了算"这个简单事实，因为出资人为开发付费，所以对产品要做什么，产品怎么做，以及应该怎样精细或简单，他拥有最终的发言权。

> **出资人为产品的开发付钱。**

没有出资人就不能前进。如果没人代表组织机构的利益，那么推进这个项目就没什么意义。出资人最有可能出现在项目启动会议上（如果出资人没有出现，你应该感到担心），可能是下列人员之一。

- ❑ **用户管理者**：如果正构建一个内部使用的产品，那么最实际的出资人就是最终使用该产品的用户的经理。他们的部门或工作受益于这个产品，所以让部门经理承担开发成本是很合理的。
- ❑ **市场部门**：如果所构建的产品将销售给组织机构以外的人，那么市场部门可能承担出资人的角色，代表产品的最终拥有者。
- ❑ **产品开发**：如果正构建一个打算卖掉的软件，它的开发预算可能由产品经理或战略计划经理承担，这种情况下其中一人将是出资人。

考虑一下自己的组织机构，它的结构和工作职责：谁最好地代表了拥有者？谁为产品开发付费？谁将享受产品带来的业务上的好处？你在确定最终产品要做什么时，必须考虑谁的价值？

尽你所能去找到出资人，没有出资人项目不会成功。

我们假定 IceBreaker 项目的出资人是 Mack Andrews 先生，Saltworks Systems 公司的首席执行官。Andrews 先生已经同意为开发该产品投资。你将这一点写入需求规格说明的第 2 部分。

> 该项目的出资人是 Mack Andrews 先生，他是 Saltworks Systems 公司的首席执行官。他说他开发这个产品的目的是吸引其他国家中更广阔的市场，包括机场和跑道。

这里有一些事情需要注意。首先，你指出了出资人的姓名。现在项目里的每一个人都很清楚，Mack Andrews 负责投资该产品，所以他是范围变更的最终裁决人。其次，还提供了关于出资人的其他信息。这将在项目进行过程中用到，可能会引起一些需求，尤其是易用性、灵活性，以及"产品化"方面的需求。

> 【关于易用性、灵活性、产品化和其他类型需求的详细信息，可参见附录 A 中的模板。】

3.6.2　顾客

顾客在产品开发完成后购买该产品，成为产品新的拥有者。要说服顾客购买产品，构建的产品必须让顾客觉得有价值、有用、满意。

> 顾客购买产品。必须对他们有足够的了解，理解他们认为什么有价值，所以会购买什么产品。

这时可能已经知道了顾客的姓名，也可能顾客是成百上千的不认识的人，他们会被说服，购买你的产品。不论是哪种情况，都需要对他们有足够的了解，才能理解他们认为什么有价值，理解他们会买什么产品。

购买产品自用和购买产品给别人用的顾客是有区别的。如果产品通过零售渠道销售，顾客和拥有者是同一个人，那么拥有者的价值对你就最重要。顾客是为了追求方便吗？大多数人是这样的。如果是这样，你需要发现顾客要做什么，而你能让他更方便。他认为多方便是有价值的。

如果顾客购买产品让别人使用。拥有者可能是一个组织机构客户。你的兴趣是弄清楚这个组织机构要做什么，它认为什么有价值。也就是说，你的产品要做些什么，会让这个组织机构中的用户变得更有效率、更快，或提高其他方面的质量。

即使在开发开源软件，仍然会有顾客。不同之处在于没有金钱易手。

你必须知道什么会吸引顾客，他们认为什么有价值，他们会认为什么有用。正确理解顾客，对产品的成功会产生巨大影响。

对 IceBreaker 来说，诺森伯兰郡高速公路部门已经同意作为产品的第一个用户。[①]

> 该产品的顾客是诺森伯兰郡高速公路部门，主管 Jane Shaftoe 是顾客代表。

因为只存在一个顾客（在这个阶段），邀请顾客作为一个利益相关者参与项目开发当然是可取的。这种扩展导致顾客将积极地参与，挑选有用的需求，在冲突的需求之间作选择，让需求分析师意识到她的价值取向、问题和期望。

---

① 最初的 Vaisala 除冰预测系统是为 Cheshire 郡议会开发的。产品的设计者是 Thermal Mapping International 和计算机部门。产品现在安装在英国所有的郡县，并在海外大多数气候寒冷的国家拥有数千个顾客。

Saltworks Systems 公司对 IceBreaker 抱有更大的期望。在前面关于出资人的说明中，他说他想要一个除冰预报系统，可以卖给其他郡县或其他国家。如果在开发该产品时抱有这种目标，那么需求规格说明应该包括附加的顾客说明。

> 该产品的潜在顾客包括英国所有的郡县、北美北部、欧洲北部和斯堪的纳维亚半岛。需求规格说明的一份小结将提供给选定的郡县、州和国家的高速公路部门管理者，目的是发现附加的需求。

很清楚，顾客应该总是出现在项目中。尽管存在很多潜在顾客，但必须在项目中找到一种方法来代表他们。这个代表可能来自市场部门，来自关键顾客的一个高级用户，或者是由来自组织机构中的领域专家和易用性专家组成。我们稍后也会讨论假想用户，作为代表顾客的一种方式。产品的实质、组织机构的结构、你的客户群体，以及一些其他的因素，将决定组织机构中谁能够代表顾客。

3.6.3   用户：理解他们

我们所说的用户，是指最终亲手操作产品的人。利益相关者图（参见图 3-7）中称为"一般操作员"、"运营支持"和"维护操作员"。对组织内使用的产品来说，用户通常是为项目出资人工作的人。对于个人电脑或移动设备产品，用户和拥有者通常是相同的人。

确定用户是理解他们所做的工作的第一步。毕竟产品是为了改进这项工作。此外，还需要知道他们是哪种类型的人，以便能提供正确的用户体验（以后我们讨论可用性需求时，再来看这个问题）。必须开发这些用户可以使用并且愿意使用的产品。显然，对他们越了解，就越可能为他们指定一个合适的产品。

> 确定用户的目的是为了能够理解他们所做的工作，以及他们认为哪些改进有价值。

不同的用户对产品有不同的要求。例如，如果用户是一个飞行员，那么他的易用性需求就和一个在铁路系统买票的通勤人员不一样。如果用户是通勤人员，那么"没有现金的人"和"只有一只手空闲的人"将提出各自的易用性需求。

参考阅读

Don Gause 和 Jerry Weinberg 在他们的书中给出一个通过头脑风暴得到用户清单的好例子。

Gause, Don, and Gerald Weinberg. *Exploring Requirements: Quality Before Design*. Dorset House, 1989.

尽管这本书出版的时间有些长了，但它的建议仍然中肯。大部分 Weinberg 的书都可以通过 Kindle books 或 Smashwords 获得。

在开发消费产品、大市场软件或网站时，你应该考虑用一个"假想用户"作为用户。假想用户是一个虚拟用户，他是大多数用户的原型。将这个用户代表的特点确定到足够的程度，需求团队就能知道满足每个用户的正确需求。如果要使用用户代表，应该在这个阶段决定，但他们以后可以发展得更充分。

对敏捷开发来说，考虑潜在用户是很重要的。太多团队只要求一个用户提供产品的需求，很少考虑或根本不考虑产品会发布给更广泛的受众。我们强烈建议考虑最广泛的用户群体，至少要选择两种特点完全不同的用户。

> 假想用户是一个虚拟人物，是大多数用户的典型。

确定了用户后，你需要记录下来。例如在 IceBreaker 项目中，我们有下列类型的用户：

- 有资质的道路工程师
- 卡车部门的职员
- 经理

针对这些类型的用户，只要时间允许，在规格说明书中用一节来尽量完整地描述用户的特点。可考虑以下可能性。

- 主题事务经验：他们需要多少帮助？
- 技术经验：他们能操作产品吗？应该使用哪些技术术语？
- 智力能力：任务可以变得更简单吗？或者分解为更低的层次？
- 对工作的态度：用户的期望是什么？
- 教育：期望用户知道些什么？
- 语言技能：不是所有的用户都能说、能认识当地的语言。
- 最重要的是，他们最想改进的工作是什么？

针对每种类型的用户，明确产品必须考虑的用户特点。

- 残障人士：考虑所有的残障情况。这在某些时候是一种法律需求。
- 不能阅读者：考虑不能阅读的人和不能说当地语言的人。
- 需要戴眼镜才能阅读的人：作者之一与这样的人是很亲密的。
- 那些忍不住要改变字体、风格等的人。
- 那些带着行李、大包或婴儿的人。
- 通常不用计算机的人。
- 那些可能生气、沮丧、承受着压力或急匆匆的人。

我们意识到将这些内容都写下来就像是家务杂事一样。但是我们发现，花时间写下一些东西让别人能阅读，是表明理解了问题的一种方式。用户对开发者来说非常重要，所以必须理解他们是怎样的人，他们有哪些能力。挥挥手说"他们是图形设计者"，或"他们想在网上买书"，只能算是最低程度的理解。

在运营工作领域的另一类利益相关者是维护操作员。产品可能有维护需求，需要从这些人那里了解。

运营支持是另一个需求来源，与运营工作领域有关。这些需求来源的角色包括客服人员、培训师、安装人员、现场指导者等。

预期用户以外的人最后可能会使用产品。识别了过多的用户总比没有找全用户要好。

在这个阶段，所识别的用户都是潜在用户。也就是说，你还没有精确地知道该产品的范围（在需求过程稍后的阶段确定），所以要确定谁可能使用、维护和支持该产品。记住，预期用户以外的人（如消防员、安全人员）最后可能会亲手使用你的产品。识别了过多的用户总比没有找全用户要好，因为每种不同的用户都会有一些不同的需求。

> 每个环境都由一些个人组成，有的人决定将项目的命运与他们自己或小或大的抱负联系起来，另一些人则不然。
>
> ——Bruno Latour，*ARAMIS or the Love of Technology*

3.7　其他利益相关者

必须与更多的人交谈，才能够发现所有的需求。与这些的人接触可能比较浅，但却是必须的。这些人对产品都可能提出需求。

在需求项目中，你经常面临的问题是不能发现所有的利益相关者，从而不能发现他们的需求。当产品发布给比原来设想的更广泛的用户时，这个问题导致了一连串的修改要求。自然，那些被忽视的人不会高兴。另外你必须考虑到，当任何一个新系统实施后，有些人会获得权力，有些人会丧失权力：有些人发现该产品带给他们新的能力，有些人不能够按照以前的方式来完成工作。故事的寓意是清楚的：设法找到产品影响的所有人，发现他们的需求。

让我们看看一些候选者分类，考虑谁可能是利益相关者。也可以在利益相关者图（参见图3-7）中看到绝大部分利益相关者类型。

> 【我们在 Volere 需求规格说明书模板的第 2 节列出了利益相关者。附录 A 是该模板。
> 这个列表可以作为检查清单，用来寻找合适的利益相关者。】

3.7.1　顾问

顾问是组织内部或外部的一些人员，他们拥有你需要的专业知识。顾问可能从不接触或没有看见你的产品，但他们的知识却成为产品的一部分。例如，如果正构建一个财务产品，安全专家就是一个利益相关者。他可能从未看到产品，但他的专业知识（这是他在需求中的利害关系）确保了产品是安全的。

3.7.2 管理者

考虑所有类型的管理者。这一个群体在利益相关者图（参见图 3-7）中体现为"功能受益者"、"政策受益者"和"财务受益者"。它是一个战略性产品吗？除了直接参与的，还有其他经理有利害关系吗？

产品经理和计划经理显然是需求的来源。项目经理和领导者负责项目工作的日常管理，同样也有贡献。

3.7.3 主题事务专家

这一个群体可能包括领域分析师、业务顾问，或其他对业务主题有专业知识的人。因此，这些专家是关于工作的信息的主要来源。

3.7.4 核心团队

核心团队是产品构建工作的一部分。他们包括产品的设计者、程序员、测试人员、业务分析师、系统分析师、系统架构师、技术文档编写者、数据库设计者和所有参与构建工作的人。

也可以将开源社区作为利益相关者，因为他们拥有新技术趋势方面的知识。可以通过开源软件的论坛联系他们。他们通常非常热心，愿意与你分享他们的知识。

如果明确知道谁将参与，就记下他们的名字。否则，在模板的这一部分列出你认为开发该产品可能需要的技能和工作职责。

3.7.5 检查人员

考虑审计员、政府检查员、各种安全检查员、技术检查员，甚至可能还有警察。可能产品中需要具备内建的检查能力。如果产品要遵守萨班-奥西利法案（Sarbanes-Oxley Act），或其他法规，那么审查就非常关键，所以审查人员的需求也非常关键。

3.7.6 营销团队

营销部门的人可能是代表市场的利益相关者。如果你要开发一个用于商业销售的产品，市场趋势是需求的潜在来源，对潜在顾客的深入了解也是。请注意智能手机和平板电脑市场的变化（在本书写作时）。赶上潮流对于所有消费产品都很重要。

3.7.7 法律专家

每年世界上都会有越来越多的法律，遵守所有的法律令人沮丧，但却是必须的。你的律师是大部分法律需求的利益相关者。

3.7.8　消极的利益相关者

消极的利益相关者是那些不希望项目成功的人（我们前面曾提到丧失权力）。尽管他们可能不太好合作，但最好也将他们考虑在内。你可能会发现，如果他们的需求不同于普遍认为的版本，而你又能容纳这些需求，反对者可能变成支持者。你可能也要考虑对产品有威胁的人，如黑客、欺诈者和其他恶意的人。你不会得到他们的合作，但应该考虑他们会怎样虐待你的产品。

3.7.9　业界标准制定者

你的行业可能有一些专业团体，对行业内开发的产品或使用的产品有要求，需要遵守一定的行为准则，或保持一定的标准。

3.7.10　公众意见

产品是否有一些用户团体？他们当然是需求的主要来源。对于面向公共领域的任何产品来说，请考虑通过公众投票来获取他们的意见。他们可能对产品提出要求，这些要求可能导致人们接受或拒绝你的产品。

3.7.11　政府

某些产品必须与政府机构打交道，目的是为了报告，或接收来自政府的信息。另外的一些产品需要向政府咨询。尽管政府可能不会为项目派出一个全职人员，但也应该提名一个合适的代理人作为利益相关者。

3.7.12　特殊利益团体

考虑受到妨碍的利益团体、环境组织、外国人、老年人、与性别相关的利益者，以及其他任何会与产品发生关系的团体。

3.7.13　技术专家

技术专家不一定参与构建产品，但肯定需要就产品的某些部分向他们咨询。对这类利益相关者，可考虑易用性专家、安全顾问、硬件人员、可能用到的技术方面的专家、软件产品的专家，或产品要用到的任何技术领域的专家。

3.7.14　文化利益

如果产品将用于公共领域，尤其是产品要在其他国家销售或使用时，就要考虑这类人。另外，总是可能遇上一些政治正确的时候，你的产品会冒犯某些人。如果有宗教的、道德的、文化的、政治的、性别的或其他人的利益可能受到该产品的影响，或与该产品接触，就要考虑将这些团体的代表作为项目的利益相关者。

3.7.15 相邻系统

工作上下文范围中的相邻系统，是直接与要研究的工作进行交互的系统、人或工作领域。查看每个相邻系统：谁代表它的利益，或谁了解它？如果相邻系统是自动化的，确认它是否有项目负责人或维护者？如果没有这些利益相关者，你可能需要花一些时间阅读相邻系统的文档，或它的代码，以发现它在与产品交互方面是否有特殊的要求。对于每个相邻系统，应该至少找到一个利益相关者。

3.8　发现利益相关者

在确定范围时，你一般会审查上下文范围模型，并通过头脑风暴会议来确定所有可能的利益相关者。你不必从零开始，我们构造了一个电子表格，包含许多类型的利益相关者，以及需要从这些人那里得到的知识。这份电子表格（参见附录 B）与利益相关者图（参见图 3-7）是交叉引用的，它提供了项目社会关系的详细说明。当确定了利益相关者之后，把他们的名字加入清单中去。完整的电子表格可以从 http://www.volere.co.uk 免费下载。

【参见附录 B 的利益相关者管理模板。也可以从 www.volere.co.uk 下载 Excel 文件。】

你会和利益相关者交谈，所以在这个阶段向他们解释，为什么他们是利益相关者以及为什么需要就产品需求向他们咨询，这样做是有回报的。尤其要解释为什么他们的加入会让最终的产品有所不同。礼貌的做法是通知他们将需要他们多少时间，以及您认为他们应该以何种方式参与。一些警告总是有助于他们思考他们对产品的需求。关于利益相关者的最大问题就是，如果没有找齐所有的利益相关者，或者在需求收集过程中把某些利益相关者排除在外，将遗漏一些需求。

> 关于利益相关者的最大问题就是，如果没有找齐所有的利益相关者，或者在需求收集过程中把某些利益相关者排除在外，将遗漏一些需求。

3.9　目标：想达到什么目的

当与利益相关者一起讨论详细需求时，很容易偏离轨道，要么将时间花在了无关的细节上，要么遗漏了重要的需求。

出资人是在项目上投资，目的是构建一个产品。要理解这项投资的理由，就要确定项目提供的确切好处。你也需要一个指导，帮助你掌握工作的方向，朝着一些需求努力，而这些需求将对预期业务好处做出最大贡献。

换言之，需要知道项目的目标。你可以将项目目标看作是最高层次的需求。所有陆续收集的详细需求必须为实现该目标做出积极贡献。

> 项目目标是最高层次的需求。

如果在项目启动阶段花一些时间，得到一个大家一致同意的目标，这会在项目过程中得到很大的回报。这个目标应该用清晰的、无歧义的、可度量的方式记录下来，将项目的益处量化。这种量化让目标可测试。

怎样才能清晰地说明目标？从一份用户问题或项目背景的描述开始（我们把该问题描述放在需求规格说明的第一部分。附录 A 的模板中有建议的格式）。那些代表用户或组织机构的业务部门的利益相关者，应该确认你确实真正理解了问题，并确认问题表述是正确和准确的。

对于 IceBreaker 项目，业务人员给了我们以下的背景描述：

"道路在冬季结冰，这种结冰路面将引发道路交通事故，可能使人丧生。现在的预测基本靠猜测、经验，以及开汽车的人和警察的电话报告。卡车并非总是能及时到达结冰的道路并预防事故，要么他们到得太早，这导致除冰物质在道路结冰时已经消散了。道路处理有时候是不加选择的，浪费了除冰化物质，也破坏了环境。"

你和项目启动小组必须知道业务问题，并且能够清晰地说明它。只有这样，你才能发现需求，会为问题的解决做出最大的贡献。

一旦清晰地理解了问题，就可以继续看看项目的目标如何解决问题。我们采用"三尖叉"的方式来写下目标，这三个尖是：目标、好处、度量标准（Purpose, Advantage, Measurement, PAM）。

3.9.1　目标

问题是道路结冰引发道路交通事故。这个问题唯一可行的[①]解决方案是处理路面，以防止结冰（如果道路已结冰，当然要使冰融化）。因此项目的目标可以这样写：

> **目标：精确预报道路结冰时间并分派除冰卡车。**

项目的目标应该不仅仅是解决问题，还要提供业务上的好处。很自然，如果存在这种好处，就必须能够度量它。

> 项目的目标不仅仅是要解决问题，还要为项目开发的产品的拥有者提供业务上的好处。

3.9.2　好处

本案例中业务的好处是减少（理想状况是消除）由于结冰引起的事故。道路管理者（你的产品拥有者）有义务让道路保持能够安全行驶的状况，因此拥有者从产品中得到下面的好处。

> **好处：通过消除道路结冰情况来减少道路交通事故。**

3.9.3　度量标准

这个好处是可度量的吗？是的。产品的成功可以通过事故数量的减少来度量，在这些事故中，

---

① 也有其他解决方案，但没有一个是可行的。道路可以加热（成本很高），道路可以关闭（不得人心），车辆可以要求装防滑链（他们不太可能遵守），或要求驾驶员学习冰上开车技术（难以置信）。

道路结冰是一个因素。

> **度量标准：在产品覆盖的区域，因结冰而发生的事故将低于机动车每 10000 英里 1 起事故的水平。**

你已描述了一个可度量的目标，对一两个冬季进行事故监控也是可行的。事故统计数据、警方报告和道路使用数据已经收集，所以在寻找数据度量你的产品的表现这个问题上，应该没有障碍。

但这是一个合理的目标吗？为了消除大部分因为结冰导致的事故，花费成本和工作量来构建该产品，这值得吗？"机动车每 10000 英里 1 起事故"是从哪里来的？诺森伯兰郡高速公路部门的代表（你的第一个顾客）在启动会议说，这是中央政府设定的目标数字。如果达到了这个数字，郡政府将感到满意，郡里的官员准备为了达到该目标而花钱。

该目标可行吗？让关键利益相关者参加启动会议的一个原因就是回答诸如此类的问题。有一个利益相关者来自国家道路用户协会。她让人相信，这个团体的研究表明除冰处理是有效的，期望的结果是切实可行的。

该目标能达到吗？代表产品设计者、构建者、硬件方的技术专家和气象学者的利益相关者让启动会议的参加者相信，技术是可获得的或可以建造的，团队知道类似的软件解决方案。

注意项目目标的主要方面。

- ❑ **目标**：关于产品要做什么的描述。
- ❑ **好处**：产品能提供怎样的业务好处。
- ❑ **度量**：如何对好处进行度量。
- ❑ **合理性**：考虑到对限制条件的理解，产品是否有可能实现业务好处。
- ❑ **可行性**：考虑到在启动会议上得到的信息，产品能达到度量标准。
- ❑ **可达成性**：组织机构是否具备（或能够获取）构建该产品的技能，在构建好之后是否能够操作它。

有些产品的目标说明不止一个。请看顾客的描述：

"道路处理有时候是不加选择的，浪费了除冰化物质，也破坏了环境。"

这揭示了产品的另一个目标。

> **目标：节省冬季道路养护支出。**

从这个目标得出的业务好处是，准确预报将减少道路处理的费用，因为只有马上有结冰风险的道路会被处理。另外，通过防止道路表面结冰，对道路的损伤也会减少。

业务好处很明白。

> **好处：减少除冰和道路养护的费用。**

对于减少费用的度量标准总是可以节省的金钱。

> **度量标准**：除冰费用将在目前道路处理费用的基础上降低 25%，冰对道路造成的损伤将降低 50%。

很自然，你需要知道目前的费用，然后才会知道何时会降低 25% 和 50%。如果有一些支持材料，请在规格说明书中引用。

> **支持材料**：Thornes, J.E. "Cost-Effective Snow and Ice Control for the Nineties." Third International Symposium on Snow and Ice Control Technology, Minneapolis. Minnesota, Vol. 1, Paper 24, 1992.

工程师也知道，在道路上使用这种盐类化合物会破坏环境。通过更准确地处理，较少的除冰物质会扩散到道路附近，从而造成较少的破坏。这意味着精确的预报将为我们带来另一种好处。

> **好处**：减少因使用不必要的除冰化合物而造成的环境破坏。

通过比较使用该产品前后除冰物质的用量，可以度量该好处。

> **度量标准**：道路除冰所需的化学物质的用量将减少到当前用量的 70%。
> **支持材料**：Thornes, J.E., Salt of the Earth. Surveyor Magazine, 8 December 1994, pp. 16～18

注意，目标陈述导致了好处和度量标准。如果不能描述目标的好处，或者该好处不可度量，那么该目标就不应该成为规格说明书的一部分。例如，如果产品的目标像下面这样模糊。

> **目标**：改进我们进行业务的方式。

这个目标对应的好处是不清楚的。我们是希望业务赚更多的钱，还是希望业务过程能更顺利地进行？或者是另外的目的？一个目标必须要有对应的业务好处和度量标准，这个原则意味着模糊的、定义糟糕的目标基本上不可能被写进需求说明规格书。

如果不能清楚地知道产品打算做什么，不知道怎样度量产品的成功，那么就不可能构造出正确的产品。使用产品的组织是否能达到产品目标可能取决于他们怎样使用产品。显然，如果产品没有按期望的方式使用，就不能实现构造产品想要得到的好处。因此项目目标说明必须假定产品会按照预期的方式使用。

> 如果不能清楚地知道产品打算做什么，不知道怎样度量产品的成功，那么就不可能构造出正确的产品。

在写下目标时，应该指出关于项目的所有决定都由这个目标驱动。如果在项目过程中目标发生了变化，那么就需要重新检查已经确定的范围、利益相关者和需求。要确保每个人都理解这一点。

【关于使用项目目标作为需求相关性测试的更多信息，参见第 13 章。质量关让每项需求通过一系列的测试，包括相关性测试。如果需求不在某种程度上与目标相关，就会被拒绝。】

3.10　需求限制条件

需求限制条件（出现在需求规格说明模板的前面部分）是全局性的需求。这些限制条件有助于确定哪些需求子集可以包含到最终产品之中。限制条件可能限制了项目可以花的时间或金钱，从而影响产品范围的决定。有时候限制条件是事先规定的设计决定，限制了问题的解决方式。可以认为限制条件是特殊类型的需求，为需求收集工作关注的重点提供了指导。这些限制条件像常规的需求一样写下来。管理层、市场人员或者出资人可能已经知道了这些限制条件，因为项目启动时的任务是得到并记录它们。

【Volere 需求规格说明书模板的第 3 节描述了如何记录限制条件。附录 A 是该模板。】

3.10.1　解决方案限制条件

需求规格说明应该描述任何关于问题的指令性设计或解决方案。例如，管理层可能告诉你，唯一可接受的方案就是运行在平板设备上，其他的设计一概不予考虑。尽管我们警告过不要在弄清所有需求之前就设计解决方案，但是这可能有一些优先的原因，如市场、文化、管理、政策、客户的期望、财务等，这些原因决定了只有一种设计方案可被接受。如果是这种情况，它应该作为限制条件写入需求规格说明。

所有的伙伴或协作应用程序，也应该在此时提出并记录。它们是产品必须与之合作的应用或系统。例如，产品可能与一些已有的数据库、报表系统或基于 Web 的系统有一些接口，因此那些产品的接口就成为产品的限制条件。指定选择的操作系统也应该列在模板的这一部分。

如果要使用商业上架销售（COTS）应用软件和开源应用程序，或与之交互，也在"约束条件"中记录。可能指定这种协作有很好的理由，但是也可能没有。与利益相关者一起，考虑采用已有的软件是否适合你们的情况。

3.10.2　项目限制条件

项目限制条件描述了项目的财务和时间预算。在确定范围时就应该了解这些限制条件，因为它们会影响到随后要收集的需求。如果只有 50 万美元的预算，那么去收集一个 100 万美元的产品的需求就没什么意义了。

产品可能有强制的时间限制，目的是满足市场机会的时间窗口，或为了与相关产品的发布保持一致，或为了能赶上新业务的启动时间表，或出于其他时间进度方面的原因。如果存在这种类型的限制条件，团队就必须注意它。记住时间限制条件与估计需要的时间不是一回事。

　　财务上的限制条件表明产品可以做到多大。同时也很好地说明，假定的客户是否真的需要该产品。如果预算少得难以置信，这可能表明项目的优先级低，没有人真正想要这个产品。极少的预算和极短的最后期限总是会使项目变得无用。没有什么理由认为你的项目会是个例外。

> 财务上的限制条件起到两个作用：它表明产品可以做到多精细，它也告诉自己是否真的需要该产品。

3.11　命名惯例与定义

　　名称很重要。好的名称能表达含义，差的名称则刚好相反。而且，我们发现每个项目都有一些特别的名称，这些术语应该记录下来，让沟通更容易，将来理解更可靠。在确定范围时开始收集并记录这些名称，以及它们公认的含义。

　　需求规格说明模板的第 4 部分是"命名惯例和术语"，其中将记录这些名称。这个词汇表将作为整个项目的参考。我们总是会吃惊地发现缺少一个集中的词汇表将导致多少误解。我们也发现好的名称对交流思想很有效。在这方面花一些工夫是值得的，这将保证今后在项目中能顺利沟通。

> 每个项目都有一些特有的名称。

　　例如，IceBreaker 项目团队在启动会议中把下面这项定义加入了他们的词汇表。

> 气象站：一组硬件，能够收集并传送道路温度、空气温度、湿度和降水量数据。气象站在诺森伯兰郡安装了 8 处。[①]

　　在启动会议时开始定义术语有一个特别的好处：让大家看到这些词。利益相关者可以讨论、修改它们，反映它们的一致含义。后续开发活动将基于这些词汇形成完整的数据字典，参见模板的第 7 节。

> 在启动会议时开始定义术语有一个特别的好处：让大家看到这些词。利益相关者可以讨论、修改它们，反映它们的一致含义。

3.12　估算产品的成本

　　此时，你已经获得了相当多的信息，可以据此对费用和工作量进行估算。所需的工作量通常与工作领域包含的功能数量是成比例的。这种关系是有意义的：工作领域完成的功能越多，就需要越多的工作量来研究它并设计解决方案。

　　在这个阶段不知道产品的规模，即它将包含多少功能。而且，不同的技术解决方案的成本相差很大，你最好（暂时）不要尝试预估完整的开发成本。但是，你知道了工作领域的规模（从功

---

① 气象站也用于机场跑道的结冰检测系统。

能的角度），或者说，如果你度量，就会知道。

要测量工作领域的规模或功能，最简单的方法就是计算上下文模型中相邻系统的数目，以及输入/输出数据流的数目。尽管存在更准确的测算规模的方法，但是数一下输入/输出数据流的方法很快，而且比凭空猜测规模要好很多。如果上下文范围中有超过 30 个输入/输出数据流，那么它就在"每输入/输出数据流的平均费用"能估计的范围之内。你的组织机构收集每一个输入/输出数据流的需求都有一个平均费用。这个费用可以通过以前的项目来获得：计算上下文范围中输入/输出数据流的数目，再用需求调研的总费用除以这个数。

更精确的费用可以通过影响工作的业务事件的数目来确定。业务事件的数目可以从上下文范围模型中确定。每个业务事件都有一定数量的功能与之对应，所以业务事件的数目就是需求工作费用的一个决定因素。当然，这需要知道你的组织机构分析每个业务事件的平均费用：你可以通过以前的项目知道这方面的信息，如果需要，进行一些基准测试。将每个事件的费用与事件的数目相乘，可以给出一个较为精确的需求收集费用。

再精确一点的方法是功能点计数。在这个阶段需要知道工作将要存储的数据。如果团队中有一些有经验的数据建模者，通常很快就能知道这一点。功能点计数反映出了工作要处理的数据量和复杂程度（上下文范围模型中的输入和输出），以及工作中要存储的数据。我们对功能点计数已经知道得很多了，这样就可以得到系统分析过程中平均每功能点费用的数字。

【附录 C 中提供了关于功能点计数的简单介绍。】

参考阅读

Bundschuh, Manfred, and Carol Dekkers. *The IT Measurement Compendium: Estimating and Benchmarking Success with Functional Size Measurement*. Springer, 2010.

用哪种预估方法并不重要，重要的是你使用了一个基于系统的度量，不是基于盲目的乐观。不度量所带来的风险太大，有太多的证据说明了不度量的坏处，我们对度量也知道了很多，因此没有任何借口不度量。

我们强烈建议所有的项目，考虑要改进的工作领域的功能数。虽然某些开发技术避免了这种前期度量，而采用时间盒的方式，但是仍然有充分的理由，度量每次迭代交付的功能数。知道（而不是猜测）还有多少工作量，对项目管理和需求活动总是有帮助的。

> 关键考虑不在于你使用了某种预估方法，而在于你使用了基于系统的度量，不是基于盲目的乐观。

3.13　风险

我们每天都面对一些风险。就算是离开家去上班也涉及一些风险——你的车可能启动不了，火车可能晚点，您可能和一个无趣的人分在同一办公室，他还有体臭问题。但是我们还是每天去上班，因为我们知道这些风险，并认为结果值得我们去冒险。当然，一旦你在工作，可能会一头扎进对所涉风险一无所知的项目，因此就无法判断结果是否值得去冒险。

你是否经历过某个项目，一切都按部就班正常进行？好的。总有一些事情会出错。但你是否尝试事先弄明白哪些事可能会出错，并做一些事情来防止出错，或者至少为这些倒霉事留出一些预算？简单来说，这就是风险管理。

项目启动过程包括一个简单的风险评估。这种评估可能在业务分析的范围之外，应该由有能力的风险评估人员完成。这项工作是评估最有可能发生的风险，以及那些一旦成为问题，将对项目产生巨大冲击的风险。项目启动的提交产物，成为风险评估人员确定风险的输入信息。针对每项风险，风险评估人员会评估它成为问题的可能性、它的代价或对进度计划的冲击。同时，风险评估人员确定了一些早期警告信号，即什么事情或情况意味着该风险正成为现实。在某些严肃对待风险的情况下，会指派一个风险经理，监控风险正在演变为问题的证据信号。

风险管理是一种常识性的项目管理，或者用我们的同伴 Tim Lister 的话来说，"成年人的项目管理"。如果组织不进行风险管理，那么就要准备好接受预算超支或项目延迟的结果。进行风险分析最值得注意的效果，就是它让所有的利益相关者看到风险。因为意识到风险，他们就能够想办法来缓和风险。类似地，风险评估人员让管理层意识到风险，以及如果风险成为问题将带来的冲击。

> **参考阅读**
>
> DeMarco, Tom, Tim Lister. *Waltzing with Bears：Managing Risk on Software Projects*. Dorset House, 2003.

3.14　继续还是终止

在项目启动阶段得到的提交产物为评估项目的可行性提供了基础。当仔细研究一下提交产物所说明的东西后，就可以决定按下项目启动的按钮是否能带来业务上的好处。

考虑提交产物：

- ❏　产品的目标清楚、无二义吗？它是否包含不实之词？
- ❏　目标是可度量的吗？也就是说，它是否有清楚的指示，说明已成功地完成了项目？

- ❑ 它是否说明了给拥有者带来的真实好处？
- ❑ 它可行吗？有可能在分配的时间和预算之内达到项目的目标吗？
- ❑ 能就工作的上下文范围取得一致的意见吗？
- ❑ 是否有一些风险成为问题的可能性很大？
- ❑ 这些风险是否后果严重，以至于让项目变得不可行？
- ❑ 考虑产品带来的好处，调研的费用是否合理？
- ❑ 利益相关者愿意参与吗？
- ❑ 是否有足够的理由投资该项目？
- ❑ 是否有足够的理由不投资该项目？
- ❑ 启动需求项目之前，还需要进行进一步的调研吗？

参考阅读

Tockey, Steve. *Return on Software: Maximizing the Return on Your Software Investment*. Addison-Wesley, 2004.

要点是基于事实作出客观的决定，而不是基于无边的热情或昏头的乐观。在我们与 Guild 公司的同事合作的一本书 *Adrenaline Junkies and Template Zombies* 中，有一篇文章名为《死鱼》(Dead Fish)。从一开始就知道，死鱼项目是注定要失败的，但项目中没有人站出来说它会失败，会浪费时间，感觉很不好，早就应该和其他垃圾一起扔掉。不幸的是，死鱼项目很常见，我们强烈建议你尽一切可能，不要成为其中的一员。在这个阶段多一点考虑，就可以防止死鱼项目启动，也可以让好的项目快速启动。

> 从第一天开始，项目就没有机会实现它的目标。项目中的大多数人都知道这一点，但他们缄默不语。
>
> ——*Adrenaline Junkies and Template Zombiles: Understanding Patterns of Project Behavior*
>
> （Dorset House，2008）

其他项目管理技术也可以在这个阶段应用。不幸的是，它们都有俗气的首字母缩写，这让本书的作者很难把它们太当真。

- ❑ **SWOT**：列出优势、劣势、机遇、挑战。这些因素用于评估项目的总体价值和风险。
- ❑ **ALUO**：好处、局限、独特品质和克服局限的建议。这种技术来自于"创造性问题解决集团"（The Creative Problem Solving Group）。
- ❑ **SMART**：项目必须是具体、可度量、可实现、有关、有时限。管理层考虑该项目是否具有这些特点。

❑ PESTLE：这个模型考察项目的政治、经济、社会、技术、法律和环境因素。它常与 SWOT 一起使用。

❑ CATWOE：这种技术来自于 Peter Checkland 的软件系统方法学，意味着你要考虑项目的客户、参与者、转变过程、世界观、拥有者和环境。

这些技术都有追随者，如果正确使用，都能提供某种价值。我们在这里不是要讨论这些方法，而是指出这些技术可以和启动会议的提交产物一起使用。

3.15 项目启动会议

我们建议将利益相关者召集在一起，通过一天或几天的会议，得到本章中讨论的提交产物。我们知道在很多组织机构中，这种做法是不可能的，尽管这样做效果会很好。但是，还有其他方法能得到同样的结果。

尽管大家在一起很重要，但真正重要的是那些提交产物。一些组织机构通过其他形式做到这一点：许多公司编写商业计划，或一些类似的文档，其中包括很多我们所提倡的议题。只要有一份客观的、定量的计划，让利益相关者传阅并同意，就好了。

有一些组织进行可行性研究，作为启动项目与否的依据。当然，可行性研究必须忠实地反映出产品的费用、风险和带来的好处。如果研究能给出实际的数据，那么它也能达到目的。我们的附加条件是所有关键利益相关者都要看过可行性研究报告，并对可行性研究的准确性发表意见。不必举行一个会议，但确实要知道会议要提交的所有事实。

> 不必举行一个会议，但确实要知道会议要提交的所有事实。

3.16 小结

项目启动阶段是一个了解认知的过程。了解希望该产品做什么，要花多少成本来构建它。了解要研究的工作范围，以便为产品收集需求。了解哪些人将参与项目，并让他们知道对他们的期望。了解用户，从而了解产品的可用性需求。了解项目的限制条件，即可以花多少钱，有多少时间来完成该产品。了解项目要使用的术语。了解是否能成功。

> 项目启动阶段是一个了解认知的过程。

启动阶段在最有用的时候提供了知识。在项目开始的时候，必须作出一些关键决定：影响项目所有后续阶段的决定。如果决定糟糕，项目就会遭罪。如果决定很好（没有理由相信决定一定不好），项目就会成功。

启动阶段的提交产物将在本书的后续章节中再次出现。其中一些将作为主要需求活动的输入信息，没有什么会浪费。

第4章
业务用例

本章讨论万无一失的工作划分方法，从而为需求调研铺平了道路。

我们在前一章讨论的项目启动过程，建立了工作的范围，即要研究的业务领域。这个范围（最好以上下文范围图的方式展现）确定了一个业务领域，其中的一部分将通过预期的产品实现自动化。实际上，这个工作范围可能太大，难以作为一个单元进行研究。正如在吃东西之前先要将它切成小块一样，需要把工作范围分解为一些可管理的部分，然后再来研究它以发现产品的需求。

> "不要吃任何比头还大的东西。"
>
> ——B. Kliban

本章我们提出了一些启发式方法，用于发现最合适的用例。在后面的章节中，你会看到这个过程如何让你得到最贴切的、最有用的待开发产品。

4.1 理解工作

要构建的产品必须改进拥有者的工作。产品将安装到拥有者的业务领域，并完成部分（有时是全部）的工作。不论哪种类型的工作，商业的、科学计算的、嵌入实时的、手工的或者目前已自动化的，都需要先理解它，然后才能确定怎样的产品对它最有帮助。

当我们说"工作"的时候，指的是完成业务的系统。这个系统包括人的任务、软件系统、机器、低科技的设备（如电话、影印机、手工文件和笔记本），实际上包括了用于生产拥有者的产品、服务和信息的所有东西。只有理解了这项工作和它的预期输出，才能知道怎样的产品对拥有者最有价值。

图 4-1 概括了我们打算展开的方式。在阅读本书时，可能会回过头来看这张图，它有助于理清思路。

如果我们用某种系统的、可辨识的方式来划分工作，那就更有可能得到一致的结果。我们选择业务事件，这是我们喜欢的划分方式。对业务事件的响应（我们称为业务用例，BUC）符合以下条件：

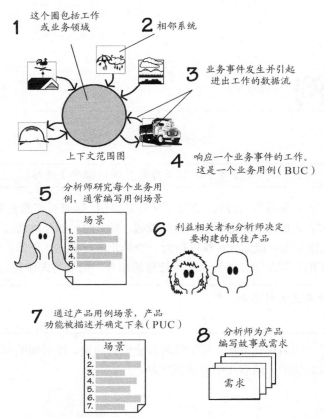

图4-1　业务问题（工作）的范围是参与项目启动的各方同意的。它确定了要研究的工作领域以及围绕它的相邻系统。相邻系统为工作提供数据，并（或）从工作那里接收数据。业务事件在相邻系统中发生——通常该事件请求工作提供的一项服务。另外，如果工作在某个时候应该向相邻系统提供某些信息，就发生了时间触发的业务事件。工作对业务事件的响应被称为一个业务用例。它包括做出正确响应需要的所有处理和数据。在相应的利益相关者的帮助下，需求分析师研究业务用例的功能。根据这些研究，他们确定了要构建的最佳产品并建立起产品用例场景，展示参与者与产品之间的互动。在产品和场景上达成一致意见后，需求分析师为产品编写需求或用户故事

❑　它们是"自然的"部分，即每个部分对工作有明显的、合乎逻辑的贡献；

❑　它们与工作的其他部分的联系最少；

❑　它们有明确定义的范围；

❑　有一些规则来定义它们的范围；

❑　它们有可以描述和确定的边界；

❑　它们可以用利益相关者熟悉的名称来命名；

❑ 它们的存在可以很容易地确定；

❑ 有一个或多个利益相关者，他们是这部分工作的专家。

在探讨业务用例之前，让我们先看看不同的项目对它们的需求。

4.2 正式性指南

兔子项目应该特别注意这一章。在做迭代式项目时，重要的是清楚地抓住要解决的问题。我们强烈建议兔子项目先利用业务用例来探讨问题领域，然后再开始提出解决方案。这种方式不会增加文档方面的负担，也避免了因交付不合适的解决方案而浪费时间。

骏马项目应该考虑用我们在本章中介绍的方法，利用业务用例来划分工作。我们发现，在和利益相关者讨论目前和将来的工作时，BUC 场景是有用的工具。也可能将 BUC（以及后面的产品用例 PUC）作为文档，传递给后面的开发者，这可以避免编写许多的详细需求。在本章稍后，我们将讨论这个方面。

大象项目肯定应该使用业务事件。因为大象项目有大量的利益相关者，清晰的沟通既重要，又困难。我们发现，在与处于不同地点的团队成员讨论工作时，BUC 场景是理想的机制。之后，BUC 场景和从中导出的 PUC 将作为正式文档的一部分，得到维护。在与外包者讨论高层问题时，BUC 场景也是有用的。

4.3 用例及其范围

"用例"（use case）这个术语最先由 Ivar Jacobson 在 1987 年提出，用于描述系统及其用户之间的交互。Jacobson 需要将系统分解为较小的单元，因为他感到对象模型不具备可扩展性。所以，为了克服现代系统的复杂性和庞大性，Jacobson 说，首先需要将系统划分为一些较方便的大块，这些大块的划分应该从用户的视角出发。

参考阅读

Jacobson, Ivar, et al. *Object-Oriented Software Engineering:A Use Case Driven Approach.* Addison-Wesley, 1992.

但是，Jacobson 给我们留下了一些思考的余地。例如，他对用例的定义并没有精确地指出一个用例的起止之处。实际上，Jacobson 对用例的定义留下了一些模糊之处。其他作者写了一些书来解释用例，但对于它是什么，很少有人观点相同。大约有 40 种已发表的"用例"定义，彼此之间几乎都不相同。这种混乱很不幸。

Jacobson 还使用了术语"参与者"（actor）来代表用户角色，或另一个系统，即系统范围之外的东西。这里的"系统"是指待构建的自动化系统（我们称之为产品）。这导致了一个问题：在理解工作之前，怎么能知道用于其中的自动化系统呢？

如果参与者和系统的职责是在分析过程开始时确定的，需求收集关注自动化系统，那你怎么有机会理解参与者正在做的工作，或自动化产品为参与者完成的工作呢？

考虑这一点：如果参与者和系统的职责是在分析过程开始时确定的，需求收集关注自动化系统，那你怎么有机会理解参与者正在做的工作，或自动化产品为参与者完成的工作呢？如果不能理解参与者的真实任务（如果我们把他排除在分析研究的范围之外，肯定会发生这种事），我们就有可能遗漏一些自动化的机会，或者对一些不自动化会更好的部分贸然地进行自动化。我们也可能因为构建了产品，却没有应有的那样好而内疚，也可能创建的界面最终不能满足用户的需要。

我们可以直接冲向一个解决方案，也可以找出问题的所在。问题就是你要改进的工作，第一步就是要建立这项工作的范围。要有效果，工作范围就必须包含预期的参与者和他们要做的所有工作。当为工作建立了一个令人满意的范围之后，再将它分解为较小的部分。这些部分就是业务用例。

本章讨论了划分工作的过程。记住，描述每个步骤的时间，可能比实际完成这些步骤的时间还要长。

4.4　工作的范围

工作是最终产品拥有者的业务活动。或者，你可以认为它是顾客或客户希望改进的那部分业务。要理解这项工作，最好想想它与外部世界是怎样联系的。这种视角是有意义的，因为工作存在是为了向外部世界提供服务。为了能提供那些服务，工作必须从外界接收信息和信号，利用这些输入作为原材料，并将一些信息和信号送回外界，即这些东西的消费者。外部世界由相邻系统代表，它们是自动化的系统、人、部门、组织，以及其他向工作提出某种要求或作出某种贡献的参与方。

为了在外部世界中定位工作，你展示了它的上下文范围，说明工作如何与相邻系统发生联系。换言之，上下文范围图展示了工作及其所处的业务环境。

工作上下文范围展示了工作与业务环境之间的关系。

图 4-2 所示为工作的上下文范围图，该工作预测道路何时将结冰，并分配装有除冰物质的卡车去处理道路（此图曾在第 3 章中出现）。工作周围环绕着相邻系统，它们为工作提供所需的数据，或接受工作提供的服务和信息。

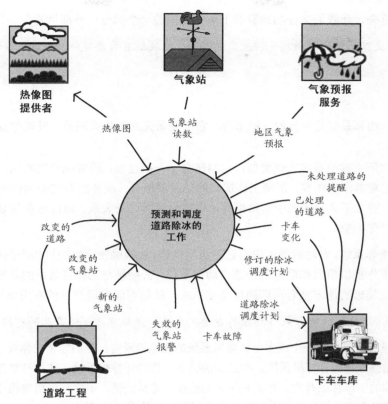

图 4-2　工作上下文范围图展示了工作的范围。图的中央区域代表要研究的工作范围，以及要成
为工作一部分的最后要构建的产品。外部世界用相邻系统来表示，即气象站、卡车车库等。带名
称的箭头代表在相邻系统和工作之间的信息流

　　要研究的工作必须包括所有会受产品影响的东西。如果你正在构建一个产品，打算对一些已
有的工作进行自动化，那么研究上下文范围应该包括已有的工作，即人的活动和现有的计算机系
统，这些可能会被最终产品改变。对于嵌入式系统，可能在工作中没有人的活动，但要研究的工
作必须包括当前的开发工作将改变或影响的所有设备。即使在开发某种电子机械装置，如自动取
款机（ATM），大部分人的活动是在产品边界之外，工作上下文范围仍然必须加入人们用该设备
完成的工作。

　　要研究的工作必须包括所有会受产品影响的东西。

　　当我们讨论上下文范围时，要注意该模型有限的、关键的目的。这个模型只展示信息的流动，
它并不试图展示工作的限制条件，尽管这些可以从该模型推导出来。同样，它没有明确地说明谁
或者什么在做工作，尽管这些也可以推导出来。像大多数模型一样，上下文模型是一种抽象，展
示了一个视图。在这里，通过展示信息的流动，我们能够更好地利用该模型来确定影响工作的业

务事件。但是首先，让我们来仔细地看看上下文模型的一个部分：外部世界。

> 工作上下文范围包括了所有允许改变的东西，以及所有需要理解的东西，以便确定什么可以或应该改变。

外部世界

如前所述，相邻系统是世界的一些部分，它与要研究的工作有联系，发送数据给工作，或从工作接收数据。

相邻系统与所有其他系统表现类似：它们包含了一些过程，消费或产生数据。你对它们感兴趣，是因为它们常常作为顾客，消费工作提供的信息或服务，或者因为它们为你的工作提供了所需的信息。看一看上下文范围图中的数据流，你就会明白这些关系。通过这些信息上的联系，相邻系统对工作产生影响。

为了发现相邻系统，有时需要走出自己的组织机构。去接触使用组织机构产品和服务的顾客。去接触那些为工作提供信息和服务的外部自动化系统。去接触与工作有联系的其他部门。遵循这条指导原则：从越远的地方来看预期的自动化系统，就越可能发现产品的有用和创新之处。

> 合情合理，从越远的地方来看预期的自动化系统，就越可能发现产品的有用和创新之处。

你常常会发现，工作与一个或多个计算机系统的联系很紧密，它们通常在你自己的组织机构内部，或者你要增强原有的计算机系统。在这种情况下，那些计算机系统，或不打算改变的部分，就是相邻系统。你的工作和原有的计算机系统之间的接口非常关键。虽然它们可能很难描述，但是如果不能清楚地定义它们，就永远不会了解工作的范围，以及产品的范围。

试着这样考虑：相邻系统是工作存在的原因，它们是工作提供的服务的客户。工作要么根据请求来提供这些服务，要么在预先安排的时间提供这些服务。当工作提供服务时，它就是在响应业务事件。

> 不要把思考局限于计算机系统边界，而是应该试着去发现所有可能影响工作的东西。

4.5　业务事件

任何工作都响应外部发生的事件，就这么简单。为了清楚起见，因为我们是在讨论拥有者的工作或业务，我们就把这些发生的事件称为"业务事件"（见图 4-3）。

让我们来看一个业务事件的例子。你在读这本书，所以作者真心希望是你花钱买了它。假定你在网上买了它。你已经找到了这本书，看了样章内容，并决定想要它。此时，可能会发生两种情况：（1）你决定要做点别的事，因此放弃这笔交易，或（2）你决定要买这本书。这个时刻（你决定要买这本书的时刻），就是一个业务事件。当然，只是决定想要这本书还不够，你必须告诉工作你想要它。

你向工作发出信号，表明你想结账（或者在线书商为这种事情提供的其他机制），并提供了信用卡和送货地址等信息。这条输入数据流触发了书商的工作的响应，它将书的所有权转移给你，在你的信用卡中扣钱，并发送消息给订单执行部门，将书送给你。如果你买的是电子书，最后一步就换成开始下载。

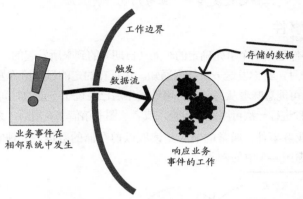

图 4-3　业务事件及其响应：相邻系统决定做些事情时，或者作为工作的一部分，某些处理情况发生时，业务事件就产生了。通过发送触发数据流，相邻系统告诉工作该事件已经发生。当这个数据流到达时，工作做出响应，处理进入的数据，对存储的数据进行存取

另一个例子：你在月末为信用卡账单付款。从信用卡公司的角度来看，这是一个业务事件。信用卡公司响应这个事件的做法是：核对你的地址没有改变，然后记录下支付的日期和金额。

在这些例子中，你决定买书的时候和决定支付每月账单的时候，就是业务事件。总是有一些数据源自业务事件（触发数据流），这会调用预先计划的对该事件的响应。这种响应就是业务用例。

你作为客户，并不拥有也不能控制书店和信用卡公司。但在两个例子中，你做了一些事情让它们产生了响应，它们进行了一些处理并操作了一些数据。可以这样看：这些工作的部分有预先计划好的业务用例，当外部实体（相邻系统）发起一个业务事件时，业务用例被激活。图 4-4 体现了这个思想。

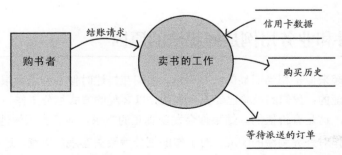

图4-4　业务事件在工作范围之外发生。通过到达的信息流，工作得知业务事件已发生。工作包含了一个业务用例，对这个业务事件进行响应

注意，业务用例是通过来自相邻系统的信息流来触发的。在前面的例子中，这些数据流是你的购书请求和信用卡公司收到的付款凭条和支票。因此，触发业务事件的职责是在工作控制的范围之外。稍后我们会再讨论这一点。让我们先来看看另一种类型的业务事件。

> 当业务事件发生时，工作通过发起一个业务用例进行响应。

时间触发的业务事件

时间触发的业务事件是由某个事先确定的时间（日期）的到来所发起的。例如，保险公司在你的保险单周年到期前一个月，给你发送一份续保通知。银行在约定的日期给你发送一份结算表。"事先确定的时间的到来"也可能意味着从另一业务事件发生后已经过了一定的时间。例如，一个计算机操作系统可能每过 2.4 毫秒进行一次可用内存检查，或者从图书馆借书 6 周后，系统就发出一次提醒。

对于时间触发的业务事件，通常的响应是读取以前存储的数据，处理它，并将产生的信息发送到相邻系统。请考虑图 4-5 中的例子。

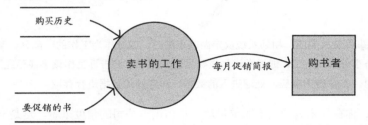

图 4-5　当预先安排好的时间到达时，时间触发的业务事件就发生了。它或者是周期性的（例如，在月末，或每天的下午 5 点），或者是经过一个固定的时间间隔（例如，上次发生之后的 3 小时），或者自另一个业务事件后过了一段特定的时间（例如，送出发票后的 30 天）。正常的响应是取出一些存储的数据，处理它，并向相邻系统发送某些信息

当针对某事件事先确定的时间到来时，工作的响应是做需要做的事，以产生输出。这几乎总是涉及取出和操作存储的数据。同样，对时间触发的业务事件的响应（业务用例），将作为我们的研究单元。

4.6　业务事件和业务用例是好想法的原因

对于第一眼看起来似乎相当明显的一些事情，我们在描述时似乎会遇到很多麻烦。但对主题的这种关注是有保证的：我们的经验已经充分表明，以客观的方式划分工作，在规划解决方案之前先理解工作本身，这是有价值的。结果你会发现真正的需求，而且会更快地发现它们。

如果你确定工作对外界刺激的响应，对工作的划分就会更客观。毕竟，这是顾客看待业务的方式。外界对业务的内部划分方式（部门、处理节点，或任何东西）根本不感兴趣。类似地，任何系统当前的划分方式都是基于系统构建时的技术和策略上的决定。这些决定可能不再有效，至

少应该质疑它们，避免只是因为它们存在就认为理应如此。不是看内部，而是从外部来看，这样你就能够很清楚地发现划分工作的最有效的方式。

> 不是看内部，而是从外部来看，这样你就能够很清楚地发现划分工作的最有效的方式。

工作对业务事件的响应，让所有该在一起的东西在一起。因此，你就得到了一些内聚的部分，并让这些部分之间的接口最小化。这种划分得到了逻辑性更强的一些工作分块，以便进行详细的需求调研。因为这些部分之间的依赖关系越少，分析师就越能够调研一个部分的细节而不需要知道其他部分的信息。

> 工作对业务事件的响应，让所有该在一起的东西在一起。

使用业务用例还有一个原因，就是提示对业务事件发生时的情况进行调研。

4.6.1 "系统"不可假定

现在看到的许多文章中，"系统"的存在都是事先假定的。也就是说，作者猜测自动化系统的边界应该是什么，并通过查看参与者和自动化系统交互，开始用例调研，而完全忽略了围绕这些交互的工作。这样做是危险而错误的。

以产品为中心来看问题的方式，意味着你忽略了自动化系统最重要的方面：它打算改进的工作。从自动化系统开始，项目实际上下了很大的赌注，赌能命中正确的解决方案，而且他们不研究问题就能做到这一点。尽管我们似乎能拒绝推销员的奉承，不相信他所说的某个保险产品能满足我们所有的需求，但却不幸倾向于欣然接受第一次想到的自动化系统。只看解决方案内部，让分析师不敢去问"为什么是这样的"。由于不问这样的问题，又导致一些"技术化石"从一代产品进入下一代产品。

考虑这个例子："保险公司职员从保单持有者那里接到一份理赔申请，然后将理赔申请输入到自动化系统中。"这种观点促使需求分析师去研究职员输入理赔申请的细节。但是，如果花一些时间看看这里发生的真正业务，就会发现理赔申请只是保险公司的实现方式——是"事故"发起了这部分业务。为什么这种理解很重要？如果从问题的真正开始处进行业务调研（换句话说，你查看业务事件发生时的情况），你就能构建更好的产品。也许有可能构建一个产品，在事故现场实时处理理赔申请。对这个问题的可能解决方案会是一个智能手机应用，它知道你在哪里，在拖车到来之前，可以对事故结果拍照，并记下相关的车牌和驾驶员的细节，然后传送到保险公司。

考虑业务事件的真正发起者。在这里，发起者是驾驶员或车主（而不是保险公司职员）。驾驶员在此时的愿望是什么？他想以最快的速度和最小的代价将他的车修好。他的目标不是填写理赔申请并等待批准。

另一个例子："一个人打电话给客服平台。客服人员问他问题的细节并记录下这个电话，从而发起用例。"用例是记录电话，参与者是客服人员。这种以产品为中心的观点再次错失了真正的业务事件，即发起这一切的事件。在这个例子中，业务事件是打给帮助平台的电话。

> 需求分析师必须透过明显的、当前的业务完成方式，去理解工作真正的本质。

为什么找到事件的真正起源很重要？如果认为打电话是业务事件，那么正确的响应是记录下电话，使用打电话者的 ID 来确定他的设备，取得设备的信息，并把信息提供给客服人员。

退后一步，看看端到端的业务（参见图 4-6），你可能决定真正的业务事件是打电话者的设备出故障了。如果采用这个观点，也会想到让设备自己打电话来帮助自己。也许更好地理解故障背后的原因，能让新产品向客服人员提供历史信息，帮助他正确地处理这个电话。

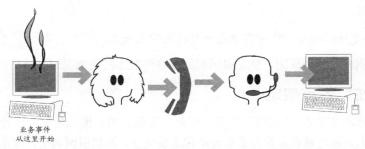

图 4-6　考虑真正的端到端的过程。对于勤奋的需求发现者来说，目的是查看所有的活动，将它们纳入研究范围。这样，真正的业务就揭示出来了

利益相关者常常不问这类需求，因为他们只考虑假定的产品。专业的业务分析师的职责是超越这些，这意味着理解相邻系统在发起业务事件时的意图。

4.6.2　退后一步

这次是一个押运系统："参与者收到发货并进行登记。"不是这样的。真正的业务事件是派送货物。业务用例应该从它离开发货人就记录下发货，并监控它的运输和到达。我们需要退后一步，看看整个业务，如图 4-7 所示。

图 4-7　退后一步，看看端到端的过程，同时，看看真正的业务

退后一步，看到整个业务过程，业务分析师就有最佳的机会确定真正的工作。相反，如果只看自动化系统，分析师常常陷入利益相关者要求的增量式改进。如果你能看到业务用例的方方面面，从它的开始到它的结果，你就更有机会得到更合适、更有用的自动化产品。

4.7　发现业务事件

业务事件是发生的一些事情，这些事情让工作以某种方式做出反应。业务事件可能发生在工作范围之外（外部事件），或者是因为到了做某事的时间而发生（时间触发的事件）。对于外部事件，工作与外部世界（由相邻系统表示）的信息交流让工作知道事件已发生。对于时间触发的事件，结果总是流向外部世界的信息流。不论哪种情况，在业务事件发生时，在上下文范围图中至少会显示一条数据流。

图 4-8 提供了除冰项目的上下文范围图。同一张图在本章前面出现过，为了方便，这里复制了该图。让我们看看它，并注意连接相邻系统与工作的信息流。例如，名为"改变的道路"的信息流，其原因是道路工程部门建了一条新路，或对原有道路进行了重要改变。工程人员向工作通知这种改变，这样调度工作可以更新它存储的道路数据。名为"道路除冰调度计划"的信息流是时间触发的业务事件的结果：每两小时，工作产生一个要处理的道路的调度计划，把它发送给卡车车库。

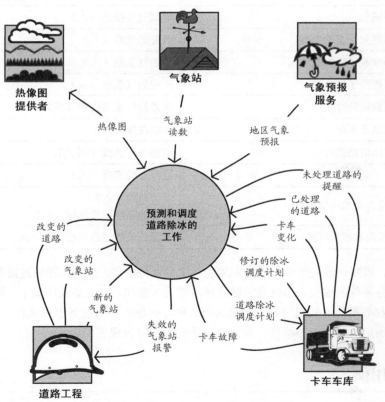

图 4-8　IceBreaker 工作的上下文范围模型。注意进入或离开工作的数据流。分析师利用这些工作流来确定业务事件

> 进入或离开工作的每个信息流都是一个业务事件的结果。

进入或离开工作的每个信息流都是一个业务事件的结果，外部通信的存在没有别的理由。看一下每个信息流，就可以确定引发它的事件。在某些情况下，可能有多个信息流跟随同一事件。例如，当卡车车库提出一辆已调度的卡车出了故障，或由于某些原因需要停止服务（进入信息流是"卡车故障"），工作将做出响应。因为一辆卡车已停止服务，必须重新安排其他卡车来弥补不足，由此导致的输出信息流是"修订的除冰调度计划"。

表 4-1 展示了除冰工作的业务事件清单和它们的输入/输出信息流。把它与图 4-8 中的工作上下文范围图进行比较，使业务事件与流入/流出工作的数据相符合。

表 4-1　道路除冰工作的业务事件和与之相关的输入/输出数据流

事件名称	输入和输出数据流
1．气象站传送读数	气象站读数（入）
2．气象局预报天气	区域气象报告（入）
3．道路工程师通知改变的道路	改变的道路（入）
4．道路工程师安装了新的气象站	新的气象站（入）
5．道路工程师更换了气象站	改变的气象站（入）
6．到了测试气象站的时间	失效的气象站告警（出）
7．卡车车库更换了卡车	卡车改变（入）
8．到了检测结冰道路的时间	道路除冰调度计划（出）
9．卡车处理了一条道路	已处理的道路（入）
10．卡车车库报告卡车出问题	卡车故障（入） 修订的除冰调度计划（出）
11．到了监控道路除冰的时间	对没处理的道路进行提醒（出）

不可否认，需要一些关于工作的知识才能弄清楚业务事件。为此，我们建议在项目启动阶段就开始确定业务事件的过程，那时候关键的利益相关者都在。在大多数情况下，你会发现利益相关者知道这些业务事件（他们可能不知道这个名称，但他们知道业务事件是什么）。如果你没有在项目启动时确定所有的业务事件，那就会在研究工作时发现它们。

4.8　业务用例

业务事件对划分工作是很有用的，但工作对业务事件的响应是需求分析师目前的兴趣所在。

针对每个业务事件，有一个预先计划的对它的响应，被称为"业务用例（BUC）"。业务用例总是包含一些可识别的过程，一些被存取的数据，产生一些输出，发送一些消息，或是这些事情的组合。换言之，业务用例就是一个功能单元。这种单元是编写功能需求和非功能需求的基础（我们将在第 10 章和第 11 章中更详细地讨论这些需求）。

> 业务用例是最方便研究的工作单元。

可以把一个业务用例的工作隔离开来，因为它的处理与其他业务用例基本上没有联系，BUC 之间唯一的重叠是它们存储的数据。因此，不同的分析师可以调研工作的不同部分，不需要彼此之间一直保持沟通。每个业务用例的相对隔离，这意味着可以找到一些利益相关者，他们是这部分工作的专家，他们（在您的帮助下）可以准确并详尽地描述这部分工作。他们也可以描述业务用例：利益相关者了解业务事件，他们可以告诉你，组织机构如何响应所有的业务事件。例如，在你喜欢的书店里，找一个人介绍卖书的全过程并不难，或者在保险公司里，找一个人解释保险理赔的过程也不难。我们将在第 5 章、第 6 章和第 7 章中讨论这类调研的网罗技巧。

> 你可以确定一个或多个利益相关者，他们是某个业务事件的专家。

对一个业务用例的处理是连续的，它在一个独立的时间框架内发生。一旦业务用例被触发，它将处理所有的事情，直到从逻辑上来说无事可做为止。所有的功能已被执行，业务用例要存储的所有数据已被存储，所有的相邻系统已经通知到。可以看图 4-9 和图 4-10 中的处理过程的例子。

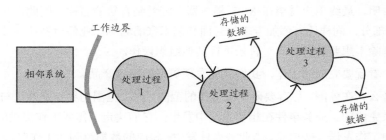

图 4-9　工作对业务事件的响应是连续的处理过程，直到所有的任务（处理过程）已完成，所有的数据已取得或存储为止。可以将响应想象为处理过程和相关存储数据形成的链条。注意，围绕处理过程的是数据存储和相邻系统

图 4-10　这个模型采用了 BPML 表示法，展示了图 4-9 中同样的处理过程，图 4-9 用的是数据流表示法。你可以使用任何喜欢的表示法

待建产品通过业务用例对要完成的工作作出贡献。有时候产品会完成 BUC 的全部工作，但通常只是完成部分工作。产品不会改变工作的实质，它只是改变了工作完成的方式。不管怎样，在能设计出最佳产品之前，必须理解产品将支持的工作。最重要的是，必须理解客户期望的工作

成果。所以，暂时忘记业务用例的细节和技术问题，而是从组织机构的外部来寻找，顾客和供应商需要怎样的响应。

4.9　业务用例和产品用例

我们已经强调了理解工作，而不只是理解产品的重要性。通过查看更大范围的工作，可以对业务需求提出更多问题，最终构建出更好的产品。下面的例子来自于一个最近的顾问项目：产品将转录 CD 到 MP3 或其他数据格式。当工程师查看产品的技术部分时（他们是工程师，自然对技术感兴趣），他们看到一个用例，由 CD 的插入所触发，然后开始转录 CD。取得最佳声音品质（工程师主要关注在转换时实现期望的编码率）似乎是最重要的事情。

我们可能会认为这就是最终的产品用例，并写入需求。但是，当我们后退一步，查看这里进行的真正业务（业务用例）的更大的上下文范围时，你会看到了更多东西。

最终用户想完成什么？他的期望和预期的结果是什么？我们将它们确定为"将 CD 中的音乐放到 MP3 播放器中"。因此真正的问题不是假定产品的技术性，即转录 CD 并转换为 MP3 格式，而是其他的真正业务。

> 最终用户想完成什么？他的期望和预期的结果是什么？

部分业务表明，最终用户希望在 MP3 播放器上能看到音轨的名称。因此，添加音轨名称肯定是 BUC 的一部分，同样还有添加专辑的封面和艺术家的名称。业务用例还应该允许用户改变音轨的次序，删除不想要的音轨，对音乐进行其他组织操作。

退后一步，看看要完成的工作，我们就能发现更好的待建产品。

你看到了了什么？在外围，你有要研究的工作的范围。这个范围的界定是通过与围绕工作的相邻系统的通信来完成的。业务事件在相邻系统中发生，它们决定了需要工作提供的服务或信息，或者它们决定向工作发送一些信息。当业务事件发生，相应的数据流到达工作时，工作进行响应。这种响应就构成了业务用例。

研究业务用例，考虑工作要做哪些事、相邻系统的期望和预期的结果。换言之，要考虑组织机构是否对相邻的系统做出了正确的响应。在理解了业务用例的正确工作之后，确定对业务用例贡献最大的产品的范围。作为这项工作的一部分，请考虑相邻系统是否能够（或希望）对工作做出不一样的贡献。不要项目开始时，就假定产品和相邻系统的职责。要理解工作，理解外部顾客认为什么是有用的产品，并从中导出产品和相邻系统的职责。

在理解之后，决定 BUC 中多少由产品用例完成。具体来说，BUC 中由自动化系统处理的部分就是产品用例（PUC）。有时候 PUC 的功能最后就是 BUC 的功能（你决定自动化所有的东西），但通常功能的某部分不会成为 PUC，你决定这个任务最好由人来完成。所以这就是结果：导出了 PUC。它不是在需求调研开始时假定的，而是分析了工作后小心得到的结论。从 BUC 导出 PUC，你找到了更有用的产品，它对拥有者的价值贡献更大。这肯定是项目的要点。

PUC 和 BUC 的关系如图 4-11 所示。

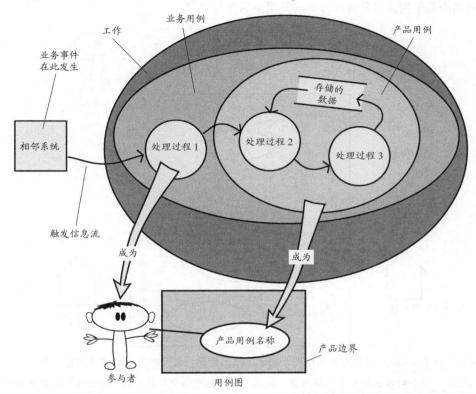

图4-11　业务事件是相邻系统中发生的一件事。由此产生的信息流通知事件的工作并触发响应（业务用例）。经过研究之后，需求分析师和感兴趣的利益相关者决定业务用例的多大部分由建议的产品来完成（产品用例）。紧接着产品范围之外的就是参与者，他们操作产品中产品用例的功能。这里展示了一张 UML 用例图，用于比较

有时出于技术上的原因，可能选用几个产品用例来实现一个业务用例。或许你希望将计算机内部的工作划出更小的部分。或许有机会复用一些产品用例，它们是以前为产品的其他部分或其他产品开发的。或许不同类型的利益相关者只关注业务用例的某个部分。

产品用例的选择在某种程度上是由技术考虑驱动的。但是，如果产品要让预期用户认可并认为有用，那么它的 PUC 必须基于最初的业务事件，必须能追溯到业务用例。

参与者

在确定产品用例时，你也选择了与产品交互的参与者。

参与者是与自动化产品交互的人或系统。在某些情况下，参与者是工作以外的相邻系统，如组织机构的顾客。在另一些情况下，可以在组织机构内部指派参与者。图 4-12 展示了为 IceBreaker 产品选择的产品用例，以及操作每个产品用例的参与者。

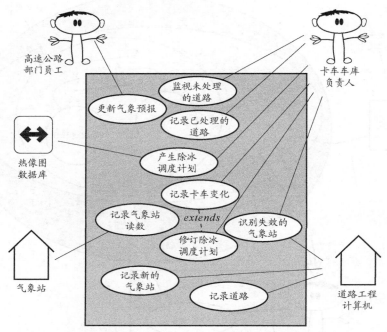

图 4-12　IceBreaker 产品的产品用例图，展示了产品用例、每个产品用例涉及的参与者，以及产品的边界。用不同表示法来表示参与者，说明了它们与产品交互的方式（这些区别在第 8 章中解释，其中我们探讨开始设计产品）

4.10　小结

业务事件和业务用例让你能够切分出一部分内聚的工作，用于进一步的建模和研究。通过理解每个 BUC 完成的工作，你就能够理解为支持工作而构建的最佳产品。

如果打算外包，你可能不是确定产品用例，而是致力于业务用例。在询问外包商哪些部分他们能作为产品用例提交时，这些业务用例将作为谈判文档。

在用业务事件来划分工作时，你从外部来观察工作。你不是依赖于目前它在内部是怎样划分的，也不是依赖于某人认为将来可能如何划分。相反，你是根据最重要的工作视图来划分的：外部世界（通常是你的顾客）怎样看待工作。图 4-13 总结了这种划分。

从业务事件推导出业务用例，这意味着需求是根据工作对业务事件的响应方式来分组的。这导致工作以一种自然的方式划分，最终得到的产品对外部世界的真实要求响应得更好，从而为它的拥有者提供最佳价值。

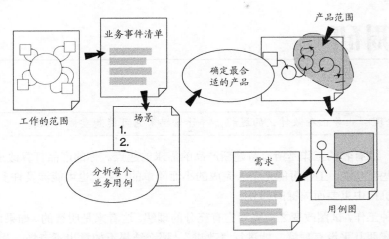

图 4-13 需求发现的流程。分析每个业务事件的响应（业务用例），并确定合适的产品。分析师为每个产品用例编写需求

第5章
工作调研

本章讨论理解业务正在做什么的过程，并开始思考它可能想要做什么。

不管怎样，拥有者的工作是所有待建新产品的需求的起点。你的产品打算改进原有的工作，或为它提供一些新功能。工作可能是个人完成的小而简单的任务，也可能涉及许多人和软硬件系统，构成组织机构中重要而关键的部分。

不论是哪种工作，试图改变之前先对它有充分的理解，这看来是明智的。如果你一头冲进去，对你要改变的东西几乎没有理解，就进行"改进"，那么结果不如意也不奇怪。相反，花一点时间来研究工作，让你更有机会成功地改进它。当你开始理解原有的工作时，肯定会产生一些想法，知道如何改进它。

在这一章中，我们探讨在改变一项工作之前，如何进行调研。通常你的改变意味着创建一个软件产品或某种设备，完成部分或全部的工作。这似乎是合理的方法，因为在你创建一个软件时，你实际上是要自动化一项任务。如果你有足够的时间，这项任务可以用人力来完成。

5.1 网罗业务

我们使用术语"网罗"来描述业务调研活动。这个术语反映了我们所做的事的实质：捕鱼。不是空闲地垂下一条线，希望鱼会路过，而是采用一定方法，拖网扫过业务，捕捉每一个可能的需求（参见图5-1）。利用一些经验和好的技巧，拖网的船长知道在哪儿能捕到他想要的鱼，而不会碰上他不想要的。本章的目标是展示一些网罗技巧，指导你利用它们获得最好的结果。

尽管揭示当前的业务很重要，包括它的数据和处理过程，但同样重要的是不要花太多的时间来做这件事。要记住，这是分析过程的开始，你要尽快完成这一步工作。还要记住，你在研究的业务将要改变。考虑到这些，我们建议你尽快地研究当前的业务，因为如果需要，你总是可以回过头来得到更多的信息。

尽管揭示当前的业务很重要，包括它的数据和处理过程，但同样重要的是不要花太多的时间来做这件事。

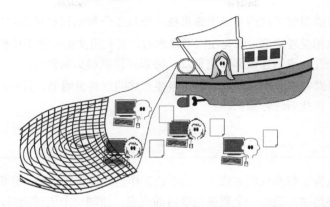

图 5-1　业务分析师通过调研客户的工作来网罗知识。拖网扫过组织机构的比拟是恰当的：你需要筛查许多业务，然后才能找到改进它的最佳方法

　　本章探讨的技巧用于发现业务过程，以及这些过程中涉及的人。不可避免，你需要多种技巧来实现这项伟业，而且你会发现，并非所有技巧都同样适用于所有利益相关者。出于这个原因，你需要变换方法，为提供需求的利益相关者找到最合适的技巧。

　　在你阅读网罗技巧时，会看到关于何时及如何使用它们的建议。利用这些建议来帮助你决定，什么最适合你的利益相关者、你采用的工作方式，以及你的项目。我们在提供指导的地方画上一只猫头鹰，看看该技巧是否适用于你的情况。

5.2　正式性指南

　　研究当前的业务不是一个耗时的过程。你最好是尽快完成，在了解了当前业务状况的足够信息，你和利益相关者能够进入下一阶段时，就停止。还要记住，需求不是解决方案，你必须知道需求之后才能找到解决方案。没有别的路可走。

　　兔子项目需要理解当前的工作，也要理解工作未来的样子。因为兔子项目通常是迭代式的，你可能每次调研当前工作的一小部分，然后开始寻找它的本质，最后是它的解决方案。这个循环会重复下去，直到产品完成。这种迭代式的工作方式让当前工作的文档减到最少。但是，这也不能逃避理解工作的需要。

　　有些读者可能在敏捷团队中工作，其中有产品拥有者或顾客代表。我们发现（不幸的是），一个人不太可能对广泛的业务有足够好的理解，不能够提供所有需要的信息。我们建议你采用某些网罗技巧，增强迭代团队对工作的理解，从而加强你们正在构建的产品。

　　骏马项目的利益相关者众多，因此可能更广泛地采用做学徒、访谈和用例研讨会等技巧。这些技巧会生成一些文档，虽然将当前工作记入文档不是项目的目标，但作为后续决定的输入信息是特别有用的。

　　骏马项目更有可能面对关键的基础设施系统，所以工作的知识和目标对项目非常重要。

　　大象项目的利益相关者更多，因此在网罗需求时，需要用文档记录下他们的发现。因为大象项目有着更多的可能性，我们建议你读完整章，特别要注意猫头鹰建议。

　　采用外包的项目总是大象项目，因为它们需要正式的规格说明书。另外，调研工作得到的中间产物应该保留，并在此后进行维护。

5.3　网罗知识

　　我们构建产品是为了帮助我们完成工作。不论工作是处理保险理赔，分析血样，设计汽车部件，预测何时道路将结冰，追踪一个要做的事情的列表，控制一个电话网络，下载音乐或电影，监控家庭，处理照片，或是任何其他人类活动，对我们的目的来说都不重要。在所有情况下，你要构建的产品都必须改进这项工作。

　　图 5-2 展示了 Volere 过程，突出了调研工作的部分，目的是发现最佳的产品，支持或改进工作。

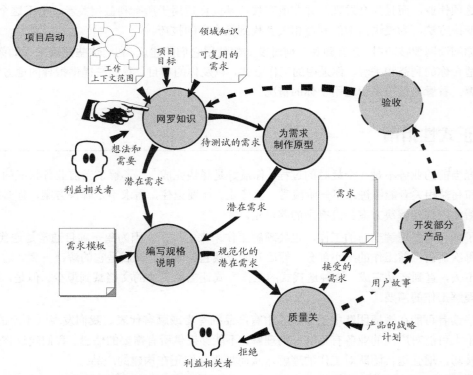

　　图 5-2　网罗需求的活动处于需求过程的中心位置。它使用项目启动阶段的输出作为工作调研的起点，积累关于工作的知识。在接下来的几章中，我们将这种知识发展成待开发产品的需求。图中的虚线表明采用迭代式开发时，网罗活动的进行方式

你在网罗知识时，第一个任务就是调研并理解工作现在完成的方式。并非总是需要将这些信息写成文档，但你必须理解它。对当前的工作有了足够的理解之后，你就能推出它的本质。也就是说，你可以剥离当前的技术，得到真正业务的清晰画面。

然后与利益相关者一起深入理解工作的本质，从而得到新产品的需求。这不是一个艰辛的过程，只是一个充分的过程。我们将在接下来的几章中探讨它。

网罗活动利用了项目启动阶段的输出信息，即工作的范围、项目的目标，以及适用于所有解决方案的限制条件。启动阶段也确定了项目涉及的利益相关者和潜在用户。你需要咨询这些利益相关者，取得对工作的理解。

5.4　业务分析师

业务分析师也称为系统分析师、需求工程师，可能还有其他的头衔。我们使用"业务分析师"是因为这是最常用的称谓。不论你使用什么称谓，此人都是调研者和翻译者：他检查工作，访谈业务领域的利益相关者，理解他们说的话，然后将这些知识翻译成能与开发者进行沟通的形式，并让开发者理解。之后，随着分析过程的推进，重点从记录原有的系统转到思考新的系统。目前来说，业务分析师的任务如下。

- ❑ 观察和学习该项工作，从拥有者的角度来理解它。当与用户一起工作时，研究他们的工作并询问他们正在做什么，为什么要这样做。

- ❑ 解释该项工作。虽然用户是这部分工作的专家，但他对工作的描述并非总是事实。分析师必须对用户的描述进行过滤，跳过当前的技术，从而揭示工作的实质，而不是它的具体形式。

- ❑ 用利益相关者能理解的分析模型记录结果。分析师必须确保他与利益相关者对产品的理解是一致的。我们建议使用模型作为共同的语言，与利益相关者沟通你的知识。

关于网罗需求，有许多要了解的东西，而且我们知道不是所有的网罗技巧都适用于所有项目。猫头鹰将告诉你某项技巧是否适合你的情况。请务必阅读本章的全部内容，但要意识到不需要在每个项目中使用所有网罗技巧。

许多技巧可以帮助完成业务调研的任务。我们在这里提供了一些选择，因为我们知道，没有一种技术能适应所有情况。所以，你必须选择最适合你的情况的技术。当我们讨论这些技巧时，我们会指出何时以及为何某种技巧会有用。但不要照搬我们的话，试着把它们与自己的实际情况联系起来，并考虑何时何地哪一种技巧最有效。

考虑利益相关者。他们对某些处理过程和需求特别"有意识"，并在很早就提出来。同时，他们对另外一些需求"无意识"，即那些在利益相关者的工作中非常根深蒂固的东西，以至于他们忘记了这些需求的存在。一些技巧用于捕捉有意识的需求，可能对无意识的需求不起作用。然后还有"从未梦想过的"需求，即利益相关者从没想过他们可以拥有的那些功能。存在从未梦想过的需求，是因为用户没有意识到他们可能做到，这可能是因为利益相关者缺乏足够的技术成熟度，或者因为他们从未用你所展示方式来看待他们的工作。

不管是什么情况，你的职责就是揭示有意识的、无意识的和从未梦想过的需求。

5.5 网罗与业务用例

 业务用例对于需求活动来说非常基础，所以我们强烈建议，不论你的情况或项目类型如何，都要考虑每次针对一个业务用例进行需求网罗。如果还没阅读第 4 章，我们建议你先读回去读一读。

从工作上下文范围图中，可以确定业务事件以及它们导致的业务用例。在第 4 章中，我们讨论了业务事件，探讨了工作外部发生的事情如何引发工作内部的响应。这种响应就是业务用例，我们建议你每次研究一个业务用例。

业务用例是工作对业务事件的响应。在触发数据流进入工作时，工作就开始处理它。如果触发数据流是通过电话到达的，那么就可能需要一个人接听电话。或者，自动化的电话系统可能会提示打电话者确定电话的性质。归根结底，怎么做并不重要，重要的是要做什么。这种功能是在网罗需求时需要研究的，如图 5-3 所示。

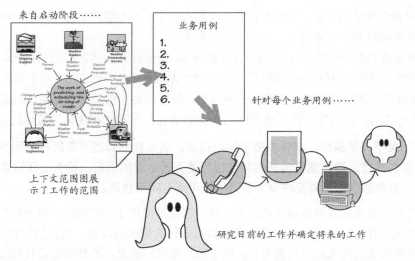

图 5-3　业务事件由上下文图中来自相邻系统的数据流来确定。业务用例是工作对业务事件的响应。分析师对这些进行研究，直至理解了工作完成的方式

5.6 Brown Cow 模型

在调研工作领域时，你可以用一些方式来看它（视角），其中有 4 个非常有用。我们将用 Brown

Cow 模型来展示它们。

Brown Cow 模型[①]如图 5-4 所示，展示了工作的 4 个视图。两条轴分开了"What（什么）"和"How（如何）"，"Now（现在）"和"Future（未来）"。

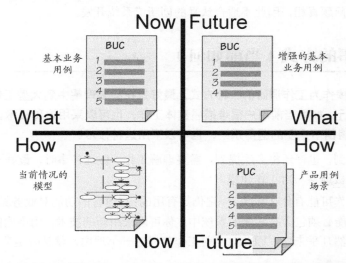

图 5-4　Brown Cow 模型。它展示了工作的 4 个视图，每个视图都为业务分析师和利益相关者提供了一些信息，用于需求发现过程的不同阶段

让我们从模型的左下象限开始：How-Now。这有时候是（但并非总是）开始的地方。How-Now 展示了工作当前的实现，包括物理工件、人员和完成工作的处理节点。如果你需要足够的基础来问其他问题，就使用这个视图。

如果你开始构建某个新产品，就不会试图复制所有现有的东西，这样做不会有收获。相反，通过去除当前情况中的一些技术化石和过时的组织机构流程，你可以看到纯粹的、没有杂质的业务问题。

这将我们带到 What-Now。这一抽象视图展示了真正的业务策略，或者我们喜欢说的，工作的本质。这一视图完全是与技术无关的，它展示的业务就好像没有机器、人员或组织部门存在。我们用这个视图来澄清思想，说明当前的业务实际上在做什么，避免涉及将来实现中可能不会出现的处理结点和物理工件，不会对业务做出限制。

转到右上角，我们看到 Future-What 视图。这一视图展示了拥有者希望的业务，但仍然没有可能用于实现该业务的技术。它纯粹是建议的业务领域的将来状态。这个视图的价值是它准确地展示了拥有者想要做什么（所以你可以与利益相关者讨论），不用担心实现它的技术。

---

① 如果你好奇，这个模型的名称来自一种英语朗诵法，学生学习正确使用元音来清晰地发音。"How now brown cow?"这个模型的第一段是 How-Now，所以得名"Brown Cow"。

右下角最后一个象限是 Future-How。这里展示将来业务策略的视图，加上使之成为现实的技术和人员。

一般来说，只有业务的两个视图是不够的："目前"和"将来"。这些视图不能脱离实现，没有看到纯粹的业务问题真相，因此不适合认真的创新或系统开发。

5.7　当前做事的方式（当前如何）

建模作为工作调研的一种方式，最好是在需要理解中到大型工作领域，又没有文档时进行。如果当前用户很难描述整体工作，也可以采用这种技术。如果你知道现有的工作将留下重要的遗留系统，也可以采用这种技术。

我们曾屡次提到，也许还将多次提到，需要理解工作。做这件事时，最好不是作为一个被动的观察者，而是积极地参与对工作建模。

不管目前的工作可能有什么坏名声，它仍是有用的：它包含的功能对业务做出了积极的贡献。自然，其中许多功能必须包含在将来的系统中。你可能采用新的技术，用不同的方式实现它，但底层的业务策略仍然几乎未变。因此对当前工作建模的一个理由，就是确定哪些部分需要保留。

> 目前的工作包含了许多功能，它们对业务做出了积极的贡献。这些功能自然必须包括在将来的系统里。

参考阅读

Robertson, James, and Suzanne Robertson. *Complete Systems Analysis: The Workbook, the Textbook, the Answers*. Dorset House,1998.

这本书说明了如何对目前、将来和想象的工作进行建模。

可以利用模型来帮助理解工作，但矛盾的是，如果不理解工作，就无法创建这个模型。在建模活动让你问出所有正确的问题的过程中，这个矛盾一直伴随。任何有用的模型都是能工作的模型，因为你可以说明模型的输出可以从输入导出。所以，如果模型不能工作，就表明你没有问足够的问题，没有得到足够的正确答案（参见图 5-5）。或者我们可以说，随着模型的建立，你逐渐明白你不知道什么，有多少不知道，以及业务人员不知道什么。

这个模型也记录了工作，对工作进行了演示（至少是向自己）。因为模型作为与利益相关者之间的一种共同语言，可以同意对工作有了相同的看法。

在为目前的工作建模时，要记住你不是在确定一个新的产品，而只是在建立用户目前做的工作。在大多数情况下，用户对工作的描述中包括了他们完成工作所使用的机制和技术。这些机制不是新系统的需求，你必须透过它们看到用户系统的底层策略。当你"越过那条线"，研究 Brown Cow 模型中水平轴上面的两个象限，考虑 What 而不是 How 时，真正的理解就会浮现。我们稍后将走到这一步。

对当前系统的建模应该尽快完成。图 5-6 展示了一个原有系统的模型，它是本书的作者与伦敦城市大学的职员共同完成的。这个模型是在 15 分钟内完成的，但我们那时在喝咖啡。

图 5-5　知道在哪里问问题，问哪些问题，几乎和知道答案一样有用。如果模型中有不知去向何处的数据流、没有输入的处理过程、只读或只写的数据存储，或其他违反建模惯例的地方，那就需要针对工作的这些方面向利益相关者提出更多问题

要限制在当前系统模型中所展示的细节的数量，因为对一个打算替换掉的系统来说，得到一个详细的系统模型意义不大。理想的模型包含足够的信息，让你理解工作，此外没有更多信息。图 5-6 和图 6-7 所示的细节就差不多了。也就是说，这些模型展示了当前情况的主要部分。这样的模型允许利益相关者验证它是否足够好地代表了工作的实际情况，让需求分析师有了进一步问问题的基础。

建模时不该限制的方面是模型所包含的业务领域。这几乎（我们强调了"几乎"）就是"越多越幸福"的一种情况。模型应该包括可能与产品有关的所有工作，对新产品有贡献的所有业务部分，以及过去曾碰到过操作问题的那些部分。其他值得包含的领域是那些没有很好理解的业务。

让模型有一个很大的范围，这是因为需求分析实际上是"工作再造"的过程。你确定产品以改进工作，因此对工作研究得越多，就越有机会改进它。研究的范围越大，也就理解得越好，你和利益相关者就越有机会发现可以通过改进来获得好处的地方。

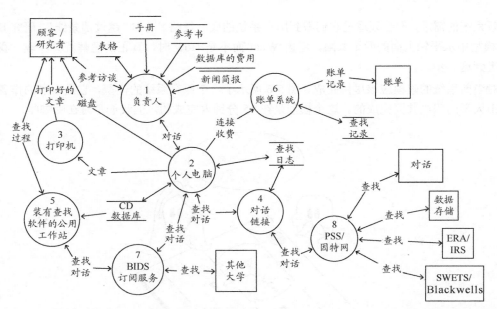

图 5-6　城市大学的研究者们查询商业数据库的过程。该模型展示了任务所采用的技术，是本书作者与该过程的使用者们一起创建的。当使用者们描述工作时，作者进行建模并说明自己的理解。这个模型使用了传统的数据流表示法。许多过程模型同样能很好地完成这项工作，所以应使用你最熟悉的模型

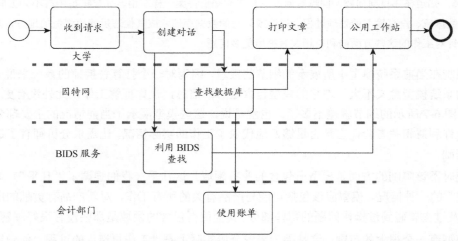

图 5-7　UML 活动图，展示了图 5-6 中同样的工作。业务分析师应该使用他们感觉最舒服的模型

　　当前模型也用于确认工作的范围。在项目启动阶段（第 3 章），你和利益相关者创建了一个上下文范围模型，以展示打算研究的工作范围。在检查当前状况时建立的所有模型都应该再次确

认，所有合适的工作部分都包含在了上上下文范围中。如果在此阶段发现一些可能因关注而受益的领域，或发现某些部分的工作需要理解，或任何应当包括的部分，那么此时就可以调整上下文范围。这种改动需要取得利益相关者的同意，但最好是现在就扩大范围，而不是得到一个缺少重要功能的产品。

5.8　做学徒

做学徒对内部开发特别有用。做学徒的基本假定是用户正在完成工作，你作为需求分析师，必须理解他们的工作。这种工作可以是文书方面的、商业方面的、图形艺术方面的，或几乎所有的事情，只要不是大脑手术。

如果当前工作和系统的重要部分有可能要重新实现，做学徒的方法就合适。但要记住，你不会完全照原样重新实现工作。我们建议所有学徒都参考讨论工作实质的小节。

做学徒是一种观察实际工作的很好的方法，它基于师父和徒弟的古老思想。在这种情况下，需求分析师是徒弟，用户是师父。分析师与用户一起坐在用户工作的场所，通过观察，问问题，或者通过在师父指导下完成一些工作来进行学习。这种技术有时也称为"旁观工作"。

参考阅读

Holtzblatt, Karen, Jessamyn Burns Wendell, and Shelley Wood. *Rapid Contextual Design: A How-to Guide to Key Techniques for User-Centered Design*. Morgan Kaufmann, 2004.

许多用户都不太可能详细地解释清楚他做的事，让业务分析师完全理解工作，并记录所有的需求。因为如果你不在工作，就倾向于总结。总结可能有用，但是它没有提供足够的细节，不能在任何情况下都适用。

你也不能指望用户有足够的演示和教学技能，可以有效地把他们的工作展示给其他人。但是，当他们正在做的时候，几乎任何人都善于解释正在做的事。

如果用户正在他工作的地方做他的事情，他就能提供连续不断的解说，并提供在其他情况下会遗漏的细节。所以，如果你想得到工作的准确解释，就要去工作现场，坐在用户身边，在工作发生时获得连续不断的解说。如果解释不清楚，学徒就提问："为什么那样做？""这是什么意思？""这种情况发生的频度怎样？""如果这段信息没有出现在这里怎么办？"你也会看到事情会出错，看到特殊情况，以及事情不正常时用户采用的特别处理方法。通过做学徒的过程，你看到了所有的情况，以及用户在每种情况下采取的行动。

> "人们正在做一件事时，能更好地解释他们在做什么，为什么要这样做。"
>
> ——Hugh Beyer, Karen Holtzblatt, *Contextual Design*

做学徒可以与建模结合起来。在你观察工作和用户解释时，可以勾勒出每项任务的模型，以及它们与其他任务的联系（参见图 5-8）。在你建模时，将它反馈给用户以求得确认。你自然会利用这种反馈，对所有不确定的地方提出问题。

图 5-8　需求分析师在用户的桌子旁边对工作进行学习。有时，会在学习过程中建立工作模型

你在做学徒时，既是解释者，也是观察者。在观察当前的工作时，你必须从看到的东西中进行抽象，必须克服用户与工作的具体形式之间的紧密联系。换言之，那些目前使用的制品、技术和其他输入信息，应该视为以前设计者的作品。某人在以前某个时候，决定了这就是完成工作的最好方式。但是，时间已经发生了改变。今天可能做一些昨天不可能做的事情。现在可能有更好的方法，即利用最新技术的方法、使用流水线处理过程的方法，对工作进行简化，对全部工作或部分工作进行自动化。

但你首先必须抽象。在你观察工作在真实情况下完成，从而学习工作时，你要对当前的技术进行抽象，发现工作的底层本质。稍后我们会继续讨论本质。

5.9　业务用例研讨会

　BUC 研讨会对大多数项目都是有用的，是最常用的需求技巧。这些研讨会检查一部分业务，目标是发现理想的工作。你必须克服地理上的限制，确保召集合适的特定利益相关者组合，他们对这个业务用例有兴趣。如果要对工作进行根本的改变，这些研讨会特别有用。

在第 4 章中，我们讨论了业务事件，以及它们如何触发工作的响应，我们称这种响应为业务用例（BUC）。我们希望，通过对业务事件和业务用例花一整章进行讨论，我们已经清楚地表明

了根据工作对外界的响应来划分工作的重要性。

【关于业务事件和 BUC 的完整讨论，可参考第 4 章。】

既然你已经划分了工作，业务用例研讨会就是一种有效的方式，对每一部分进行理解并做出改进。在研讨会上，针对一个具体的业务用例，感兴趣的利益相关者描述或重新制定他们目前在做的工作，讨论他们希望完成的工作。你的任务是记录下这部分工作，让利益相关者理解并一致同意这是准确的描述。一般来说，我们建议通过场景来展示业务用例的功能（参见图 5-9）。稍后，你将利用这些记录来改进工作，导出支持工作的产品的需求。

参考阅读

Gottesdiener, Ellen. *Requirements by Collaboration: Workshops for Defining Needs*. Addison-Wesley, 2002.

Gottesdiener 的这本书详细介绍了如何规划和进行需求研讨会。

Hass, Kathleen, and Alice Zavala. *The Art and Power of Facilitation: Running Powerful Meetings* (*Business Analysis Essential Library*). Management Concepts, 2007.

【关于如何发现相关的感兴趣的利益相关者，可参考第 3 章。】

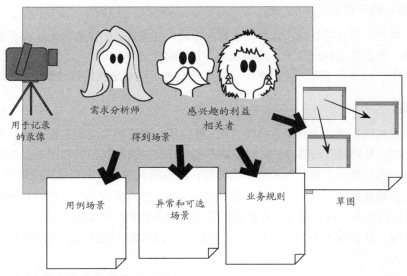

图 5-9　业务用例研讨会通过场景和草图原型记录下建议的功能。研讨会是一个论坛，让感兴趣的利益相关者有效地进行沟通，描述他们的理解，问问题，并给出对工作的期望

在第 6 章中，我们将讨论场景，它以一种相当结构化的方式叙述业务用例的故事。我们建议你

在业务用例研讨会上使用场景，它们非常易于理解，为研讨会提供了方便的焦点。你可以跳去阅读第 6 章，但目前来说，只要将场景看作一种工具，它将业务用例的功能分解为一系列步骤，这就够了。

分析师与利益相关者共同探讨业务用例，并记录以下信息。

- ☐　BUC 的预期成果。
- ☐　正常场景，描述 BUC 完成的工作。
- ☐　一些异常场景，描述了哪些事情可能出错，以及工作通过哪些活动来纠正它们（如果需要，这些可以推迟到以后）。
- ☐　适用于该业务用例的业务规则。
- ☐　草图原型，用于帮助利益相关者将业务用例可视化。这些可抛弃的草图是可选的，并不打算在需求阶段结束后继续保存。

5.9.1　成果

成果是组织机构在业务用例发生时希望实现的目标。应该从结果而不是输出的角度来考虑这一点。例如，假定业务用例是"为顾客租一辆车"。期望的成果是顾客开走了他选择的车，选择的费用是合理的，细节被记录下来，交易完成了，给顾客带来的不便最少，费用最少。同一个业务事件的输出是一些租借文档和一些记录下来的数据。输出归档并不一定能保证成果。

考虑成果，而不是输出。

注意，成果是一项业务目标，而不是达到目标的一种方式。成果通常是从拥有者组织机构的视角来表达的，即它想达到的目的。成果是业务用例存在的理由。

应该能够用一句话写下来：如果这个业务事件发生，这就是我们想达到的目标。

5.9.2　场景

场景以一系列的步骤（通常是 3～10 个），描述了业务用例完成的工作。场景是利益相关者容易理解的文档，是研讨会的焦点。这些步骤不必很详细，因为我们的意图不是捕捉业务用例的每个细小部分，而是得到工作在业务层面的图景，利益相关者利用它来达成一致意见。

正常情况的场景展示了在一切正常、没有错误发生、没有错误动作、没有其他麻烦的事件发生时，业务用例的动作。其意图是让你和利益相关者对应该发生什么达成一致意见。其他的场景关注异常的情况（如果发生不希望的错误），以及可选的场景（业务用例的用户可能采取一些允许的可选动作）。

【第 6 章有大量关于场景的论述。】

场景的集合代表了感兴趣的利益相关者对"工作应该做什么来响应业务事件"的一致看法。我们再次强调理解工作，而不只是理解产品的重要性。

5.9.3 业务规则

业务规则是管理的规定，对日常业务决定起到统御和指导作用。例如，我们在道路除冰项目中发现以下两条业务规则：

❑ 卡车驾驶员最长的轮岗时间是每隔 5 小时；

❑ 工程师对气象站每周维护一次。

在利益相关者针对工作的每个业务事件进行讨论时，业务规则就会浮现出来。将来它们会被用于指导功能性需求，并帮助发现存储数据的意义。自然，创建的产品都应该满足业务规则，通常产品会强制实现它们。

业务规则没有一定的格式。对于大多数项目来说，可以在感兴趣的利益相关者的帮助下，发现描述这些规则的文档。当然，业务规则必须成为业务用例场景及后续需求的一部分。

业务用例研讨会让感兴趣的利益相关者有机会提出所有相关的业务规则。

5.10 利益相关者访谈

几乎所有项目都用到访谈，因为它实际上是所有提取技巧的一部分。虽然它无处不在，但我们建议不要将访谈作为唯一的需求收集技巧，而是将它与本章中讨论的其他技巧一起使用。

利益相关者访谈是最常使用的需求收集方法，但也不是没有问题。访谈者依赖于受访者知道（并能够说出）关于工作的所有知识。如果人们对工作很熟悉，这种方法可能很有效，但这种知识常常局限于他们自己直接接触的领域。组织机构中可能有一些人，他们对业务有足够的理解，成为向你描述业务的唯一人选。访谈也要求受访者有一些抽象和沟通的能力。出于这个原因，不将访谈作为唯一的需求收集方法是明智的，应该将它与其他一些技巧配合使用。

虽然有上面的警告，但访谈技巧在其他一些情况下是很有用的。例如，需求分析师可以"访谈"一个模型或一份文档。这里的技能是知道对模型提什么问题，或更实际一点，知道模型相应的利益相关者。

一些需求分析师会草拟一份问卷，在访谈之前先发给利益相关者。尽管这个预备步骤给接下来的访谈带来某种结构，但我们发现极少用户会有足够的动机或足够的时间，在与分析师会面之前就填写问卷。我们建议发出一份简单的议程，列出访谈将涉及的主题，以及计划的访谈时间。这至少让受访者有机会在背后进行一些思考，准备需要的材料，或请一些领域专家出席访谈。

在访谈过程中，利益相关者不应该完全是被动的。相反，应该尽量让他们参与建模（业务事件响应、用例、场景等）。这样你就和利益相关者之间建立起了一个反馈环，也意味着可以迭代式地测试你听到的东西的准确性。请遵循下面的建议，让访谈更有效。

❑ 设定访谈的上下文背景。这对于避免利益相关者谈一些与目的无关的问题是必要的。如果他没有准备好这次会谈，这也给他一个体面地离开的机会。

- ❑ 限制访谈的时间，不超过议程中声明的时间。我们发现超过一小时（90 分钟是上限）的访谈常常会丧失焦点。
- ❑ 使用业务用例作为谈话的中心。用户知道业务事件（尽管他们可能不用这个名称），而且如果一次讨论一个业务用例，谈话的方向性会更强。
- ❑ 问问题（稍后会更多地讨论这一点），听取回答，然后反馈你的理解。

> 反馈你的理解。在对利益相关者进行访谈时建模。

- ❑ 画出模型，鼓励用户改正它。许多模型（如数据流图、活动图、序列图）有助于沟通和理解一个处理过程。你也可以为信息构造一个数据模型，或画一些思维导图来连接不同的主题。
- ❑ 使用利益相关者的术语和制品，包括概念和实物。如果利益相关者不使用自己的语言，那么你就迫使他们进行技术翻译，使用他们认为你会理解的术语。不幸的是，这常常导致误解。相反，如果你被迫对他们的术语提问，肯定会有新的发现。
- ❑ 保留制品的副本。制品是利益相关者在他们的日常工作中用到的东西，它们可能是一些实物：文档、计算机、尺子、电子表格、机器、一些软件。也可能是一些概念：状态、合同、进度表、订单。将来研究它们时，你几乎总会提出一些问题。
- ❑ 感谢利益相关者提供了他们的时间，并告诉他们你学到的东西，以及为什么这是有价值的。毕竟，他们还有很多其他的事要做。他们被雇用不是为了与你谈话，而且他们常常将访谈视为一种打断。
- ❑ 写下你听到的东西。我们保证你会有更多的问题。

> 感谢利益相关者提供了他们的时间。

记笔记本身几乎就是一种技能。我们鼓励使用思维导图作为记笔记的工具，本章稍后将讨论它。你也可以考虑市场上的一些"智慧笔"（smartpen）。这些设备记录电子版本的笔记（易于分享给团队中的其他人），有一些设备可以记录访谈的语音。在本书写作时，Livescribe 笔很流行，其他一些产品也提供了类似的技术。

5.10.1　正确提问

我们在前面曾建议，业务用例是访谈时的理想工作单元。我们也强烈建议你使用 Brown Cow 视图（参见图 5-4），作为正确提问的引导。让我们利用来自 IceBreaker 道路除冰项目的一个例子，来看看这个过程。

假设你对总工程师进行访谈。你要探讨的业务事件是"道路工程师安装了新的气象站"。你的问题应该聚焦于工作对这个业务事件如何响应。

业务分析师（BA）：如果工程师安装了新的气象站，会发生什么？

总工程师（CE）：工程师让我们知道新气象站的位置，我们记录下来。

BA：你们如何记录新的气象站？

CE：我给你看我们用的电子表格。就是这个。

BA：谢谢。我想要一份这个气象站电子表格的副本。我看到你们记录了气象站编号、地理坐标和安装日期。你们还记录什么？

CE：我们有另一个计算机系统，记录了每个气象站的维护历史。有一些重复记录，但情况就是这样。

BA：关于气象站，还有什么其他事实对你们是有用的吗？

CE：嗯，我们希望知道每个气象站的制造商和表现。

BA：你说"表现"是什么意思？

CE：哪个气象站最需要维护。这有助于我们计划将预算花在哪种新技术上。但以前我们从未做到这一点。

BA：如果有一个新系统，集成关于气象站、维护历史和表现的所有信息，你觉得能接受吗？

CE：什么？你是说全都在一个屏幕上？

BA：是的，就是让你能够追踪气象站和它在生命周期中的表现。

CE：听起来很棒，但我要和一些工程师确认一下。

BA：好的，确定关于气象站的所有事实都准确定义之后，我可以做一个快速原型，向工程师展示我们的想法。如何？

CE：这个主意我喜欢。

BA：谢谢你的时间。回去我会复查我的笔记和你给我的样品，然后发一份访谈纪要给你。有些问题我可能需要打电话问你。然后我会约一个时间，和工程师们探讨原型。你觉得合适吗？

CE：很合适。谢谢你。

> 注意，分析师使用了一些疑问词（什么、为什么、哪里、谁）来提问并获取信息。

　　在这次访谈中，业务分析师采用了 Brown Cow 视图来帮助探讨业务用例。他开始问工作现在的情况（How-Now），发现了用于维护气象站的电子表格和另一个计算机系统。他询问"你们还记录什么"，是为了发现新气象站安装时记录的属性（What-Now）。询问"还有什么其他事实"，是为了发现可以利用而当前没有记录的其他事实（Future-What）。提出集成系统和原型的想法（Future-How），是为了告诉总工程师，如果业务分析师正确地理解了安装气象站的业务，可能会有一种更好的工作方式。

> Brown Cow 视图帮助你探讨业务用例，它们目前状况、实质，以及未来可能的样子。

请注意，业务分析师使用了许多"开放式问题"。这些问题询问"什么"、"怎样"、"何时"、"哪里"、"为什么"或"谁"，它们鼓励受访者给出详细的回答，而不是"是"或"不是"。

5.10.2 聆听答案

成为一名好的聆听者，意味着能透过别人的用词，理解言外之意。这很难，因为根据自己的假定、经验和成见，我们对词语的含义都有自己的理解。而且，特别是在访谈某人时，我们常常害怕沉默，可能会想："如果我不说点什么，受访者可能会认为我不知道自己在做什么。"实际上，反过来才是对的：有一些沉默和反思的时间会让人感到舒适。但是，如果你是访谈者，几秒钟的沉默都会让你觉得像一辈子那么长。

如果你希望改进聆听技能，可以从心理学、社会学和家庭治疗等领域学到很多东西。这些学科已经意识到，帮助有问题的人，你首先必须通过他们的言谈举止理解他们的意思。

在 *Clean Language* 一书中，作者 Wendy Sullivan 和 Judy Rees 谈到了"仔细聆听"他人言辞的力量。他们对改进聆听技能有一条建议，即"将你的注意力集中在对方实际在说什么，而不是他们本身，或你认为他们的话可能是什么意思"。另一条有帮助的建议："准确重复你听到的词或短语"。这样做表明你确实在聆听对方所说的话，这种反馈鼓励对方进一步解释他们所说的意思。

最重要的是，如果你希望成为一名更好的聆听者，不要只顾着说。要习惯欣赏沉默。

参考阅读

下列书籍为怎样更好地提问和聆听答案提供了洞见。

O'Connor, Joseph, and John Seymour. *Introducing Neuro-Linguistic Programming*. Conari Press, 2011.

Sullivan，Wendy，and Judy Rees. *Clean Language: Revealing Mataphors and Opening Minds*. Crown House Publishing, 2008.

Weinberg, Jerry. *Quality Software Management. Volume 1: Systems Thinking. Volume 2: First-Order Measurement. Volume 3: Congruent Action. Volume 4: Anticipating Change*. Dorset House, 1992–1997.

5.11 寻找可复用的需求

许多项目都交付类似的产品。也就是说，如果你为一个财务公司工作，几乎所有项目都是交付某种财务系统。既然你的组织机构已经这样做了几年，有可能某人在某个时候研究过相似的工作，并为产品写下了需求，也与你的相似。如果能借用以前别人完成的工作，你就没必要全部重新来过。

工作调研是观察和解释的时候。我们寻找的解释是你看到一个业务过程，并意识到它与其他过程有类似之处。通过抽象，也就是说，忽略主题事务并关注处理过程（看动词而不是名词），你通常能够解释一项工作，因为它与另一项工作具有相同的功能。这不是说它们处理同样的主题事务，而是说它们在完成工作的方式上有相似性。

例如，我们的一个客户是一家银行的国际部，有 20 种不同的产品，包括信用证、担保的外国银行借贷、保证金等。初看上去，用户处理每种产品的方法都是不一样的。但在我们研究了工作之后，一个共同的模式就浮现出来了——我们是在发现相似性，而不是不同之处。我们观察到，每个产品实际上是一种不同的方式，用来保证出口者得到在国外的货物的付款。结果，我们能够从一个项目中借鉴许多，用于下一个项目。我们必须改变名称，并对处理过程进行一些调整，但利用从其他项目中抽象出来的需求，我们节省了大量的项目时间。

> 寻找相似性，而非不同之处。

我们建议为工作结构建立抽象的模型，即不要特别地对事物给出具体的技术名称，或使用属于组织机构某部分所特有的技术。这样的模型也不适用于任何具体的用户，或使用具体用户确定的术语。这样模型就远离了它的来源，它们使用分类化的方法，而不是特殊化的方法，使用泛型而不是具体实例。不是从某个个别用户的视角为工作建模，而是对一类工作建模，从所有用户的角度来看它。

利用这种抽象，你能够发现组织的其他部分是否存在相同的模式。我们的经验是，尽管名称和制品可能差别很大，同样的工作模式可能在一个组织中多次出现。我们利用模式的重复出现，首先是为了更快地理解需求，其次是为了将一部分工作的实现用于其他的工作。

第 15 章探讨了需求复用。如果你感觉有机会从其他项目中复用需求和其他制品，我们建议你读那一章。 【更多的模式可参见第 15 章。】

5.12 快而不完美的过程建模

快而不完美的过程建模是一种技术，通过快速为业务过程建模来理解当前的工作，并达成一致意见。我们发现业务利益相关者很适应这类模型的动态特性。

如果有大部分遗留系统需要替代，这种技术就很有用。如果利益相关者在地理位置上是分散的，也可以用这种技术。

快而不完美的过程模型模拟了当前的情况，当然也可以对将来的过程建模。它们不是像 UML 活动图或类似模型那样正式的模型，而是用手上的物理材料制作的。我们发现，即时贴是建立这种模型最方便的方式，但不限于这种材料（参见图 5-10）。

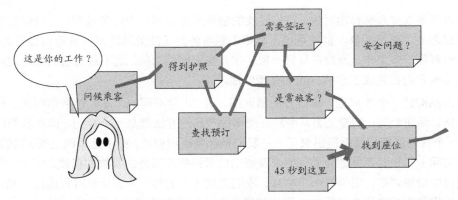

图 5-10　在快而不完美的过程建模中，业务分析师采用即时贴为工作建立非正式的模型。大量即时贴贴在墙上，用胶带连接起来。自然，感兴趣的利益相关者是这种建模活动的参与者

这种技术基本上是采用大量即时贴，或索引卡片，针对过程中的每个活动，建立过程模型。你可以将即时贴贴在白板上，画线连接，或者如果你使用的是普通墙壁，利用胶带连接即时贴。在最好的情况下，你的办公室墙壁采用了白板涂料，如 IdeaPaint，可以随心所欲地画线和贴即时贴。

使用即时贴对业务过程建模，好处是利益相关者通常乐意移动色彩明快的即时贴，从而参与过程建模。如果一个活动命名不好，可以很快用另一张命名更好的即时贴来代替。如果位置不对，移动也很容易。

但是，也许采用这种技术最重要的好处在于，当利益相关者移动即时贴时，他们常常会发现简化业务过程的方法。常会听到利益相关者说"如果我们把这个活动移到这里，改变那个活动，就可以消除下面那两个活动"。这些想法必须保存下来，在我们寻找系统的本质并导出新的工作方式时，用上去。

即时贴模型可以是简单的模型，其中活动基本上是一条直线，也可以是相当精细的模型，如图 5-11 所示。

请记住，虽然我们鼓励使用物理模型，但我们不鼓励设计屏幕界面并深入低层次细节中，因为这些活动在这个阶段是不合适的。这里采用快而脏的模型，只是为了针对现在和将来的过程，建立更容易说服人的模型。如果业务用户这时将注意力转向设计屏幕，将收获不多，实际上，损失会很大。

但是，如果你能避免设计，也可以充分利用屏幕和其他接口的草图。

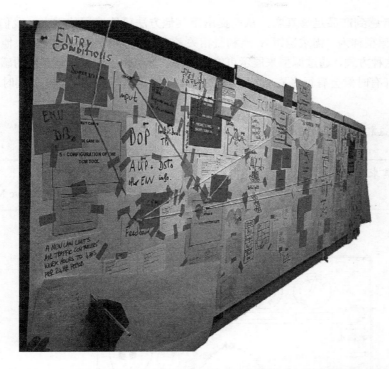

图 5-11　5 米长的即时贴模型，由空中交通管理者在研讨会上建立。这个模型的精细程度可能超过许多业务的需要，但它有助于管理者更好地理解他们的过程。摄影：Neil Maiden

5.13　原型和草图

原型和草图（它们实际上是一回事）可以是有效的需求提取技术。基本思路是用草图勾画建立的产品，然后逆向工程，从草图导出需求。在下列情况中，这是特别有效的方法。

❑　产品以前不存在，很难想象。

❑　产品的利益相关者对这种产品或建议的技术没有经验。

❑　利益相关者做了一段时间的工作，但卡住了。

❑　利益相关者很难说出他们的需求。

❑　需求分析师很难理解需求是什么。

❑　产品的可行性存在疑问。

在收集需求时，你让利益相关者想象，他们需要将来的产品做什么。你发现的结果受限于利益相关者的想象力和经验，且受限于他们描述目前不存在的事物的能力。

与之相对的是，原型为利益相关者提供了一些真实的东西，或者至少是具有真实的外观。原型让利益相关者感到产品足够真实，从而提出用其他方法可能遗漏的需求。我们的同事 Steve McMenamin 将原型称为"需求诱饵"：当利益相关者看到原型所展示的功能时，他们会想到一些其他需求。用这种方式，通过原型来展示可能性，并让利益相关者有身临其境的感觉，就可以捕捉到一些需求（有时候会有很多），如果不是这样，这些需求可能要到产品使用时才能发现（参见图 5-12）。

> 原型让利益相关者感到足够真实，从而提出用其他方法可能遗漏的需求。

> "原型是需求诱饵。"
>
> ——Steve McMenamin

图 5-12　需求原型用于展示潜在产品的功能。原型的目的是促使利益相关者告诉你，你是否已理解了所需求的功能，同时，作为"使用"原型的结果，向你提出原型所建议的其他需求

原型也用于演示需求的后果。不可避免地会遇到一些特殊的需求，它们只有唯一的一个提倡者，他信誓旦旦地说没有那项需求他就会无所适从。谁知道他的需求是一个使产品更好的好主意，或者只是完成一件不必做的事情的复杂方法？原型可以弄清楚。对难以彻底了解的需求构建了一个原型后，这些需求就变得可见。这使每个人都有机会去理解它们，讨论它们，然后决定它们是否有价值，是否应该留在最终的产品中。

我们必须强调，这里讨论的原型和草图是抛弃型原型，它们的目的不是演化成最终的产品。当然，它们也可能变成最终产品，但那对于需求收集任务来说是偶然的。

在这里，我们使用术语"原型"和"草图"，它们意味着对产品的某种模拟。利益相关者将使用该产品来完成工作，即你设想他们将来可能做的工作。简单来说，你将产品的原型（可能是几种可选模型）展示给利益相关者看，并询问他们，使用像这个原型的产品是否能完成他们的工作。如果回答是"是"，那么就记录下该原型版本所展示的需求；如果回答是"否"，那么就更改原型再询问。

利益相关者必须决定你的原型是否合理地展示了所建议的工作，他们处于一种困难的境地。不可避免，他们为原型实验带来了一些与工作相关的包袱。他们做他们的工作已经有一段时间了（如果不是这样，你可能不会让他们测试原型），而且他们对他们的工作的看法可能与你的看法很不一致。这种观点上的不同要求你去发现，你所面对的人的头脑中哪方面的现实是最突出的，他们在工作中使用哪些隐喻，他们在工作时怎样看待自己。而且你要问他们，对做不同的工作有何看法，即你建议的将来要完成的工作。采用新的产品可能意味着要抛弃他们感到很适应的制品和工作方式。要让利益相关者放弃他们的经验和舒适的方式，接受一种新的、还没有试过的方式来完成他们的工作，这不容易。

> 你所面对的人的头脑中哪方面的现实是最突出的？他们在工作中使用哪些隐喻？他们在工作时怎样看待自己？

这意味着你尝试的原型技术，总是应该使用那些利益相关者很熟悉的制品和经验。这就意味着根据不同工作情况来调整制作原型的方法。

> 创建与用户的世界有真实联系的原型。

让我们先来看一些可能的制作需求原型的方法，然后再来讨论如何利用它们取得收获。让我们从最简单的开始：低保真原型。

5.13.1　低保真原型

低保真原型使用利益相关者熟悉的介质，有助于他们将注意力集中在主题事务上。诸如铅笔和纸、白板、活动挂图、即时贴、索引卡片、纸板箱等东西，都可以用来创建有效的低保真原型（如图 5-13 所示）。实际上，可以用利益相关者日常生活中的任何物品，不需要额外的投资。

> "为了看清楚结构，第一个原型总是用纸。"
>
> ——Hugh Beyer, Karen Holtzblatt, *Contextual Design*

图 5-13　有效的原型工具不必很复杂或很昂贵

低保真原型是草图，其用意不在于看起来很像最终的产品，所以这种原型被称为"低保真"。不像最终产品既有好处也有坏处。好处在于没有人会把它和真正的产品弄混。创建它的时间也是最少的，最重要的是它说明这只是个易于修改的仿制品。低保真草图鼓励迭代，多少意味着不能指望第一次尝试就得到正确答案。坏处在于，这样的原型有时候要求测试它的利益相关者付出更多的努力，将白板上的草图想象成他的新产品。但是，画一个草图并能够很容易、很快速地对它进行修改，这通常会带来活力，帮助利益相关者更好地利用他们的想象力。

我们发现，如果原型只包含一个业务用例（BUC）或一个产品用例（PUC），那么制作原型会更方便，最终也更为准确。由于原型涉及某些模拟的产品，我们假定你正对一个 PUC 制作原型。我们在第 4 章中介绍了业务用例和产品用例。业务用例是一部分工作，它由外部业务事件触发，或由预先设定的时间定时触发，在一个单一持续的时间间隔中发生。它也具有已知的、可测量的、可测试的成果。BUC 中由产品来完成的部分就是 PUC。由于在一个单一持续的时间间隔内发生，它提供了一定量的工作，适合作为制作原型的主题。

> 如果每次针对一个 PUC 制作原型，就会更方便，最终也更为准确。

让我们通过一个用例的例子来看看怎样制作原型。图 5-14 所示的产品用例"监视未处理的道路"，比较合适用作例子。到了监视道路处理情况的时间，这个用例定期触发：工程师检查，是否所有计划将用除冰物质处理的道路都已分派了一辆卡车。你的任务是发现这部分产品的所有需求。

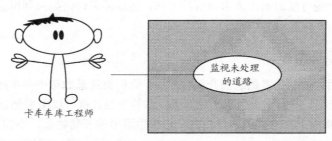

图 5-14 卡车车库的工程师有责任确保用除冰物质对所有存在结冰危险的道路进行处理。第 11 号用例"监视未处理的道路"代表了这部分的工作

创建这个 BUC 的低保真原型，是为了发现新产品必须实现的原有的需求，以及还未梦想过的需求。让我们假定工程师目前正使用的系统提供一个道路清单，并以此作为出发点。

可以快速勾画出一个当前状况的低保真原型，然后开始探索如何改进它。这个原型关注产品做什么，暂时忽略所有的实现细节。

勾画低保真原型时，要快。用一张草图或几张可替换的草图来说明每项需求建议。你可能有意地为同一个用例提供几个原型，询问利益相关者的偏好，以及其他可替代原型的建议。当利益相关者看到你模拟一些可能的方式来解决他们的问题，意识到他们提供的输入信息不但受欢迎，而且是必需的时候，他们肯定会帮助你，并开始提出他们的改进建议和需求。根据我们的经验，一旦让问题可视并让人们参与进来，他们总是会变得很有创造力和想象力，以至于有时问题就变成了要跟上他们的建议。

把利益相关者[①]在使用产品时可能做的事画成草图，以此作为开始。询问利益相关者，哪部分产品将在他们的工作中发挥作用，然后记录下他们的想法。在"监视未处理的道路"这个PUC 中，利益相关者最有可能希望产品提供下面的信息：

- ❑ 计划要处理的道路；
- ❑ 已处理的道路；
- ❑ 道路相关的位置信息。

接下来询问利益相关者他们对这些信息做些什么。这时你不是在为当前这个问题设计一个解决方案，而是想探索潜在产品可能做什么，以及这个产品可能要做什么工作。

- ❑ "为了展现所需的信息，最好的方式是什么？"
- ❑ "要求的信息就是完成工作所需的信息吗？"
- ❑ "产品能否做更多或更少的工作？"

> "纸张相当实用，并能满足首要需求：它使我们能够表示出系统的结构，同时让我们难以对用户界面的细节产生过度关注。"
>
> ——Hugh Beyer, Karen Holtzblatt. *Contextual Design*

在制作原型时，假定没有任何技术限制。同时也要记住，你是在设计工作，而非产品。你是在捕捉所有可能帮助利益相关者完成工作的东西。

勾画出草图是为了从利益相关者那里提取想法。如果他们感到难以开始，那么提出一些你自己的想法。让他们想象正在做监视未处理道路的工作。他们完成该项工作还需要哪些其他信息？你的原型是否能提供？或者他们需要从别处查找信息？对于完成监视未处理道路的工作，当前原型版本提供的所有信息，是否都是需要的？

随着原型工作的推进，工程师看到了你的草图，你可能会听到下面的反馈：

"这很好。如果我们能看到 3 个小时内未被处理的主要道路，岂不是很好？但是只要主要道路——次要道路关系不大。我们目前的系统不能区分主要道路和次要道路。"

需要花多少时间把它加入到草图中？10 秒？如果工程师在产品交付后再提出，修改已安装的产品又需要花多少时间？无须多言。

通过与工程师一起工作，你得到的原型常常与他们目前拥有的系统很不一样。这就是要点所在：改变工作，发现新的、更好的工作方法。通过鼓励工程师告诉你越来越多的工作细节，你将会发现其他方式难以发现的需求，参见图 5-15。

---

① 我们说"利益相关者"而不说"用户"，因为可能有用户以外的利益相关者对某个用例感兴趣。

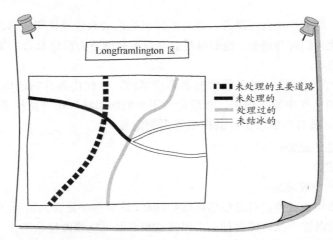

图 5-15　通过在活动挂图或白板上画这个低保真原型，你帮助卡车车库工程师确定他们的需求。
他们希望产品能突出显示在一个区域内还未处理过的、处于危险状态的主要道路

在勾画低保真原型时，你向用户展示自己的想法，并鼓励他们提出改正意见，进行迭代开发。记住，需求过程的一部分任务是发现更好的工作方法。对你和利益相关者来说，原型是这种发现的载体，用于进行试验，看看建议的产品将怎样对新工作做出贡献。

低保真原型是非正式的、快速的。没人会把它们当成完成的产品。因为它易于修改，利益相关者就愿意迭代，尝试并研究可选的思路。

低保真原型不是一件艺术品，而是收集思想的工具。

5.13.2　高保真原型

高保真原型是利用软件工具创建的，具有工作的软件产品的外观。它们看起来做了用例该做的所有事情，并且展示了工作的软件产品的大多数特征。开发这样的原型让利益相关者有机会"使用"具有真实外观的产品，并决定产品是否体现了正确的需求。

由于原型的行为与利益相关者期望的最终产品的行为一致，所以他们有机会探索产品的"潜力"，在理想情况下会得到他们的改进建议和新需求。但这也存在问题：由于原型看起来很像产品，利益相关者可能会把注意力集中在外观上，并可能放弃进行功能改进。但是这样做会偏离需求原型的目的。

利益相关者有可能误解他们在原型活动中的角色，除了这一点风险，高保真原型可以提供很多东西。它是互动式的，鼓励用户去探索它的功能。出现在屏幕上的图标和数据代表实际工作中用到的图标和数据。利益相关者将对原型感到亲切：他可以打开窗口，更新数据，在犯错误时得到通知。换言之，原型可以是实际工作的真实模拟。

高保真原型让你能创建生动的工作情景，并要求利益相关者操作原型，就像在做真正的工作

那样。通过观察利益相关者的反应并记下他们的评价，你会发现更多的需求。

有许多高保真原型工具可供使用。界面生成类型的工具，能够让你很容易地创建界面并模拟功能。许多这类工具是基于数据库后端的，因此可以用于创建中小规模的应用程序。

Drupal、Alfresco、Joomla 和其他许多的内容管理系统（其中许多是开源的），可以用于制作基于 Web 的产品的原型。这也应该看看 SharePoint 的 CMS 能力，因为许多组织机构已经部署了。这些工具不仅仅是原型制作工具，因为最终的结果可能是拥有全部功能的产品版本。必须注意对这类产品其他方面的需求（安全性、可维护性等），在制作原型时要跟上最新的版本。

我们不打算列出所有可以用来制作高保真原型的产品。这样的清单在拿到这本书的时候就会过时。我们建议在网上查找，特别是开源社区（soureforge.net），这是合适的需求原型软件的最佳来源。

高保真原型在发现易用性需求方面非常有效。当用户尝试用它来完成工作时，你可以观察原型的哪些部分是令人高兴和易于使用的，哪些易用性特征需要改进。通过这些观察，你可以写下大多数的易用性需求。

但我们不要走得太快。在第 8 章中，我们会探讨潜在产品的界面，那才是集中关注产品易用性和其他用户体验的时候。高保真原型在开发过程的这个阶段用得不多，所以我们将一些探讨推迟到那一章。

5.14　思维导图

 我们一直使用思维导图。我们用这些思维导图在访谈时做记录、计划项目或活动、对研讨会进行总结——实际上，只要我们需要简洁和智能的记录方式，就会用到思维导图。思维导图是让所有业务分析师受益的技能。

思维导图是绘图和文字的结合，试图按大脑存储信息的方式来展现信息。思维导图用线把表示信息的词和图连起来，从而模拟大脑的存储机制。

图 5-16 展示了一幅思维导图，是一个朋友在规划她的业务时画的。业务是为独自用餐的人提供建议和菜谱。这个细分市场不寻常，因为独自用餐者通常没有储备充足的食品柜和电冰箱，有时候他们发现很难买到适合一个人的数量的食物。而且，他们可能不是好厨师。我们朋友的业务是"一个人的美食"，为独自生活的人提供烹饪方面的建议和食谱。你可以在思维导图中看到这项业务。

请注意图 5-16 中的快速草图和匆匆涂写的单词。思维导图的作者 Joanna Kenneally 当时很匆忙。她希望马上开始她的业务，需要快速总结要做的事。她希望记下所有的想法，看看是否能形成一项可行的业务。

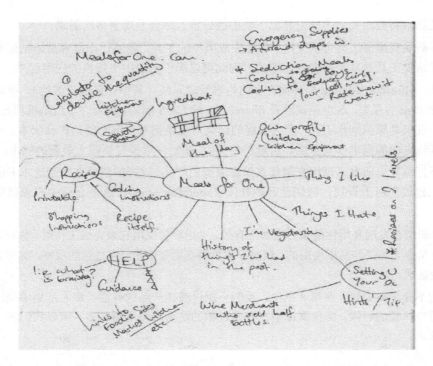

图 5-16　在规划“一个人的美食”业务时画的思维导图。针对独自烹饪和就餐的人，这项基于 Web 的业务提供了菜谱、采购建议和烹饪提示。思维导图的作者是 Joanna Kenneally。使用得到了许可

　　思维导图对于组织思想是很有用的。你可以在一张图中看到思考的结果（同时拥有了总结和细节），每一个子主题都得到梳理，展现出分支和联系。这个图提供了足够的信息（通过关键词和关键词之间的联系来表达），从而得到整体视图。你也可以深入一个分支，或者根据这些以方便的格式组织起来的信息进行决策。在思维导图中画一些小图是有帮助的，因为图片可以代替许多文字，而且比文字更容易记住。

　　如果你还没画过思维导图，那么试一下，不会有什么坏处。将一页纸横放，在中间放上中心主题。中心思想应该是某些词，或有强烈视觉效果的图像，告诉你或阅读思维导图的人，它在讲什么。第一层分解或一组辐射线，展示了主要的概念、话题、思想或所选主题的划分。用一到两个词在线上写下这些思想。寻找一些效果强烈的词来命名和描述你的思想。字体宁愿用草体字，结果将更易读、更难忘。

> 如果你还没画过思维导图，那么试一下，不会有什么坏处。

　　用线连接这些思想。人们会记住颜色，所以可在包含同一主题的区域使用一种有颜色的线。可以用带有箭头的线来表示方向，但大多数时候思想之间的联系都是双向的。

　　思维导图并不总是从中心向外建立的。有时候你有一些想法，或在记笔记时听到一些事情，这

些东西与图上已有的东西之间没有联系，也要将它们加到图上去，因为在将来会发现联系。思维导图最后可能不像所看到的例子那样有组织、漂亮，但这对思维还是有意义的——这是要点。图 5-17 提供了一个例子。

参考阅读

　　Buzan，Tony，and Chris Griffiths. *Mind Maps for Business: Revolutionise Your Business Thinking and Practise*. BBC Active，2009.

　　关于画思维导图的最后一个技巧：使用能找到的最大的纸或白板。借一个巨大的画图板，或活动挂图（flip chart），或任何能获得的东西。展开来，让思维有移动的空间。享受乐趣吧。尽可能地发挥创造性。

　　当然，如果想在计算机上画思维导图，可以购买画思维导图的软件。有很多画思维导图的应用程序。但本书的作者几乎从未使用过软件，因为它剥夺了用纸和铅笔时纯粹自发的感觉。我们为后人拍下了我们的照片（参见图 5-17）。

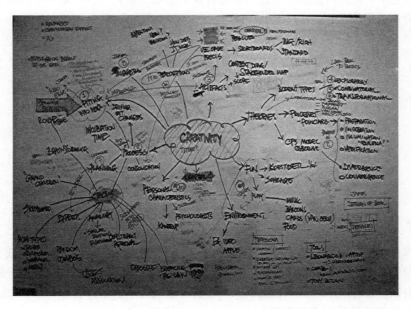

图 5-17　在构思一篇创新和创造性的文章时，本书作者画的思维导图

　　另一种技术方法是使用 Wacom 的 Inkling 作为记录思维导图的方式，也包含许多其他的草图和手写笔记。这种技术使用普通的纸来画画和写字，然后忠实地记录下电子版本。对于像我们这样喜欢画草图和涂鸦的人来说，这是个令人印象深刻的工具。

在访谈利益相关者询问需求时，我们使用思维导图来记笔记。当利益相关者告诉我们工作和新产品的特征和功能时，使用思维导图的好处就体现出来了。有些有联系，有些是独立的。用思维导图来记录访谈的内容，就更有可能看到联系，并发现客户没有提到而应该解释的联系。将思维导图看作是一种全能的记录工具。全能是因为建立联系不用任何文字，简单画一条线就行。

学画思维导图的最佳方式就是开始画思维导图。利用本书中给出的提示，或从网上收集一些有帮助的例子。但主要还是要开始画。很快会发现你的思维导图生动起来。

5.15　谋杀卷宗

本书的作者花了太多的时间乘飞机。阅读轻松的读物，尤其是侦探小说，是打发长时间的好方法。一些作者，特别是 Michael Connelly 和他的洛杉矶侦探 Harry Bosch，常常提到"谋杀卷宗"，即谋杀调查的案例文件。

我们常常对业务分析任务采用同样的方式：我们收集所有文档和其他"证据"，放入一个活页夹，有时候是几个活页夹（参见图 5-18）。像侦探一样，我们的目的是创建一串物品，集中存放，以备将来引用。就像侦探常常通过回头查看谋杀卷宗来破案一样，业务分析师也可以从项目卷宗里发现有用的好东西。

图 5-18　卷宗是需求发现项目产生的一组文档和模型

这项技术很简单：将每一份文档、访谈记录、模型、思维导图、用户故事和纸上原型（实际上是所有东西）加入卷宗。当然，这假定你有纸质的制品。如果所有东西都是电子的，那么你就有一份电子卷宗。按时间顺序加入你的制品，这就是这项技术的全部内容。除了你还需要去了解的东西之外，卷宗就是你要看的东西。

卷宗展示了项目开发的过程。将来出现问题时（问题会出现的），对新问题的解决方案常常依赖于知道曾发生过什么，以及项目以前的决定是为什么。卷宗的目的是成为开发项目的文档。

我们喜欢这种文档，特别是因为它是免费的。不需要编写额外的材料，只要收集所有写下的东西。在这种记录的保存方面，有时候你需要走得更远，提供某种文档登记，让别人更容易查找你的文档（或其他任何收集的信息）。有了出色的搜索引擎，我们可以看到将来大部分文档可能都是这种形式。不必花大量的时间对文档归档和分类，搜索引擎能在你需要时找到你想要的东西。

5.16 录像和照相

录像或照相是记录某些时刻的一种方式，以便稍后能对它们进行研究。如果想把当前的工作展示给不能到达利益相关者工作地点的人看，这是一种特别有用的技术。我们也对白板进行拍照（以展示想法的发展过程），并常常回过头来参考这些图像，将其中的一些包含在文档中。

录像和照相对于分布式团队是特别有用的工具。

录像可以用于研究业务。例如，用户和业务分析师参加研讨会和头脑风暴，可以对过程录像。访谈和现场观察也可以录像。利用这种技术，录像的作用先是记录进展过程，然后是确认。而且，你可以把录像放给没有机会与用户面对面的开发者看。

录像带可以结合用户访谈和现场观察用户一起使用。用户有自己完成任务的方式。他们用自己的方法对使用的信息分类整理，用自己的方法来解决问题。他们发现这些方法非常适合他们的情况。因此，通过录像来捕捉用户工作的情形，就记录了他们完成工作的方法、考虑、偏好和气质。

当然，录像的使用可以更结构化。例如，选择一个业务用例，让用户走一遍他们遇到的典型场景的活动，并通过录像进行记录。在用户工作的同时，他们会描述特殊的情况、他们用到的辅助信息、异常情况等。记笔记时通常会丧失的信息，如耸肩、做鬼脸、手势等，都被忠实地记录下来，以备将来重放并剖析。

显然，在对别人进行录像之前，必须征得他们的同意。记住，不管录像的对象是谁，他们在镜头前开始都会感到不太自然，但他们几分钟后常常会放松下来，忘记有人在录像。在开始的 5分钟里不要问任何重要的问题，因为这时他们主要考虑的还是镜头，而不能准确地回答问题

参考阅读

DeGrace, Peter and Leslie Hulet Stahl. *Wicked Problems, Righteous Solutions: a Catalogue of Modern Software Engineering Paradigms*. Yourdon Press, 1990.
这本书出版的时间相对较长了，但其中有一些与录像相关的思想可以看看。

> "录像有助于填补照相与更正式的书面文档之间的空白，它保留了即兴的谈话、肢体语言、面部表情（如扬眉毛）、使用程序时表现出的压力、使用键盘的容易程度，等等。因为它比语言保留了更多的东西，而语言只是录像中信息的抽象，所以录像更忠实地保留了信息。"
>
> ——DeGrace 和 Stahl

我们建议在以下情形使用录像。

- ❑ 对用户和开发者参加用例研讨会和头脑风暴进行录像。
- ❑ 对访谈和工作现场观察进行录像。
- ❑ 对用户的工作情况进行录像。
- ❑ 对一个业务事件进行录像。让用户操作一遍对业务事件的典型响应，并描述他们如何完成工作。
- ❑ 将录像发送给分布式团队的成员。我们发现，对于无法现场看到事件的人，录像能让他们的参与度增加。

如果录像在你的环境中似乎不适合，那就用照相。我们总是携带一个小数码相机（你手机上的就很方便），作为一件需求分析工具。在访谈、会议和研讨会上，我们对利益相关者、白板、挂图、办公室、制造工厂以及任何我们认为有助于发现需求的东西进行拍摄。我们常常在备忘录和进度报告中使用照片。照相是一种有效的方法，让人们既能够回顾细节，又不用写长篇报告。

你也可以考虑使用其他记录设备，如智能手机上的录音功能，或 Livescribe 的 smartpen，它既是笔，也是录音机。

5.17　wiki、博客和论坛

这些技术可以用于许多类型的项目。但是，因为需要一些利益相关者的参与，所以对较大的项目是最有效的。

人们喜欢作贡献。Facebook、Twitter、维基百科和博客成功证明了这一点。给个机会和一个论坛，人们会很开心地花上一点时间（有时候是很多时间），记录下他们的观点和知识。这些贡献有许多种形式（你可能用过一些），但为了简单起见，我们将它们都称为 wiki。

wiki 的基本想法是，每个人（这里的要点主要是"每个人"都可以做）都可以发表一个帖子，或者对已发的帖子进行编辑和补充。有些论坛以分支的方式保存他们的讨论，这样就可以看到讨论是如何展开的，有些允许贡献者重写或重新组织他们看到的所有东西。而且，每个人都可以加入指向其他有用信息源的超文本链接或进行其他类型的变更。

wiki 依赖于技术，但它的技术是每个人都可以得到的。可以购买或下载免费的主机服务解决方案来支持需求 wiki。如果你的组织机构不提供服务器空间，那么还有许多可以公开访问的站点。如果选择这种做法，那么在公共区域发布敏感的商业信息时，一定要小心检查。

要启动一个 wiki，你先在其中加入建议产品的大纲，再邀请利益相关者加入他们的内容。当某人对产品应该做什么发表了一个观点后，肯定会发现其他人跟进，支持或反对最初发表的观点。其他人总是有他们的观点，这通常会导致大量的信息和意见。每个人都可以对 wiki 作出贡献，如果贡献者不是所确定的利益相关者之一，这也不重要。如果有人有话要说，你就希望听到，而且你希望所有的贡献者看到别人在说什么。

而且它是免费的，或者可以做到免费。

万维网是一个慷慨的需求来源。可任意查找感兴趣的领域。你可能会发现许多关于其他人在这个领域完成的工作的信息，如果走运的话，你会发现直接可以转化为产品需求的信息。至少会找到一些论文和文章，为领域提供有价值的信息，而且像 wiki 一样，查找万维网也是免费的。

> 万维网是一个慷慨的需求来源。可任意查找感兴趣的领域。你可能会发现许多关于其他人在这个领域完成的工作的信息，如果走运，你会发现直接可以转化为产品需求的信息。

5.18 文档考古学

文档考古学是通过检查组织使用的文档和文件来确定潜在的需求。当面对已有的系统或遗留系统，并计划修改或更新它时，这是最有用的。

文档考古学是通过检查组织使用的文档和文件来确定根本的需求。它不是一个完整的技巧，应该与其他技巧共同使用，而且使用时必须小心。文档考古学是对当前工作使用或产生的文档进行反向工程，从而得到新需求。在此过程中，你寻找应该成为新产品一部分的需求。

显然，并非所有的旧工作都要继续保留。某些东西存在于文档中，并不意味着它将自动成为新系统的一部分。但是，如果当前系统存在，它总会提供充足的材料，成为需求工作的原料（参见图 5-19）。

图 5-19 文档考古学从收集所有文档、报告、表格、文件等样本开始。收集用于记录或传送信息的所有东西，包括例行的电话。用户手册是丰富的来源——它们描述了工作完成的方式

检查收集的文档（为简单起见，术语"文档"将用于指所收集的所有东西），从中找出名词，或"东西"。它们可能是列标题、命名的表格区域，或只是文档中一项数据的名称。

对于每件"东西"，问以下问题。

- ❑ 此物的目的是什么？
- ❑ 谁用它，为什么？
- ❑ 系统都利用它来做些什么？
- ❑ 哪些业务事件用到或参考了此物？
- ❑ 此物会有一个值吗？例如，它是一个编号、编码或数量吗？
- ❑ 如果是这样的话，它属于哪些东西组成的集合？（数据建模的热心者会立即意识到需要找到拥有该属性的实体。）
- ❑ 文档中是否包含了一组重复的事物？
- ❑ 如果是这样的话，这些事物的集合称为什么？
- ❑ 能找到事物之间的联系吗？
- ❑ 什么过程建立了它们之间的联系？
- ❑ 每件事物附加的规则是什么？换言之，哪部分业务策略涉及该事物？
- ❑ 什么过程确保了这些规则会被遵守？
- ❑ 什么文档带给用户最多问题？

这些问题本身不会揭示产品所有的需求。但是，它们会给出充足的背景材料和进一步调查的建议方向。

在进行文档考古时，你在当前工作中寻找新产品所需要的功能。这并不表示你可以随心所欲地复制旧的系统。毕竟，你收集需求是为了构建一个新的产品。然而，现存系统与它的替代物之间通常有一些共同功能。

但是一定要注意：仅仅因为文档是来自于当前计算机系统或手工系统的产物，并不表示它就是正确的，也不表示它就是客户所需要的。也许该文档没有什么用处，或者需要大幅修改才能成功地复用。

我们建议使用文档考古学作为数据建模方法的一部分，因为前面列出的大多数问题常常用于数据建模的原则中。当然，有时文档考古学也作为面向对象的开发基础。如果小心使用当前的文档，就可以揭示出数据的分类。它们也揭示了系统存储的数据的属性，有时也揭示了对数据的一些操作。

作为一条规则，我们总是保存访谈中得到的工件（文档、打印输出、清单、手册、屏幕，以及所有打印或显示的东西），因为我们发现自己常常回过头去参考它们。要养成一种习惯，对任何提及的文档或屏幕留一个副本。为文档记下 ID 和版本号也是很聪明的做法，因为这确保了每个人对于知识的来源都有一致的概念。

5.19　家庭治疗

家庭治疗师不是想让大家彼此同意。相反，他们的目标是让人们有可能听到并理解其他人的立场，即使人们之间彼此不同意。换言之，不应该期待每个利益相关者彼此同意，但应该帮助他们成为一个整体，接受其他人的不同意见也不一定就是错的，总是需要选择和折中。如果不可避免，项目早期就要确定利用哪些机制，来处理这些不可避免会发生的情况。

> 家庭治疗师不是想让大家彼此同意。相反，他们的目标是让人们有可能听到并理解其他人的立场。

家庭治疗提供了丰富的思想来源，指导如何与一组不同的人有效地工作，需求网罗过程中的利益相关者也是这种情况。我们使用家庭治疗中的思想帮助我们聆听利益相关者，并提供反馈以避免错误的解读。

参考阅读

Goldenberg, Herbert, and Irene Goldenberg. *Family Therapy: An Overview*, eighth edition. Brooks Cole, 2012.

5.20　选择最佳网罗技巧

什么是最佳网罗技巧？这实际上是个伪问题，因为没有"最佳"。给定情况下，你应该使用的技巧取决于几个因素。第一，也是最重要的，就是你对这种技巧得心应手。对于利益相关者来说，最惊恐的事情莫过于看到业务分析师跌跌撞撞地一边学习一项技巧，一边尝试使用它。如果你是右脑型的人，偏爱图形化的方式，你就应该那样做。如果你是左脑型思考者（也就是说，你偏爱串行式思考），那么像场景这样的基于文本的技巧就更吸引你。

类似地，利益相关者必须对你选择的技巧感到适应。如果利益相关者不能理解你展示的模型，那它就是不该用的错误模型。

还有其他一些考虑。

- 地理位置：在选择一项技术时，你要记住利益相关者的位置。有些技术更适合分布式团队，或者你必须面对远程的利益相关者的情况。
- 遗留系统：当前实现有多少必须保留？这种限制对未来可能的实现有多少影响？如果你必须继续使用相当一部分遗留系统，那么一些较抽象的技术就不适合了。
- 抽象：根据你的情况，是否能以抽象或本质的方式来处理业务？在某些情况下，利益相关者不是抽象思考者，你必须更多地专注于处理物理现实的技巧。相比之下，如果你要探讨预期的业务的未来状态，那么涉及抽象的技巧就比较好。

❑   知识：你的工作属于什么领域？在选择网罗技巧时，这是值得考虑的因素。有些领域是非常实际的，如工程。另一些领域比较概念化，如金融，这时你可以使用比较抽象的技巧。

表 5-1 列出了各种网罗技巧，总结了它们的优势。有些技术没有讨论过，我们将在稍后的章节中遇到。我们将这张表作为选择技巧的一个起点，或者你可以找到一些可选技巧，替代你目前在用的技巧。

表 5-1   网罗技巧及其优势

网罗技巧	优 势
业务事件	根据外部请求来划分工作
当前情况建模	检查遗留系统找到可复用的需求
做学徒	花时间与专家一起工作
结构和模式	确定可复用的需求
访谈	能够关注细节问题
本质	找到真正的问题
业务用例研讨会	让相关的利益相关者关注于业务事件的最佳反应
创造性研讨会	让团队一起来发现创造性需求
头脑风暴	促进创造性和创新
假想用户	利用一个复合的虚拟人物来代表用户/顾客
思维导图	一种有效的计划/记录技巧
wiki	使用在线论坛让所有利益相关者贡献想法
场景	展示用例的功能
低保真原型	发现未梦想过的需求
高保真原型	发现易用性需求
文档考古学	使用来自原有文档和文件的证据
家庭治疗	利用来自心理学的技巧，帮助利益相关者理解不同观点，明确选择

我们也建议你看看标注了猫头鹰图标的部分，它说明了何时某种技巧最有效。

总是使用你和利益相关者觉得合适的技巧。当你和你面对的人对发现需求的方式感到轻松时，就会取得最好的结果。如果一项技巧不适合你，那就试试另一项。

5.21　小结

　　我们这里所讨论的网罗，关注的是发现和理解业务。开始，业务分析师的研究主要集中于当前的工作。这种研究应该尽快完成，只要利益相关者一致同意工作实际上是什么，就不必进一步研究了。本章展示的技巧是帮助你完成这种研究的工具。而且，你必须亲自完成这项工作，没有工具能替你完成。

　　我们没有花多少时间来讨论业务分析师最重要的工具：位于头部两边的耳朵以及中间的大脑。"倾听"是最重要的需求收集技巧。如果能够倾听拥有者和其他利益相关者所说的话，如果你能"思考"他们说的话，并理解他们的意思，那么我们在本章中所讨论的工具将会是有用的。相反，如果你不能倾听和思考，那就不太可能发现用户真正想要的产品。

> "每个人有两个耳朵一个嘴巴。我建议按这种比例来使用它们。"
>
> ——G. K. Chesterton

　　网罗技巧是沟通的工具，它们会有助于你与利益相关者进行对话，并提供反馈，这对好的沟通来说极为重要。好好地使用它们。

第 *6* 章
场景

本章讨论场景，以及业务分析师如何利用它们与利益相关者沟通。

在需求过程的这个阶段，你已经确定了业务事件，因此也确定了业务事件对应的业务用例（BUC）。在本章中，我们讨论利用场景对 BUC 建模和记录。我们大量使用场景，发现场景非常有效，主要是因为不懂技术的利益相关者愿意接受它们。

6.1 正式性指南

场景在大多数情况下都是有用的，因为所有人都能理解它们，它们适合所有开发类型。

兔子项目可以利用场景作为网罗技巧。需求分析师和相应的利益相关者在一起，每次为一个业务用例建立一个场景。与编写代码制作原型相比，利用场景通常能更快地发现要求的功能。兔子项目中的场景通常不考虑非功能性需求，稍后通过独立的非功能故事卡来记录。

骏马项目可以考虑将场景作为编写原子功能需求的另外一种方式。如果它们完成得足够好，就可以向开发者说明产品的功能需求。但是，这种方式并不是总有效。如果产品很复杂，或者如果需要功能性需求文档来签订合同，你应该使用场景来发现需求，但不要用它们作为最后的规格说明。

大象项目利用场景作为发现需求的工具。与利益相关者开会时，将复查每个业务用例的期望的工作方式。如果场景是完整的（也就是说，如果异常和可选情况都已发现或确定），它就作为编写功能性需求的基础。大象项目应该将场景作为文档的一部分保留。通常开发者在开始编程时希望能看到这些场景。

6.2 场景

"场景"，准确来说，就是情节梗概，或一系列假设的步骤。在需求工作中，我们用这个术语来表示我们研究的一部分工作的情节。使用"情节"这个词是为了暗示，你将工作分解为一系列的步骤或情景，通过解释这些步骤，就解释了工作。

场景讲述了业务用例的故事。

在第 4 章，我们讨论了如何利用业务事件来划分工作的功能，每一部分工作称为一个业务用例。现在我们探讨论利用场景的方法，探索和确定业务用例的功能。请考虑下面的场景。

1. 爱看电影的人根据以前记录的偏好询问电影。
2. 爱看电影的人根据上映的时间和电影院的位置来过滤电影。
3. 根据请求，提供候选电影的影评。
4. 爱看电影的人选择一部电影。
5. 爱看电影的人选择在网上购票。
6. 电影票的细节和快速响应码发送到爱看电影的人的手机上。
7. 爱看电影的人选择发送邮件给一些选中的朋友，其中包含电影的细节和共同观影的邀请。
8. 爱看电影的人检查电影院可用的停车位和可选的公共交通。
9. 爱看电影的人设置提醒何时出发去看电影。

业务分析师会用这样的场景来引出业务用例，然后向感兴趣的利益相关者描述它。BUC 是一些不连续的功能，它在自己的连续时间框架内发生，可以认为它与工作其他部分的功能是分开来的。

参考阅读

关于使用场景的许多其他方式，可参见 Alexander、Ian 和 Neil Maiden 的著作：
Alexander，Ian，and Neil Maiden，*Scenarios，Stories，Use Cases Through the Systems Development Life-Cycle*. John Wiley & Sons，2004.

场景是一种中性的媒体，对所有利益相关者来说，它既简单又好懂。但你不必向所有利益相关者展示它。在探索一个业务用例时，我们建议你确定并只邀请感兴趣的利益相关者，对于你正用场景进行建模的这部分工作，这些人拥有相应的知识或专长。

"讨论工作的正式语言组织了一些概念，有助于人们学会关注工作。"
——Beyer and Holtzblatt, *Contextual Design*

你建立了一个场景模型，利用它达成了一致意见，明白了工作必须做什么事。达成这样的一致意见后，你和利益相关者决定多少工作将由产品来完成。然后你得到一个或多个场景，确定了参与者（用户）与产品的交互。后面的场景就是产品用例场景，但我们暂时将这些场景放在一边，在第 8 章"开始解决方案"中再全面考虑它们。目前，让我们专注于工作。

利用 3 ~ 10 个步骤来编写场景。

　　我们建议你在编写场景时,将业务用例的功能分解成一系列步骤,每个步骤都是某种有意义的、可识别的活动,构成 BUC 的一部分。理想情况下,你的目标是 3～10 个步骤。这个范围没有硬性的规定,如果步骤超过 10 个,也不会有什么不幸的事情发生。但是,如果你得到了 126 个步骤,要么你有一个巨型的业务用例(对一般的商业工作是不可能的),要么编写用例时陷入了不必要的、过分关注细节的粒度。目标是保持场景足够简单,易于理解,3～10 个步骤通常能实现这个目标。

　　虽然存在正式的场景模板(本章稍后提供),但最开始的草稿可能是简单而非正式的。作为一个例子,让我们暂时离开对 IceBreaker 例子的研究,看看你可能最熟悉的东西:在一个国际航班为一名旅客检票的业务用例(参见图 6-1)。Sherri 是一名检票员,这里是她描述的检票过程。要记住,她是在描述当前工作的方式(工作的 How-Now 视图),这是你调研的起点。

图 6-1　航空公司为国际航班检票。在我们讨论这个用例的场景时,看看它是否符合你的检票经验

　　"我招呼队列中的下一名乘客。当他走到我的桌子前时,我要求他出示机票。如果乘客使用电子机票,我需要订票记录编号。大多数乘客不会将它写下来,所以我会问他们的姓名和他们的航班。大多数人不知道他们的航班号,所以我通常会问他们的目的地。他们肯定知道的!

　　"我确信乘客和航班都是正确的。给错座位或者将乘客送到错误的目的地都会是很尴尬的事情。不论如何,我会设法在计算机中找到乘客的航班记录。如果他没有将护照给我,我会向他要。我会查看护照的照片是否与乘客一致,并检查护照是否仍然有效。

　　"如果订票记录没有显示出经常飞行的乘客(frequent-flyer,FF)的编号,我会问乘客是否参加了我们的里程计划。要么他递给我一个印有 FF 编号的塑料牌,要么我问他是否愿意加入,并递给他表格。我可以为本次飞行提供临时的 FF 编号,这样乘客就可以把这次旅程也记入总里程。

　　"如果计算机还没有指定座位,我会找到一个。这通常意味着我会问乘客喜欢靠窗的座位还是靠走道的座位,或者,如果座位已几乎坐满了,我会告诉他还有哪些座位。当然,如果计算机分配了一个座位,我总是会问他是否满意。我们确定了座位后,我会在计算机上确认。此时我可以打印登机牌，但是通常我会先处理行李。

"我会问乘客要检入多少件行李，同时会确认他没有超出携带行李的限制。难以相信有些人希望将什么东西带进空间有限的机舱。我会对行李提一些安全问题，并得到乘客的回答。我会打印出行李标签并将它们安全地贴在行李上，然后我会将行李送到传送带上。

"接下来我打印登机牌。这意味着我完成了所有与计算机有关的事情。但还有一件事需要做：我要确保每件事都与乘客的理解一致。我会从登机牌上读出他的目的地、航班的时间，以及何时登机。我也会读出检入了多少件行李，并确认行李的目的地与乘客的目的地一致。我递给乘客证件，并祝他旅途愉快。"

现在草拟出场景。将故事分解成一些步骤，这些步骤能最好地描述贯穿故事的正常路径。关于如何完成这一点没有严格和快速的规则——只是写下觉得符合逻辑的东西。毕竟，是你打算使用这个场景，它可能也符合你对工作的观点。你可能会通过后续的活动对它进行调整，但假定最初的草稿是这样的。

> 1. 得到乘客的机票或电子客票记录编号。
> 2. 确定乘客、航班、目的地是否正确。
> 3. 检查护照有效并属于这名乘客。
> 4. 记下经常飞行乘客的编号。
> 5. 分配一个座位。
> 6. 询问安全问题。
> 7. 检入行李。
> 8. 打印登机牌和行李标签，并递给乘客。
> 9. "旅途愉快。"

让感兴趣的利益相关者确认这个场景。这是普通的语言（这是有意这样做的），所以所有利益相关者都可以请来参与修订这个场景，直到它代表了工作应该做什么的一致意见。在工作达成一致意见之后，就开始对场景规范化。在这个过程中，你会对工作有更多了解。

> **邀请利益相关者参与修订场景，直到它代表了工作应该做什么的一致意见。**

规范场景的第一部分为这个场景提供了标识，并为场景取了一个有意义的名称。

> **业务用例名称：为航班的乘客检票。**

接下来，为业务用例加入启动机制，或称为触发器。它通常包含来自工作范围之外的某种数据或请求（常常同时包含两者）。也有时间触发的业务用例，在这种情况下，要指明发起用例的时间条件（到了某个时刻或某天，自另一个业务用例起已过了一定时间等）。

> **触发器：乘客的机票、电子客票记录编号，或者身份和航班信息。**

在用场景对工作建模时，应该一直问自己是否能改进工作。例如，除了让乘客在值机柜台前面等，是否能在乘客到达之前就开始？例如，他能在家检票，或在来机场的路上，或在排队时？所有这些选择在技术上都是可行的，可能带来一些业务上的好处。这里，我们将这个问题留给读者讨论。

现在加入一些前置条件，业务用例触发时必须满足这些条件。前置条件表明了工作初始的状态。通常这意味着一定的业务事件必须已经发生，这个业务事件才有意义。

> **前置条件：乘客必须已预订航班。**

如果还没有预订航班，就不该来到检票的值机柜台前。尽管允许乘客在检票的地方预订航班似乎是一项好的服务，但完成预订航班的事务所需的时间无疑会让队伍后面的乘客不满。

你可以考虑为场景加入感兴趣的利益相关者。这些人对这个业务用例的结果有兴趣。也就是说，他们会受到工作完成方式和工作产生的数据的影响。

> **感兴趣的利益相关者：检票员、市场部门、行李部门、航班预订机构、航班乘客名单系统、工作流、安全部门、目的地国的移民局。**

可能有更多的利益相关者，但这个列表已足够表明，你不仅要考虑眼前的问题，也要意识到在这里所做的事会在更大的范围中产生影响。

主动的利益相关者是完成这个业务用例工作的人或系统。通常，一个主动的利益相关者触发业务用例，然后一个或多个其他的主动利益相关者参与这项工作。

> **主动利益相关者：乘客（触发者）、检票员。**

乘客通过到达检票处而触发这个业务用例。他也是这个业务用例输出的接收者。乘客与检票员交互，一起执行这个业务用例的工作。尽管票员操作目前所使用的自动化产品，但这只应看作是目前的实现，没有捆绑式的要求。本质业务是由乘客触发的，他们在将来可能会更密切地参与。我们想到了自助式检票，但我们不应匆忙决定采用第一个想到的解决方案。工作调研的要点就是充分理解工作，然后再选择解决方案。有许多其他可能性：在来机场的路上通过电话检票，在俱乐部的长沙发上检票，航空公司将电子客票记录编号发送到乘客的手机上，等等。让我们继续。

6.3 业务的本质

我们现在掌握的场景，代表了目前工作的情况。如果你回顾第 5 章的 Brown Cow 模型，这个场景属于模型的第一象限，即工作的 How-Now 视图。

转到模型的上部，看看 What-Now 和 Future-What 视图，你必须考虑问题的本质。为了做到这一点，回到场景并消除所有的技术偏好，同时问一个问题："业务真正需要做什么？"

本质不是对问题更好的解决方案，它是真正的问题。如果你消除了工作描述中通常充斥的所有技术伪装，就会发现真正的业务问题。下一章将更多地讨论工作的本质。

> 本质不是对问题更好的解决方案，它是真正的问题。

而且目前，仅考虑正常场景。正常场景（有时也称为愉快场景）是一切都很完美的情况。当然，并非所有事情都会很完美，所以稍后你会回过头来检查正常场景，探索异常和可选的情况。

> 假定正常的场景是一切都很完美的情况。

让我们再看看检票场景，这次改用与技术无关的语言。

> **1. 得到乘客的机票、电子客票记录编号或身份证件和航班号。**

机票和记录编号都是工作中的限制条件。机票来自工作外部：乘客拿着机票来到这里。记录编号是当前计算机系统制造出来的限制条件。在这里，它是真正的限制条件，不是因为计算机系统使用它（计算机系统属于航空公司，因此可以改变），而是因为旅行社和其他组织机构之外的团体使用它。因此，我们接受它不能改变的事实。但是，票和记录编号只是方式——真正的工作是找到乘客的预订信息。让我们重写第 1 步以反映这种理解：

> **1. 查出乘客的预订信息。**

这是第 1 步的本质。以这种本质的方式开始，排除技术制品，让我们能够思考更好的实现方式。如果你想深入下去，可以看到未来的产品有一些可能性。也许乘客可以使用机器可读的护照、信用卡或其他一些方式来证明他们的身份。

现在，暂时不考虑将来的技术，考虑问题的本质就是将乘客与他的预订联系起来。

> **2. 检查乘客、航班、目的地是否正确。**

这一步关注的是确保乘客与他声称的身份一致，预订与他期望的航班相符。我们据此重写第 2 步：

> **2. 确保乘客身份正确，并与正确的预订联系起来。**

下一步是检查护照。

> **3. 检查护照有效并且属于这名乘客。**

这一步有些复杂，需要一些解释。我们建议加强这一步。

> **3. 检查护照有效并且属于这名乘客。**
> 3.1 护照必须是本人的。
> 3.2 护照在旅行结束之前不能过期。
> 3.3 护照对旅行的目的地国必须是有效的。
> 3.4 签证（如果需要）必须是本人的。

> 3.5　不能有目的地国的"拒绝入境"的印戳。

此外，也可以照原来的写法，并参考这一步完整的业务规则。

> 3．检查护照有效并属于这名乘客。参见过程指南 EU175。

这是问题的本质。必须满足的限制条件是乘客要有护照，因为我们要处理的是国际旅行。航空公司的管理需要强制遵守护照的规则，因为如果目地国家拒绝入境，航空公司要负责将乘客送回。总之，这似乎是明智的限制条件，所以在本质工作中保留它。

对场景中的其他步骤可以使用同样的技巧，排除技术因素，依次处理，直到你和感兴趣的利益相关者一致同意它准确地描述了工作，尽管可能还不够详细。完成之后，它看起来是这样的。

> **业务事件**：乘客决定检票。
>
> **业务用例名称和编号**：为航班的乘客检票。
>
> **触发器**：乘客的机票、电子客票、记录编号，或者身份和航班信息。
>
> **前置条件**：乘客必须已预订航班。
>
> **感兴趣的利益相关者**：检票员、市场部门、行李部门、航班预订机构、航班乘客名单系统、工作流、安全部门、目的地国的移民局。
>
> **主动利益相关者**：乘客（触发者）、检票员。
>
> （1）查出乘客的预订信息。
>
> （2）确保乘客身份正确，并与正确的预订联系起来。
>
> （3）检查护照有效并属于这名乘客。参见过程指南 EU175。
>
> （4）记下经常飞行的乘客的编号。
>
> （5）分配一个座位。
>
> （6）询问安全问题并得到正确回答。
>
> （7）检入行李。
>
> （8）打印登机牌和行李标签并递给乘客。
>
> （9）祝乘客旅途愉快。
>
> **成果**：记录下乘客已检入这次航班，行李分配到这次航班，分配一个座位，乘客拿到登机牌和行李票根。

我们为场景加入了成果，也就是成功地结束这个业务用例时期望的状况。可将它看作利益相关者在触发这个用例时的目标。

6.4　场景图示

一些需求分析师（以及一些利益相关者）偏爱用图来解释业务用例的功能。这种偏好是个人的选择，主要取决于听众是更喜欢文本场景还是图形化的场景。我们会让你去尝试并决定哪一种表现方法适合你。

有几种图可以用于描述场景。UML（统一建模语言）活动图似乎是流行的选择。BPMN（业务过程建模表示法）也有它的追随者，还有其他一些图。没有最好的方法，只要找到你喜欢的，或组织机构已经采用的就行。图 6-2 展示了航空公司检票的例子，采用了 UML 活动图。

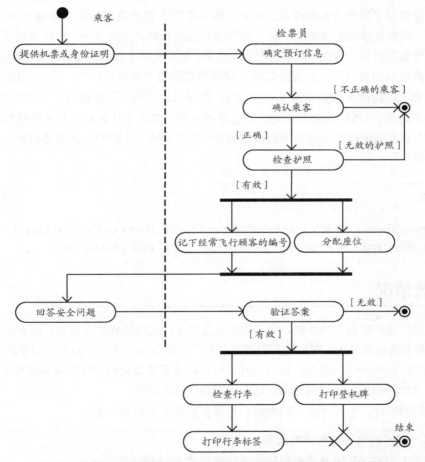

图 6-2　展示乘客航班检票的活动图。这和前面看到的场景是等价的

在图 6-2 中，请注意"泳道"：划分不同参与者工作的虚线。泳道是可选的，它们既有好处也有坏处：好处是因为它们对谁完成这项工作提供了清晰的解释，坏处是因为它们让读者倾向于相信，图中确定的工作方式在将来必须实现。注意，像图 6-2 这样的图示是用于解释的。只有当系统架构师和设计师完成了他们的工作之后，泳道才能作为规格说明，更多内容在下一章中讨论。

活动图展示了一定量的并行处理。例如，没有理由不对"记下经常飞行顾客的编号"和"分配座位"进行并行处理。文本的场景描述没有说明这种可能性。但是，如果你想指出这两项活动的并行本质，应该按下面的方式修订场景描述。

> 下面两件事可以按任意顺序或并行进行：
> 4. 记下经常飞行的顾客的编号；
> 5. 分配座位。

活动图也展示了其他方面的控制。例如，图 6-2 中在模型底部的菱形称为"合并"。这个符号的含义是，所有处理必须到达这一点才能继续后面的处理。在航空公司检票的例子中，要等到登机牌和行李标签打印完成后，整个过程才能结束。菱形也用于表示决定，和传统流程图中一样。我们倾向于在明显的情况下让它保持原样，或者通过附加"监护条件"（在活动退出时的方括号中的词）来表示。在需求过程中使用活动图时，简单性比精确和完整地使用表示法更有用。

本书并不是关于 UML 建模的论述。包含这些讨论，是为了让你能对照着看模型和文本描述的场景，并决定如何使用模型或文字来描述场景。关于 UML 和 BPMN 的更多信息，我们建议你阅读参考书籍。

参考阅读

Allweyer, Thomas. *BPMN 2.0*. Herstellung und Verlag: Books on Demand. GmbH, 2010.
Miles, Russ, and Kim Hamilton. *Learning UML 2.0*. O'Reilly Media, 2006.

6.5　可选情况

当希望用户选择可能的动作时，可选情况就发生了。这些选择是有意的，因为它们是业务所希望的，也是业务所定义的。它们的存在通常是为了让业务用例的工作对参与者更具有吸引力或更方便。例如，在线购买书籍或音乐制品时，你可以选择将选定的货物放入购物车并等待结账，或者选择在单击"购买"时直接送货。这些选择是可选的情况。

根据选择的不同，工作作出不同响应。考虑我们例子中的第 4 步。

> 4. 记下经常飞行顾客的编号。
> A4.1 允许 FF 编号更改为伙伴航空公司的 FF 编号。

通过检查正常情况的每一步，你发现可选情况。寻找可以按不同方式执行的步骤，或主动的利益相关者（你可能称之为参与者）可以选择的情况。从改进工作或提供更好的服务的角度来看，这些选择有时候是有趣的。

> 4. 记下经常飞行顾客的编号。
> A4.1 允许 FF 编号更改为伙伴航空公司的 FF 编号。

> A4.2 允许 FF 编号更改为家庭成员的 FF 编号。
>
> A4.3 允许乘客选择将飞行里程作为一种慈善捐赠。

6.6 异常情况

异常是对正常情况的偏离，它是人们不希望发生的，但又不可避免。但是，我们知道它们有时候会发生，所以我们必须做好准备。例如，乘客可能不知道记录编号，在线顾客可能忘记了密码，或乘客可能到达机场，却忘带护照。

> 异常是对正常情况的偏离，它是人们不希望发生的，但又不可避免。

我们在这里必须暂停一下，敦促你推迟研究异常情况，先确保对正常场景满意。利益相关者很容易提出各种异常，你和他们的复查会议会很快被拖入不必要的异常追逐中，这些异常不一定会发生。只有有了正常情况，你才能有条理地研究它的步骤，寻找异常，决定如何处理它们。

异常场景的目标是展示工作如何安全地处理异常。换言之，必须进行哪些步骤才能重新回到正常的情况。你可以编写一个独立的场景来展示异常，但在大多数情况下在正常场景中加入一些异常处理步骤会更方便。

以第 5 步为例。

> 5. 分配一个座位。
>
> E5.1 乘客选择的座位已经没有了。
>
> E5.2 检票员记录下换座位的请求。

通过检查正常情况的每一步并询问以下问题，可以发现异常情况。

- ❑ 如果这一步不能完成，或没有完成，或得到了错误、不可接受的结果，会发生什么？
- ❑ 在这一步会发生什么错误？
- ❑ 会发生什么事情，阻止工作到达这一步？
- ❑ 是否有一些外部实体可以打断或阻止这一步，甚至这个业务用例？
- ❑ 实现这一步的技术是否会失败或不可使用？
- ❑ 最终用户是否会不理解对他们的要求，或者错误地理解产品提供的信息？
- ❑ 最终用户是否会采取错误的行动（有意或无意），或者没有做出响应？

你可以提许多的问题，每一个问题都试图发现不同的潜在错误。我们建议设计一个符合你的特殊情况的问题检查清单，每次新项目发现新问题时就扩充这个清单。

我们也看到过一些成功的做法，通过自动化来帮助完成这个任务。我们在伦敦城市大学的同事 Neil Maiden 成功地使用了大学的 Art-Scene 场景展示工具。这个工具用于处理正常的用例场景，自动生成一份可能的异常的清单。它也使用了多媒体的场景，照片、视频和声音等形式的附加信息也可以集成到场景中。

我们从经验中得知，如果在需求工作中没发现这些异常，可能需要大量的返工才能弥补。所以要认真寻找所有可能出错的事情。你可以忽略工作被流星击中的情况，但其他的事情几乎都有可能发生。

参考阅读

关于 Art-Scene 的详细信息可以在 http://hcid.soi.city.ac.uk/research/Artsceneindex.html 找到。

6.7　假设场景

假设场景让你探索一些可能性，对业务规则提出疑问。你会问"假设我们这样做会怎样"或"假设我们没这样做会怎样"。如果考虑限制条件，就会容易发现许多可能性。问一下如果限制条件不存在会发生什么情况。例如，假设在检查航班检票用例的场景时，有人问道："假设我们拿掉检票口这个限制条件，会发生什么？"

> 假设场景让你探索一些可能性。

这种自由带来了各种可能性。假定按下面的方法编写了假设场景。

> 1. 乘客在去机场的路上打电话给航空公司。
> 2. 询问乘客是否希望检票。
> 3. 如果是，通过手机号码（这在预订时就记录下来了）取得记录编号。
> 4. 为航班检入这名乘客，将座位分配和通行口令用手机短信息发送给顾客（乘客的手机将在登机口处检查，以允许乘客进入机场）。
> 5. 通过手机短信进行行李检入（这将触发在通道处自动进行行李标签打印）。
> 6. 祝乘客旅途愉快。

假设场景的目的是激发创造性，引导利益相关者得到更创新的产品。在第 8 章中，我们将再次探讨这个主题。

> 假设场景的目的是激发创造性，引导利益相关者得到更创新的产品。

6.8　误用场景和负面场景

误用场景（你可能认为它们是"不愉快场景"）展示了负面的或有害的可能性，如某人滥用这项工作或试图欺骗它。这些例子包括用户有意地输入不正确的数据，顾客使用偷来的信用卡，喜欢恶作剧的人打入假的电话或提出假的交易，植入病毒或定时炸弹，或使用其他无数种方法对工作造成损害。

> "也许滥用例（abuse case）听起来总是有点搞笑，但是负面场景（如盗贼冒充屋子的主人，报警呼叫中心的接线员与盗贼串通等）的思想是很重要的。"
>
> ——Ian Alexander

借助写小说的术语（主角和大反派）来考虑可能会有帮助。主角是英雄或故事的主要人物：好人。可以把主角看作是正常使用产品的参与者，他们会遵守正常的用例场景。小熊维尼就是一个理想的主角——他有良好的意愿，你希望他最终胜出。但是像维尼这样的主角可能会笨手笨脚，犯下无心的错误：忘记密码，选择了错误的选项，将蜂蜜弄在钥匙上，或做了许多这类不幸的事情。

将你的主角想象为健忘的、反应慢的、注意力不集中的、不小心的人（你正要去了解这样的人）。检查正常用例场景，对其中的每一步，问一下什么可能出错。如果错误步骤的分支过于复杂，足以构成一个独立的故事，那么为每种错误的用法编写一个新场景可能更简单一些。

主角就讲这么多。大反派是反对工作的人，寻找机会破坏工作，或希望骗取工作。黑客是最常想到的大反派的例子。检查正常用例的每一步，问一下是否有人可能反对或错误执行这个动作。在这个例子中，如果发现大反派的错误执行，处理方法可能就是停止这个业务用例。例如：

> 3. 检查护照有效并且属于这名乘客。
> M3.1 乘客提供的护照不是他本人的。
> M3.2 呼叫保安。
> M3.3 冻结预订信息。

在正常用例中注明误用的步骤还是编写一个独立的误用场景，这取决于情况的复杂度以及利益相关者感觉哪一种合适。

检查正常用例中的每一步，询问是否可能有人反对或错误执行这个动作。

某些专业人士总是使用假设场景。例如，象棋棋手会经常思考：如果我把马移动到 e4，黑方会怎么走？这将导出博弈游戏中的最小—最大算法。我们的政府也常常通过一些假设场景来计划策略。如果美国重新建立了黄金标准怎么办？如果瑞士选举了一个共产党政府怎么办？如果加拿大关闭了 St. Lawrence 航线怎么办？尽管这些例子都是奇思异想，但大多数政府都会针对许多诸如此类的场景来研究他们对将来可能发生的事件的反应。

在收集需求时，尝试产生一些假设场景来研究不可预见的事情。这样做的意图是将不可预见转变为可以预见：在构造产品之前对可能发生的事情了解得更多，产品就会更健壮、更耐用。

> "我并不总是试图确定掠夺者的流程。我使用与其他参与者一样的流程，但提出一些问题。如果黑客到了这里怎么办？需要实现哪些其他的预防措施？如果黑客到了这里，公司会有什么风险？公司能够承受这种风险吗？你愿意付多少钱来避免这种风险？"
>
> ——Patricia Ferdinandi, *A Requirements Pattern:Succeeding in the Internet Economy,*
>
> Addison-Wesley, 2001

6.9　场景模板

当然，可以用你和利益相关者喜欢的任何格式来编写业务用例场景。我们在本节提供的模板是我们在许多任务中觉得有用的模板。我们建议它是因为，它在非正式的方式和过于官僚主义的方式之间进行了很好地平衡。

业务事件名称：业务用例所响应的业务事件的名称。

业务用例名称和编号：给每个业务用例唯一的标识符，以及能够表达它的功能的名称（例如，记录图书借出情况、登记新生注册、支付红利、产生销售报告）。在理想情况下，名称应该是一个主动动词加上一个具体的直接宾语。

触发器：来自外部来源的数据或服务请求，触发工作的响应。触发器可能是来自一个相邻系统的数据的到达，也就是来自你研究的工作范围之外。此外，触发器也可以是到达了某个时间条件，从而激发用例——例如到了月末。

前置条件：有时候特定条件必须存在，用例才能有效。例如，顾客必须已注册过，才能享受他的经常飞行旅客条款。注意，其他的用例通常处理这个前置条件。在前面的例子中，顾客将通过"注册乘客"的业务用例进行注册。

感兴趣的利益相关者：人、组织机构以及计算机系统的代表，他们具有规定这个用例所需的知识或在这个用例中有他们的利益。

主动的利益相关者：人、组织机构以及计算机系统的代表，他们完成这个用例的工作。目前不要只考虑用户，而是要考虑业务用例的工作所涉及的真实的人。

正常情况步骤：用例完成工作的正常过程所经历的步骤。每一步都用清晰的、自然语言的句子编写，让项目相关的业务人员能够理解。通常有 3～10 个步骤。

第 1 步……

第 2 步……

第 3 步……

注意，业务用例可以利用其他业务用例的服务或功能作为它的处理工作的一部分。但是要注意，不要在这个阶段就开始编程。

可选情况：可选情况是正常处理情况的可以接受的变化。例如，金卡持有者可以在检票时被邀请到休息室中。以同样的方式来讲述故事：

可选步骤 1……

可选步骤 2……

可选步骤 3……

如果可选活动比较简单，可以把它作为正常情况的一部分。

第 4 步 记下经常飞行顾客的编号。

可选步骤 4.1 如果乘客持有金卡，邀请他到休息室。

异常情况：这些是不希望但有可能发生的变化。例如，顾客在 ATM 取钱时账户里的资金可能不够。在这种情况下，处理过程必须提供一个较低的取款金额，提供借贷，或者利益相关者认为合适的其他做法。为相应的步骤标出每一种异常情况：

异常 2.1……

异常 2.2……

异常 2.3……

成果：在结束这个用例时期望的状况。你可能称之为"退出条件"。将它看作利益相关者在触发这个用例时的目标。例如，给出现金并从 ATM 机中拿走，顾客的账户记入扣款，卡从 ATM 机中取出。

6.10　小结

场景是用自然语言讲故事的工具。我们讨论了如何写这个故事，它的目的是帮助你和利益相关者，对业务用例的功能达成一致理解。编写 BUC 场景可以测试是否进行了足够的研究，或业务分析师是否需要问更多的问题并进行进一步的调研。

在 BUC 场景得到一致同意之后（也就是说，你和利益相关者一致认为，它准确反映了工作期望的状况），它就成为编写需求的基础。我们将在接下来几章中探讨这个过程，包括产品用例的使用场景。

第 *7* 章
理解真正的问题

本章中我们在"横线之上思考",发现业务的真正本质,以便交付正确的产品,即解决正确问题的产品。

"我知道这是我提出的,但这不是我想要的。"你不必在 IT 这一行待很长时间就能听到这句话,看着期待的笑容从开发者脸上消失,因为这事经常发生。开发者交付了业务利益相关者提出的东西,但结果却不能解决他们的业务问题。为什么?因为真正的问题从未阐明,所以从未正确理解。

如果利益相关者提出某项特征或功能,他们常常将请求描述为一种实现。"我想要一个移动硬盘来备份笔记本上的内容。"这是业务利益相关者对问题提出的解决方案,但这并不是真正在说问题是什么。你怎么知道这是不是正确的解决方案?你不能,除非你知道真正的问题是什么,否则考虑解决方案是没什么意义的。

那么,用户的问题是什么?他真正需要的是什么?

> "在一天结束时,如果软件不能满足用户的需要,不论它的创建方法如何,它都是糟糕的软件。"
>
> ——Pete McBreen,*Questioning Extreme Programming*

如果利益相关者担心他的笔记本硬盘会坏,那么可能正确的解决方案是用更可靠的设备来代替硬盘。如果用户担心他的计算机从办公室被偷掉,那么小偷很可能也会拿走备份硬盘。如果发生火灾,那么备份硬盘会和他的笔记本同时葬身火海。

而且,用户希望备份硬盘,这表明每天或每周的某个时候,他将启动备份程序,进行备份。但如果他忘记了呢?如果解决方案依赖于人们不可靠的记忆,真正的业务需求还能满足吗?

在本章中,我们探讨如何通过"抽象"来找到真正的问题,即关注想法而不是解决方案。换言之,抽象就是思考问题的本质,忽略技术或物理的部分。

图 7-1 问题是备份硬盘，是吗

因此，不是看到建议的物理实现"备份硬盘"，而是看到本质："消除数据丢失"或"防范小偷偷走数据"或"防范火灾损失数据"。如果理解了真正的问题（底层的业务需求），你就更容易找到最佳的解决方案。所以，亲爱的读者，在你投入备份问题解决方案之前（这可能是定期、自动上传到云服务，或给笔记本电脑配上一条罗特韦尔犬，并在大楼中给它留一个通道以防火灾），我们希望你考虑抽象的思想，以及它如何起作用。

让我们来看一个抽象的例子。Netflix 是一家美国公司，它的成功业务是通过邮件出租 DVD。客户按月付费，可以在家中保留几张 Netflix 的 DVD，如果他们看完一张并归还，公司就会寄出另一张。在 Netflix 创建时，这是电影租借的一种新业务模式。但在某个时候，Netflix 查看了业务的抽象。物理事实是公司出租 DVD，但如果据此抽象，你会看到 Netflix 是出租电影的公司。

> 物理事实是公司出租 DVD，但如果据此抽象，你会看到 Netflix 是出租电影的公司。

既然我们发现真正的业务是出租电影，就会问是否有不同的、更方便的方式来开展业务？好吧，有。Netflix 发现了，将它的业务转向提供影片下载。这种模式让客户直接访问 Netflix 网站，下载更多的影片，而不必通过邮件归还看完的 DVD，为客户提供了更好更方便的服务。通过采用这种方式，Netflix 改变了它的运营方式，更接近问题的本质。

在第 5 章"工作调研"中，我们考虑了如何研究业务的当前状态，以便改进。我们当时说，这种初始研究只是为了确保你和利益相关者在谈论同一部分业务，让你对当前工作的状态有合理的概念。但是，在你研究这部分业务时，看到的是完成工作使用的物理制品和设备。

在本章中，我们要消除你遇到的设备和技术，从而揭示工作的真正意图。

7.1 正式性指南

不论你多正式、多不正式、多敏捷、多传统，或你希望如何，你都必须构建满足真正需要的产品。否则，就是在浪费客户的金钱和自己的时间。

本章对于兔子项目特别重要。对于兔子项目，你可能使用故事板、即时贴或白板草图等技术。这些制品更多的时候显示的是未阐明的问题的解决方案。通过寻找问题的本质，你的解决方案会更合适，通常也更优雅。在故事板的第一个草稿没有必要将本质写下来（如果写下来是有帮助的），但在需求对话中必须揭示。

如果业务分析师和利益相关者只讨论工作的本质，有助于骏马项目对非正式性的渴望。利用这种方式，他们生成较少的模型，并能够减少所需的沟通。

大象项目可能涉及外包开发，在这种情况下，解决正确的问题是至关重要的。如果做不到，交付的产品必须修正，而外包者会对修正收费。

类似地，如果大象项目有更为正式的内部流程，完整的规格说明书转交给开发者之后才开始构建，然后一段时间差将区分需求活动和软件交付。因为对系统的修改现在比较困难，所以重要的是规格说明书指定了正确的产品，即满足真正需求的产品。

7.2　Brown Cow 模型：在横线之上思考

本书前面介绍了 Brown Cow 模型，如图 7-2 所示。第 5 章探讨了如何研究当前的业务。这种调研由模型的左下象限表示，即业务的 How-Now 视图。实际上，横线之下的部分（How）展示了实现解决方案的物理设备和人员组织机构。

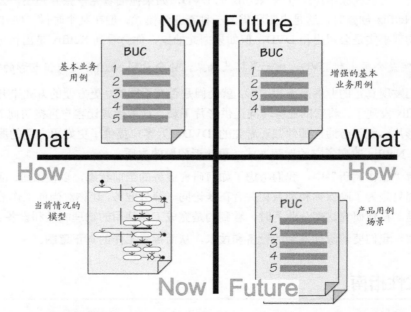

图 7-2　Brown Cow 模型展示了工作的 4 个视图，每个视图都为业务分析师和利益相关者提供了一些信息，用于需求发现过程的不同阶段。本章探讨横线之上的部分

7.2.1 本质

横线分开了"How"和"What"，现在是时候转到横线之上了。这里是看到真正业务的地方，即我们所谓的业务的本质。这里的空气已经纯净，不需要面对尘世，即真实世界的人和技术的问题。相反，你采用抽象的视图，发现业务真正在做什么。在看到这一点之后，你就转到将来想做什么。在 Brown Cow 模型中，这些视图体现在 What-Now 和 Future-What 象限中。

花时间在横线之上，是为了发现真正的问题，避免在许多组织机构中发生的情况，即人们浪费整整 60 分钟，构建错误问题的解决方案。

> 如果我有一小时来拯救世界，我会花五十九分钟理清问题。
>
> ——阿尔伯特·爱因斯坦

如果你在网罗知识，你听到的大部分内容都是利益相关者关于解决方案的想法，而不是描述背后要解决的问题。这可能是个很好的解决方案，但更有可能的是，它受限于利益相关者的经验和想象力。而且，你（和利益相关者）不清楚它是否解决了正确的问题。所以，你作为需求发现者，任务是解释利益相关者所说的内容，揭示它的实质。

> 从所有提出的解决方案中分离出问题的本质。

工作在物理上如何完成其功能（技术、器材、计算机、人员等），这是它的实现。要找到它的本质，你必须忽略现在或将来的实现，揭示工作存在的基本理由。这样做有一些原因。第一个理由，也是最重要的理由，就是你要解决正确的问题。这很明显，却常被忽略。第二个理由就是，发现本质意味着你不会漫不经心地重复实现废弃的技术。几年前创建当前系统时合适的技术和组织机构，不一定是合适今天的解决方案。如果这些理由还不够，找到本质还意味着你可以避免利益相关者推荐目前他正关注的"本月风味"解决方案。

不论技术实现如何，你试图解决的真正业务问题总是存在。这个背后的业务问题（也许你称之为策略）就是本质。

> 无论技术如何实现，本质总是存在的。

你可以反向工程，从技术实现推出本质。例如，考虑 ATM 机执行的业务本质是什么。你采取的动作（如插入一张塑料卡片，输入密码，扫描视网膜等）就是与银行选择的技术进行交互。但本质是安全地访问银行账户并从中取钱。

请注意这句话的技术无关性："安全地访问银行账户并从中取钱"。想想它，然后考虑有多少种其他的方式可以"安全地访问银行账户并从中取钱"。存在许多技术可能性。例如，在超市使用借记卡时，选择"返回现金"功能，你可以访问银行账户并从中取钱。超市强制你使用借记卡买东西是业务解决方案的一部分，但它没有改变本质。

这就是要点：你在寻找业务的本质。如何实现它（现在或未来）都不是本质，所以现在对你都不重要。如果忽略本质，直接跳入编写需求，加入技术元素，那么那种技术就变成了需求，因此会被实现。例如，假定你的需求是这样的：

> **如果气象站传送读数失败，产品应该发出鸣叫声并在屏幕上显示一条闪烁的信息。**

　　这里面有什么问题？有几点。首先，"需求"包含了技术（屏幕和闪烁的信息），这可能不是最好的解决方案。而且，它假定了操作者会看到闪烁的信息，拿起电话，请求维修。开发者被要求准确实现需求。更糟的是，这句话掩盖了真正的需求。如果你问一个简单问题，这个需求为什么存在（换言之，它的本质是什么），答案很明显：需要修复有故障的气象站。

> **如果需求包含了实现的方法，那它就是解决方案，而不是需求。**

　　既然问题的本质已经清楚，你就可以考虑问题的解决方案了。修复气象站已经超出了IceBreaker 工作的范围，但如果产品直接向维修人员报警，就很接近本质了。所以重写需求如下：

> **如果气象站传送读数失败，产品应该提醒维修人员。**

　　由于描述了真正的、本质的需求，设计者就能够想方设法，为正确的问题找出最合适的解决方案，最终的解决方案几乎肯定会很漂亮。

　　另一个例子，考虑下面关于地铁售票产品的需求：

> **乘客将在触摸屏的路线图上选择目的地。**

　　提出这项需求的利益相关者希望使用触摸式地铁网地图，让乘客用手指选择目的地站点。产品会计算出相应的车费，并且作为一项辅助功能，显示出到达目的地的最快路线。这可能是一个聪明的实现。但需求目前的表述并不是问题的本质。如果需求用本质的方式表达出来，设计者可以找到更好的实现解决方案：

> **产品将确定乘客的目的地。**

　　设计者现在可以自由寻找最好的方法来实现本质，可以利用其他技术让产品得到目的地信息。（触摸屏是利益相关者设想的第一个解决方案，事后证明不是好主意：地铁处于一个旅游城市，研究表明，多数游客和一些通勤者不熟悉地铁网，不能足够快地找到目的地，实现预想的使用速度。）

简单来说，需求不应预先确定实现方式，不论某种技术多么具有吸引力。

抛弃这些先入为主的想法并不容易，这些年来我们发现，本质是最难传递给客户和学生的概念之一。如果使用某种敏捷技术，这就更难。敏捷技术的目标是尽可能高效地得到解决方案。虽然这些技术描述了开发者与业务代表之间的对话，却没有描述寻找问题的本质，确保解决方案解决了真正的问题。通过让业务分析师加入对话，你可以改变这种看法，他的职责是指导参与者发现问题的本质。一种有效的方法是用一张故事卡片或一个模型来记录建议的解决方案（没有理由不可以从它开始），并用另一张故事卡片记录问题的本质。利用这种快速多视角的技术，你可以记录解决方案的想法，同时也记录导出的问题的真正本质。我们发现，越多团队成员理解本质，他们就越可能改变首次想到的解决方案，因为他们认识到真正的问题，几乎总是会找到更好的解决方案。

如果你努力改变开发过程，加入发现本质的步骤，那么你不仅会发现最好的解决方案，而且它会在今天的技术过时后仍然有效。如果你关注真正的问题，你的解决方案就不必废弃或修改，它本该一直在完成这项工作，以后的用户不必修改。

> 如果你关注真正的问题，你的解决方案就不必废弃或修改，它本该一直在完成这项工作，以后的用户不必修改。

7.2.2 抽象

在这个阶段，谈一点抽象（abstraction）可能是有帮助的。抽象和发现本质差不多是一回事，但可能抽象是思考这个概念的更自然的方式。这个词的拉丁词根 abs，意思是"之外的含义"，以及 trahere，意思是"引开"。因此我们这里使用的术语 abstraction，就是引开或移除物理实现，以便简化到本质特征。换言之，抽象是思想，不是实现。

> "所谓至善，非无可增，乃不可减。"
>
> ——Antoine de Saint-Exupery

作为抽象的一个例子，你可能有这些媒体：CD、黑胶唱片、卡式磁带、iPod、在线波服务、收音机、MTV、DVD 等。每种都是实现，它们的抽象是音乐。不论你如何复制，音乐还是音乐。

类似地，业务过程是一组活动，不论你如何实现。这个过程（现在或将来）是由人、计算机、机器人、机械设备或其他方式来完成，这都不重要：它就是业务过程。数据就是数据，不论它的存储采用了数据库、USB 闪存、书籍、人的记忆、白板、DVD、云或其他技术。

考虑抽象，你就可以自由地寻找更好的实现。iPod 是很好的 MP3 播放器，几年来一直是许多人喜欢的播放器。即便如此，如果你考虑它的本质（它播放音乐），那么你就可以自由地寻找这个本质的其他实现。这只是一小步，目的是寻找更方便的实现。很明显的一种实现是将这个功能放入电话，你更有可能随身携带。如果你考虑到这一点，称之为"电话"实际上是误称：今天的电话可以播放音乐、拍照、组织约会、读书读报，当然也免不了可以打游戏。

这个故事的意义在于，对于任何技术（不论现在多么流行，多么有吸引力），你都必须从技术中抽象出来，看到它背后的本质目的。或者模仿 John F. Kennedy 所说的："不要问技术能为你做什么，而要问技术在做什么。"

7.2.3　去除泳道

业务分析师有时候不小心会在业务问题中引入实现机制，让我们来看看这样一种方式。

有些业务分析师在为过程模型添加泳道时，遇到了很多麻烦，如图 7-3 所示。我们在第 5 章中提到对当前情况建模，虽然当前实现的视图肯定是有用的，但是业务分析师要确保当前的实现细节不会产生更多的影响，这一点也很重要。如果保留实现细节，模型中的泳道会误导读者，让他们认为泳道代表的处理节点边界应该在将来的实现中保留。这可能不是你想要的。让我们更仔细地看看这个例子。

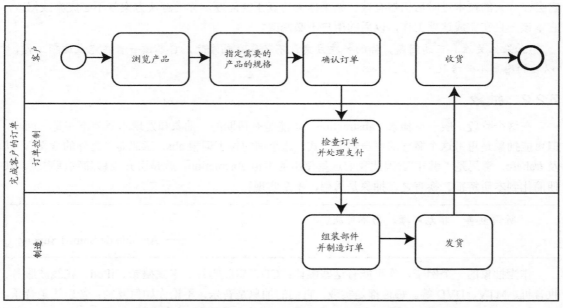

图 7-3　显示泳道的典型过程模型，图中水平的泳道按当前的部门职责划分了工作

图 7-3 展示了处理定制家具的公司的业务过程。在这个模型中，公司的部门显示为泳道，体现了组织机构当前的划分，这些划分掩盖了问题的本质。

它的工作方式是这样的：客户访问公司网站，指定并购买他们的家具。从提供的组件中，客户以可视化的方式，在屏幕上组装他们期望的家具。这种模拟活动指定了他们想要的产品。在客户确认了订单之后，订单控制部门接手工作。它检查订单并处理客户的支付。已付费的订单发送给制造部门制造。此时生产调度计划得到更新，加入需要生产的货物。这里存在问题。

假设制造部门没有足够的部件和原料来完成订单，它需要几周或几个月才能准备好需要的部件。或假设制造部门累积了一些订单，新的订单需要 5 周后才能进入生产。现在我们遇到的情况是客户可能希望取消订单，但正如你在图 7-3 中看到的，客户已经为货物付了钱。

现在删除这个模型中的泳道，调度问题就变得非常明显了。在这个阶段，经验丰富的业务分析师会在"确定订单"活动之前，插入"准备订单并检查库存"活动，如图 7-4 所示。通过查看没有泳道的活动，分析师就能够重新安排过程，达到更好的状态，让客户在确定订单之前就知道交付时间。有些客户下订单是作为生日、周年或圣诞礼物，这也会避免他们失望。

图 7-4　去除泳道后的业务模型。请注意，如果库存不足，客户可以中止交易。"确认订单"时可以提醒客户交付日期

如果泳道从模型中去除，业务分析师和利益相关者就更容易看到一些活动，它们不需要和以前执行的位置或顺序相同。

寻找业务本质的重要一步，就是查看端到端的过程，忽略当前工作在部门间的划分。部门——实际上是任何处理节点（人员或自动化节点）——源于工作过去完成的方式。因为它的出现是基于当时的技术或业务结构，所以当前的实现通常隐藏了真正的业务本质。

有些利益相关者看到没有部门边界的工作时觉得不舒服，你可能不得不说服他们，部门不属于工作的本质。暂时退一步，想一想我们为什么要在组织机构中设立部门：这是因为我们雇人来完成这项工作。很少有人具有需要的全部能力，能完成组织机构中所有的任务。因此，我们根据雇员的技能，对组织机构进行划分。如果我们不雇人，而是有一组机器人，它们多才多艺，能执行所有任务，那么将机器人划分成部门（或确实为它们指派经理）就很愚蠢了。部门（请记住这些实体在过程模型中表示为泳道）存在只是因为过去的雇佣政策。

消除泳道，查看端到端的业务。

我们强烈建议你废弃泳道，放眼整个泳池。

7.3　解决正确的问题

这里讨论的思考方式延续了对抽象本质的理解。本节与所有需求分析师都有关，不论项目的规模和性质如何。它对于迭代或传统开发方法都适用。

你不必等很久就能亲自观察到这样的场景：项目团队构建了他们认为确实很酷的产品，但是，尽管项目团队作为局外人热心地鼓动，尽管构建它付出了成本，但用户似乎从未使用它，或者漫不经心地用了一段时间，然后要求大量修改。为什么尽管项目团队付出了努力，却得到了一个被抛弃的产品？

因为它解决了错误的问题。

我们的一个客户是一家金融机构，他们希望构建一个新系统，能够更有效率地重置口令。因为这项工作给组织带来了一个大问题，在重设口令之前需要安全地建立顾客的信任状，其成本大约在每年几百万美元。建议的新系统将减少重置口令的部分成本。

> **参考阅读**
>
> Gause, Don, and Jerry Weinberg. *Are Your Lights On? How to Figure Out What the Problem Really Is*. Dorset House, 1990.
>
> 这本书现在相当老了，难以找到，但 G&W 对于找到真正的问题，有一些好见解要说。

但这里真正发生的是什么？系统开发者在寻求一个聪明的新系统，更有效地建立信任状。真正的问题（他们正避开或完全无视的问题）是"顾客忘记了他们的口令"。

团队应该正视的问题，是要找到一种方法为客户生成安全的口令，让他们不太可能忘记（这是可以做到的）。当然，如果读了我们前面关于本质的讨论，那么现在会说："等一下！口令是完成某事的一种技术，它们不是问题的本质。"口令不是业务问题的一部分，而是银行选择的技术。就像其他技术一样，它们不是完美的，现在看起来阻碍了真正问题的解决。

> **参考阅读**
>
> Jackson, M. *Problem Frames: Analyzing and Structuring Software Development Problems*. Addison-Wesley, 2001.

这意味着要解决的正确问题是：允许顾客安全地访问他们的账户，这种方式对每个顾客是唯一的，不能够让该顾客之外的人猜出或推导出，并且不要求顾客有强大的记忆能力。

真正要解决的问题才是真正问题，它不是技术解决方案。项目团队常常在项目开始时动手解决错误的问题，考虑要构建的产品和要使用的技术，而不是要改进的工作。只看建议的产品，项目团队就不能看到更大的世界，其中包含真正要解决的问题。

7.4　进入未来

到目前为止，我们在本书中探讨了业务的当前实现，然后导出了业务的本质，得到了要解决的正确问题。当然，所有这些活动都与当前业务、当前技术和当前本质有关。如果参考 Brown Cow 模型，你已经分别实现了工作的 How-Now 和 What-Now 视图。

在你理解了当前的本质之后，就可以转向你希望业务是什么，这是 Brown Cow 模型的 Future-What 象限。未来的业务和目前的业务不会一样，因为你的项目要改进工作，这里就是你要做的。转向 Future-What 意味着质疑和加强当前业务的本质，让业务变得更有效、更高效、更创新。参见图 7-5。

在我们深入未来之前，值得强调一点，即你必须理解工作范围内的当前工作本质。工作范围通常是由工作上下文背景图确定的，我们在第 3 章 "确定业务问题的范围" 中曾讨论。你对未来的思考可能意味着改变这个范围，因为你的利益相关者已经一致同意了某种新的、变化的业务策略，这种策略需要新的、不同的接口，与外界的相邻系统交互。

要开始思考 Future-What，问你的产品拥有者一个简单问题："未来你希望开展什么业务？"虽然这是个简单的问题，但有时候找到答案不那么简单。然而在另外一些时候，答案非常明显。例如，许多年来，Amazon 是最大的线上纸质书销售商。Amazon 知道将来图书销售会不一样，所以它开发了 Kindle 阅读器。这条路引导 Amazon 销售可下载的电子书，能在 Kindle 上（或 iPad，或涌现出的许多其他阅读器上）阅读，这种变化被证明是成功的，因为 Amazon 现在销售的电子书超过了纸质书。这种方向上的变是 Amazon 对这个问题——"未来你希望开展什么业务"的答案。

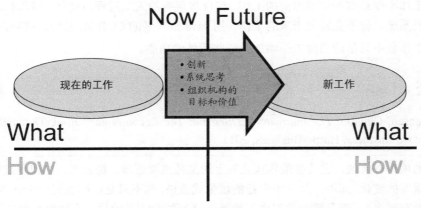

图 7-5 已经正确理解了当前的工作之后，我们转而探讨到项目结束时，工作可以是怎样

转向未来不只是愿望，它需要业务分析师的创新，以及业务利益相关者愿意贡献并接受新的思想。你要做的是得到现在业务的本质，将它变成未来业务的本质。

我们必须暂停一下，作一点澄清。你可以说 Amazon 的业务本质并没有改变，公司还是在卖书，只是使用了不同的技术。并非完全如此。Amazon（或其他书商）实际上是挑战了一种限制条件，即书必须印在纸上。通过消除这种限制条件，提出书的本质是信息内容（文字和图片），书商就可以寻找其他更好的方法来销售信息内容。理想的图书销售技术，是书商直接将书传送到"读者"（这个词不再合适了）的脑中。但是，在那种技术出现之前，书商不得不对电子书感到满意。

你对 Future-What 状态的创新不一定是巨大的变化。当 Amazon 刚开始在线销售纸质书籍时，公司快速收集了顾客图书购买习惯的信息。Amazon 也知道销售书籍的标题、种类、作者和其他属性。这样，不需要很大变化就能形成新的业务策略：当出版商出了新书，将这本书的属性和顾客的购买习惯进行比较，下次顾客访问网站时，进行有针对性的推荐。

从这个例子中你可以看到，有时候工作处理一些基本的知识，没有用于提供最大的业务好处。有时候业务没有意识到它的基本知识，或者当前的实现导致很难看到新的业务机会。

类似地，与你工作的利益相关者可能非常渴望和愿意改变他们的业务，或者你可能发现你必须拉住他们冲向未来。而且，不能总是相信利益相关者清楚地知道他们想要什么。我们不是说你可以忽略客户，而是在他们告诉你想要什么时，要持怀疑态度。

也要记住，准确给出利益相关者想要的东西通常会导致漠视。客户常常要求对他们的系统进行增量式改进："我想要现在拥有的东西，但还要加一些信息，还要再快点。"如果只提供这些能力，你就错过了创新的跳跃，项目不会得到出色的结果。Clayton Christensen 在他的著作 *The Innovator's Dilemma* 中，提供了引人注目的一些公司的证据，它们只提供客户要求的东西，结果破产了。

未来的工作不仅是重新实现当前的工作。仅仅将现有的人工过程自动化，或机械地重新实现原有的计算机系统，你不会发现未来的工作。用 Java 重写老的 COBOL 系统，收获不会大。

未来的工作也不只是给当前工作添加上一些额外的功能。

参考阅读

Christensen, Clayton. *The Innovator's Dilemma*: *The Revolutionary Book That Will Change the Way You Do Business*. HarperBusiness, 2011.

要让你的项目有价值，它就必须导致业务上的某种重要进步。换言之，你和利益相关者必须创新并找到重要的变化，而不只是安于例行的增量式改进。你不只是在构建另一个计算机系统（这个世界上已经有很多），而是要改进工作。当然，这可能意味着构建一个计算机系统，但要让价值最大化，该系统必须从根本上为工作提供创新式改进。

7.5　如何创新

今天的业务分析师应该总是在寻找改进客户工作的方法，这些改进几乎总是通过创新来实现。大多数人不认为自己具有创新能力，但你可以做一些相当简单的事情，来鼓励自己产生更多更好的想法。要记住，创新不是简单的"新思路"，创新也与发明不同。

很少有人认为自己是创新者，但我们认为几乎所有人都可以创新，只要给他们提供机会和一些技巧。有许多技巧，也有许多书讨论这些技巧。我们不会尝试在本书的范围内全面论述如何变得更创新，但我们想探讨一些你可以做的事情，这通常会导致新的思想，改变产品拥有者的工作。

我们前面曾说过，你的利益相关者可能不知道他们想要什么，至少他们很难告诉你他们想要什么。但你知道有三样东西是人们想要的，他们愿意为之付出可任意支配的金钱[①]：快乐、面子和方便。方便对于业务分析师是最有用的，但我们应该快速探讨一下另外两项。

人们愿意为快乐花钱。你只要看看酒精饮料的销售，就知道人们有多么愿意为快乐花钱（当然，假定人们不只是买酒喝到烂醉）。去电影院还是在家看电影也是人们为快乐花钱的例子，女人买香水也是（这对于女人和其他人都是快乐），付钱买精心制作的卡布奇诺而不是喝大厅机器里的棕色液体，也是一样的道理。在我们的日常生活中有许多例子。对于大多数业务来说，提供快乐的机会是有限的，但这不应阻止你去问："我们能让与公司打交道的人更快乐吗？"大多数人宁愿将钱留在体验快乐的地方，我们倾向于避免肯定令人不快的业务。

人们也愿意为面子付钱。为什么丰田足以舒服地让人们到达目的地，人们还会买奔驰？因为奔驰让车主感觉他的车比别人好。苹果的 iPod 占据了很大的市场份额，因为人们认为它比其他笨拙的 MP3 播放器更有面子。也许 iPod 的主人用"酷"来表达他们对这种设备的感情，但"酷"不就是面子的一种形式吗？特别是如果某物让你比同时代的人更酷。莱卡在市场上销售一系列高档照相机，松下以低得多的价格销售同样功能的照相机。尽管松下有价格优势，莱卡还继续在卖。为什么？因为人们想要拥有莱卡的面子：前面的红点表明他们正在使用的照相机来自世界上最好的光学公司之一。

尽管这很吸引人，但对于大多数公司来说，这种提供面子的机会是有限的。为了人们的可任意支配的（以及不可任意支配的）金钱，我们就只剩下方便这个目标。

人们愿意为方便付钱（有时候是相当大的数量）。一个现成的例子就是手机。我们忍受了一些相当可怕的质量问题（掉线、糟糕的接听、高价格），就为了在任何地方打出和接听电话。前面曾提到，Netflix 利用了人们对方便的期望，提供了影片下载，而不是要求它的顾客去商店选 DVD，然后归还。随着在线购书的出现，传统的实体书店正在（可惜地）消失。Kindle 和其他电子书阅读器的快速崛起，表明我们有多么喜欢方便。

> 人们愿意为方便付钱。

回顾一下这些年的音乐复制品。采用每种新一代的设备（蜡筒留声机、唱片蜡盘、黑胶唱片、卡式磁带、CD、MP3 播放器），都是因为它更方便。每种新技术是否提供更好品质的声音还原还

[①] 可任意支配的金钱是不必花的钱，它的处置由花钱的人控制。它不包括我们必须花的钱：食品、住房、上下班通勤、基本的衣服。

有争议,许多发烧友仍然更喜欢制作精良的黑胶唱片,而不是 CD。在还原保真方面,MP3 绝对是倒退。但是在复制和聆听音乐的方便性上,每一代设备都迈进了一步。

你的业务能提供方便性。这不是很难的任务,但要提供这一特征,你必须从建议的解决方案上后退一步,从用户的视角来审视它。考虑用户的本质目标(像我们前面讨论的一样,使用"本质"这个词),然后尝试让用户用较少的步骤来实现该目标,比你计划的更少。如果喜欢,你可以复制一些思想:看看 Amazon 怎样做事。如果它很难用,就不会成为最大的在线书商。有一点虽小但很重要的方便,Amazon 在账号中保存了用户输入过的每个送货地址:顾客不用输入送货地址,而是直接在保存的地址中选择。方便吗?是的。容易做吗?是的。在你的业务中可以做这样的事吗?是的。

你能提供额外的服务,让用户觉得方便吗?答案几乎是肯定的。看一看你的组织机构提供的任何一项服务。与一些志趣相投的同事进行头脑风暴,我们保证你能得到一些想法,为组织机构已提供的东西增加一种服务,从而提供方便。

你有许多事情可做,让你的产品和解决方案更方便。这种工作只需要一点时间和一点思考。但要想成功,你必须通过客户的眼睛来看产品,或是使用你要构建的产品的人。通过客户的眼睛来看产品并不总是很容易,但基本的规则是忽略你自己的想法,而考虑客户的想法。本章稍后我们将讨论假想用户,这是从客户的角度来理解问题的一种方式。

> 通过客户的眼睛来看建议的产品:你能让它更方便吗?

7.6 系统思考

和创新一样,转向未来意味着"系统思考"工作、整个问题、端到端的系统。有时候,如果你优先考虑整体而不是局部,就能更好地看到如何安排这些局部,为将来形成更有益的系统。

> 看那些部分,但要看那些部分的聚合。

现在,你作为业务分析师的职责就是引导探求未来的工作。通常,在大多数时候,未来的工作是很明显的,只要你开始对当前的工作进行系统思考。只要看看当前工作的全景图,未来工作应该如何就非常明显了。

> "我们必须理解工作是如何进行的。"
>
> —— John Seddon

系统思考就像图 7-6 所示的一系列咬合的齿轮,很适合需求阶段。系统思考的基本思想是将业务看成一个系统,也就是说,一组相连的部分,得到的结果是任何部分都不能独自得到的。所以我们不要看这些部分,而要看这些部分的聚合,以及它们交互的方式。这种探索将有助于我们看到这些部分未来的交互方式。

视野太狭窄，只看建议的产品，会妨碍系统思考。产品的基本功能和它选择的与用户交互的方式肯定是重要的，但产品在更大的组织机构范围内所做的事更重要。后退一步，看看产品如何影响其他的工作。

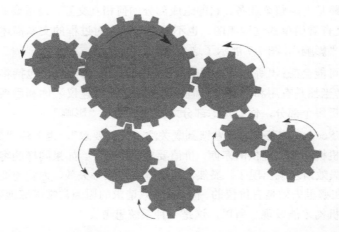

图 7-6　系统思考要求你将系统看成一个整体。任何系统都是一组相互连接的功能，一项功能的输出可能影响另一项功能。就像一组齿轮，当一项功能在运作时，它导致其他功能做出反应

不要只看解决方案，后退一步，看看你想改进的整个工作。

假定你正与一名工程师交谈，他是道路除冰项目的利益相关者。工程师要求"产品显示一张地图，用红色标出需要处理的道路，用蓝色标出安全的道路"。（这是一条最初陈述的需求，我们没有编造）请注意，工程师关注于产品，以及他对界面的建议解决方案。现在，后退一步，思考整体的工作，即系统思考。

首先考虑红色道路和蓝色道路的要求：这位工程师要求这样的色彩方案是出于个人的偏好。但只要后退一小步，你就必须问一问，是否每个人都会像他一样来解释红色和蓝色。蓝色代表冷，红色通常代表热，这么说也很合理，这意味着另一位用户很可能做出相反的解释，从而导致完全错误的结果。

如果你再退一步，问为什么道路必须在屏幕上标出（用某种色彩方案），他们会说工程师必须告诉车库分派一辆卡车来处理结冰的道路。从系统的观点来看，这个回答意味着在整体工作的更大范围内，需要通知卡车车库哪些道路需要处理。一旦你以这种方式来看问题，就会构建一个产品，将这种需求直接通知卡车车库，取消彩色的屏幕和工程师打给车库的电话。

现在再后退一步：如果卡车必须分派，那么工作就需要指定一辆卡车，这辆卡车应该是最合适的一辆，如果你考虑到（又退一步）车库中有许多辆卡车。从系统的观点来看，如果你打算考虑构建一个产品来处理道路，那么车队优化必须是解决方案的一部分。

让我们利用系统的观点再进一步：如果车库没有足够的资源来处理所有的不安全道路怎么

办？也许有办法查询相邻郡县的资源，或要求警察关闭未处理的道路，并通知交通电台道路已关闭，如何？如果道路已关闭，工作是否能推荐其他路线？我们可能有些远离最初有红蓝道路的屏幕，但沿着系统思考的路，我们发现了一些有趣的可能性。

系统思考的思路是考虑整个业务，它的组成部分如何相互交互，最重要的是，它们相互之间如何"影响"。不是查看简单的过程流图，也不是遵守某人对过程的文本描述，而是考虑系统的不同部分如何相互"影响"。图 7-7 展示了这个概念。

在这个阶段你可能会想："等一下！我的职位是业务分析师。分析包括将事情分解并研究各个部分。"分析思考当然是有用和必要的，但我们建议（强烈建议）你利用系统思考来强化分析技能，而不只是分析每个部分，你要考虑部分之间如何相互"影响"。

我们推荐 John Seddon 的著作，他曾谈到既关注"价值要求"，也关注"失效要求"。如果客户请求或订购组织机构销售或提供的东西，价值要求就出现了。如果同样的客户抱怨或要求修复他们购买的东西，失效请求就出现了。显然，如果产品或服务失效，你就需要花钱纠正或修复产品。因此找到系统在哪里失效是有价值的。但是，失效请求的原因常常深深地隐藏在组织机构中，只有查看整个组织机构才能发现。所以，这是一种系统思考。

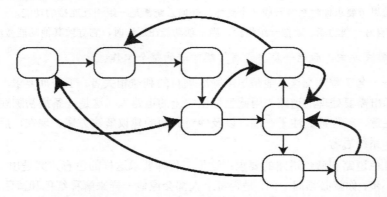

图 7-7　业务中的一些活动相互有影响。这种影响用灰色箭头表示。系统思考就是思考系统整体的输出，并理解每个活动的后果

参考阅读

Ackoff, Russell, and Herbert Addison. *Systems Thinking for Curious Managers: With 40 New Management f-Laws*. Triarchy Press, 2010.

Seddon, John. *Systems Thinking in the Public Sector*. Triarchy Press, 2010.

Meadows, Donella. *Thinking in Systems: A Primer*. Earthscan Ltd, 2009.

Senge, Peter. *The Fifth Discipline: The Art and Practice of The Learning Organization*, revised edition. Crown Business, 2006.

这个故事的意义在于，不要专注于你遇到的第一个解决方案，要退一步，从更广的范围内来看问题。通过质疑解决方案中每个元素背后的理由，并研究每个元素对其他元素的影响，你最后会导出更多的真实需求，从而得到更好的最终产品。

7.7 价值

我们做需求的前提是，如果你创建一个软件、一个消费产品或一种服务，那么它必须对拥有者有价值。所以让我们来考虑价值。我们用这个术语来表示你准备付钱的某种东西，换言之，你根据它的价值决定是否要购买。如果你觉得费用值得，那就在上面花钱。如果你觉得要求的价格不值，那对你就没有好价值，你就不买它。

有时候这种价值决定很简单。例如，本书的作者因工作在各地旅行，常常需要取得签证，才能进入一个国家。我们使用一项签证服务，该服务会派一名快递员到我们家取申请表格和护照，按要求将它们带到大使馆，第二天送回带签证的护照。或者，我们可以选择排队等待签证申请被接受，然后第二天再去拿护照。但是，我们愿意为签证服务付钱，因为我们认为它提供了价值：我们觉得节约的时间最好用来做别的事情（例如，编写本书），同时也因为签证服务比我们自己做更快，在行程密集时我们不会因缺少护照而卡住。要点是我们更看重时间的价值，愿意向别人付一定的费用来节约时间。但是，如果签证服务变得太昂贵，或我们不是特别忙，它对我们就不再有价值了。

但是亲爱的读者，你不必处理像个人喜好和价值这种简单的问题。你应该关注组织机构的价值，具体来说，就是拥有你开发的产品的组织机构。你必须确定这个组织机构重视什么价值，它想实现什么目标。如果你面对一个商业机构，价值通常可以用金钱来表示，即节省的钱和赚的钱。科学机构重视的价值是研究的精确性或广度。实时控制机构重视的价值是正确的、不会出错的操作。生产产品销售的机构重视的价值是创新和易用的产品，能引起客户的注意。

如果我们考虑三个因素，可能最容易想到价值：回报、处罚和成本。当然，这是一种重复考虑：你在项目启动阶段建立的项目目标。然后，针对工作的每个单元，如业务用例或任何一项需求，你根据它对目标的贡献，为这三个价值因素打分。

> 价值可以认为由三个因素构成：回报、处罚和成本。

例如，假定你有一项需求，产品必须有安全的登录方式。这项功能的回报不高，按 5 分制打分可能只有 1、2 分。它不能让你得到更多客户，对拥有产品的组织机构也没有改进。相反，没有它的处罚是很高的：如果客户认为你的产品不安全，就会抛弃你。而且，如果敏感的信息落入错误的人之手，它表明你在信息保护方面做得不够好，那么你可能面临违法指控。我们将处罚的评分定为 5，即非常高。拥有安全产品的成本是适中的，你可以购买上架销售的安全产品，对大多数情况都足够了。我们将成本的评分定为 3。所以这项需求对你是有价值的：拥有它的成本低于没有它的代价。

让我们考虑另一个业务用例，即客户购买产品的用例。有这项功能的回报（显然）是高的：你可以评 5 分。没有这项功能的处罚也是高的（又是 5 分），成本是中到高（假设是 4）。总体来说，这意味着这项功能是有价值的，所以你将它包含在产品中。

另外，你可以考虑提供产品免费递送的功能。这项服务的回报很高，假定是 4 分，因为客户会喜欢这种方便。没有它的处罚很低，没有人真的期望低价格的货物能提供免费递送。成本是高的，它可能吞掉货物销售利润的一大块，所以我们评 5 分。这项服务有价值吗？没有，成本超出了回报，所以你会放弃这项功能。

你对所有业务用例测算价值，目的是只包含对拥有者有价值的功能（考虑回报、处罚和成本）。我们建议真正的问题（你试图去理解的问题）只包含高价值的功能。

7.8 假想用户

如果真正的用户不能出席，或者人数太多，无法逐个进行访谈，假想用户就有用了。假想用户是一个虚拟的角色，替代真人用户。我们强烈建议你在无法接触真正的用户或客户时，采用假想用户。与代理人相比，假想用户几乎总是能更好地代表用户。

假想用户是一个创造出来的人物，一个想象的但却是典型的用户，你将针对他来为产品收集需求。既然有几千个潜在用户，为什么还需要一个想象的角色？因为对大众市场的产品来说，你不认识，也不可能去认识所有真正的用户。但你可以很好地认识一个用户，这个想象用户的特点可以为需求提供指导：这就是假想用户。

你不是凭空发明假想用户，而是从市场调研或其他可能用户人群的调查中推导出假想用户。所需的准确程度各不相同，这取决于用户群的规模和待建产品的关键性。不管怎样，大部分团队会编写一两页的描述，确定假想用户的行为模式、目标、技能、态度和环境。通常也会加入足够的个人细节（包括姓名），让假想用户对团队显得更真实，这也是希望的情况。当然，一个产品可以有多个假想用户，但应该有一个假想用户是该产品的主要目标。我们发现有张照片是很有用的（从在线照片库代理那里可以找到成千上万张照片），你可以选择一张团队认可的，作为假想用户的照片。

使用假想用户让业务分析师和创新者更容易思考客户的需求。如果他们能看着一张照片，像真人一样谈论假想用户，称呼他的姓名，这就为潜在客户的抽象数据提供了一张真人的面孔。要问的问题不再是一组想要的数据，而是"Emma（或者你给假想用户取的任何名字）想做什么"，或"在这种情况下 Emma 会怎么做"。

假想用户避免了 Alan Cooper 所说的"弹性用户"，即不同的利益相关者定义产品的各种特性，反映他们想到的所有问题，容纳他们关于用户类型的所有假定。结果通常是太多的需求，许多需求相互冲突，产品试图满足所有人，结果让预期用户都不满意。今天你可以看到一些很好的消费产品，恰好满足我们自己的个人喜好。这不是因为产品的开发者认识你，而是因为他们选择了假想用户，假想用户的特点（或多或少）与你一样。相反，如果为产品编写需求时试图满足所有人，功能就会很多，导致软件太大，没有计算机能安装。想要适合所有人，结果会是不适合任何人。

参考阅读

Cooper, Alan, Robert Reimann,and David Cronin. *About Face 3: The Essentials of Interaction Design,*third edition. Wiley, 2007.

选择假想用户也能防止利益相关者将他们自己作为用户。这种"自我参照"的方式（参见图7-8）几乎总是导致有个人风格的结果，某个利益相关者觉得产品非常易用和直观，但其他用户对产品并没有同样的感受。

假想用户的真实性为业务分析师和利益相关者提供了新系统的目标。一些细节将作为指导，如计算机使用能力、对技术的态度、文化禁忌和观点、性别等。这种明显的真实性也告诉设计者一般情况是什么，以及假想用户会认为什么是异常情况或少见的情况。这种理解通常让设计者不会过于关注不一般的情况或用户行为。

本书的作者有一个本地政府的客户，属于伦敦的一个自治市。该客户的一项职责是为上年纪的老人和一些不能自己准备膳食的人提供膳食。我们和管理这项服务的团队一起工作，目的是找到这项工作未来的新方式。我们的任务是帮助团队决定，自治市议会可以做些什么来改进为老人提供膳食的服务。团队提出了一个假想用户，认为它是膳食接受者的原型，然后他们开始发问："Elsie 真正想要的服务是什么？"答案对许多团队成员是有意义的，当时他们设计的服务多少有点适合他们自己的经验。Elsie 的照片在对团队微笑，给了他们答案，导致了更好的、更受欢迎的服务。参见图7-9。

在我们提到软件需求时，我们常说"用户需求"。这个术语的问题在于，需求是针对可能成为用户的人收集的。构建成功的产品不是要收集需求分配给每个人，而是要让真正的用户激动。

图 7-8　自我参照的用户只考虑他自己，难免忽略更多用户的愿望和需求

图 7-9　团队用一个假想用户来代表他们的客户。将假想用户看成真人，他们就能为工作设计出好得多的 Future-What

参考阅读

Norman, Donald. *The Design of Everyday Things*. Doubleday, 1988.
虽然这本书比较老，但 Norman 关于目标清晰性的论述今天仍然很正确。

7.9　挑战限制条件

挑战限制条件（严肃地质疑限制条件并设法消除它们），这是每个业务分析师都应该做的事。这里的限制条件是强加在问题或可选解决方案上的限制，它可能是一条业务规则，说某个过程必须以某种方式进行，也可能是一条指令，说明解决方案必须采取的方式，或者是关于其他任何方面的。限制条件的问题在于，每个人都假定限制条件是真实的、不变的。

让我们来质疑这一点。

假定针对任何限制条件，业务分析师挑战它的方法就是问："这个限制条件是真的吗？如果我暂时假装这个限制条件不存在，结果如何？"有时候答案是不可能去掉这个限制条件的，因为生命（或公司）会遭受损失，但有时候你会发现完全有可能去掉这个限制条件，这样做就带来了创新，这就是挑战它的首要原因。

让我们假定有一个限制条件，你必须以一定的利润销售公司的产品或服务。看起来很合理。但现在让我们来挑战这条公认的真理，看看会发生什么。更好的是，让我们来看一个例子，其中创新者似乎忽略了利润，送出了产品。不久前，摇滚乐队 Radiohead 送出了他们录的单曲 "In Rainbows"。该乐队将这首单曲放在他们的网站上，让粉丝愿付多少就付多少，包括根本不付钱。公众和新粉丝受到了吸引，这意味着在 CD 最终发行时，销售超过了预期。许多新的音乐家模仿这种方式，免费送出音乐来培养粉丝，他们的回报就是从现场演唱会挣到的钱。看看你的应用商店，有许多免费的应用，要么提供全功能的、好玩的应用的尝试版，或者作为广告的载体。不论哪种情况，这些应用都是消除了"必须有利润"这一限制条件。

限制条件实际上常常是一些假定的方式，组织机构当前采用这种方式展开业务。例如，账单由财务部门支付，这既是假定，也是限制条件。一个大型美国汽车制造商的分析师挑战了这个限制条件。在他们这样做之前，场景是这样的：在部件交付时，码头的领班会检查交付，收集纸质文件并发送给财务人员，财务人员经过一定的处理并收到发票后，支付给供应商。这个过程如图 7-10 所示。

当限制条件受到挑战并最终去除时，得到的过程变成了这样：货物交付，码头领班检查交付与订单相符，码头领班批准一张支票，马上打印并交给驾驶员。过程如图 7-11 所示。

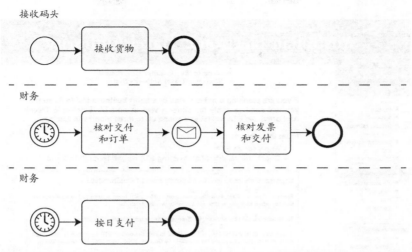

图 7-10　这个活动图展示了接收货物和最终支付的过程。这就是挑战限制条件之前的过程。请注意泳道的使用，这让系统化的方法变得更困难

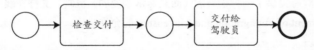

图 7-11　挑战限制条件后得到的精简过程。交给驾驶员的支票现在已经改为立即的银行转账

新的过程有几点好处。它更便宜，因为消除了财务部门处理的成本。虽然传统的组织机构喜欢尽可能晚付账单，但在这个例子中，公司通过马上付账单节省了钱。延迟支付的理由通常是让钱留在支付者的银行账户中，这样能获得利息。但是，在现在低利息（或 0 利息）和经济不景气的情况下，从立即支付中获得的好处总是会超过可能得到的利息。

挑战限制条件常常导致一些令人吃惊的（并且有益的）创新。考虑这些限制条件：对于某些国家，你需要签证才能访问，而且签证必须印在护照上，证明你有签证。澳大利亚移民局挑战了这个限制条件，受益的结果是：你可以在线申请签证。如果你是合适的人，就会发给你签证，并在你在线时给出通知，没有什么需要印在护照上（参见图 7-12）。在你到达澳大利亚入关处时，移民局官员扫描护照上的条形码，电脑屏幕会告诉他持有人已经获得签证。部门获得的净回报就是，这种变化消除了处理的成本，也为签证申请者节省了时间，他们不必在世界各地的澳大利亚领事馆排队等待护照上的签证印章。请访问澳大利亚移民局的网站，看看移民和签证的创新方式。

图 7-12　澳大利亚政府提供了一种创新的（而且非常方便的）机制，支持在线申请签证。使用截屏图得到了 Department of Immigration and Citizenship 的允许

7.10　创新研讨会

　创新研讨会是产生想法的一种方式。如果有大量的利益相关者参与创新过程，可使用这种方法。如果希望利益相关者理解新的、更好的工作方式带来的好处，而不只是重新构建同样的老系统，也可以采用创新研讨会。

我们建议，作为转向未来的一部分，你安排一点时间给创新研讨会。举行这些联合会议是为了产生创新，改进工作。我们发现创新有一个问题，即很少有人认为自己是创新的，更少的人认为创新是他们的岗位描述的一部分。但是，我们建议创新是每个人的工作的一部分，只有通过创新，我们才能进步。

> "如果没有创新，你会骑马上班。"

在研讨会上，你和利益相关者一起工作，创新更好的工作方式。你作为业务分析师，必须领导创新变革。我们发现，利益相关者有时候不愿意为这样的活动安排时间，但他们经历过研讨会产生的改进之后，他们就变成了积极的参与者。

当欧洲航管组织决定调查将来的空中交通控制系统的需求时，该机构发现难以超越目前的工作方式。我们和来自城市大学的同事 Neil Maiden 一起，举行了需求创新研讨会，鼓励空中交通控制人员、飞行员、航空公司代表和系统开发者来思考将来的创新需求。研讨会的成果是几百条创新的需求。与会者都认为研讨会得到的需求对最终的空中交通控制产品有着重要的，几乎是令人吃惊的影响。他们也一致认为如果不是通过创新研讨会，这些需求可能永远难以发现。

> 研讨会的成果是几百条创新的需求。

我们对计划和进行创新研讨会提出下列建议。

1. 设定创新的范围。它不应该太狭窄，因为许多创新最初都被认为是在团队的交付物之外。邀请所有对这个范围感兴趣的利益相关者参与研讨会。

2. 利用业务事件划分范围，让参与者能专注于端到端的业务过程，同时要记住系统思考通常涉及所有的业务事件。

3. 为研讨会制定计划。你可能需要用一些创新技巧。本书讨论了一些技巧，还有一些探讨创新的好书。你必须促动研讨会，领导利益相关者使用这些技巧。

4. 记录研讨会上发生的一切。不要在研讨会上评价想法。创新和评价是两种不同的活动，不应该同时进行。

5. 在研讨会后，将结果反馈给参与者。

6. 孵化。有时候真正了不起的想法不会马上出现。人们可以几天后再回来，极大地改进研讨会上的某种创新。

这些研讨会的意图是比一般的头脑风暴提供更好的结构。目的是使用各种创新技巧，产生更有趣的结果。

参考阅读

Silverstein, David, Philip Samuel, and Neil DeCarlo. *The Innovator's Toolkit*. John Wiley & Sons, 2009.

我们不能说哪种创新技巧比其他技巧更好，人们不可避免会发现一种技巧适合他们，而其他的不适合。创新本质上是人的活动，所以我们建议你选择感觉舒服和喜欢用的技巧。

7.11 头脑风暴

头脑风暴是一种创新的方法。头脑风暴很有用，针对问题的范围，或范围可以是什么，它会产生许多想法。这种策略并不是要推动不受约束的范围蔓延。相反，头脑风暴产生的想法会导致更好产品，而没有增加费用。

头脑风暴利用了小组效应。也就是说，召集一组聪明的、有意愿的人，让他们对新产品产生尽可能多的想法（参见图 7-13）。告诉他们，不管听上去有多疯狂，任何想法都是可接受的，并且他们一定不能让批评和争论减慢这一过程。这样做的目的是尽量发挥想象力，产生尽可能多的想法，一般是通过别人的想法来触发他们自己不同的想法。

图 7-13　头脑风暴是聚集一些有兴趣的人，他们的任务是对产品产生一些新的想法

头脑风暴有一些简单的规则。

❑　头脑风暴的参加者应该尽可能具有各种学科背景，经验也各不相同。这种背景的融合会涌现更多的创新思想。

❑　暂时不要做判断、评估和批评，最重要的是不要争论。当需求产生时，简单记录下来。不要让思路停下来，这是让头脑风暴小组形成有活力的、创造性的氛围的最快方法。

❑　产生大量的想法，得到尽可能多的想法，数量终将产生质量。

❑　试着得到尽可能多的不寻常的、独特的、疯狂的、出格的想法。想法越是出格，可能就越有创造性，也常常有可能变成真正有用的需求。

❑　在新的想法基础上得到新的想法，即在一个想法上产生另一个想法。

❑　记下每个想法，不要删节。

> "如果不写下来，想法消失的速度会比水蒸发还要快。"
>
> ——Alex Osborne，头脑风暴的发明人

❑　如果感觉受到了阻碍，可以从字典中随机取出一个词，让参与者想出相关的一些涉及该产品的词。

❑　让会议有趣。不能强迫产生创造性，必须让创造性自然产生。如果老板在会议上说了"我只想听到对市场有利的想法"这类话，那么就不会听到突破性的想法。

头脑风暴会议之后，主要的需求分析师与关键利益相关者一起评估这些想法。它们中有一些是无价值的，但它们在头脑风暴中激发了其他更有用的想法。某些想法可能需要与另一些想法合并，也许两个不完整的想法放在一起，会得到很不错的新想法。留住最好的想法，如果在项目限制范围内有可能实现它们，就把它们变成需求。

7.12　回到未来

回到我们这里要做的事。你的任务是将当前的工作变成未来的工作，或像我们前面描述的，将 How-Now 转变成 Future-What。换种方式来看，这项任务涉及改变业务策略，新的业务将是创新的。我们曾多次提到（这值得重复），重新实现原来的工作几乎没有什么价值。如果你的项目要为组织机构提供价值，那就必须提供改进，某种新的思想，让最终的产品尽可能有用。

你必须不怕创新。客户（既包括内部的利益相关者，也包括外部的业务客户）并不总是知道他们想要什么。苹果公司从任何标准来看都是世界上最具创新的公司，他们几乎有意避免了传统的市场调查。他们自己承认，苹果公司没有制造人们说想要的产品，而是苹果公司认为客户准备好接受的产品。人们通常不知道他们想要什么，直到看到产品才知道，所以你的任务就是让他们看到产品。改进工作意味着交付一件产品，当用户拿到产品时，就意识到这就是他们想要的。

> "我们的工作不是按时按预算为客户提供他想要的东西，而是提供他从未梦想过的东西，当他得到时，就意识到这就是他一直想要的东西。"
>
> ——Denys Lasdon，架构师

未来的工作应该对业务客户提供更好的响应，或者对于内部使用的产品来说，为用户提供更好的工作方式。这意味着向他们提供以前没有的东西，或提供设施让他们的任务更容易。

我们建议使用假想用户，从假想用户的视角来看产品。这常常导致对工作的改变，让最终用户或客户更容易接受它，即产品更方便。即使在购买或下单过程中减少一步，也会有不同。从假想用户的视角来检查你的工作，看看是否能让它更方便。要记住，你不是要取悦你自己。

思考 Brown Cow 模型中的 Future-How 部分，结果是得到一些未来工作的模型。这些模型不需要精化，我们通常使用简单的场景和草图，引起利益相关者的合作。当然，你需要利益相关者的全面合作，因为 Future-What 代表了新的业务策略或要做的新工作。你们对工作的范围达成一致意见之后，确定 Future-What 视图，更新工作上下文范围图，根据需要添加或修改事件列表。

每个人都想要激动人心的未来，所以要确保你们未来的工作不令人失望。

第 8 章
开始解决方案

本章讨论将业务本质变成技术世界的实现。

我们已经走到这一步，离开横线之上的、虚拟的、抽象的、完美的世界，将业务需求带入横线之下真实的技术世界。这里所说的线是 Brown Cow 模型中的水平线，我们要从第三象限（Future-What）到第四象限（Future-How），如图 8-1 所示。在这个过程中，我们从抽象的世界转向物理的世界，从策略转向技术，从问题转向解决方案，从目标转向设计。在第四象限中，我们开始为业务问题设计解决方案。

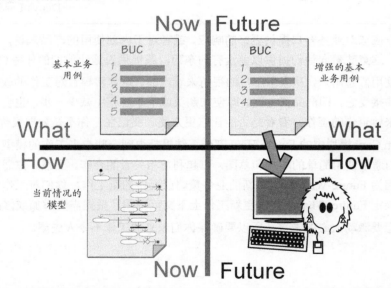

图 8-1　你已到达 Brown Cow 模型的最后一个象限。这里你决定如何去实现本质业务

既然你和利益相关者已经清楚地理解了业务的本质（真正要解决的问题），就是时候决定问题的哪些部分能从自动化中受益。换言之，多少基本业务策略可以利用自动化的产品来执行并获利，如软件、硬件或其他形式？你也可以认为这个活动是决定自动化的边界。

但这不只是简单地圈出一些要求的功能，宣布它应该自动化。要得到完美的解决方案，你必须考虑，也许要设计，你选择的自动化边界导致的体验。换言之，你交付要求的功能时，必须让它的工作方式符合用户的工作习惯，满足组织机构的操作需求，对组织机构的目标作出贡献，而且实现的代价要让产品拥有者高兴。

请注意，我们在到达产品的 Future-How 视图之前，先花了一些精力来发现产品打算做什么。不幸的是，许多软件项目是从 Future-How 开始的，他们直接跳进了解决方案，而问题还有待理解（可能是不理解）。如果你还在阅读本书，我们真诚地希望我们已经向你说明了为什么值得花些时间来理解真正的业务需求，然后再尝试给出解决方案。

我们不能在本书中详尽阐述软件和组织机构系统的设计。每个组织机构都有自己独特的实现环境，这意味着设计者将提出独特的设计。但是，我们可以指出你在你的环境中做出设计决定时，需要考虑的变量。参见图 8-2。

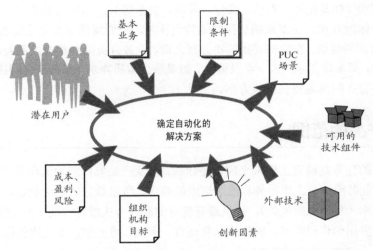

图 8-2 业务分析师考虑许多因素，决定要构建的最佳产品

8.1 迭代式开发

迭代式开发技术在前置设计时似乎不做太多工作，而是依赖软件的频繁发布，来衡量设计的适用性。尽管这种方式肯定有效，但如果最初的版本与实际想要的相去甚远，或者如果利益相关者对问题理解或定义不到位，导致任何解决方案都肯定远离目标，那么这种方式可能很耗时。不管怎样，开始通过抽象模型和对话来发现需求，而不是通过具体的实现，通常更有效。

不幸的是，很多项目都是从一个建议的解决方案开始的，按我们的话来说，这意味着从第四个项目开始，即 Future-How。从这里开始，开发团队必须将解决方案打造得和需要的解决方案有些类似，同时尝试发现真正的需求。许多实践者发现，他们不得不从 Future-How 象限开始，再回到 Future-What 视图，发现真正需要的是什么，然后再次处理解决方案的 Future-How 视图。

不论你如何开发软件，这个过程的重要部分都在于，你和利益相关者发现解决方案的真正需求。

8.2   本质业务

在本书的不同地方，我们已经讨论了业务的本质，尤其是第 7 章，所以这里不需要再重复所有的信息。完全可以说，在开始解决方案之前，对于你研究的工作，你应该已经收集了大部分功能需求和重要的非功能需求。而且，你应该收集的是本质的、与技术无关的需求。

功能需求展现的形式可能是业务用例（BUC）场景、一组原子功能需求，或适当编写的用户故事。你在考虑解决方案之前达到的细节水平会不一样，这取决于项目的策略，以及你与所有利益相关者工作的方式。第 9 章将探讨从需求到解决方案的策略。

要打造有价值的解决方案，理解本质业务的非功能需求是很重要的。在选择解决方案时，必须考虑非功能需求（如易用性、观感、操作、环境、安全等）。非功能需求主要负责指定与目标用户相符的用户体验方式。在本章稍后探讨体验设计时，我们将回来看这些需求。

正如我们前面所说的，在尝试寻找解决方案之前，业务分析师和相关的利益相关者要清晰地理解真正的需求，即本质需求，这一点很重要。如果缺少本质需求，那么任何解决方案都是瞎猜，最糟糕的是为不存在的问题提供解决方案。

8.3   确定产品的范围

业务分析师的任务是确定工作未来应该是什么，以及产品怎样能为工作提供最大的帮助。本书前面曾提到，业务用例是工作对外界服务请求的响应。所以最好的响应就是以最少的时间、原材料或工作量成本（从组织的视角），提供最有价值的服务（从顾客的视角）。因此你打造的产品应该对最好的业务用例作出贡献，即让产品更便宜、更快、更方便，以及达到你的项目想实现的其他目标[1]。

> 只有先理解工作，然后将工作的一部分自动化，我们才能无缝地将自动化的产品放到工作中去。

在决定未来的产品时，你的任务是找到最佳方式来实现业务用例的预期结果，即最接近本质工作的方式。产品是你要自动化的业务用例的一部分，让我们来看一个例子，看看如何确定哪些部分的本质工作将成为产品。

考虑图 8-3 描述的情况。在这个典型的业务用例中，我们看到一个顾客（一个相邻系统）正在通过电话订购某种商品。产品边界的最佳位置在哪里？或以另一种更好的方式来思考这个问题，哪个产品边界将导致最好的产品？

---

[1] 有些读者可能愿意考虑使用 John Hauser 和 Don Clausing 的"质量屋"（House of Quality）。这种技术包含一种图形化的方式，来设定客户的需要和建议产品的能力之间的关系。Hauser 和 Clausing 将这些要素分别称为"什么"和"如何"。可以在网上找到一些指导和模板，作为进一步的参考。

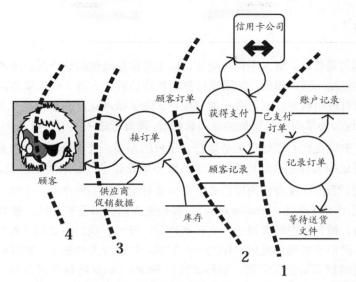

图 8-3 理解了完整的业务用例之后，你要确定它的多少部分由产品来完成。图中虚线代表了可选的产品边界。每种建议的自动化是出现在虚线右边的功能（用圆圈表示）

得到正确的产品范围对于得到正确的需求是很关键的。

采用 1 号边界得到的产品怎么样？将产品边界放在这里，导致需要一个操作员输入已检查的订单，在通过信用卡公司的授权后，产品会记录下订单。这种选择不会得到很好的产品，因为它迫使操作员完成大部分的工作，错失了一些自动化的机会。它也忽略了所有对客户服务的可能改进。

那么 2 号边界又如何？用户（在这里就是电话接听者）通过电话接下订单，将它录入产品，然后产品进行信用卡检查并记录订单。这不坏，但也许我们可以做得更好。

3 号边界将所有订单接收工作自动化。顾客打电话给产品，产品能识别语音或识别来自电话按键的命令。如果顾客没有什么问题或不需要什么太复杂的响应，顾客就可以在一天 24 小时里随时打电话。3 号边界还有另一种解决方案，即顾客可以登录零售公司的网站，在线下订单。

第 3 号解决方案可能对零售公司来说比较方便，但对顾客来说如何？顾客真想对着机器说话或在网站上移动鼠标选择吗？这种方式是否让购物体验不那么人性化，以至于让顾客感觉有点疏远？或者，零售公司应该提供哪些服务来保持顾客的忠诚度？同时也要知道，在拿起电话（或登录网站）之前，顾客已经检查了家中的货物，看看需要什么。

4 号解决方案如何？这里我们看到产品边界已经推到顾客的家里。这个解决方案将承担以前顾客做的大部分工作。这个解决方案将对货物计数并触发订单，也许需要顾客的某种协作。这是风险更高的解决方案，但可能对顾客有足够的吸引力，所以是值得一试的方案。

8.4　考虑用户

不管你要构建的是什么，有人不得不用它。如果是你独自使用该产品，或者你一点儿也不上心，那么就可以跳过这一节。相反，如果你打算销售你的解决方案，或如果你需要人们自愿开始使用它，那么你就有理由希望产品能吸引潜在用户。除了嵌入式产品和少数几类商业软件，你的设计将由人使用。这一简单而不可避免的事实意味着，需要考虑人类用户以及什么对他们最合适。

你知道功能，但现在你必须让它无缝地符合用户的期望，或者他们认为产品应该是怎样。当然，如果你不知道这些人或不理解他们的行为，就不能设计出产品来满足他们。

如果你有可观的预算，或者你的项目必须交付某种绝对重要的产品，那就很合适仔细研究用户。一种方式是采用族群研究（ethnography），即研究人们的习俗和文化。族群研究的目的是描述目标对象的本性。最初族群研究限于研究种族群体，但出于我们的目的，我们通常对用户的种族背景不感兴趣，我们感兴趣的是用户作为一个群体，如何行为和思考。族群研究通常涉及较长期的密切观察，有时候要访谈和调查。族群研究者 Bruce Davis 将这种调查称为"深入混迹于目标群体"。

不幸的是，大多数项目没有预算来进行广泛的族群研究。因此你必须设法用较经济的方式来确定用户的本性，为他们创建解决方案。

在第 7 章中，我们探讨了假想用户，这里可以利用他们。如果你有大量的内部用户，或大量客户要使用产品，就可以利用假想用户。假想用户是一个虚拟的人物，代表了一组人（参见图 8-4）。不像具有各自特点的个人，假想用户是根据对目标用户收集的调查数据合成的，所以代表了大多数最终用户。重要的是让假想用户有足够的特点，让你和团队觉得非常理解他，知道他想要什么。

图 8-4　假想用户是一个虚拟人物，代表了大量的顾客（或用户），他们有类似的特点或人口统计学特征。业务分析师和设计者利用假想用户作为特定用户需求的来源

自然，如果你只有一两个用户，你就可以直接访谈。但是在这个阶段要注意，因为许多人都不能可靠地说出他们到底在做什么，所以观察可能是更好的方法，让你理解用户在做什么，他们对做事的方式感觉如何。你也可以利用原型并观察用户对它们的反应，从而发现他们对你建议的

产品最有可能如何反应。

我们强烈建议你要么观察真正的用户，要么采用假想用户。我们对顾客代理的经验满意度不高，代理常常说出他们想象的需求，但因为他不是真正的用户，这种需求有时候很不靠谱。

不论你想做什么，构建的产品都要适合几乎所有的用户。这看起来可能很明显，但我们常常看到一些项目团队构建了他们自己想要的解决方案，或他们觉得合适的方案，而忘记了他们不是使用产品的人。你和团队想要什么不重要，最终用户的特点决定了产品应该是怎样的。

在这个阶段你需要足够熟悉目标用户，才能为他们设计合适的体验。我们假定你已经研究了潜在用户，或你已对他们进行了深度访谈，或你已建立了一两个假想用户，现在是时候为他们设计用户体验了。

8.5 设计用户体验

得到的产品要让人们想买或想用，设计整个用户体验是最好的方式。体验设计是很重要的主题，我们认为这已超出了本书的范围。但我们在这里简单提一下，因为这种设计开始在我们的开发活动中变得越来越重要。

体验设计的目的是得到一种使用体验，令人满意且令人激动，同时符合用户的文化和期望。这样的设计更专注于用户对产品的感觉，而不是为产品增加功能。

简单来说，如果你提供了令人满意的体验，用户很享受并愿意重复，那么这些用户就很愿意接受你的产品，并且不要求改变（这很重要）。在本书编写时，苹果公司的 iPad 销售火爆。iPad 难以用功能性来评判（其他设备多少可以做同样的事情，通常更便宜），但它的使用体验让 iPad 成为大家想要的产品。

体验设计不应该让业余人员来做。它结合了许多学科，如果希望做对，就应该交给有经验的专业人士。体验设计涉及族群研究（前面曾提到，研究人们的行为）、或多或少的认知心理学、用户界面设计、人机交互，以及数量不限的原型。

业务分析师不是有经验的体验设计师，但他理解本质业务的功能需求和非功能需求。这些知识，加上假想用户或需求活动中对用户的观察，为体验设计提供了输入信息。而且，作为利益相关者分析的一部分工作，业务分析师已经确定了一些顾问（易用性、心理、图形设计和文化专家），可以在项目遇到问题时请教他们。业务分析师在这里的任务是提出建议，为业务辩护，而不是自己尝试设计用户体验。

8.6 创新

这是你创新的时候。如果没有创新，新产品就和它替代的东西差不多。当然，不破坏本质需求是很重要的，但你可以做一些工作，得到更创新、接受度更好的最终产品。

我们这里所说的创新，意思是对问题的不同思考，以发现新的、更好的工作方式，有时候也会发现更好的工作。我们强烈建议，不要冲向首先想到的解决方案，而要花一点时间与业务分析师伙伴和利益相关者一起寻找更好的解决方案，更能经得起时间考验、更有吸引力的方案，创新的方案。

本节介绍了一些创新触发器。我们在项目团队中使用这些概念来促成创新，找到更新、更好的解决方案。我们建议采用这些触发器，帮助你用不同的方式来思考，发现创新的解决方案。

8.6.1　方便

我们喜欢方便。而且，我们愿意为之付费。通常我们为手机付的钱比为固定电话付的钱多。我们愿意多付钱是因为随身带着电话是非常方便的，不需要受限于一根连在墙上的线。

在许多国家，特别是在澳大利亚，奔驰的销售商离机场很近。为什么？方便。买奔驰的人非常可能是富有的人，非常可能因业务而飞来飞去。靠近机场的销售商提供了方便，如果汽车需要保养，车主就将车开到位置方便的销售商那里，销售商开车送车主到航站楼乘飞机。车主回来时，销售商用精心保养过的车在航站楼接他。车已洗过，后座上的衣服已经干洗了。

这些好处可能开始看起来很微不足道，但把你自己放在奔驰车主的位置：你可能很富有而且很忙。任何服务（这是说"任何服务"），如果能替你节省时间或麻烦，都会受到欢迎。换言之，你认为方便是有价值的，愿意为之付费。

但不是只有奔驰车主才认为方便是有价值的，你建议的解决方案的用户也认为他的方便是有价值的，我们都这样想。想想你拥有的设备和服务，它们主要是让你的生活变得更方便。不要再想你了：思考你要构建的产品能做些什么，为它的用户带来生活上的方便。或者看一看成功的软件产品的工作方式，特别是来自苹果和 Google 的产品。但主要思考你的用户想做什么，尽可能让这事又容易又方便。

> 建议的解决方案的用户认为方便有价值，我们都是这样的。

8.6.2　联系

我们喜欢联系。不，让我们诚实一点：我们沉迷于联系。Facebook、Twitter 和其他社交网络的用户数和人们在上面花的时间，证明了我们很想告诉朋友和粉丝自己的日常生活，这种需求几乎是病态的。人们几乎马上就注意到了电子邮件，说明都不想失去联系。人们在街上走路时还忙着发短消息，经常是在过马路时。飞机刚落地，每个拥有黑莓手机的乘客就会打开它（经常是在宣布飞机着陆之前），开始查看在设备（强制）关闭期间有哪些消息。在英国的调查表明，超过三分之一的成人和超过一半的青少年认为他们高度沉迷于智能手机。这些人一直开机，不愿意关机，即使是在宴会上或电影院里。

保持联系显得如此重要，以至于有人因接听电话而导致车祸，或者冒险在开车时发短消息。即使这样做是违法的（在许多国家和地区），似乎也不能阻止沉迷的电话用户。

假定你的客户和现代大多数人一样，认为联系很有价值，那么尽量为他们提供联系似乎是明智的。下一个问题肯定是："我的产品能做些什么，更好地建立与顾客或用户的联系？"

要记住，顾客通过你的响应速度和与他们的联系来评价你的组织机构：你如何回答他们的问题，你如何支持他们，你如何将产品和服务告诉他们。这种响应是与顾客联系的主动方式。类似地，记住顾客的名字、偏好和以前的订单，是保持联系的被动方式。

决定产品的边界在哪时，请花一些时间来想几种办法，让你的产品与顾客或用户的联系更紧密。提供更多的信息可能是一种办法。

8.6.3　信息

想想你的业务顾客：他想要信息，想要很多信息，而且希望没有延迟。如果你不相信，那就看看 Google 惊人的成功。Google 的产品是什么？信息。每天几乎有一半上网的人都使用 Google 来查找信息。Google 几十亿的点击表明我们对信息的渴望是无情的、止不住的。

> 你的业务顾客想要信息，想要很多信息，而且希望没有延迟。

这种权威的断言也适用于你的顾客。他们知道许多组织机构愿意尽量提供更多的信息，所以你必须让产品能够告诉顾客所有他需要知道或希望知道的事情。

但产品做的事情肯定不是仅仅让顾客（或用户）淹没在信息里，它必须提交有用的信息。这样做让你的产品更方便：你提供所有的需要的信息，让顾客执行事务更容易。

而且，信息必须只包含期望的消息，不会引起不希望的副作用。例如，下面是在机场登机口/休息室听到的两条广播消息（它们是作者听到的真实消息）：

"航班 344 的所有乘客请到服务台。"

作为普通的飞机乘客，他们可能作出最坏的假定，即他们的航班被取消了。焦急的乘客蜂拥到服务台，迅速形成的队伍中传出一些愤怒的声音。

现在考虑另一种信息充分的通知：

"下午 3 点飞往洛杉矶的乘客请注意。我们必须换飞机，这意味着座位安排必须改变。所有乘客请在登机前，到服务台换新的登机牌。不用着急，每个人都有和前一架飞机类似的座位。"

第二条消息长得多，但它提供了乘客需要的所有信息。另外注意它提到"下午 3 点飞往洛杉矶"，而不是"航班 344"。航班对于航空公司员工是熟悉的，大多数乘客不熟悉，他们只关心目的地和出发时间。这就是提供信息和提供有用的信息之间的差别。

因此，在确定产品边界时，要考虑每一个可选的边界上，需要提供哪些信息。稍后我们将讨论原型，你将画出建议接口的草图，以及信息的内容。

8.6.4　感觉

系统和产品被接受或被拒绝，这取决于顾客对它们的感觉。这可能初看起来非常主观，但相当多的购买决定和接受是主观的。再看看苹果公司的 iPad 的非凡成功：这个产品全是感觉。它的形状感觉是对的：屏幕是 3：4，竖看（文本）和横看（视频）感觉都对。触摸屏带来了更愉快的体验，好过小而笨重的键盘。它的圆滑和简单让用户拿着它感觉很好。请注意它背面的曲线，这让它很容易从桌上拿起来，这感觉不好吗？

人们有许多感觉，针对这些感觉的创新也很多。这也许似乎有点理想主义，但你想让产品有人使用吗？如果你的用户或顾客在使用时感觉不好，就不太可能使用它。

> 如果你的用户或顾客在使用时感觉不好，就不太可能使用它。

你的用户感觉他们能相信你的产品或服务吗？对它的目标来说，它是否看起来有足够的竞争力，足够安全？要记住，只有用户感觉它是安全的，安全的连接才有用。URL 中可以包含"https"，但如果用户感觉不安全，你就会失去他们：对于安全来说，没有什么技术能压倒人的本能。

用户感觉你的产品足够快吗？你能否提供一些创新，让体验变得足够快，让顾客觉得满意，认为产品有能力很快地完成工作？

你也可以让用户和顾客感觉环保，他们欣赏这样做。在打印电子邮件之前加个小提醒，请你考虑环境，增强了发送者的环保信任。这不会真正阻止你打印电子邮件，也不会只允许你打印在再生纸上，但这让你感觉到发送者的关心。

最后，你必须让用户或顾客感觉你在响应他们的需求。也就是说，你的解决方案必须足够创新，让顾客觉得你已理解了他的请求，正在尽你所能提供最合适的答案。你的响应是你所能发出的最强烈的信息。你的顾客预期会收到市场部门的信息，并准备忽略，但他们通过你响应他们的方式来评价你。你如何回答他们的问题，如何支持他们，如何及时通知他们你的产品和服务。响应让你的顾客对产品和服务感觉更好。

8.7　接口草图

在本章前面，我们曾描述了如何在业务用例模型上画出各种产品边界，从而选择可选的解决方案，参见图 8-3。每次你画不同的边界时，你在产品和外界之间就创建了一个不同的接口。在大多数情况下，如果你选择了一个产品边界，你是在假定产品的外面是一个人类用户。所以，如果能向此人展示你的接口规划，就会很有用。如图 8-5 所示。

如果白板和笔记本上的草图就几乎足够，那就不需要创建精细的、全功能的原型。草图的目的只是展示产品边界放在不同位置的后果。

草图有一些好处。它很快，这肯定是优点。而且，如果草图已基本足够，就会阻止用户尝试屏幕设计。他们没有屏幕设计的资质，而且在开发过程的这个阶段进入详细设计也太早了。如果你还没确定影响界面的所有功能需求（以及非功能需求），仔细设计屏幕是没有意义的。只要能阻止业务用户设计屏幕，就非常好。

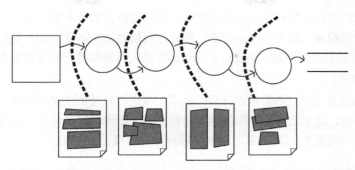

图 8-5 每个可选的产品边界由草图画出，这样做，你就能向潜在用户展示最终结果可能是怎样的

类似地，如果你使用草图，没人会投入太多个人偏好。接下来的任务是打造一个解决方案，它可能意味着对草图的重大修改。如果草图修改了，没有人会介意，但如果仔细打造的设计修改了，大多数人都会介意。

> 如果草图修改了，没有人会介意，但如果仔细打造的设计修改了，大多数人都会介意。

8.8 业务事件的真正起源

在第 4 章中，当我们讨论业务事件时，我们建议你寻找事件的真正起源。几乎可以肯定，起源不是一般所知的操作者。操作者通常只是对业务事件响应的一部分，而不是业务事件的起源。业务事件几乎总是起源于工作之外，是因为相邻系统做了某件事情。回顾图 8-3 中的业务事件：业务事件的真正起源是顾客缺少一些商品。如果顾客意识到这个问题，她可能去厨房数一下商品的数目，然后确定需要什么。简而言之，业务事件的起源在她拿起电话前一阵时间。

> 业务事件的真正起源常常在我们的系统发现它之前。

从顾客的角度来看，最有用的产品应该知道商品何时需要补充。换言之，零售公司知道（暂时不关心怎么做到这一点）顾客手上商品的数目，并且知道商品消耗的速度。顾客就不需要打电话了。公司会打电话给顾客，通知她所需要东西，同时安排恰当的时间送货。这个场景将产品边界扩展到了相邻系统的内部，从而得到更好的产品（从服务和方便性的角度来看）。

> 将产品边界扩展到相邻系统的思维深处。

检查业务事件，特别是那些由人发起的业务事件。这里我们不是指操作人员或用户，而是指作为相邻系统的人。事件发生时他在做什么？可以扩展产品的范围，包含该活动吗？

作为扩展产品范围的一个例子，可考虑 Virgin Atlantic 公司头等舱乘客检票的过程。头等舱乘客由一辆豪华轿车送到机场（一项很受欢迎的创新）。Virgin 公司并没有让轿车司机在航站楼前放下乘客，让他们拖着行李走向检票口，乘客坐在车里就可以办理检票了。司机事先打电话给

Virgin 公司在一些机场设置的直接驶入的检票口，报告要检入的行李数。当车到达直接驶入的检票口时，乘客拿到登机牌，检入申报的行李，然后到航站楼的特殊入口，他们可以走到头等舱休息室。从这个例子中我们得知，Virgin Atlantic 公司认为乘客离开家是业务事件的真正起源，而不是他们到达检票口。

考虑你自己的业务用例。不要考虑计算，也不要考虑用户猜测的解决方案，而是考虑事务真正开始的地方。通常，这个地方位于你的组织机构之外。让你的产品边界尽量靠近业务事件的真正起源，你就会得到更好的解决方案，对你的顾客更有价值、更有用。

8.9　相邻系统和外部技术

在前面的小节中，我们谈到了扩展产品的边界，尽可能靠近业务事件的起源，该起源通常在相邻系统内部。在你将产品边界扩展到包含部分（或全部）的相邻系统之前，考虑相邻系统的本质和技术是不错的想法：这可能也会决定你设计的产品。

相邻系统正如其名，它们是某种系统（人或自动化的），与你的工作相邻。它们在工作上下文范围图中用方块符号表示。看图你会发现，相邻系统从你的工作接收数据或服务，反过来也为你的工作提供数据。

你构建的产品的范围（也就是解决方案包含的功能），在某种程度上是由相邻系统的期望决定的。你需要理解它们，以及它们在工作中可能扮演的角色。为了考虑方便，可以将这些系统分成三类：主动的、自治的和协作的。

8.9.1　主动的相邻系统

主动的相邻系统是人，他们与工作交互或参与工作。当主动的相邻系统发起业务事件时，他们的头脑中有一些目的，他们会与工作合作（提供数据或生物特征，回答问题，进行选择），直到目的得到满足。图 8-6 展示了一个主动的相邻系统与工作交互的例子：一个银行顾客使用自动取款机。

> **主动的相邻系统是人。**

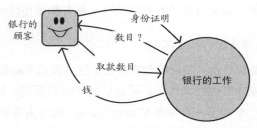

图 8-6　一个主动的相邻系统与银行进行交互。在这个例子中，产品的边界和工作的边界是一样的。银行的顾客发起了一个业务事件，然后提供信息或做一些需要做的事，直到他达到了希望的目的

　　主动的相邻系统能与工作交互，这种交互可以是面对面的，也可以通过电话、移动设备、自动化的机器，或因特网。虽然主动的相邻系统在技术上处于工作的范围之外，但你仍应考虑是否可以扩展产品的范围，包含他们的一部分。你的产品能完成相邻系统目前在做的一部分工作吗？或者，如果相邻系统做了一些当前工作提供的功能，你的工作是否会得到好处？

　　回顾第 4 章，我们列出了 IceBreaker 系统的业务用例。第 10 号业务事件是"卡车车库报告卡车出问题"。有时候，向道路撒盐的卡车会出故障，滑出道路，或因为某种情况不能完成分配给他们的道路处理任务。他们会通知卡车车库，车库负责人会告诉除冰工作。工作的响应是重新安排卡车，将分配给故障卡车的任务转给车队中其他的卡车。这看起来非常简单，如图 8-7 所示。

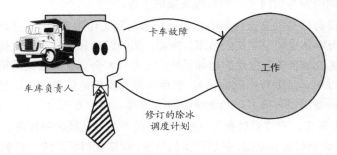

图 8-7　业务事件是由卡车车库负责人发起的。因为他们想更密切地参与到产品中来，我们可以把负责人作为主动的相邻系统。这种选择可能导致一部分自动化的产品会位于卡车车库，这样负责人就能直接与它交互

　　如果我们更仔细地分析相邻系统，会发现有些发生的事情原来的系统构建者没有考虑。原来产品的设计者认为，卡车会在执行任务过程中出故障，不会在停在车库中时出故障。事实表明，负责人使用业务用例 10 "卡车车库报告卡车出问题"，不仅为了处理故障，也为了让卡车进行维护保养。这会给负责人带来一定程度的不便。但由于这是唯一能防止卡车被安排任务的方法，所以他只好这样做。

> 弄清楚相邻系统是为了有机会得到更好的产品。

　　为什么会发生这样的事？在收集初始需求时，没有人仔细检查相邻系统的工作。通过更严格地检查相邻系统，你可以更了解它的需求：你知道了负责人需要安排卡车维护保养。初看起来，这种需求对应一个新的业务事件，"负责人安排一辆卡车进行维护保养"。但是，应该考虑产品本身是否能做这件事。由于产品有每辆卡车的活动数据，它应该能够直接安排卡车的维护保养，通过一个时间触发的事件，可以称为"卡车维护保养的时间到了"。

　　仔细弄清相邻系统的想法，产品将实现周围世界的更多需求。换言之，我们得到了更好的、更有用的产品。

8.9.2　自治的相邻系统

　　自治的相邻系统是某种外部实体，诸如一个公司、一个政府部门、一个顾客，他们不直接与

工作交互。它的动作与我们研究的工作是独立的，或不受研究的工作的限制，但与研究的工作有联系。自治的相邻系统通过单向的数据流与工作进行通信，如信件、电子邮件或在线表格，没有来回的交互。

> 自治的相邻系统向工作发送或从工作接收单向的数据流。

例如，当信用卡公司寄给你每月的结算单时，你（信用卡的持有者）就是一个自治的相邻系统。你被动地接收结算单，没有交互。从信用卡公司的角度来看，你的动作是独立的或自治的。

类似地，在你支付信用卡账单时，从信用卡公司的角度来看，你又是一个自治的相邻系统。你寄出支票，并不期望参与信用卡公司处理支票的工作。

尽管初看上去没有什么机会让自治的相邻系统参与到工作中来，但是必须确定相邻系统确实希望作为自治的，而不是受制于工作的技术。例如，某些银行和金融机构迫使用户在需要新的服务时填一张表格。这使顾客成为自治的相邻系统。大部分人会更喜欢以某种更直接的方式来发起这个业务用例（通过电话、因特网或面谈），然后向银行提供他们需要的信息。如果利用银行已有的顾客信息，不再要求填写姓名、地址或账号等内容，这种方式会得到更多好处。

让相邻系统参与进来，有许多机会可以得到更好的产品（从顾客的视角来看）。你只要足够熟悉自治的相邻系统，识别机会和期望，扩展产品的范围，就能让相邻系统更密切地参与到工作中来。

8.9.3　合作的相邻系统

合作的相邻系统是自动化的系统，在业务用例执行的过程中，它们与工作合作，通常的方式是简单的请求—响应对话。合作的相邻系统可能是一个自动化的系统，它包含工作要读写的数据库，为工作进行某种计算，或为工作提供一种可预测的、即时的服务。因为组织机构中的许多功能都已自动化，所以总是会有一些合作的相邻系统出现在你的上下文模型中。

> 合作的相邻系统通常是计算机系统，其行为就像是工作的一部分。

图 8-8 展示了一个合作的相邻系统的例子。热像图是另一个组织机构所有，它根据请求提供信息。当冰情预报工作需要参考热像图时，相邻系统以一种双方同意的实时方式提供请求的数据。因此合作的相邻系统接收到单一的输入，即对某地区热像情况的请求，然后返回单一的输出作为响应。响应足够快，发出请求的产品将等待响应。

这种及时并可预测的响应意味着，你可以认为合作的相邻系统在概念上是业务用例的一个步骤或活动。在我们的例子中，它是响应第 8 号业务事件"到了检测结冰道路的时间"的业务用例的一部分。业务用例的处理在它到达相邻系统时并未停下来（一般到达自治的相邻系统时会停下来），而是持续下去，直到业务用例取得预期的成果。为了方便起见，我们一般将其包含在我们的业务用例模型中，如图 8-9 所示。

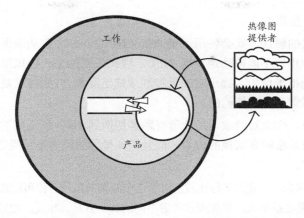

图 8-8　维护热像图数据库的相邻系统不属于除冰业务，但除冰系统可以访问数据。在访问数据时，预期可以快速得到数据

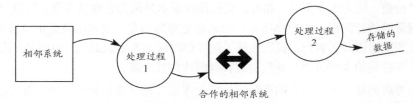

图 8-9　当业务用例涉及合作的相邻系统时，它的处理不会停止。虽然相邻系统是在工作的范围之外，但可以视为工作的一部分，因为它能够及时地进行响应。双向箭头符号表示一类特殊的相邻系统，数据流"穿过"了它。这种类型的相邻系统不发起业务事件，它也不作为信息流的外部接收者

你不太可能需要或希望改变与合作的相邻系统之间的接口。合作的相邻系统是黑盒，它们的服务是稳定的，改变它们通常好处不大。只要你的产品能够正确通信，合作的相邻系统就可以保持作为黑盒。改变它们的唯一理由是产品需要一种不同的服务或数据。

8.10　成本、收益和风险

很自然，选择解决方案不只是在过程模型上画几道线，并希望得到最好的结果。你有责任得到最有价值的产品，即对拥有者最有价值。这意味着解决方案的成本必须与它给拥有者带来的收益相称。花 10 元钱开发的产品只带来 1 元钱的收益是没意义的，除非这 1 元钱收益属于一个重复的过程，将被复制成千上万次。

自然，你很愿意花 100 元钱，得到 100 万元的收益，但那不太可能发生。因此，必须理智思考。考虑到新产品将带来的收益，你对开发和破坏的成本评估必须合理。

类似地，风险必须与收益和成本相符。这里的风险包括潜在问题变成真正问题的可能性，以

159

及问题成真所带来的负面影响。

例如，假定你建议的解决方案会使用近场通信（NFC）。你之前从未用过这种技术，没有内部的专家：风险在于你也许不能成功地实现 NFC。现在还要加上一项风险，即使这种技术成功地实施，业务顾客可能拒绝使用，提出它缺乏控制或缺乏隐私。（别管这是不是无理性的恐惧，如果业务顾客有这种感觉，就听他们的。）

现在看看负面影响。你面对的成本是让所有顾客切换到 NFC 所造成的混乱。这个过程可能还包括举行公开活动来说服顾客切换的成本。而且，如果你的顾客不接受该产品，开发 NFC 系统的成本可能会浪费掉。

现在将这些风险加起来，与收益进行比较。对于这个级别的风险，你可能需要一些实质性的收益，才值得去做新产品。如果收益不大，那你应该考虑不同的解决方案。相反，如果收益巨大（增加销售、减少处理成本，或有机会基于 NFC 能力为顾客提供未来的产品和服务），那风险就值得承担。

价值是这里要记住的重要事情：对拥有产品的组织机构的价值。不幸的是，我们没有花足够的时间来测量价值，因为这太困难。相反，我们测量成本是因为它容易测量。可以放心地说，我们只在容易测量时进行测量：生产率比客户忠诚度更容易测量，成本比效果更容易测量。因此，我们选择了生产率而踢开了客户，我们选择了便宜但实际上无用的系统。很清楚，我们的项目应该决定什么是它提供的真实价值，并根据这种理解来构建产品。

如果你正考虑创建一个自动化的产品，可能会评估几种可选的解决方案，看看哪一种最佳。我们早些时候曾讨论，如何评价可选的产品边界：这就是你要和利益相关者一起花时间的地方，判断哪一种提供了成本、收益和风险的最佳组合。

8.11　用文档记录设计决定

如果你在为业务问题寻找一个解决方案，你就是在设计。我们这里所说的设计（实际上是任何设计），意思是从一组变量中得到最佳的产品。技术不完美，不同的技术设备有不同的能力，根据用户的任务和级别，人力的成本和技能也不同。这些因素和其他因素意味着设计必然涉及处理多种因素，没有哪种因素是完美的。

考虑到这些，你必须做出决定。要为组织机构提供价值，你的一部分职责就是用文档记录下你的设计决定，即得到最终系统的理由。你的职责还包括留下文档，给将来维护你的解决方案的人。

> **用文档记录下你的产品为什么是这样。**

文档的名声不好，而且常常是有理由的。通常它只不过是软件功能的镜子，如果软件本身就是功能的最新文档，我们就看不到仿制品有任何价值。

文档不是记录产品做什么，而是为什么产品做它所做的事。如果希望文档有用，就要为后人记录设计决定的理由。这些决定通常是经过困难的、有时是长时间的讨论才得到的。在这样的时候，参与者通常已过于疲劳，没有记录下他们为什么这么做。但是，再花少量的时间记录重要设计决定的理由，这在产品的生命周期中会有许多倍的回报。不知道特征和功能的理由，这是我们从维护开发者那里听到的头号抱怨。

　　作为完成这项任务的一种有趣的方式，Earle Beede 告诉了我们朗讯科技的一项实践：不是写文档，而是一名设计者画出设计并解释理由，并用视频记录下来。未来的维护者会在屏幕上看到这些阐述，而不是翻阅厚厚的书面解释，他们也许会更高兴。

8.12　产品用例场景

　　业务分析师利用产品用例（PUC）场景，与利益相关者沟通自动化产品的意向。自然，PUC场景不是你这时拥有的唯一文档。即使这样，因为它显示了产品的功能，所以它容易将你的意图传递给利益相关者。我们建议你在合适的会议上，将 PUC 场景展示给利益相关者。不要只给他们发邮件，你需要他们的反馈。

> **产品用例确定了产品的功能。**

　　我们建议利用这种技术来克服许多需求规格说明书中固有的问题：它们很难阅读，甚至不可读。在许多组织机构中，常见的做法是向利益相关者提交一份需求规格说明书，如果他们同意描述的产品就是他们想开发的，就在上面签字。不幸的是，这种方法忽略了一个明显的事实：对业务利益相关者，需求规格说明书几乎不可读。

　　PUC 场景看起来是怎样的呢？不奇怪，很像第 4 章中探讨过的 BUC 场景。不同之处在于，业务用例包含响应业务事件的所有功能，而对应的产品用例只包含实现在产品中的功能。图 8-10让我们回忆起业务用例和产品用例之间的联系。我们将解释如何得到产品用例，以便我们能够指出从它得到原子需求的方法。

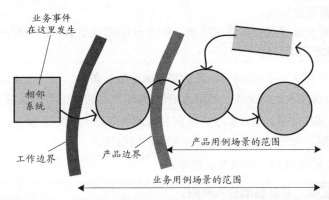

图 8-10　这个功能模型描述了响应业务事件的处理过程，即业务用例场景。产品用例场景只展示了产品中包含的功能

开始，先确定业务事件。选择其中一个，然后通过网罗发现对该事件的响应（业务用例）。作为展示你的理解的一种方式，写下这个事件的业务用例场景。如果利益相关者对这个场景满意，就决定该 BUC 的哪些部分可以实现为产品，得到的结果将成为产品用例。自然，我们建议通过PUC 场景来描述它。

> 决定业务用例的哪些部分可以实现为产品，得到的结果将成为产品用例，你用产品用例场景来描述它。

下面是这个过程的例子。

业务事件： 乘客决定检票。

业务用例名称和编号： 为航班的乘客检票。

触发器： 乘客的机票、电子客票记录编号，或者身份和航班信息。

前置条件： 乘客必须已预订航班。

感兴趣的利益相关者： 检票员、市场部门、行李部门、航班预订机构、航班旅客名单系统、工作流、安全部门、目的地国的移民局。

主动利益相关者： 乘客（触发者）、检票员。

（1）确定乘客的预订信息。

（2）确保乘客身份正确，并与正确的预订联系起来。

（3）检查护照有效并且属于这名乘客。参见过程指南 EU175。

（4）记下经常飞行的顾客的编号。

（5）分配一个座位。

（6）询问安全问题并得到正确回答。

（7）检入行李。

（8）打印登机牌和行李标签并递给乘客。

（9）祝乘客旅途愉快。

成果： 记录下乘客已检入这次航班，行李分配到这次航班，分配一个座位，乘客拿到登机牌和行李票根。

为了确定针对这个 BUC 的产品边界，我们需要确定限制条件。我们也需要利益相关者们告诉我们一些信息，他们知道技术上和业务上的隐含条件，知道产品边界的可能性以及项目的业务目标。

假定你已了解了这些信息。也就是说，你和利益相关者已经决定了收益、成本和风险的最佳组合，是构建一台机器，允许乘客自己检票进入他们的航班。

这台机器的 PUC 场景展示了你要它做的事：

产品用例名称： 乘客检票进入航班。

触发器： 乘客激活机器。

前置条件：乘客必须已预订航班。

感兴趣的利益相关者：乘客、检票员、市场部门、行李部门、航班预订机构、航班乘客名单系统、工作流、安全部门、目的地国的移民局。

参与者：乘客。

1. 产品请求乘客的身份或电子客票记录编号。
2. 乘客提供其中一个，产品找到乘客的预订。
3. 产品请求常飞乘客的编号，如果预订信息中没有包含。
4. 如果需要，产品请求并扫描护照。
5. 产品显示分配的座位，并接受乘客的修改。
6. 产品请求行李数量，并要求回答安全问题。
7. 产品为航班检入行李，打印行李标签。
8. 产品打印登机牌，或发送到乘客的手机上。
9. 产品引导乘客去提交行李和登机口。

成果：记录下乘客已检入这次航班，行李分配到这次航班，分配一个座位，乘客拿到登机牌和行李票根。

记住，我们的 PUC 场景的例子反映了一组关于产品本质和范围的特定设计决定。如果利益相关者决定要一个不同的产品，那么 PUC 场景自然就会不同。

现在让我们想想你可以怎样使用这个 PUC 场景。首先，它以适合业务利益相关者的方式，解释了预期的产品要做什么。在展示该场景时你可能发现，需要对它做出一些改动，但到了你和利益相关者完成讨论时，它应该准确反映了要构建的产品。

场景所展示的细节程度是针对业务利益相关者的。如果需要，你可以详细说明任何步骤，提供底层的细节。次要的细节可能仍然需要确定，这些将通过开发者、业务分析师和利益相关者的对话来完成。

8.13　小结

没有公式化的方法能得到最佳解决方案。你要考虑许多因素，最佳设计就是这些因素的最佳折中。图 8-11 展示了这一思想，许多因素将解决方案拉向不同方向，你的任务是找到一组最佳折中，得到最有价值的产品。

你被拉向许多方向。一个方向是功能性，一般来说，自动化的功能越多，收益就越大。很自然，开发成本拉向完全相反的方向。

另一个方向是差异化。差异化并不只是意味着不同：你可以使用不同的颜色，这是不同，但不是特别有益。差异化意味着你的解决方案与其他解决方案有明显的区别，最终的产品代表独特地向前一跳。一般来说，你的产品差异化越大，它带来的收益越大。

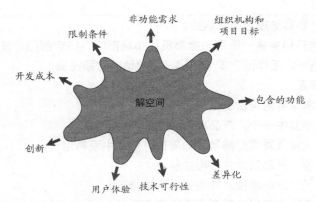

图 8-11　你的解空间同时被拉向许多方向。你的任务是在这些有时对立的影响因素中找到最佳折中

　　你的解决方案应该是创新的。如果没有创新，那么你的产品就和老产品一样，不会为它的拥有者带来什么收益。创新不是意味着闪亮的界面特征，而是用户在采用你的解决方案时，以创新和有益的方式工作，或者你的解决方案完成了一些创新或有益的工作。在一些情况下，创新会带来额外的成本，但在大多数情况下，它带来的收益超过了所有额外的实现成本。

　　另一个要考虑的因素是影响产品设计的限制条件。在某些情况下，这些限制条件是真实的（总是要挑战限制条件，确保它们不是某人想象的解决方案）。如果是这样，就意味着你找到的解决方案必须满足限制条件描述的方式。

　　非功能需求也会影响解决方案。这些定性的需求决定了产品是成功的、广泛接受的，还是很快就没人使用了。

　　用户体验设计也有作用。在选择产品边界时，就要考虑确保目标用户在使用产品时有愉快的体验。

　　所有这些因素都由技术可行性支持。新技术可以提供新解决方案，业务分析师应该总是精力充沛地调查解决方案可以使用的技术。

　　在这一切之上，也许代表了最重要的影响，是公司和项目的目标。显然，你的解决方案必须对组织机构的目标有贡献，它执行功能的方式必须对项目的目标有贡献。

　　我们不会假装开始解决方案是容易的事，但我们坚持认为开发的这个阶段是重要的。在这个阶段的一点思考和努力，可能意味着生命周期更长、更满意的产品，多年内需要较少的维护修改，提供更好的客户满意度，为拥有者交付更大的价值。

第 *9* 章
今日业务分析策略

本章讨论业务分析师的策略，用于指导今日不断变化的环境中的需求发现。

以前事情要简单得多。如果当年你是一名业务分析师，那么很可能你为一个大型组织机构工作，而大型组织机构总是有自己的软件开发团队。在这种环境中工作的业务分析师会和属于同一组织机构的用户交谈，编写需求，然后交给内部的软件开发者。这种舒适的安排意味着系统分析师和开发者彼此相当接近。因为软件的构建和使用是在同一组织机构，所以很容易找到开发者进行必要或要求的改动。

情况变了。今天使用的大多数软件都不是拥有它的组织机构开发的，而是购买的。大型组织机构的开发者是为最特殊的任务保留的。

今天，存在大量准备好的上架销售（off-the-shelf，OTS）解决方案。企业资源管理（ERM）软件、客户资源管理（CRM）软件、内容管理系统（CMS）、开源软件、苹果公司的应用商店和类似的平台，以及无数其他的应用、组件和解决方案都可以获得，要么免费，要么付费。

考虑到这些开发和解决方案选项，今天的业务分析师有一项额外的任务，即决定最佳的策略来发现和沟通需求，不论组织机构决定采用哪种方式实现自动化。

9.1 平衡知识、活动和人

需求策略作为指导，决定从哪里开始，是否有足够的细节，你需要哪个迭代循环，记录知识时采用哪种形式，何时复查，何时让哪些利益相关者参与，何时构建原型，何时及如何做大量的事情，让你的工作更接近为业务产生最优价值。每个项目的情况不同，所以你有必要采用不同的做事顺序，不同的做事细节，以及不同的沟通形式。

图 9-1 确定了 3 种因素，为规划需求策略提供了有用的输入信息。需求知识是你对工作的理解，产品开发需要支持工作。它包含了你从中间制品中得到的信息，这些制品是你在需求活动过程中得到的。当然，它也包含了你编写的需求。活动是任务和检查点，你的项目执行这些活动，来发现和沟通这些知识。最后的特点是人。谁是利益相关者？你需要他们的知识。他们知道什么？他们在哪里？他们什么时间有空？

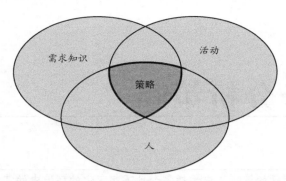

图 9-1 沟通需求知识的一致的语言，发现和传播知识的活动，参与的人，这些是影响需求策略的所有变量

9.2　常见项目需求轮廓

需求策略是一个活动的框架，你需要根据给定的项目轮廓（profile），执行这些活动，发现合适层面的知识，与合适的人沟通这些知识。在本章中，我们探讨 3 种项目需求轮廓的需求策略，这 3 种轮廓是我们在工作中常遇到的：外部轮廓、迭代轮廓和顺序轮廓。

拥有外部轮廓的项目是指，你将发现的需求发送给外部的解决方案提供商。外部轮廓适用的情形包括从外部供应商那里购买已完成的解决方案，或将解决方案的开发外包，或将需求发给几个供应商竞标。如果你要采购或集成一些组件，可能涉及多个供应商。

拥有迭代轮廓的项目是指，你有机会以迭代的方式发现需求并交付部分解决方案，直到产品完成。这种轮廓的动机是希望尽快交付给顾客一些结果，并响应业务的变化。采用这种轮廓时，开发解决方案的开发者和你密切合作，通常（并非总是这样），他们和你属于同一个组织机构。

适合第 3 种项目轮廓的项目，即顺序型项目，对具体的活动和交付设有更多的限制。在最极端的情况下，它们有严格的阶段，必须得到文档才能进入下一个阶段。需求必须完全确定，才能提交给设计者和开发者（通常是以预先指定的格式），让他们开发解决方案。采用这种轮廓的项目，在经过阶段检查点之后，就很难改变。

这些描述关注于 3 种轮廓最纯的形式，你的项目很有可能是 3 种混合的形式，或者包含其他一些活动。探讨和比较这些策略的绝对形式是有用的，因为这提供了基础，让你能组合每种轮廓的不同方面，设计自己项目的策略。

9.3　每次突破前需要多少知识

在我们的咨询工作中，常常遇到这样的问题："我的需求要多详细，或我的需求要有多少信息？"每次答案都不是一样的，这取决于你的项目轮廓。即便如此，你也可以从这个问题出发，采用最适合你的项目的需求策略。

所有负责的项目都有一个共同点：期望在有关的限制条件下，尽可能快地得到最佳结果。这意味着你不会浪费时间去遵守不必要的过程，也不会不负责任地走一些捷径，导致项目缺失一些重要的东西，得到有缺陷的产品，或者导致产品生命周期的后期需要额外的维护和纠正工作。换言之，你获得的知识必须足够（不多不少），让你能够突破当前的活动，进入下一项活动。

需求工作中的每项活动都会积累知识，这很明显。但多少知识才够？如果一项活动积累了足够的知识，我们就说它达到了突破条件。突破在这里的意思是你达到了这一点，即需求知识已足够，可以安全地转向下一项活动，因为你有了下一项活动成功所需的知识，并且还有一点好处，你不必浪费时间来细化不需要细化的需求。

很自然，根据你采用的策略，每项活动的突破条件是不同的。在本章后面的部分，我们将探讨一些策略的例子，为每种项目轮廓（外部轮廓、迭代轮廓和顺序轮廓）定义不同的突破条件。

9.4 外部轮廓

图 9-2 总结了外部项目策略，这样命名是因为你采用了外部解决方案提供商。在这个图中，请注意从左至右的活动推进，箭头表示活动的转换（有的活动可以跳过），上面标有活动的突破条件。

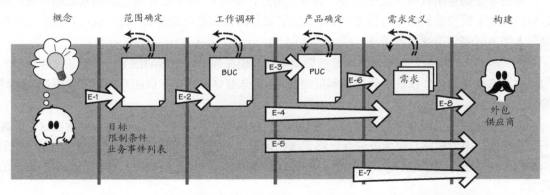

图 9-2 外部需求策略。这种轮廓适用于产品由外部供应商构建的情况。大的箭头表示突破，即从一项活动转向另一项活动。每个箭头都指代一些突破条件，这是安全转向下一活动所需的。较小的虚线箭头表示迭代，既在活动内，也在策略内

第一项活动称为"概念"，它发生于某人有了项目的想法时。这个想法可能是组织机构想进入新的业务领域，或者增强、改进当前的能力，或者符合某些法律要求，或者其他设想。参与概念活动的人讨论可能性，对成本和风险进行非常初步的预估，得出足够的需求知识，让项目能够成功进入下一项活动。但多少是"足够"？

"足够"就是我们所说的突破条件。我们曾讨论过，下面的小节将针对外部项目轮廓中的

需求活动，讨论其突破条件。我们建议你在阅读这个策略的各种情况时经常参考图 9-2。

9.4.1　概念到范围确定

如果你充分理解了项目的目标，能够安全可行地转向后续的活动，你就实现了突破 E-1。迈出这一步意味着你已经坚实地奠定了项目的战略目标。而且，你已经找到了项目的出资人，他愿意负责这个项目，提供必要的资源。你也确定了关键的利益相关者，他们表示愿意参与。你也确定了解决方案的限制条件，以及时间和预算的限制条件。你可能讨论过外部的供应商，了解了足够的细节，知道至少有一个能构建或提供预期的产品。

一旦这些知识集结在一起并达成一致意见，你就可以突破概念活动，进入范围确定活动。

9.4.2　范围确定到工作调研

如果你确定了要研究的相关业务领域（工作），你就实现了"范围确定"活动的突破条件 E-2。具体来说，你定义了工作与周围世界的数据接口，从而确定了工作的范围。也就是说，你知道哪些数据进入工作，工作提供哪些数据和服务。我们在第 3 章"确定业务问题的范围"中充分探讨了这个问题。你应该对范围和工作有足够的了解，以便能够利用业务事件或特征，将工作划分成独立的大块，这些大块能追溯到工作的范围。

你也需要确定所有的利益相关者（业务、用户、顾问），而不仅仅是关键的利益相关者，同时你也确定了期望他们的参与程度。你也确保了项目的目标是可测量的，这样就可以根据它来决定深入细节时哪里需要投入关注。

在"概念"活动中，你确定了项目的限制条件。现在你引入更多的细节：限制条件合理吗？如何知道它是否满足？在这个阶段理解限制条件，意味着你知道在和供应商探讨可选解决方案时的自由度。

你可能也画出了预期产品范围的草图，希望供应商能交付这样的产品。这种草图在这个阶段不是必需的，因为你很有可能没进行足够详细的调研，不能够准确决定产品的范围。但是，如果你有想法，那最好现在记录下来。当然，重要的是将来的需求调研不会受到这张产品草图想法的限制。

9.4.3　工作调研到产品确定

如果你积累了关于工作的足够知识，可以开始思考要构建的产品，尤其是它的界面，就可以从"工作调研"转换到下一项活动。如果你充分理解了每个业务用例（BUC）要执行的业务，能够选择产品该做什么来增强每个 BUC，突破条件 E-3 就实现了。这可能意味着你已经利用 BUC 场景、某种过程模型，或业务规则列表，记录了业务的功能。如果你已确定了这些知识，就可以突破"工作调研"活动，开始确定产品的范围，让供应商提供。

9.4.4 工作调研到原子需求定义

在外部策略的这一变体中，你拥有了足够的业务知识，并希望从工作调研直接跳到原子需求定义，跳过产品范围确定活动。此时你的目的是向外部供应商提供详细的业务需求，希望供应商（如果你在招标，可能是多个供应商）展示他们的产品能满足其中哪些需求。

如果你一致而详细地确定了每个业务用例，并能据此推出原子需求，突破条件 E-4 就实现了。要达到这样的详细程度，最常见的方法就是为每个业务用例编写业务用例场景（第 6 章）。也可以建立某种类型的过程模型，具体选择的模型取决于你自己和供应商的偏好。在编写业务用例场景时，重要的是一致地使用数据字典中定义的术语。毕竟，拥有数据字典的目的就是确保一致地、无二义地解读需求。

正如前面提到的，如果你希望一些供应商竞标，目的是选择最能满足需求的产品，通常会使用这种突破。

9.4.5 工作调研到构建

这条路是这个策略中最激进的变体。你已经积累并记录了足够的业务知识，你将这些知识直接交给供应商，不作进一步的细化。你的意图要么是让外部供应商设计并实现一个系统来满足你的业务需求，要么是让供应商提供一个或多个产品，尽可能多地满足你的业务需求。如果你确定了每个业务事件，并对每个业务用例的功能达成了一致意见（可能为每个业务用例编写了场景），突破条件 E-5 就实现了。你的数据字典定义了术语和数据，在这里是非常重要的，因为它有助于供应商准确地解读用例场景。

9.4.6 产品确定到原子需求定义

如果你已决定了预期产品的范围，并希望开始定义原子需求，突破条件 E-6 就实现了。此时，你对每个产品用例都有某种规格说明，我们建议你使用 PUC 场景，但活动图、一组业务故事，或其他模型也可以，只要它们说明了产品的范围和要求的功能。你还应该认真地提供产品边界决定的理由。

9.4.7 产品确定到构建

如果你与供应商密切合作，你们都同意 PUC 层面上的需求细节已经足够让供应商去开发或提供令人满意的产品，突破条件 E-7 就实现了。在策略的这种变体中，因为你没有编写原子需求，所以需要清晰的、一致的、充分的 PUC 规格说明。

你必须同时提供产品用例的非功能需求。你可能在 PUC 模型上标注了非功能需求，或者发现有必要采用一般的形式写下部分或全部的非功能需求。除非你已为提供的规格说明创建了术语字典，否则不要尝试这种突破，因为你所说的"支付"（或其他术语）可能与供应商认为的完全不同。

9.4.8　原子需求定义到构建

如果你已准备好向供应商交付原子需求（功能需求、非功能需求和限制条件），突破条件 E-8 就实现了。（我们将在后面几章中描述这些需求）每个原子需求都至少应该有描述、理由和验收条件（在第 12 章中讨论）。可能有（而且应该有）其他一些属性适用于你的原子需求。你需要通过某种方式来追踪每项原子需求，追溯到它属于的高层模块（业务用例和产品用例）。到了验收测试外部供应商交付的产品时，这种可追溯性是很关键的。

9.5　迭代轮廓

在迭代项目轮廓中，你以小的增量来构建产品，在某种程度上依赖于这些增量以及对它们的反馈来指导产品的开发。在参考图 9-3 时，请注意这是一个迭代的过程，即每次迭代交付部分需要的功能。换言之，如果你完成了一部分功能的构建活动，就回到下一部分功能，可能会回到工作调研（虚线箭头表明了迭代）。在阅读迭代策略的各种变体时，请参考这张图。

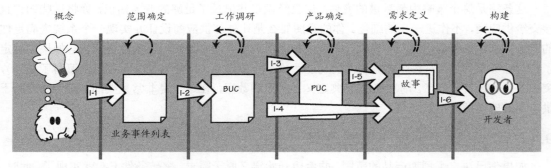

图 9-3　迭代需求策略。这张图沿用了前面外部项目策略（图 9-2）中的活动和惯例。在这张图中，突破条件简单使用前缀"I"表示迭代。虚线箭头表示迭代，既在活动内，也在不同活动间

9.5.1　概念到范围确定

如果你充分理解了项目的目标和项目要交付的业务价值，突破条件 I-1 就实现了。具体来说，你和关键的利益相关者一致同意项目的愿景。在这个阶段你不需要正式的模型（虽然它们可能有帮助），而是需要对待解决的问题达成一致，以便让团队进行下去。我们认为一张丰富的图就足以实现这一突破。当然，大家要同意它准确地解释了问题。

9.5.2　范围确定到工作调研

如果你确定了合适的工作范围，你的项目将在这个范围内交付业务价值，突破条件 I-2 就实现了。也许项目迭代到后面的活动时，这个范围可能需要稍作调整，但你必须从某些确定的、不模糊的想法开始。我们强烈建议画一张工作上下文范围图来满足范围确定的突破条件。除非你的

范围是很小的工作，否则就应该对它进行划分。对于工作调研活动来说，对业务事件的响应（业务用例）是最方便的工作单元。

业务用例根据它们对业务的价值来排列优先级，很自然，你先从优先级最高的业务用例开始。也许最好将突破条件 I-2 看成是已经从待选列表中选择了优先级最高的业务事件。这个列表代表了你的工作的待完成清单。

如果你迭代回到这项活动，你可能希望重新排列这个列表的优先级，以反映业务优先级的变化，希望包含一些新的业务事件，它们是前面迭代之后发现的，或者因为新的机会已经出现，所以最好是调整你的优先级。在任何阶段你都可能需要回头来复查工作的范围，我们这里提到的变化可能随时会影响工作的范围。让你的知识可见，并分享这些知识，这样人们就很容易看到变化带来的影响，并快速响应它。

> 让你的知识可见，并分享这些知识，这样人们就很容易看到变化带来的影响，并快速响应它。

9.5.3　工作调研到产品确定

如果你已足够了解所选择的业务用例，能够决定最佳的产品范围，突破条件 I-3 就实现了。此时，你知道选择的 BUC 所遵守的业务规则，并且你已充分调研了它的功能如何适合整体的工作。

知识在这里很重要，但也需要将知识分享给团队成员和业务利益相关者。对于迭代项目轮廓来说，你可能与本地的小团队一起工作，所以我们认为可见的显示可能是分享信息的最佳选择。你可能选择在墙上保留信息，形式可能是告示、场景、业务故事卡、即时贴或文档，让积累的工作知识可见。我们发现经常给墙拍照是聪明的做法。

当然，这种技术不会适用于所有的迭代项目，因为组织机构的限制条件有时候会强制你将知识转换成规定的文档。要点是避免进行知识转换（也就是说生成文档），除非这不可避免。重要的考虑在于，你已经有了必需的知识，而且整个团队都能看到，能理解。

9.5.4　工作调研到需求定义

如果你选择从业务用例直接跳到为 BUC 定义需求，突破条件 I-4 就实现了。这些需求的形式可能是用户故事，因为故事常常意味着产品边界。突破条件 I-4 与 I-3 类似，但还需要知道用户的基本情况，他们将使用你构建的这部分产品。而且，你需要明白解决方案必须满足的限制条件。

9.5.5　产品确定到需求定义

如果你已经为选择的业务用例定义了自动化的范围，突破条件 I-5 就实现了。到达这一点意味着你已获得 BUC 的知识，并和业务利益相关者一起，决定实现多少自动化可以获利。我们在第 8 章中更深入地探讨了这个决定。

你可以用多种方式展示产品范围的决定。我们发现用图形模型来画出产品边界是有效的（活动图或其他模型），或者画出接口草图（这个主题的更多内容参见第 8 章）。

有必要将产品用例的决定回溯到 BUC。这种联系让你有效地在不同思想间迭代，并根据成本来评估相关的价值。

9.5.6　需求定义到构建

如果你对于一部分要改进的工作获得了足够的知识，能够为它建立软件解决方案，突破条件 I-6 就实现了。不论你选择通过用户故事或原子需求（或其他形式）来记录这种知识，你都应该记录下功能需求和非功能需求，这些需求都是改进这部分工作所必需的。

原子需求或用户故事有一些重要属性，它们是理由（存在某种需求的原因）和验收条件（让测试人员能确定产品满足需求的测量指标），第 12 章将对它们进行讨论。包含这些属性是说为什么需求很重要，所以让设计者和开发者在构建产品时做出最佳选择，并让他们决定测试需要多少工作量（与精彩的功能相比，理由很弱的需求受到的关注较少）。

9.6　顺序轮廓

顺序策略意味着项目有正式的阶段，每个阶段完成之后，团队才能进入下一阶段，阶段完成的标志通常是得到文档。这种策略常常用于大规模的项目，组织机构或法律规定需要这种正式性和文档。图 9-4 展示了顺序项目的需求策略，这次我们用前缀"S"来表示突破条件。

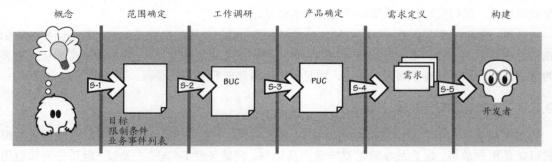

图 9-4　顺序需求策略。每个活动基本上要完成，下一个活动才能开始，从开始到结束是一个有序推进的过程

9.6.1　概念到范围确定

如果你充分了解了项目的意图和它向业务交付的价值，从而能够确定交付的产品影响的工作领域，突破条件 S-1 就实现了。要做到这一点，你必须确定驱动项目的战略目标。你也要有一个出资人负责这个项目，而且必须确定关键的利益相关者。最后，你应该初步了解设计或技术限制

条件，以及预算和时间约束。

如果这些知识已知，就记录下来，作为项目以后阶段的指导。在这种类型的项目中，有可能有某种具体的项目策略文档，必须完成后才能进入下一阶段。完成之后，你就能突破并转向详细确定工作领域的范围。

9.6.2　范围确定到工作调研

如果你确定了要调研的工作边界（第 3 章中探讨的任务），突破条件 S-2 就实现了。产品的目标是改进客户工作的某部分，所以你需要调研工作，发现需求，满足项目的目标。要正确地确定工作的范围，就要指定工作与组织机构其他部分之间的接口，或工作与相关外部系统和客户之间的接口。在将工作分解为内聚的功能块时，这些接口也作为指导。功能块将追溯到工作的总体范围，对应到业务事件。

这些范围知识可以用几种方式来表示，但我们认为工作上下文范围图和事件列表是最快速、最直接的方式。你也需要分析利益相关者，确定所有利益相关者（而不只是关键的利益相关者），他们的职责，项目需要他们参与的程度。

在顺序项目中，可能有某种规定的高层业务需求文档，你必须将范围知识填充进去，表明实现了这些突破条件。

9.6.3　工作调研到产品确定

如果你已经完成了工作的每个功能大块的分析，即我们所说的业务用例，突破条件 S-3 就实现了。我们在第 5 章"工作调研"中探讨过这项活动。关于工作所积累的知识必须进行沟通，常用的方式是模型和文字场景，尽管你应该采用组织机构中标准规定的形式。

如果你已经充分理解了工作，能提供令人满意的文档，突破条件就实现了。

9.6.4　产品确定到需求定义

如果你已经确定了待开发产品的范围和高层功能，突破条件 S-4 就实现了。对于每个业务用例，你已经确定了产品将完成哪部分工作，换言之，你已定义了产品用例。这种定义可以采用几种形式：泳道图、用例图、文字场景，或带标注的过程模型。而且，你可能已经添加了一些接口定义，或示例的交互图，以说明产品的范围。对于产品范围的每个决定，记录决定的理由，这是很有用的，实际上是很关键的。

9.6.5　需求定义到构建

如果你已经为建议的解决方案定义了原子需求，突破条件 S-5 就实现了。每项原子需求（功能需求、非功能需求、限制条件）都必须有描述、理由和验收条件，让它无二义、可测量和可测试。每项原子需求都应该能回溯到相关的产品用例和业务用例。每项原子需求都应该使用数据字典中定义的术语。附录 A 中的需求模板包含了原子需求属性的全面检查清单。如果你根据这个模板完成了需求规格说明，就可以说突破条件 S-5 已经实现了。

9.7　你自己的策略

你的项目很可能不会正好是前面描述的一种轮廓，相反，你应该将这些轮廓看成是分类。项目进行的方式有很多变体，我们不可能逐一探讨。有些变体可能属于这三种轮廓之一，而其他变体会用到不同轮廓的一些部分。也有可能项目开始时采用一种策略，然后到了某个阶段，决定转向另一种策略会更好。或者在一个项目内，不同的部分采用不同的策略。可能性几乎是无穷的。

我们发现，要发现最适合你的项目的策略，最佳的方式是从一个一般的轮廓模型开始。这个轮廓模型很像你目前的工作方式，然后你进行改变，完成以下目标。

- 通过经常交付中间制品，或能工作的软件，来确保利益相关者参与。
- 对业务变化的响应更快。
- 让利益相关者更容易提供反馈。
- 避免得到的交付产物只是复制了原有的知识，基本上不提供新知识。

如果没有明显想改变的东西，那就开始采用你选择的策略，并记住在更好地理解了项目的轮廓之后，有可能改变它。回顾本章开始时的图 9-1，记住你在尝试用最少的时间来发现和沟通需求知识，选择的活动最适合项目参与的人。

9.8　提升需求技能

好的业务分析师总是在想办法成为更好的业务分析师。本节突出了你可能要考虑的一些事情，这会让你成为更好的业务分析师。

"业务分析师"现在被认为是一个有效的职位描述。就像其他被认可的职位描述一样（医生、工程师、项目经理、开发者，等等），业务分析师也有自己的行业组织和资质认证。一些组织机构致力于认证业务分析师，向业务分析师提供学习路径，最终获得认证资质。下面三个组织机构是最知名的。

- 国际商业分析协会：www.iiba.org。
- 英国计算机学会信息系统检查委员会：certifications.bcs.org。
- 国际需求检查委员会：www.certified-re.de（在德国）。

还有一些会议和网上论坛，你可以遇到其他业务分析师，与他们交换经验，探讨资质认证。

9.8.1 不再是速记员

过去，业务分析师曾被认为是编写需求的人。这项任务常被描述为"去访谈用户，写下他们说的全部内容"。因此业务分析师扮演了一个被动的角色，负责百依百顺。

今天，业务分析师不再是速记员。我们可以负责任地说，今天的业务分析师不再是需求记录员。

我们从痛苦的经验中得知，糟糕的需求对所有项目和系统的失败负有一多半的责任。这种高失败率清楚地表明，我们需要改变发现需求的方法。今天的业务分析师不只是考虑软件解决方案，而是更关注解决业务问题。本书前面曾提到（而且反复提到），不能确定真正要解决的问题，导致项目产生了糟糕的结果和糟糕的产品。

> 我们从痛苦的经验中得知，糟糕的需求对所有项目和系统的失败负有一多半的责任。

今天，业务分析师必须更加积极主动。这样做意味着与业务利益相关者更密切地接触，利用各种模型和技术，确保业务利益相关者准确地描述他们负责的业务。

要点在于，或应该在于，理解问题并让解决方案随之产生。作为这种方法的一部分，业务分析师必须防止业务利益相关者只关注一种解决方案。问题不是"你想要什么"而是"你要做什么"。

> 问题不是"你想要什么"而是"你要做什么"。

业务分析师现在不仅必须研究利益相关者的需求，而且必须研究产生这些需求的人。交付的产品必须适合这些人，适合他们的工作方式，适合他们的技能水平。毕竟，向一群科学家交付一个简化的产品是没有意义的。向一群青少年交付一个标准的界面也没有意义，他们习惯于令人兴奋和有趣的软件产品。

9.8.2 限制写下的需求数量

需求工作的传统问题是规格说明书。通常它是厚厚的、难以阅读的，是可能被忽略的文档。你知道，在你读小说时，常常跳过一些段落，如果你认为它们讲述的主题与故事的展开关系不大，例如详细地描述一个房间，主角的车子的背景信息，等等。知道读者会跳过这些段落，有一些作者说，他们小心避免写下读者不会读的部分。

我们强烈建议业务分析师效仿这些作者，只写下人们愿意读的需求。

问：怎样写需求才能保证所有人都阅读并使用？

答：写更少的需求。

你可以通过迭代和排列优先级，限制要写的需求数量。让我们来看看这些过程。

如果你已确定了所有的业务事件，我们建议你对它们排列优先级。我们这里所说的优先级，意味着你要寻找一些业务事件，改进它们的实现会给拥有产品的组织机构带来最大的价值。这些业务事件如果实现，将导致业务过程成本的最大缩减，或让客户卖出更多的产品，或提供一项服务，带来更大的、更有利润的客户群。

如果你发现了这些高价值的事件，就按惯例开始开发 BUC 场景，随后是需求，从而实现它们。然后回到业务事件列表，重复这个过程。每次回来时，选择比上一轮优先级低一些的业务事件。

继续下去，直至完成了所有业务事件，或者你发现有些业务事件对组织机构的价值很低，不值得继续开发下去（这就节省了时间）。如果你遇到了这些无益的事件，就停止开发。

> 如果你遇到了这些低价值事件，就停止开发。

我们总是吃惊地（并且开心地）发现，许多业务事件可以通过这种方式放弃，许多不必要的需求因此而避免。

9.8.3　复用需求

在组织机构内部，许多项目倾向于开发同类的产品。保险公司开发保险应用，计算机辅助设计公司开发 CAD 应用。实际上，大多数组织机构发现，每个新项目都是在开发类似的产品。

> 大多数组织机构发现，每个新项目都是在开发类似的产品。

在这种情况下，产品之间可能发生一些重叠。同样，业务分析师可能利用以前项目写下的需求。要利用以前写下的需求，你必须创建抽象：看着需求，用当前应用的主题替换掉以前的主题。换言之，不是支付汽车保险（前一个项目的主题），需求变成了支付住房保险（当前项目的主题）。通过进行这种抽象，业务分析师可以节省工作量，不用重复发现许多需求。

复用需求可能节省大量的时间和工作量。因此，我们用整个第 15 章来探讨这个主题。

9.8.4　创新与业务分析师

大多数利益相关者要求增量式开发。也就是说，他们想要现在拥有的系统，有一些变更和增加的功能，如屏幕上新的按钮，更多一点信息，能够连接到另一个数据库，等等。换言之，人们想要现有的系统，加上一点微小的增量式改进。

考虑到这个事实，需要靠业务分析师来领导创新冲锋。业务分析师不是要成为项目中唯一的创新者，但他必须是建议创新的人，协调创新会议，让利益相关者有机会提出创新建议。

确定需要创新之后，问题就明显了：如何做？在第 8 章中，我们探讨了一些创新技术，但这种探讨不是关于这一主题的全面论述。有许多关于创新技术的书籍，从 Michael Michalko 的 *Thinkertoys* 开始是不错的。该书的作者概括了各种技术，你肯定会发现其中一些适合你的业务分析工作。

参考阅读

Michalko, Michael. *Thinkertoys:A Handbook of Creative-Thinking Techniques*. Ten Speed Press, 2006.

9.8.5　寻找业务规则

业务规则是组织机构设定的一些方向，指导操作、人员和系统要做什么。这样的规则可能适用于组织机构的任何方面，从顶层管理到最底层的流程。它们可能大到"雇员不应违法犯罪"，或小到"如果首次联系后48小时内还无法解决，支持平台的雇员将报告主管"。业务规则可以是书面的，也可以是雇员理解并口口相传。

有些组织机构有流程，系统地收集和记录这些规则。其他方法不那么正式，只在业务规则在项目中出现时收集。有时候，项目中发现的新业务规则被记录下来，其他时候很不幸，没有记录下来。有时候，你作为业务分析师，要揭示以前未知的规则，或领导创建新的规则。如果这还不够，有一种开发方法学叫"业务规则方法"，它用自然语言记录业务规则，然后翻译成业务过程，有时候会翻译成软件。

考虑到业务规则范围宽泛，就不奇怪不同的业务分析师处理的方法非常不同了。但让我们来想想我们要做什么：业务规则是关于业务必须做什么的陈述。业务要做什么和BUC场景中的步骤，这些陈述之间并无真正的区别：场景记录了业务对业务事件的响应。也就是说，它遵循业务规则，直到实现事件响应的业务目标。

考虑到业务规则和BUC场景的类似性（实际上部分需求也是一样），我们对业务规则的处理就可以猜到了。在项目开始时，我们会问业务规则。很自然，它们的完整性和有效性参差不齐。当我们整理每个业务用例时，确保所有适当的业务规则都嵌入适当的场景中（或我们使用的其他模型中）。对于发现和解释适用的规则，业务过程操作者是很有价值的。

你可能考虑记录下新的业务规则，作为业务分析的副产品。但是，如果组织机构没有正式的方式来记录这些业务规则，那么BUC场景就足够成为规则的储存处（而且可能更有用）。

> 业务用例场景足够成为有用的规则储存处。

9.8.6　业务分析师作为思想代理

我们以孤岛的形式存在，每个组织机构都由一些孤岛组成。大多数组织机构有部门，一个部门里的人和其他部门的人之间的接触是有限的。这种状态导致我们说，部门是孤岛。类似地，项目也是孤岛，一个项目中的人通常很忙，没时间和其他项目中的人接触和分享思想。不同商业公司之间的相互影响几乎不存在。

尽管存在这种隔离，一些最好的思想来自你的孤岛之外。新的技术、对原有技术的创新使用、新的软件产品、新的工作方式，以及几乎所有其他事情，都可以认为是思想。

> 一些最好的思想来自你的孤岛之外。

大多数业务分析师已经非常忙了，但这个职位本身就需要外部探索。我们这里所说的业务分析师是思想代理。他们发现存在于一个孤岛的思想、过程和技术，这些技术应用于另外的孤岛，就能获利。这种发现不仅包括探索问题空间，也包括寻找有用的组件的思想，在新的问题空间，它们可以重新组织成新的解决方案。

参考阅读

　　Hargadon, Andrew. *How Breakthroughs Happen: The Surprising Truth About How Companies Innovate*. Harvard Business School Press, 2003.

　　Hargadon 探讨了思想代理的角色（他称为"技术代理"），以及它在许多不同组织机构中如何发挥作用。

　　为什么是代理？因为有时候业务分析师向其他人展示思想，并不总是自己使用这些思想。有时候思想需要改变或调整，才能有效地应用于业务分析师自己的项目。有时候思想只是保存起来，准备将来使用。

　　业务分析师成为孤岛之间的中介，或巡回大使。项目有许多利益相关者，他们形成孤岛，有着自己的考虑和兴趣。孤岛（多个利益相关者团体）以不同的方式沟通，拥有非常不同的技能和知识。会计人员与市场人员不同，经理很少能理解工程师。

　　作为代理，业务分析师的任务是理解每个孤岛的关注点，并在孤岛之间解释和沟通。业务分析师也要确保每个团体的关注点有优先次序，真正高优先级的需求会进入最终的产品。

9.8.7　系统思考与业务分析师

　　系统包括一组相互联系的组件，它们协同工作，构成一个复杂的整体。每个组件（过程、机器、人员等）执行某种功能，起到一部分作用，对系统的整体目标作出贡献。自然，有些组件本身也被称为系统，从更大的上下文背景中来看这些组件，我们可以称之为子系统。当然，一些子系统又包含它们自己的子系统，环环相扣。

　　要记住，现在的系统大而复杂。在业务分析师研究一个系统时，一定不能只看到组件，而是要看到它们协作的方式。改变一个组件可能对系统中其他遥远的相关部分产生影响。类似地，一个组件的故障可能导致另一个组件失效。而且，对一个组件的变更可能改变更大系统的整体特性。

> 在业务分析师研究一个系统时，一定不能只看到组件，而是要看到它们协作的方式。

　　系统思考（不要与系统地思考混淆）意味着研究组件如何发挥各自的作用，并考虑一个组件如何破坏或补充其他组件。通常业务分析师关注研究业务领域（我们称这个业务领域为"工作"）。但是，采用系统的观点意味着不仅要看工作中组件的相互连接，而且要看工作如何适应更大的系统，即组织机构本身，实际上也要研究组织机构如何适应更大的世界。

　　系统思考在某种程度上与分析是相对的。分析关注划分和研究独立的部分。"分析"的本意是"划分成组成部分"或"将某物划分成组成部分的过程"。因此"业务分析师"的名称并不完全适合我们在这里提倡的方式，但对于研究业务的人来说应该够了。

　　任务不只是思考某个新软件的接口，或软件的各种功能，重点在于探索这部分软件如何适合组织机构的环境，它是否有可能对组织机构的其他部分产生负面影响。这样做意味着暂时让你自己从项目中脱离出来，从组织机构的视角来看项目。这个项目可能对组织机构的其他部分产生什么影响？包括负面的和正面的。

自然，在项目里你也必须做同样的事。也就是说，你必须考虑是否待建产品的所有组件相互之间能合谐地协作。

我们在第 7 章"理解真正的问题"中探讨了系统思考。那里可以看到这个主题更详细的讨论，我们强烈建议你将系统思考作为业务分析策略的一部分。

> **参考阅读**
>
> Meadows, Donella. *Thinking in Systems: A Primer*. Chelsea Green Publishing, 2008.
> 参见该书文献中其他关于系统思考的书。

9.8.8　业务分析师与可视化

在任何产品开发活动中，可视化都是必要的部分。正如我们前面所讨论的，有必要理解产品中的各种组件和过程，以及和产品交互的组件和过程。因为产品还没有构建好，这项任务需要让这些东西可视化，并与其他利益相关者沟通你的设想。

可视化通常与数据有关。通过让数据可视化，用图形的方式展示数据，数据的含义就变得更丰富、更有力了。Edward Tufte 针对这个主题写了几本很好的书。更直接的资源是 Flowing Data 的网站。如果你访问这个网站，就会看到数据变成可视化的展示时，沟通效果更好。

对于系统和产品也是这样：文字在描述系统和产品时几乎总是不够用。你的产品、系统和过程通常是多维度的，使用文字很少能准确描述其宽度和深度。但如果利益相关者要正确理解你所建议的产品，准确性是必需的。

> **参考阅读**
>
> Tufte, Edward. *The Visual Display of Quantitative Information,* second edition. Graphics Press, 2010.

要有效地可视化，我们建议你画草图。很自然，草图意味着画画，这是很多人不愿意做的事。也许这种犹豫不决是因为人们觉得自己不擅长画画。当然，如果没人擅长画画，那么看草图的人也不会要求很高，因为他的画也不比你的好。所以放轻松，开始画画。

草图的目的是传递信息，让产品可视化。业务分析过程中的一部分就是联络利益相关者，确定他们对产品的看法与你一样。但是，没有可视化和草图，很难准确表达产品未来的样子。

产品的所有组件如何协作？可视化这一点并不容易。产品如何适合更大的组织机构？可视化这一点儿也不容易。但必须这样做，任务落在了业务分析师身上。我们在本章前面曾指出，你不只是一名速记员，记录下人们的愿望，而是一个积极主动的参与者，致力于开发产品，改进某项工作。如果没有让产品如何适应工作可视化，就很难说产品是否会有益。

9.9 小结

本章为今天的业务分析师提供了一些策略。自然，并非所有策略马上就能被你采用，但我们希望这种讨论提供了一些指导，让你意识到展开工作时要考虑的一些影响因素。要记住，业务分析师是大多数项目中的核心人员。确实，业务分析师没有项目经理那样的控制和权力，也没有开发者那样的具体技术技能。即便如此，身处所有事情之中让这项工作最为有趣，我们认为，这也是最关键的工作。

第10章
功能需求

本章讨论导致产品去做某事的需求。

功能需求指明了产品必须做的事情，即产品为了满足它存在的根本理由而必须执行一些动作。例如，下面这项功能需求描述了如果要完成它预想的工作，产品必须执行的一个动作：

产品将在选定的时间参数内预测哪些路段会结冰。

需要功能需求是因为，当业务分析师理解了产品必需的功能后，他要用功能需求告诉开发者要构建什么。

在第5章和第7章，我们探讨了如何发现业务需求。在第6章，我们描述了需求分析师如何通过业务用例（BUC）场景，向感兴趣的利益相关者展示功能，通过产品用例（PUC）场景来展示产品边界。确定产品边界在第8章中讨论。

【第5章和第7章探讨了如何收集需求。

第6章探讨了如何通过场景来描述业务用例和产品用例。】

我们假定你已阅读了前面提到的章节，现在有趣的部分是从 PUC 场景转换到功能需求。如果利益相关者对 PUC 场景达成一致，业务分析师写下一组功能需求，确定该场景表明的功能。接下来开发者利用这些需求来构建产品。这个过程如图 10-1 所示。

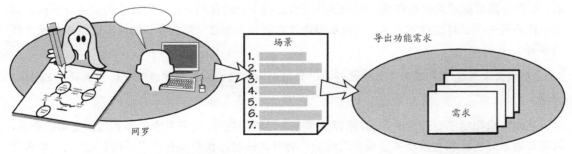

图 10-1　工作的功能是在网罗活动中确定的，你一般通过编写场景将这种功能反馈给利益相关者。然后你利用场景编写功能需求。结果是得到一组功能需求，确定了产品要做什么来支持工作

要从本章中得到最大的收获，就需要理解需求（产品需要做什么来支持拥有者的业务）与解

决方案（需求的技术实现）之间的差别。还需要理解在我们描述如何编写需求时，最重要的是要理解真正的业务需求，同时沟通这种需求，确保构建正确的产品。

在本章末尾，我们探讨了一些可选的方法，来描述产品的功能。你可能想跳到后面先看一下，因为其中一种或多种可能适合你的项目。

10.1　正式性指南

兔子项目（小而快的项目）可能采用某种敏捷方法。这些方法强调迭代，不会产生大量文档。我们赞成这个目标，认为兔子项目没有必要得到完整的需求规格说明书。但是，需求的描述及理由对理解真正的需求和与业务利益相关者对话很有帮助，应该包含在用户故事中。在本章稍后我们将探讨用户故事，并探讨解释需求的其他可选方法。

骏马项目通常需要以某种可交流的方式编写需求。与兔子项目相比，骏马项目的发布周期更长，项目的利益相关者在地域上是分开的。项目参与者的分布越广，就越强调以更加准确和一致的方式来沟通需求。重要的是团队成员对一项功能需求是什么有清楚的理解，并理解功能需求为最终的产品做了什么。也就是说，骏马项目应该利用场景和工作存储数据的类模型，尽最大可能沟通需求。

大象项目需要完整而正确的需求规格说明书。本章中的所有信息都与大象项目有关，其中关于详细程度的讨论特别与之有关。

10.2　功能需求

到了这个阶段，你已经确定了拥有者的工作中有多少部分需要由自动化的产品来完成。

功能需求是产品为了支持工作而必须做的事情。它们的表述应该尽可能独立于实现需求的技术。这种分离可能看起来很奇怪，因为这些需求适用于自动化的产品。但是作为业务分析师，你要记住不要去尝试打造技术方案，而是要指定技术解决方案必须做的事。如何实现结果是设计师的事情。

> 功能需求描述了产品为了支持工作而必须做的事。它们应该尽可能与最终产品使用的技术无关。

功能需求指定了要开发的产品，所以必须包含足够的细节，让开发者能够构造出正确的产品，只需要需求分析师和利益相关者最少的澄清和解释。注意，我们没有说"不需要澄清"。如果开发者没有任何问题，那么你就做了太多的工作，提供了过于详细的需求规格说明书。我们将在后面解释这个观点。

10.3 发现功能需求

有一些中间制品描述了产品的功能。我们将在本章中探讨它们，但让我们从最明显的一个开始：场景。你利用影响工作的业务事件对工作进行划分，然后得到场景。对应每个业务事件，会有一个响应它的业务用例，BUC 场景从业务的角度描述了这种功能。从这个 BUC，你导出一个，有时候是多个，产品用例。

在第 6 章中，我们描述了编写场景，将 PUC 的功能表示为一系列步骤。PUC 场景的价值在于，它让你、利益相关者和开发者对功能有概括的理解，再针对它编写原子需求。场景中的步骤是业务利益相关者可以识别的，因为你用利益相关者的语言编写了这些步骤。这意味着它们抽象程度较高，封装了产品功能的细节。将每一步的细节当作它的功能需求，你现在的任务是通过编写功能需求来展现这些细节。图 10-2 展示了这种进展。

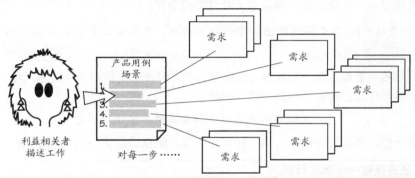

图 10-2 场景是与利益相关者一起工作，并确定产品用例功能的一种方便的方式。每个场景步骤会被分解为它的功能需求。所有这些功能需求揭示了产品为实现这个产品用例必须做什么事情

下面通过一个产品用例场景的例子来看这个过程是怎样实现的。在 IceBreaker 道路除冰系统中，有一个 PUC 是"产生道路除冰调度表"。该用例的参与者（直接与产品相邻的人或物，常常被称为用户）是"卡车车库负责人"，他是触发产品对区域进行道路除冰调度的人，如图 10-3 所示。

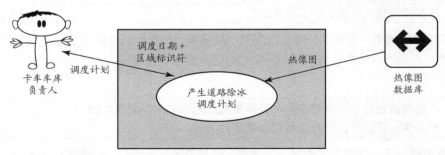

图 10-3 这个用例图展示了产品产生道路除冰调度表的情况。它由卡车车库负责人触发。热像图数据库是一个合作的相邻系统，根据请求向用例提供信息

183

要实现参与者希望的成果,产品就必须做一些事情。下面的场景描述了这个产品用例。

产品用例:产生道路除冰调度表。

1.工程师向产品提供调度日期和区域标识符。

2.产品取得相关的热像图。

3.产品运用热像图、区域温度读数和气象预报来预测该区域每个路段的温度。

4.产品预测哪条道路会结冰,何时会结冰。

5.产品从相关的车库中调度可用的卡车。

6.产品向工程师提供建议的调度计划。

总的说来,这个用例中的步骤已经足够描述工作了。正如我们在第 6 章中讨论的那样,它们可以由感兴趣的利益相关者验证。场景中的步骤数目有限制(我们建议 3~10 个步骤),这样可以避免迷失在细节中,并确保使用利益相关者熟悉的语言。

> 场景中包含 3~10 个步骤将给出合理的细节程度,又不会让非技术的利益相关者感觉太复杂。

当你与利益相关者对这些步骤取得一致意见以后,对每个步骤问一个问题:为了完成这些步骤,产品必须做些什么?例如,场景的第一步是:

1.工程师向产品提供调度日期和区域标识符。

要完成这一步,产品要做什么?第一件事很明显,所以这是第一项功能需求:

> **产品将接收一个调度日期。**

如果你问利益相关者对调度日期有没有什么特殊要求,他们会告诉你调度日期不会比当前日期超出两天。这个信息提供了另一项功能需求:

> **如果调度日期不是今天也不是明天,产品将发出警告。**

这一步的另一项需求是:

> **产品将接收一个有效的区域标识符。**

如果问一下"有效"的含义,就会发现另一项需求。如果标识符标识了工程师负责的一个区域,那它就是有效的。如果它与工程师所希望的区域的标识符相符,它也是有效的。这导致了另外两项功能需求:

> **产品将验证这个区域是在产品安装覆盖的区域的除冰职责之内。**
> **产品将验证这个区域是工程师所希望的区域。**

从一个步骤中导出的需求的数量并不重要,但是经验告诉我们,它通常少于 6 个。如果每个步骤只发现了一项需求,这表明要么场景的粒度太细,要么功能需求的粒度太大。如果对每个步骤得到了超过 6 项需求，要么需求粒度太细，要么用例很复杂。目标是要发现足够的功能需求，让开发者能构建出客户期望的产品，这也是参与者需要用它来完成工作的产品。

> 目标是要发现足够的功能需求，让开发者能构建出客户期望的产品，这也是参与者需要用它来完成工作的产品。

让我们考虑例子中的另一个用例步骤：

4.　产品预测哪条道路会结冰，何时会结冰。

用例场景的这一步导致了 3 项功能需求：

> **产品将确定地区中哪些区域预计会结冰；**
> **产品将确定哪些路段通过了这些结冰区域；**
> **产品将确定何时这些路段会结冰。**

现在以同样的方式，继续处理场景中的每个步骤。穷尽所有步骤后，就为这个用例写好了功能需求。你应该与一组同事一起对需求复查一遍，说明遵循该需求列表能为参与者提供正确的产品，以此来测试是否完成了这个用例需求编写。

10.4　细节程度或粒度

请注意前面例子中的细节程度：需求是由一个单句写成的，只有一个动词。如果你写一个单句，需求就更容易测试，更不容易产生二义性。注意"产品应该"的形式，它使用了主动句，并关注于沟通产品打算做的事情。它也为开发者和其他利益相关者提供了一致的形式，这些人需要清楚地理解产品打算做什么。当然，你可以用"将"替代"应该"（有人认为这样在语法上更好），但不论选哪个，请一致使用。

> 需求是由一个单句写成的，只有一个动词

顺便提一下，"应该"这个词并不意味着肯定能找到一个解决方案来满足这项需求，它只意味着这项需求是一个业务意图的陈述。开发者负责找出这项需求的技术解决方案，自然，会有一些时候他们找不到经济合理的解决方案。同时，这项需求澄清了业务需要产品做的事情。

关于需求描述的形式，还有最后一点建议：有时候人们混合使用"应该"、"必须"、"将"、"可能"等词来说明需求的优先级。这种做法带来了语义上的混淆，建议不要这样做。相反，应该使用一致的形式来编写需求描述（"产品应该……"是最常见的），并使用单独的属性来说明需求的优先级。

> 在需求中用一个单独的部分来说明该项需求的优先级。

10.5　描述和理由

上面给出的例子就是我们所谓的需求的"描述"。需求不只包含描述。我们建议（强烈建议）你在需求中添加"理由"，说明需求为什么存在。在某些情况下这可能很明显，但在许多情况下，这是需求的关键部分。

这有一个例子。

> **描述：产品应该记录已经处理过的道路。**

第一眼看上去这似乎是一项常规需求，不是很重要。现在让我们为它加上理由。

> **描述：产品应该记录已经处理过的道路。**
> **理由：为了能调度安排未处理的道路并突出潜在风险。**

现在它看起来有点严重了，因为人的生命可能存在风险，或者至少产品的拥有者没有承担其法定的职责。加入理由后，你不仅让开发者有机会构建最好的解决方案（该方案让发现未处理道路的功能随时能访问这一信息），而且也告诉测试人员需要在测试这项需求上投入多少工作量。很清楚，理由表明这项需求值得关注。

> **理由表明这项需求值得关注。**

现在考虑这个例子。

> **描述：对于卡车被调度的活动，产品应该记录开始和结束的时间。**

这是普通的需求，不会带来太多意见。但它对产品贡献了什么价值吗？让我们看看两种可能的理由。

> **理由：卡车车库负责人希望知道哪辆卡车用得最多。**

或

> **理由：卡车在 24 小时内最多被安排 20 小时，以便进行维护和清理。**

现在事情有些进展了。第一个理由说需求的优先级很低，可能不值得实现。毕竟，卡车车库的负责人可以通过卡车的转速表来了解卡车的使用情况。但第二个理由表明这是一项有价值的需求，如果它没实现，那么卡车车队就会遇到麻烦，因为卡车可能保养不当。

对描述给出理由，需求本身就变得更有用了。知道了为什么需求会存在，开发者和测试者就更清楚他们应该投入多少工作量。它也向未来的维护者说明了需求一开始为什么会存在。

知道了为什么需求会存在，开发者和测试者就更清楚他们应该投入多少工作量。

理由也有助于克服不小心写下解决方案，而不是真正的需求。例如，这项需求描述是为城市公交公司的公交车售票机写下的。

> **描述：产品应该在触摸屏上提供公交网络路线图。**

这个描述实际上是对问题的解决方案。如果添加理由，真正的需要就出现了。

> **描述：产品应该在触摸屏上提供公交网络路线图。**
> **理由：乘客必须提供目的地，以计算车费。**

真正的需要（即真正的需求）是乘客要提供目的地。他们如何做到这一点最好留给有经验的设计师和技术人员。触摸屏可能是实现这个目标的最佳方式，但也可能不是的。如果旅游者是公交车的主要用户，那么他们可能不熟悉公交网络的样子，在图上找到车站可能很慢。这会让后面排队买票的乘客不高兴。而且，如果网络为计费而划分成一些区域，那么对于通勤乘客来说，更有效的方式是表明穿过几个区域，忽略具体的车站。

为什么这方面的需求开发很重要？因为很容易通过描述一种实现来隐藏重要的功能，也很容易选择最明显的实现，忽略可能更好的实现。不论需求最终如何实现，写下描述和理由显然会导致发现真正的需求。

不论需求最终如何实现，写下描述和理由显然会导致发现真正的需求。

我们还没有谈到如何确保每项需求可以测量，从而可以测试。我们通过添加"验收条件"来做到这一点。因为这很关键，所以我们用整个第 12 章来讨论它。我们也会说明如何以需求描述和理由作为输入信息，帮助编写正确的验收条件。

【关于需求的其他属性，请参考第 16 章。关于如何让需求可测试，请参考第 12 章。
关于测试需求的准则，请参考第 13 章。】

10.6　数据，你的秘密武器

只要你开始收集常用的术语，就应该在数据字典中定义术语的含义。做这件事的第一个机会，通常是你确定了工作上下文范围图中的输入和输出的时候。你列出这些数据流的属性，从而定义它们，这些属性又让你能建立业务数据模型。这个数据模型作为某些功能需求的定义，并为团队提供了共同的语言。

10.6.1　数据模型

数据模型（也称为类图或实体关系图）从多个方面说明了产品的功能。图 10-4 展示了 IceBreaker 产品的一个数据模型（采用 UML 类图表示法）。请花些时间来研究它，我们将探讨某些产品功能如何从这个模型导出。

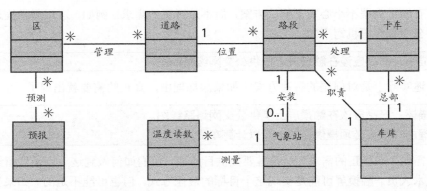

图 10-4　类图展示了存储的数据，业务用这些数据来预测道路结冰信息。如果气象站的读数和天气预报表明道路将要结冰，就派一辆卡车去处理道路

类模型用矩形来表示类（实体）。类是数据属性的逻辑集合，产品实现其功能需要这些数据。类之间的连线表明两个类之间的关联，线上的名称表示关联的理由。"*"和"1"定义了关联的多重性。例如，"路段"将被记录为已经由一辆"卡车"处理（业务规则说一辆卡车足够处理一个路段，路段长约 5 公里），但一辆"卡车"预期会处理多个"路段"。模型表明"路段"经"处理"关联到一车"1 卡车"，而"卡车"关联到许多"*路段"。

产品存储的数据和它的功能之间存在依赖关系。只有功能要存取数据，才存储数据，只有处理数据，功能才会存在。或者正如歌中所唱的那样：您不能只有其一。

> **只有功能要存取数据，才存储数据，只有处理数据，功能才会存在。**

注意，类模型是业务数据模型，它代表了必须存储的数据，以便让业务能开展工作。它不是数据库的设计，所以不需要任何实现细节，因为细节将由数据设计者加入。

让我们看看每个数据类。"Weather Station（气象站）"代表安装在道路上的真实设备的数据。产品必须具有记录传感器的安装和它的准确位置的功能，也要能够在气象站传送数据时记录下"Temprature Reading（温度读数）"并加上时间戳。类似地，必须有记录、修改和删除"Road（道路）"及其"Road Sections（路段）"的功能，并知道哪些路段由哪些"Depot（车库）"负责。产品必须知道哪些"Trucks（卡车）"属于一个车库，哪些可用于调度。我们从类模型中得到的所有信息，说明了产品必须具备的功能。

10.6.2　数据字典

数据字典定义了数据模型中类的意义、属性和关联。例如，类 Road 的数据字典定义是：

道路=道路名称+道路编号

因此，不论你在需求规格说明书的何处用到"道路"，它都符合这个定义。为了清楚地说明为什么我们对道路感兴趣，对这个类也要有一段描述。例如：

道路是一段连续的（但不一定是直线的）高速公路，可能因结冰而导致交通事故。

【附录 A 中的 Volere 需求规格说明书模板，展示了道路除冰项目的数据模型和数据字典的例子。】

类似地，字典也应该包含每个属性和关联的定义。

数据模型不能全面地揭示功能。但是，如果你经常构建这样的模型，它就会成为功能需求规格说明的一部分。

【关于数据模型和功能需求之间更多的联系，请参见第 17 章关于 CRUD 的部分。】

10.7 异常和可选方式

异常是不期望但不可避免的对正常情况的偏离，是由处理的错误或不正确的活动引起的。异常场景（我们在第 6 章中已讨论）展示了产品怎样从不期望发生的事情中恢复过来。编写需求的过程仍是一样：针对每个异常步骤确定产品完成这个步骤必做的事。

对于这些需求必须清楚地说明，只有当异常发生时，它们才会成为现实。为了做到这一点，可以标明一些需求与特定的异常有关，或者对每一项需求都包含这个异常条件。

> **如果没有可用的卡车，产品应该向相邻郡县的卡车车库发出一个紧急请求。**

可选场景是允许在正常用例中发生变化，这常常是根据利益相关者的要求提供的。Amazon网站的"一键购买"产品就是一个众所周知的例子。如果已在 Amazon 网站上使用过信息卡，当购买物品时就有一条可选途径。不需要经过正常的购买手续，只要点击它们，物品就标识为售出了。正常的用例可能是这样的：

> **产品应该将选中的物品加入购物车。**

可选的场景是：

> **如果打开了"一键购买"选项，产品将记录所选产品的销售。**

要准备好创建许多需求来处理异常和可选场景。有时候这些非正常的情况产生了大多数需求。既然人们使用软件产品时会有最奇怪的行为，你就需要指定大量的恢复功能。

10.8 有条件的需求

有时候，你需要给需求加上条件。如果需求只有在特定的处理环境下才会发生，就会出现这种情况。例如：

> 　　如果安排要处理的道路在调度的时间之后 30 分钟还没有报告，产品应该发出未处理道路的报警。

另外，如果把条件放在后面，你可能发现需求可读性更好：

> 　　产品应该播放音乐，如果收到请求。

甚至采用这种方式。

> 　　产品突出所有透支的账户。

如果需求规格说明书中很少出现条件，这种方式就有效，但有时候并非如此。我们前面讨论了可选和异常，你可能发现，如果出现这些情况，处理异常/可选情况会导致许多需求。重复使用"如果"来说明条件是很麻烦的。我们建议在需要的时候，在需求上标注场景步骤，并用普通的祈使语气来写需求（"产品应该……"）。你必须让开发者意识到，带标注的需求必须与场景一起阅读，看看哪些需求有条件，哪些没有。

10.9　避免二义性

不论你的需求来源是书面的文档还是访谈的口头描述，都应该注意大量潜在的二义性和由此带来的误解。二义性有几个来源。

首先，英语中有很多一词多义的情况。英语中大约有 500 000 普通单词，以及差不多数量的技术、科学和其他专有词汇。普通单词是在很长一段时间内，由许多不同的人，从许多来源，几乎以随机的方式加入语言中的。这种增长导致了同一个词的用法和含义不同。

考虑 file 这个在信息技术中很常见的词，它有自动化的信息存放点的意思，同时也有锉刀的意思，还有一批文档的意思；在 single file 这个短语里指的是一行人；口语中也指滑头的人；作为动词有擦除和磨平的意思；近来律师将它用作动词，他们会 file suits（发起诉讼）。当然，suit 这个词也可以指律师在法庭上穿的服装，或指一手扑克牌，如红心、方块、黑桃和草花。很难想象为何以及何时语言中包含了这么多词，而其中许多词又有多种含义。

> 很难想象为何以及何时语言中包含了这么多词，而其中许多词又有多种含义。

在编写需求时，我们不只要注意一词多义。如果产品的上下文不清楚，也会引起二义性。假定有如下的需求：

> The product shall show the weather for the next 24 hours.

这里的含义取决于需求的类型，以及在规格说明书中与它位置相近的内容。它的意思是"产品要显示未来 24 小时的天气情况预报"吗？还是"它必须显示某种天气情况并持续一天"？

我们建议根据产品用例对需求进行分组。这种系统的组织方式将在很大程度上减少二义性。例如，如果考虑下面的需求：

> **产品将显示所有预计会结冰的道路。**

其中的"所有"指的是产品知道的所有道路吗？还是仅指用户正在检查的那些？如果 PUC 场景告诉我们参与者曾指定了一个区域，或区域中的一部分，那么就可以说，"所有"指的是在所选择的地理区域内。实际上，几乎所有需求的含义都取决于它的上下文。这是一件好事，因为不需要费力地限定每项需求中的每个词，那会浪费利益相关者的时间。虽然所有东西都有可能存在二义性，但是场景为需求设定了上下文，从而减少了二义性的风险。

我们很喜欢纽约城市交通管理机关在几年前引入热点区域（red zone）时所树立的例子。热点区域是一些街道路段，管理机关特别关注它们的交通不要阻塞。这些区域路边的栏杆是红色的，并立有标志，如图 10-5 所示。

图 10-5　纽约的交通标识。意思很清楚。摄影师是 Kenneth Uzquiano，照片使用得到了允许

尽管最后一条指令是有二义性的，但是交通管理部门做了一个合理的判断，决定承担这种二义性风险。他们认为，没有驾驶员会蠢到认为管理机关的意图是不允许他们在自己的车里开玩笑，或是不允许为小山羊接生。换言之，上下文决定了驾驶员将怎样理解这个标识。

类似地，如果一个工程师说"我们希望在结冰之前让卡车处理路面"，很清楚他并不是要在卡车结冰之前处理路面。至少这句话的上下文将揭示它的意义。

我们已经强调，在数据字典中渐近地定义术语（Volere 需求规格说明书模板的第 7 部分"业务数据模型和数据字典"），将在很大程度上消除二义性。检查需求是否一致地使用了字典中定义的术语，也是有益的。

还有一个小贴士：消除需求中所有的代词，用主语或宾语取代它们，指明所代称的东西。（注意，如果我们在这句话中用了"它们"而不是"代词"，可能产生二义性）

在编写一项需求时，将它大声朗读出来。如果可能，让一个同事把它朗读出来。与利益相关者确认你们都把需求理解为相同的意思。这看起来很明显，但是 send the bill to the customer 可能是指把账单发给确实购物的人，也可能指把账单发给账户的开户人。它也没有清楚指明是在购物后立即发送还是在月末发送。bill 是指发票，还是指一单货物，或是提货单？与相应的利益相关者进行简短的交谈，一致地使用术语，就能弄清真实的意图。

请记住你是在编写需求的描述。真正的需求将在编写验收标准时展现出来。在那之前，好的描述和理由是值得的，也足够了。

10.10　技术需求

技术需求是纯粹因为所选择的技术而需要的功能。在产生除冰调度计划的用例例子中，产品将访问热像图数据库，假定设计者决定这种访问最好通过因特网连接来实现。因为这种技术选择，产品就需要建立一个安全的连接。这个需求是一项技术需求，也就是说，它纯粹是因为所选择的技术而引起的。如果设计者选择了一种不同的技术来处理这部分工作（如直接光纤连接），结果将会是不同的技术需求。

> 技术需求是纯粹因为所选择的技术而产生的。

技术需求不是因为业务上的理由而存在的，而是为了让选择的实现方式能工作。我们建议要么将技术需求在一份单独的规格说明书中记录下来，要么清楚地指出它是技术需求，与业务需求记录在一起。利益相关者必须清楚为什么一项需求会出现在规格说明书中，所以在完全理解业务需求之前，不要引入技术需求，这一点很重要。

10.11　需求分组

前面我们曾建议，按用例对功能需求进行分组。这样做的好处在于，容易发现相关的需求组，也容易测试功能的完整性。但是，有时候其他的分组方式可能更有用。

脑海中冒出了"特征"这个词。"特征"的含义和范围根据不同情况而发生变化。它可以小到"打开一个指示灯"，或大到"让用户在一个大洲内导航"。即便如此，不同的特征对组织机构有着不同的价值。出于这个原因，可能需要撤销或大量减少特征。根据特征对需求进行分组使得操作它们更为方便，在市场（或市场部门的要求）变化时更容易调整规格说明书。记住，一项特征通常包含来自不同产品用例的一些需求。因此，如果按特征对需求分组，以便能够追踪到业务的改变，那么同时按产品用例进行分组也是有意义的，如图 10-6 所示。

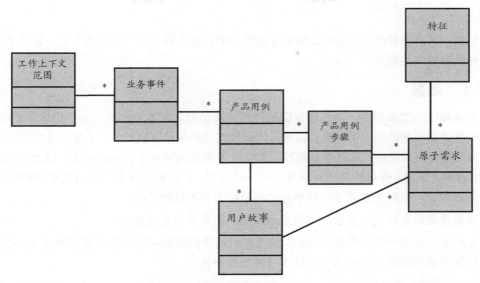

图 10-6　需求的层次结构。工作上下文范围是最高层次的需求说明，它分解为下一个层次，即业务事件。业务事件下一层由产品用例组成，每个产品用例又被分解为一些产品用例步骤。最低层的需求包括原子需求，每项原子需求都可以追踪到高层的用例步骤。活动图和用户故事也用于对原子需求分组。来自市场部门或产品版本计划部门的利益相关者常常按特征来分组

将原子需求看作需求规格说明的最低层次，这是有帮助的。将需求按层次结构进行分析有以下 3 个原因。

- ❑　能让兴趣的深度、广度和焦点不同的利益相关者参与进来。
- ❑　帮助你在第一时间发现原子需求。
- ❑　能够处理大量的需求和复杂的需求。

只要在层与层之间有非主观的、可追踪的路径，分层的需求规格说明就满足了这些期望。我们曾看到一些人创建了"高层需求"和"低层需求"，又没有建立正规的、非主观的联系，结果遇到了麻烦。尝试定义高层和低层需求的做法会带来问题和争论，因为"高层"和"低层"是很主观的。为了避免这样的冲突，建议大家采用非主观的层次结构，像这样：工作上下文、业务事件、产品用例、产品用例步骤、原子需求。

【关于完整的需求知识模型，请参考附录 D，你可以用它来定义自己的非主观层次结构。】

10.12　功能需求的替代方式

我们已经完成了本章的大部分内容，告诉你如何编写功能需求，本章的大部分都在暗示，我们认为编写功能需求是件好事情。但是，达成目标的方法不止一种，所以有多种方法来描述产品

的功能。

要记住，不论你做什么，必须先理解正确的功能。这里列出的一些可选方法，说明了记录和沟通这种理解的其他形式。

10.12.1　场景

在本章和以前的章节中，我们建议编写产品用例场景。在本章前面，我们描述了利用 BUC 场景的步骤来编写功能需求的过程。但是，如果预期的产品是常规产品，大家对业务领域非常熟悉，你和开发者很有经验，并且愿意合作，你可以考虑只为场景添加实现细节，以此作为规格说明。采用这种方式时，你可能必须对场景进行一些改写，让步骤体现出产品的视角。你和开发者、测试者必须相信，他们能够基于这种增强的场景编写和测试该产品。

如果场景变得太长或太复杂，那就回到编写功能需求的普通方式。

如果产品构建要外包给外部供应商，或组织机构中的其他部门，就不要采用这种方法。对于外包，最好通过编写原子功能需求，减少误解的可能性。

10.12.2　用户故事

用户故事是另一种描述产品功能的方式。一些敏捷方法使用用户故事，你可以考虑用它们作为编写功能需求的另一种方式。

用户故事的形式是：

> **作为[角色]，我想要[功能]，这样就能[使用该功能的理由]。**

用户故事通常由"产品拥有者"（客户的代表）写在故事卡片上，产品拥有者是敏捷团队的一部分，代表业务的视角。这些故事通常是一些特征，产品拥有者认为产品应该包含这些特征。

> **作为经常看电影的人，我想要电影票发到我的手机上，这样就能避免在电影院售票处排队。**

故事卡片的意图不是要指定需求，而是作为需求的起点，或占位符。在开发过程中，通过开发者和利益相关者之间的对话，会发现这些故事。故事通常写在卡片上，开发者会在卡片上标注他们的详细需求，以及必要的测试用例。

在第 14 章中，我们将更多地讨论用户故事及其用法。完整的解释请参考第 14 章。

10.12.3　业务过程模型

当然，如果你创建了活动图（或其他类型的过程模型），那么考虑它们是否可以和过程描述一起，作为功能需求。许多组织机构（也许应该是"许多业务分析师"）喜欢采用过程建模的方法来理解需要的功能。他们发现与文字场景相比，利益相关者更容易适应图。

过程模型可以使用任何你觉得最方便的表示法。很少有不好的表示法，但是却有许多不好的使用表示法的方式。也许最流行的技术是业务用例的 UML 活动图（参见图 10-7）、BPMN 过程模型（参见图 10-8）和业务用例的数据流模型（参见图 10-9）。我们发现分析师对这些图有自己的偏好（这些偏好有时候表现为一种宗教狂热），所以我们不想说喜欢哪一种，而是让你自己考虑。

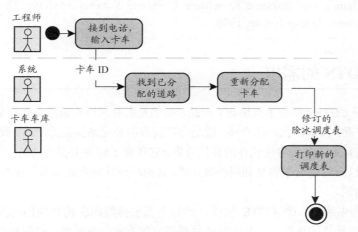

图 10-7　展示了产品用例"卡车车库报告卡车出问题"的活动图

图 10-8　生成除冰调度计划的 BUC 的 BPMN 过程模型。请考虑开发者还需要多少额外的规格说明，才能构建正确的产品

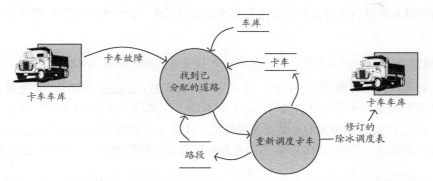

图 10-9　产品用例"卡车车库报告卡车出问题"的数据流模型。这个图中的每个过程都有过程规格说明来支持，并有数据字典来定义数据流和数据存储

当然，也可以把过程模型作为基础，然后根据图中的每个活动编写原子需求。

参考阅读

Robertson, James, and Suzanne Robertson. *Complete Systems Analysis: The Workbook, the Textbook, the Answers*. Dorset House, 1998.

10.13 对 COTS 的需求

我们使用术语 COTS（商业上架销售）产品，指的是所有可以安装的软件产品。不论它是商业上架销售的软件产品，开放源代码的产品，或是你在废弃的公交站找到的产品，我们都称为 COTS。

COTS 产品被认为是从头构建软件的替代方案。它包含了许多需要的功能，但通常需要安装后进行一定量的修改。有时候这很容易利用参数完成，其他时候开发者必须编写额外的代码，让 COTS 软件完成需要的功能。

许多组织机构先购买一个 COTS 软件，然后重新安排组织机构和他们的业务过程，以适合 COTS。有些组织机构认为这种方法是安装软件最便宜的方式。有时候，组织机构的某些重新调整要求改变 COTS 的某些功能来实现需求的功能。如果发生这种情况，业务分析师必须能够向组织机构指出低效率的部分，以及 COTS 产品不符合组织机构期望的工作的部分。

尝试用文档记录 COTS 产品的功能是意义不大的。但是，我们建议你先为 COTS 产品影响的工作领域创建上下文范围图，从这里开始你的业务分析。这一活动让你发现业务领域的业务事件，然后你可以和 COTS 产品支持的对应业务事件进行比较。没有必要写出完整的 BUC 场景，因为 COTS 供应商可能已经这样做了。但是，你应该注意每个业务事件进出的数据流。将这些数据与 COTS 产品的输入和输出进行比较，为需要的改动编写需求，让 COTS 的数据符合组织机构对数据的需求。

> 我们建议你先为 COTS 产品影响的工作领域创建上下文范围图，从这里开始你的业务分析。

或者，你也可以选择改变组织机构，而不是 COTS 产品。在这种情况下，你需要为业务领域中涉及的人员编写用户手册。这份文档应该描述新的工作实践，以适合 COTS 产品。

使用 COTS 产品并不排除对业务分析的需求。实际上，要确保 COTS 产品能真正满足组织机构的需要，业务分析是很关键的。这里的业务分析是发现和理解 COTS 产品与组织机构之间的差异。

【关于和外部供应商合作时的需求策略，更多的内容请参考第 9 章"今日业务分析策略"。】

10.14　小结

功能需求描述了产品的处理动作，即为了支持业务而必须做的事。功能需求是产品功能描述，它应该是完整的，并尽量避免二义性。

功能需求从产品用例中导出。得到功能需求最容易的方法是编写一个场景，把用例分解为3～10个步骤。检查每个步骤并提问"要完成这一步，产品必须做什么"，它要做的事就是功能需求。

我们建议，你在编写这些需求时（暂时）包括两个部分：描述和理由。后者是前者存在的理由。在本书的余下部分，我们将讨论如何阐明需求的其他属性。

如果有了足够的功能需求来得到用例的成果，就可以转向下一个用例了。在处理这些 PUC 的过程中，你会发现为一个 PUC 定义的需求也适用于另一个 PUC，可以通过交叉引用所有相关的产品用例，复用已经写下的需求。

所有的产品用例都这样处理过，就确定了需求，完整而无二义地指定了产品的功能。

第 *11* 章
非功能需求

本章讨论的需求规定了产品将功能实现到什么程度。

为什么所谓的"非功能需求"也很重要？请考虑一个真实发生的故事：客户拒绝了交付的服务台软件。功能是正确的，它支持服务台的活动，它做了所有该做的事，但客户不想要它。为什么？因为用户（服务台工作人员）拒绝使用它，更愿意采用原来的人工过程。为什么产品这么差劲？因为需求团队几乎没注意非功能需求。

> 为什么产品这么差劲？因为需求团队几乎没注意非功能需求。

我们应该解释一下：服务台员工在桌面上已经运行了 9 个其他应用。需求团队忽略了用户的观感需求，导致新的软件采用了完全不同的界面风格，包括一组完全不同的图标和屏幕布局。服务台的员工必须使用 9 个其他应用，当然拒绝学习非标准的新界面。需求团队也忽略了易用性需求，新的软件采用了用户不熟悉的工作次序、隐喻和惯例。

这还没完，需求团队没有收集执行需求，这部分需求应该规定数据处理的速度和容量。结果怎样？产品使用了严重不足以达到要求的数据库，不能处理服务台要求的数据量。操作需求应该写明操作环境和协作产品，但却没有这样做。安全性被忽略了，而且因为没有考虑文化需求，导致最终产品中包含一些图标，让服务台的某些员工认为受到了冒犯。

这些问题都是非功能需求。在这个不幸的例子中，忽略它们导致了项目彻底失败。

11.1　非功能需求简介

非功能需求描述了产品必须具备的品质，换言之，它将事情做到什么程度。这些需求让产品有吸引力、易于使用、快速、可靠，或安全。你用非功能需求来指定响应时间，或计算时达到的精度。如果产品必须具有某种特定的外观，或者必须在特定的环境下使用，或者必须遵守适用于你的业务的法律，你就要编写非功能需求。

> 非功能需求描述产品将事情做到什么程度。

需要这些属性，不是因为它们是产品的功能活动（诸如计算、操作数据等活动），而是因为客户希望这些活动以特定的方式执行，并达到特定的品质。

作为非功能需求在真实生活中的例子,让我们来看看亚马逊公司:亚马逊的网站很容易导航,这让客户容易找到东西,当然,这是网站的目标。它也很友好,让你觉得自己是尊贵的顾客:你可以写评论,通过购物伙伴和亚马逊的推荐得到指引,很容易查看和安排送货,等等。亚马逊使得人们在它的网站上购物变得很有吸引力,人们确实这样做了,因此,亚马逊成了世界上最大的在线零售商。同样,苹果公司的 iPad 很直观,看起来很愉快,易于使用,6 岁的小孩不需要父母指导,就能使用 iPad。另一个例子了,纽约时报 App 的观感在醒目地说:"这是一份报纸,不是一组博客。"不论哪里的成功产品,我们都清楚地看到它们发现了非功能需求。

11.2 正式性指南

在某些情况下,产品的非功能需求是项目的主要原因。如果用户发现原有的产品难以使用、缓慢或不可靠,那么易用性、性能和可靠性需求可以认为是新产品最重要的需求。矛盾的是,这些需求常常被忽略,有时候这种忽略会导致项目的失败。

有些(尽管不是全部)非功能需求应该最早收集和理解。永远不能假定它们(这种情况常常发生),即使顾客和开发者认为这些需求很明显。

兔子项目应该使用需求规格说明书模板(附录 B)作为非功能需求类型的检查清单。与关键的利益相关者一起核对这份清单(确保检查了子类型),确定非功能需求的优先级。"全都优先"不是可接受的答案。在开发用户故事时,要让项目团队意识到这些高优先级的需求。同时要记住,你可以编写非功能故事卡片作为独立的需求,不包含功能的部分。

骏马项目有较多的利益相关者。需求分析师必须确保记录每个人的非功能需求,并且确定和处理非功能需求之间的冲突,这些需求来自分散的、不同的利益相关者。

大象项目需要以书面的形式记录下所有的需求,包括非功能需求。我们建议你在规格说明书中按类型对非功能需求进行分组。需求可以按用例进行分组,但因为用例之间会有一定程度的重叠,按类型分组可以防止重复。

11.3 功能需求与非功能需求

我们一直以 IceBreaker 公司为例,前几章我们探讨了 IceBreaker 产品的不同方面。该产品有一项功能,是在数据由气象站传送过来时,记录道路的温度和湿度水平。记录数据是一项功能需求,它是基本业务过程的一部分。现在假定数据必须在半秒钟内记录下来,并且一旦记录下来,除了一个管理工程师外不允许任何人改变它。这两项需求是非功能需求,第一项是执行需求,第二项是安全需求。虽然这些需求不是产品存在的功能原因,但需要它们来确保产品以期望的方式运行。

把功能需求看成是使产品工作的需求,把非功能需求看成是为工作增加某些特征的需求。

非功能需求并不改变产品的基本功能。也就是说，不管增加多少属性，功能需求都会保持不变。更复杂的是，非功能需求可能为产品增加功能。以安全性为例，产品可能必须做一些事情，确保只有管理工程师能修改数据，但这项功能是由非功能需求引起的，这里是因为安全性。也许这样看更容易理解：功能需求导致产品去完成工作，非功能需求为工作赋予特征。更容易的说法是：功能需求是动词，非功能需求是形容词。

> 非功能需求可能造成产品被接受、深受喜欢或无人使用。

非功能需求是需求规格说明的重要组成部分。如果产品满足了它所要求的功能需求，非功能属性，如可用性、方便性、打动人心（如图 11-1 中所示的苹果公司的 iPad），是否得到满足可能造成产品被接受、深受喜欢或无人使用。要记住，人们对产品的看法和感觉大部分来自于非功能需求。

图 11-1　Apple 的 iPad 获得了巨大的成功，主要归功于它的非功能需求。它的观感简洁优雅，易用性成为传奇（很小的小孩都在用它），性能（存储容量、电池寿命等）给人留下深刻印象。当然，它还相当酷（另一项非功能需求）。尽管其他平板电脑也提供类似的功能，但 iPad 赢得了压倒性的市场份额，这要归功于它非凡的非功能性品质（照片经 Apple 公司允许）

> 非功能需求描述了特征，或功能完成的方式。

11.4　用例与非功能需求

产品用例表示当工作响应一个业务事件时，产品所做的一定量的工作。在前面的章节中，讲到场景如何将产品用例分解为一些步骤，针对这些步骤，可以确定功能需求。

但是，非功能需求不太符合这种划分方式。某些非功能需求可以直接与一项功能需求联系起来，某些适用于整个用例，另一些适用于整个产品。图 11-2 展示了功能需求与相关的非功能需求之间的这种联系。

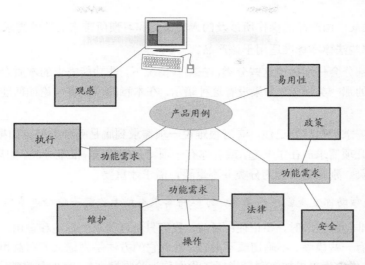

图 11-2　非功能需求是功能必须具备的属性。功能可以表示为产品用例或功能需求。在本例中，产品用例有 3 项功能需求，每一个都有一些非功能属性。用例作为一个整体，必须满足一定的易用性需求，而观感需求则与整个产品有关

11.5　非功能需求类型

我们查阅了许多我们写过的需求规格说明书，提取出一份最有用的产品属性列表。为了方便，将它们分成 8 种主要的非功能需求类型，其中又包含一些子类型或变体。你可以在 Volere 需求规格说明书模板中看到这些非功能需求类型和它们的编号。

我们对非功能需求的分类并不是绝对不可改变的，你可以有自己的分类。我们进行分类是因为我们发现，需求类型检查清单让我们更容易发现所有需求。如果你意识到不同的需求类型，就会提出关于它们的问题。

【附录 A 是 Volere 需求规格说明模板。】

下面是我们使用并推荐的非功能需求类型。编号是在需求规格说明模板中分配给这一类型需求的标识符。

10　观感：产品的外观精神实质。

11　易用性和人性化：产品的易用性程度，以及更好的用户体验所需的特殊可用性考虑。

12　执行：功能的实现必须多快、多可靠、能完成多少处理量、可用性、多精确。

13　操作：产品的操作环境，以及对该操作环境必须考虑的问题。

14　可维护性和支持：预期的改变，以及完成改变允许的时间，也包括对产品的支持的规定。

15　安全：产品的安全性、私密性、可恢复性和可审计性。

16　**文化和政策**：由产品的操作所涉及的人的文化和习惯所带来的特殊需求。

17　**法律**：哪些法律和标准适用于该产品。

本章后面的部分会仔细讨论这些分类。在某些情况下，非功能需求的本质会暗示你怎样去寻找适用于该产品的那一类需求。如果没有这种暗示，在本章的后面将讨论如何能提取出所有的非功能需求。

在阅读这些需求类型时要记住，有时很难说一项需求到底是哪种类型。如果发生这种情况，可能意味着你把几项需求放在了一起，或者你有一项特别的需求，很难分类。如果这让你很困扰，可以给它多重分类。别担心，因为分类并不重要，需求才重要。

> 需求类型是帮助你发现需求的工具，可以将需求类型看作是一份检查清单。

在检查各种非功能需求时，要记住：目前，我们只处理需求的描述和理由。我们给出的一些例子可能看起来有一些模糊、不确切或不准确。处理它的方法是先记录下利益相关者对这项需求的"意图"。将来你会为需求加上测量指标（我们称为验收标准），目的是澄清它并使它可测试。我们在第 12 章中讨论验收标准，但目前你要接受在非功能需求的描述中，出现 "吸引人的"、"令人兴奋的"、"容易的"和其他主观词语。

> 将来会为每项需求加上验收标准，目的是澄清它并使它可测试。

参考阅读

Miller, Roxanne. *The Quest for Software Requirements*. MavenMark Book, 2009.
这本书提供了一份宽泛的问题列表，帮助你发现非功能需求。

11.6　观感需求：类型 10

观感需求描述了对产品外观期望的精神实质、情绪或风格。这些需求规定了外观的"意图"，但不是一份详细的界面设计。例如，假设有以下观感需求。

> **描述：产品应该符合公司的品牌标准。**

这项需求没有说公司的图标必须显著，也没有提到使用的颜色。它只是说产品必须符合组织机构的品牌标准。这些标准已在别处发布，组织机构中有一个部门（通常是企业公关部）或一个小组负责这些标准，设计者能够得到它们。在加入验收标准时，它将测量符合标准的程度。

考虑下一个产品要包含的观感需求。例如，在很多可能适合你的产品的外观特点之中，可能希望它具备以下某些特点：

❑　看起来易于使用；

❑ 平易近人，这样人们会毫不犹豫地使用它；

❑ 权威性，这样用户会感觉可以信赖和信任它；

❑ 与客户的其他产品兼容；

❑ 对儿童或其他特定群体有吸引力；

❑ 不显眼，这样人们不会注意到它；

❑ 创新并表现出艺术的方式；

❑ 看上去很专业；

❑ 令人兴奋；

❑ 酷。

图 11-3 这是你的用户，她会对标准 Windows 界面满意吗？产品的目标受众在很大程度上决定了它的观感需求。这些需求使它对受众有吸引力，可能造成产品很成功或者没有人想用

在某些应用领域，软件已经成为日用品，一些竞争产品之间的功能差别几乎消失了。在这种情况下，要靠非功能需求区分产品。通常，值得注意的产品和特别的产品拥有独特观感。

你也应该考虑产品的受众（参见图 11-3）。你可能不是在为吸血鬼开发产品，他们的品位是黑暗和哥特式的，但即使产品是组织机构内部使用的，用户也会对软件的外观有一些要求。如果产品打算销售，那么外观将在一定程度上影响顾客的购买决定。

Web 站点产品的开发者应该非常重视观感需求。客户知道他希望给网站的访问者带来怎样的体验。你的任务是确定这些需求并指定其观感需求，诸如以下这些。

> *产品应该显得保守。*
>
> *产品应该吸引人。*
>
> *产品应该表现出权威性。*
>
> *产品应该吸引年纪较大的人。*
>
> *产品应该看起来易于使用。*
>
> *产品应该显示出艺术水准。*
>
> *产品应该看起来显得很昂贵。*

Web 站点产品的开发者应该相当重视观感需求。

你可能很想用原型来描述所要求的观感。但是要当心，因为原型并不能保证足够准确地传达需求。原型（我们通常称为"草图"）在用于辅助发现需求时，目的不是最终产品的设计。实际上，它们是一些实验，用来发现合适的功能，通常是在知道所有需求之前创建的。不幸的是，因为原型是物理制品，开发者可能认为最终产品应该准确地复制该原型。他没有办法知道原型的哪些特征必须准确地照样实现，哪些特征不是确定的。因此，重要的是明确地写下观感需求，不要依赖某人对原型的解读。

如果你知道产品将用软件实现，那么引用相应的界面标准，来描述部分观感需求。

> 产品应该符合 Window 8 的用户体验交互指南。

下面是另一项应该考虑的需求：

> 产品应该符合组织机构的其他产品已经建立起来的观感。

再重复一次要点，观感需求描述了外观的意图，不是界面的设计。在这个阶段设计产品是不成熟的，因为你还不知道产品的完整需求。设计是产品设计者的任务，那是在他们了解了需求之后。

11.7　易用性和人性化需求：类型 11

今天，易用性很关键。用户已经熟悉了个人和商业目的的产品，它们有愉快的、面向用户的体验。忽略这些易用性需求是荒唐的，但我们发现易用性需求常被忽略，因为人们假定正常的程序员都不会创造出难以使用的产品。最后，产品的易用性可能是决定目标用户是否真正使用它的关键因素。

> 易用性需求使产品符合用户的能力以及对使用体验的期望。

【关于如何确定用户，可参考第 3 章的 3.6 节。附录 B 提供了利益相关者管理模板】

易用性和人性化需求使产品符合用户的能力和期望。在需求规格说明模板的第 3 节，我们描述了产品的用户，解释了如何界定他们的技术水平。他们是哪种类型的人？他们需要哪种类型的产品来完成他们的工作？易用性需求确保你为他们开发一个成功的产品（参见图 11-4）。

产品的易用性会影响生产效率、错误率和接受程度（例如，人们是否真正使用该产品）。在编写易用性需求之前，要仔细考虑客户期望用产品达到什么目标。

图 11-4　在编写易用性需求时，要考虑目标用户的能力和知识

例如，你可能写下这样的易用性需求：

> 对于计算机经验有限的客户，产品应该易于使用。

你也可以针对不同的用户群：

> 对认证的机械工程师，产品应该易于使用。

这项需求记录了客户的意图，目前已经足够了。稍后你会补全它，让它可测试。"易于使用"和"易于学习"有轻微的不同。易于使用的产品的设计目标是促进持续的效率，所以在使用产品之前可能要经过一些培训。例如，假定你要指定一个产品，它由办公室职员在办公室里使用，完成某些重复的任务。你会被告知，它应该易于使用，即这意味着要培训用户来使用该产品，因为持续的效率将带来数倍的回报。

Adobe Photoshop 就是这样的一个例子。Photoshop 是一个复杂的产品，它提供数量惊人的数字图像处理工具，其目标受众是图像艺术家和摄影师。Photoshop 的学习曲线相当陡：有很多东西要学，可以说它不容易学会（至少对本书的一位作者来说是这样的）。但是一旦学会之后，它的功能使处理图像变成一项直接，甚至可以说是简单的任务。考虑到完成任务所需的功能的深度以及任务本身固有的复杂性，在你学会怎么用以后，Adobe 做到了产品的易用性。

相反，易于学习的产品的设计目的是针对那些不太经常完成的任务，因此用户可能会忘记怎么用。例如，软件产品很少使用的功能，年度的报表等。公众使用的产品（不可能进行事先培训）也应该易于学习。例如，公用电话、公共场所的因特网连接，以及自动售货机。

可以这样描述需求。

> **描述：产品应该易于学习。**

或者可以这样写。

> **描述：当未经过培训的公众第一次尝试使用该产品时，它应该易于使用。**
> **理由：这是一个新产品，我们需要客户自愿转换到使用它。**

这段描述初看起来似乎是显然易见的。但它是一项需求：利益相关者希望产品易于学习，理由说明了为什么利益相关者要加入这项需求。将来，你加入验收标准时（这很重要，所以我们接下来用一整章来探讨它），可以对"第一次尝试时易于使用"进行量化。合适的验收标准可能如下。

> **验收标准：客户代表中 90%的人在第一次使用该产品时，能在 90 秒内成功地完成（任务列表）。**

我们有一个客户，他希望产品能做到"用户友好"。我们找不出任何"用户友好"的度量标准，所以我们很自然地觉得不能把"用户友好"作为一项需求。但是，通过简单地提问后我们发现，他心目中的产品将吸引打算使用该产品的个人顾问。他知道顾问使用了该产品后会变得更有工作效率，但他也知道如果他们不喜欢该产品，他们可能不会使用它，或用不好它。

有了这样的理解，需求开始看起来是这样的：

> **个人顾问将喜欢该产品。**

我们向客户建议测量顾问的人数，这些顾问在经过初期的培训之后，更喜欢用新产品代替他们原来的工作方式。客户同意了这一点：他告诉我们，如果有 75%的顾问在 6 周的熟悉期后还使用该产品，那他就满意了。他决定让顾问匿名投票。

因此我们得到了易用性需求的描述和理由。

> **描述：产品应该为个人顾问提供一种喜欢的工作方式。**
> **理由：为了树立起顾问对产品的信心。**

我们也有了验收标准。

> **验收标准：在经过 6 周的熟悉期后，75%的顾问将转而使用该产品。**

易用性需求还可以包括：

- 用户的接受率或采用率；
- 因为引入该产品而导致的生产效率的提高；
- 错误率（或错误率的降低）；
- 在产品使用的国家被不说该国语言的人使用；
- 个性化和国际化，让用户改成本地拼写方式、货币，及其他选项；
- 对残障人士的可用性（有时候这是法律强制的）；
- 被没有计算机使用经验的人使用（一项重要，但经常被遗忘的考虑）；
- 在黑暗的时候使用（这迎合了吸血鬼社团）。

礼貌是易用性中另一个常常被忽略的方面。你是否曾遇到过一个网站，要求你创建账户，填写所有个人信息，然后输入口令？在这之后，你得到一条消息："口令应该是 8 个字母或数字，包括一个大写字母和一个数字，请重新输入口令。"同时，前面为了创建账户而输入的所有个人信息都被清除，要求你再来一次。我们不能容忍一个人有这样的行为，那么为什么要容忍这样的软件？对用户的这种行为表明缺少礼貌需求。

> **描述：产品应该避免要求用户重复已输入的数据。**
> **理由：为了建立用户对产品的信心。**

易用性需求源自两个方面，一方面是客户期望产品达到的易用性水平，另一方面是预期用户具有怎样的经验。自然，用户的特征不同导致他们的期望不同。作为需求分析师，你必须发现这些特征，并确定怎样的易用性水平将给用户带来舒适有用的体验。

在你编写易用性需求之前，要清楚地了解谁将用你的产品，这是有帮助的。在第 7 章中，我们讨论了创建假想用户的过程：假想用户是从主要用户中提炼出来的虚拟人物。你通过调查用户社团来创建假想用户，然后导出代表用户社团的典型特征。如果团队创建了假想用户，团队的成员会非常了解他，所以他们能够对什么适合假想用户很快达成共识。因此，你要编写适合假想用户的易用性需求（假想用户是真正使用产品的人的化身），而不是根据你自己的个人偏好，或根据一两个叫得最响的用户的偏好，来编写易用性需求。

要注意易用性，因为它常常让你在竞争产品之间发现差异化因素。

11.8　执行需求：类型 12

如果产品需要在给定的时间，或以特定的精确度来执行某些任务，或者产品需要有一定容量，就要写下执行需求。

请仔细考虑这些需求。每个人都要求产品的响应时间要快，但对速度的需求必须是真实的。我们常常希望事情很快做完，但并没有真正的理由。如果任务是得到一份每月小结报告，那么可能不需要很快完成。但是，产品的成功与否也可能取决于速度：

> 产品应该在 0.25 秒内识别一架飞机是敌人还是朋友。

容量是另一种执行需求。下面的需求是 ATM 网络中最重要的需求之一：

> 产品应该支持 2000 个并发用户。

IceBreaker 产品的客户希望把它卖给世界各地的道路管理机构。这些管理机构负责着不同大小的地理区域，所以客户需要确保产品能处理任何潜在客户负责的最大地理区域。最初我们写下了如下的需求：

> 产品应该能容纳世界上任何道路管理机构所管理的最大地理区域。

当然，这对一个设计者来说，并不是一个可实践的需求，因此最终我们把它提炼成了以下形式。

> 描述：产品应该有处理 5000 条道路的容量。
> 理由：产品所有潜在用户管理的区域中最大的道路数。

在考虑执行需求时，要考虑以下方面：

- ❑　完成任务的速度；
- ❑　结果的精度；
- ❑　操作者的人身安全；
- ❑　产品的数据容量；
- ❑　允许的值的范围；
- ❑　吞吐量，诸如单位时间完成的事务数；
- ❑　资源使用的效率；
- ❑　可靠性，通常表述为两次故障间的平均无故障时间；
- ❑　可用性，不停机时间，用户可以访问该产品；
- ❑　容错能力和健壮性；
- ❑　以上大多数特性的可伸缩性。

执行需求也包括对人和物造成损害的风险。如果产品是一个割草机，那么有一项真正的需求：产品应该避免割掉用户的脚趾。艾萨克·阿西莫夫在他的机器人定律里有下面这一条：

> **机器人不应该伤害人类。**

　　硬件不是唯一能导致损害的东西。你也应该考虑你的软件产品是否会导致损害，不管是直接还是间接。IceBreaker 产品会调度卡车，将除冰物质撒到路面上。因为这种物质所导致的环境破坏可能是严重的，所以需求如下。

> **描述：产品应该调度除冰活动，使撒到道路上的除冰物质用量最小。**
> **理由：将对环境的破坏降到最小。**

　　在某些情况下，你可能希望对一个用例的成果指定执行需求。例如，我们发现以下执行相关的需求。

> **描述：产品应该调度除冰活动，让重新调度的卡车预计在故障通知后 30 分钟内到达故障地点。**
> **理由：尽可能快地继续除冰。**

　　执行需求主要来自于操作环境。每种环境都有自己的情况和条件。人、机器、设备、环境条件等都会对产品有要求。产品响应这些情况的方式（它应该多快、多健壮、多大、多频繁），就是相应的执行需求。

11.9　操作和环境需求：类型 13

　　操作需求规定了如果要在产品的环境中正确操作，产品必须做的事。在某些情况下，操作环境创造了一些特殊的情况，会影响产品构建的方式。

> **描述：产品将在卡车内和卡车附近使用，在夜间、暴雨、下雪和结冰的情况下操作。**
> **理由：这是卡车驾驶员为道路除冰时最有可能遇到的情况。**

　　要考虑如果没有写下以上需求，会产生什么负面影响，尤其是如果设计师没有考虑到卡车驾驶员可能戴手套。

　　并非所有的产品都必须在极端的环境下操作，许多产品是为个人计算机或工作站编写的，它们在办公室里，有不间断的电力供应。但是，这种看似简单的环境可能比初看起来要求更高，或者如果没有仔细考虑操作需求，它可能变得要求更高。

　　图 11-5 代表一架货机，它带有自己的起重机控制器。起重机用于将运货用的托台和集装箱提升至货机

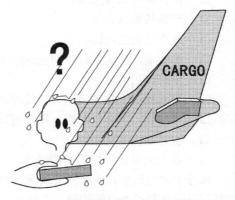

图 11-5　产品能在目标操作环境中使用吗

的舱门。你在等待登机时，可能透过登机口的窗户看到过这些设备。出于某种原因，航空公司的需求团队没有说明产品将在户外长期使用的需求。第一次暴雨就造成了控制器 1.0 版的电子设备短路。

如果产品必须与伙伴产品合作，或访问外部数据库，或与其他提供信息的系统接口，也要写下操作需求。这些在产品用例图中表现为参与者，在上下文模型中表现为相邻系统。

> **产品的交互应该符合 2012 年 1 月 15 日发布的 Visa 国际运营法规。**

为了发现操作需求，要查看产品边界并考虑每一个相邻系统和参与者。如果需要，要与每个参与者或系统的代表进行访谈，发现与该产品相关的工作方式所导致的需求。

你可能必须描述物理环境，它会在用户使用产品时影响用户。这常常意味着对产品构建的方式有一些特殊的限制。例如，如果产品的使用者是坐在轮椅中，或他们在开车，那就必须指明这种限制条件。

操作需求可以包括下列问题。

- ❏ 操作环境。
- ❏ 用户的情况。他们是否是黑暗中（想想那些吸血鬼），很匆忙，等等。
- ❏ 伙伴或合作系统。

移动设备有一些特殊的需求。

> **产品应该经得起从肩部高度跌落。**
> **产品应该能在不同的照明条件下使用。**
> **产品应该节省电池用电。**

如果构建要销售的产品，就应该包含将产品变为可发布或可销售的东西的需求。描述与成功安装产品有关的操作需求也是很不错的。

11.10　可维护性和支持需求：类型 14

在需求阶段，你通常不知道产品在它的生命周期里所需的确切维护工作量，而且也不会总是知道它所需的维护类型。然而，产品在构建时总可以在一定程度上预见维护的类型。考虑在以下方面是否会发生预期的变化：

- ❏ 组织机构；
- ❏ 环境；
- ❏ 适用于产品的法律；
- ❏ 业务规则。

是否还有其他因素会影响到产品？如果你知道，或者强烈怀疑因为预期的变化，产品将进行相对较大幅度的维护，那么应该指明预期的变化，以及这些变化所需的时间。

如果产品是一个软件产品，它应该能运行在几种不同的操作系统上，那么要指明这一点。

> 描述：产品应该能够移植到 Android 和 iOS 上。
> 理由：我们希望转向移动设备市场。

这里你告诉开发者，希望在将来某个时候，产品能移植到另一个平台上，你要求开发者负责，让产品有适应新设备的能力。在为这项需求添加验收标准时，你要指明设备的特点，以及完成这种移植预期的时间或工作量。

IceBreaker 产品有以下需求：

> 产品应该能翻译成多种外国语言，目前，还不知道是哪些语言。

这项需求对产品的设计师有巨大的影响。他们设计了界面，使得它易于加入新的语言。而且，他们也考虑到一个事实，不同语言有时意味着不同的文化和不同的数据表现形式。

支持需求也包含在需求规格说明书的这一节中。在一些情况下，顾客可能指出产品将由已有的支持平台来支持，在另一些情况下，产品必须自支持。在需求阶段明确指出这一点，可以确保设计者设计出合适的机制来联系帮助平台，或为使用时可能遇到的问题提供答案。

11.11 安全需求：类型 15

安全可能是最难指明的一种需求类型，并且如果它不正确的话，可能给产品带来最大的风险。在编写安全需求时，要考虑安全的本质，因为它适用于软件和相关产品。Shari Lawrence Pfleeger 指出，安全可以认为有 3 个方面。

- ❏ 可得性：产品的数据和功能对授权的用户是可以访问的，并能及时地提供。其他可得性需求主要是拒绝未授权的访问；
- ❏ 私密性：产品存储的数据受到保护，防止未授权的访问和意外的泄露；
- ❏ 完整性：产品的数据与它的来源或权威数据保持一致，能避免冲突。

我们加上了安全的第 4 个方面。

- ❏ 审计：产品必须允许对其操作和数据进行全面审核。

11.11.1 可得性

可得性是可以访问数据。换言之，产品保存数据的方式让用户能得到数据，同时能理解数据。

在安全方面，可得性需求规定了产品必须做什么，来确保数据只能由授权的用户访问。我们常常使用软件"锁"来防止未授权的用户访问数据。同时，采用的安全措施必须不会影响或延迟授权的用户取得他们想要的数据。

在编写这类需求时，你是在规定允许的访问，即谁有授权，在哪些情况下授权是有效的，每个授权的用户可以访问哪些数据和功能。

> **产品应该确保[具体名称的]数据（或功能）只能被得到授权的用户访问。**

术语"有授权"可能需要作一些解释。例如，是否所有得到授权的用户在所有时间都有授权？访问权是否取决于一天里的不同时间或用户在访问时所处的位置？用户是否必须与其他授权用户合作才能获得访问权？换言之，授权是有条件的吗？如果是这样，把这些条件作为需求写下来。

11.11.2 私密性

越来越多的人和组织机构开始关心私密性。我们在安全的标题下探讨私密性，但这些需求也可以认为是法律需求，大多数西方国家有法律控制计算机保存的个人信息的私密性。

你的考虑可能是编写一些需求，产品必须满足这些需求来确保数据的私密性。这种能力部分是由访问控制实现的，像我们前面讨论的一样，部分是由产品实现的，它要确保数据不被发送给未授权的人。

例如，如果产品保存的数据可以打印，产品就会丧失对数据的控制。显然，打印的纸张可以带出组织机构的办公室，这样它们就不再安全，私密性得不到保证。在英国，最近有一些案例是敏感的政府信息被打印出来，然后落入了不合适的人的手中。在一个案例中（我们没有编故事），文件丢在了通勤火车上，文件夹上印着"绝密"。

你可以考虑在规格说明书中加入这项需求：

> **产品应该防止所有个人数据和保密数据被打印。**

这会防止尴尬（或非法）的数据泄露。它也不会暴露记录中的惊人秘密。你也可以考虑这项需求：

> **产品提供数据的方式应该能防止未授权的用户对它做进一步的或二手的使用。**

如果组织机构保存了客户的个人信息，那么在需求阶段花一些时间，可能防止组织机构不小心或有意泄漏私密信息，从而避免大笔的罚金。

11.11.3 完整性

完整性是指产品所保存的数据与相邻系统（数据的权威来源）发送给产品的数据完全保持一致。你必须考虑防止数据选择或冲突的需求，如果发生最坏的情况，要恢复丢失和冲突的数据。你的产品如果投入运行，将保存拥有者组织机构的重要数据，完整性需求就是要保护这些数据。

在除冰的例子中，气象站向 IceBreaker 产品发送温度和降水量数据。气象站产生这些数据，因此它是数据的权威来源。这些数据的其他副本，诸如由 IceBreaker 保存的，必须与气象站的数据保持一致。IceBreaker 产品的数据完整性需求是：

> *产品应该确保气象数据与气象站传送的数据一致。*

你也应该考虑其他完整性需求，诸如产品要防止未授权用户不小心误用，这是最常见的数据冲突。自然，产品也必须防止无关的人不正确的使用。

完整性需求也包括在一些非正常事件发生后验证产品的完整性。这些事件包括断电、异常操作情况，或不寻常的环境情况，如火灾、水灾或爆炸等。

11.11.4　审计

可以将正常的审计列在需求规格说明书的安全部分中。大多数会计产品需要能接受审计，确保没有错误，产品显示的结果是正确的。审计也用于检查欺骗或误用，所以审计需求常常要求产品保留审计追踪记录。审计需求的准确实质必须与审计师进行沟通。自然，审计师也是项目的利益相关者。

对于所有与钱或与价值有关的产品来说，审计需求是标准的需求。包含审计需求常常导致产品要保留一段时间内的记录。

审计也意味着产品保留了谁访问哪些信息的数据。这类需求的意图是确保用户不能抵赖他们曾使用过产品或访问过这些信息。

> **描述：产品应该保留法定的时间内所有交易的日志。**
> **理由：这是审计师要求的，也是适用的会计法规要求的。**

11.11.5　……没有其他

考虑对所有需求加上"……此外没有其他"的效果，这意味着产品所做的必须不能超出需求指定。例如，如果需求是要从文件中找到一个姓名和地址，那么产品在找到之后一定不能删除该姓名和地址。

考虑以下访问需求：

> *产品应该允许授权用户的访问。*

"……此外没有其他"的探索过程得到一项补充完整的需求：

> *产品应该确保只有授权用户才有权访问。*

出于安全方面的考虑，你可能会考虑在需求规格说明书中加上一项最高需求：

> *除了被指定为需求的事外，产品不应该做任何其他事情。*

有时一些好意的产品开发者使产品变得更快、更大，或加上一些未指定的功能。尽管这些特性可能对产品的某部分是有益的，但它们可能给产品的整体或产品的安全性带来有害的影响。我们知道在一些案例中，银行网站加上了一些未授权或未规定的特征，结果导致了严重的安全漏洞。

有必要确保开发团队未经讨论，不会为产品增加额外的功能和属性。

免疫力也是安全需求的一部分。指明产品要抵御恶意软件，如病毒、蠕虫、木马，以及其他任何攻击计算机的方式。

> **参考阅读**
>
> Pfleeger, Charles, and Shari Lawrence Pfleeger. *Analyzing Computer Security: A Threat/Vulnerability/Countermeasure Approach*. Prentice Hall, 2011.

很清楚，安全很重要，有时候是关键。它的优先级应该反映出误用产品所带来的损失。例如，如果产品是为银行开发的，或者用于处理信用卡或财务交易事务，那么误用所带来的损失就很大（从财务的角度来说）。类似地，如果产品将用于军队，那么误用可能导致丧失生命（甚至可能是自己的）或丧失军事优势。因此，与许多商业系统相比，财务、军队或生命支持的产品的安全具有较高的优先级，将花费更多的预算。

你应当考虑拜访一个安全专家，作为顾问。软件开发者通常并没有接受过安全培训，而某些功能和数据的安全是如此重要，最好由专家来编写安全需求。

11.12 文化需求：类型 16

文化需求规定了一些特殊因素，它们可能导致产品不被接受，原因是习惯、宗教、语言、禁忌、偏见，或几乎是人类行为的任何方面。如果你试图把产品卖到另一个国家，特别是文化和语言与我们自己的有很大不同的国家，就带来了对文化需求的不同要求。

虽然"hello"和"stop"几乎是普遍认识的词，在所有文化中具有同样的意思，但其他的词却不是这样。在英语中，我们有一个词是"you"，不论是对一个人还是对许多人（除了南部的"y'all"）。但在许多其他语言中，"you"的单数和复数是不同的。有些语言中，根据熟悉程度的不同，还有不同的"you"，事情就更复杂了。在法语中，你在商业环境中使用正式的"vous"（特别是对长者），对家人和亲密的朋友则使用"tu"。在一段关系中太快使用 vous，会被认为是无礼的。在丹麦，常见的"du"几乎用于所有的情况，但除了对老年人，这时要用"de"。大多数人认为，使用正式的"de"是僵硬而不自然的。

当我们第一次去意大利，盼望着能体验欢快的意大利气息时，发现了一个优雅的、不锈钢的咖啡吧——穿着漂亮的人们都在一起谈话的地方。我们走进咖啡吧，要了两份卡布奇诺和两份点心。吧台里的小伙子用意大利语对我们做了长长的解释，耸了耸肩并指向收银处。然后我们发现了一项文化需求：在意大利的咖啡吧，通常的做法是先到收银处付款，然后走到吧台，递上收银条，再下订单（图 11-6）。因为有喝不着早餐咖啡的风险，我们很快学会了入乡随俗。

参考阅读

Morrison, Terri, and Wayne Conaway. *Kiss, Bow, or Shake Hands: How to Do Business in 60 Countries*, second edition. Adams Media, 2006.

我们把自己的文化当作是理所当然的,对其他人如何看待我们的产品和我们本身,我们不会想太多。如果产品要用在国外,有时候是在你所处的地区或州之外,你要考虑是否应该请教文化专家。文化需求常常在意料之外,有时乍看上去它们很没道理,就像未经邀请的吸血鬼不会进入你家。但你必须记住这些需求的理由在你自己的文化之外。如果你的反应是"他们到底为什么这样做事",那么可能说明你已经发现了一项文化需求。值得一提的是,不同的职业可能有不同的文化。例如,工程师文化与市场人员的文化就很不同。要确保没有为工程师指定市场风格的解决方案。

图 11-6 有时文化需求并不是非常明显

如果你的反应是"他们到底为什么这样做事",那么可能说明你已经发现了一项文化需求。

下面的一些需求你可以认为是文化需求。宗教习俗:

产品不应该显示与主流宗教有关的宗教符号和文字。

政策的正确性:

产品不应该使用可能激怒任何人的术语和图标。

拼写:

产品应该使用美式拼写。

强制的政策和文化安排:

产品提供的语言选择顺序应该符合所在的地区。

最后一项需求来自比利时,那里讲三四种语言(取决于你对谁说话)。每个地区自然认为当地的语言是最重要的。如果用户从佛兰德斯登录,将法语排在佛兰芒语之前就不合适。我们为不同国家中不同生活形态、不同职业和不同社会经济团体的人开发的产品越多,就越需要考虑文化需求。

11.13　法律需求：类型 17

诉讼的费用对商业销售的软件来说是一项主要的风险，对其他类型软件来说也可能很昂贵。你必须注意到那些适用于自己产品的法律，为产品写下符合这些法律的需求。即使你写的产品将在组织机构内部使用，也要注意到有一些适用于工作场所的法律可能会有关系。

一项法律需求是这样写的：

> 产品应该符合 1990 年修订的美国残疾人法案。

你需要咨询律师，以了解哪些法律适用。法律本身也可能指定它自己的需求。例如，为制药业的药品生产所开发的自动化产品必须具备自描述的文档，虽然这种功能的确切性质各有不同。但是，你（或为这类应用程序编写需求的人）必须理解这些法律需求是存在的，并将它们写入需求规格说明书。

法律要求你显示版权信息，特别是如果你采用了别人的产品。如果某些低智商的用户可能用产品做错误的事，法律要求显示警告信息。例如，一条东南亚产的毛毯带有以下警告。

> 警告：不要用毛毯来抵御飓风。

一辆儿童滑板车上标有：

> 该产品在使用时会移动。

从公司的律师开始，在法律经验上他们比你多很多。可以做以下一些事情来促进遵守法律。

❏　检查相邻系统或参与者。这些是与产品发生接触的实体，你可以用上下文范围图来找到他们。

❏　考虑他们的法律需求和权利。例如，是否有一些对残障人士的法律是适用的？相邻系统对你保存的数据是否拥有隐私权？是否需要留下交易的证据？或者不能暴露产品拥有的关于相邻系统的信息？

❏　是否存在与该产品（或者用例或需求）相关的法律？例如，数据保护、隐私法律、担保、消费者保护、消费者信用、知情权等法律是否适用？

11.13.1　萨班–奥克斯利法案[①]

萨班-奥克斯利法案（Sarbanes-Oxley Act，SOx）是 2002 年的上市公司会计改革和投资保护法案的正式名称，它标识着美国证券法的重大改变。这项法案在一些大规模公司财务丑闻之后颁布，这些公司包括 WorldCom、Enron、Arthur Andersen 和 Global Crossing。这项法案要求所有上市交易的公司报告他们内部财务控制的有效性。

---

① 非常感谢 Charles Pfleeger 博士在美国法律提供的许多帮助。

SOx 对需求活动产生了间接影响。也就是说，它使得 CEO 和 CFO 忽视公司内部完整性控制的行为成为一种犯罪行为。这意味着在信息来源和公司财务报表之间必须存在可追踪性。实际上，执行官需要在某种程度上能够复查你的产品（大概不会是源代码），以确定它提供了清晰准确的公司财务状况数据。为了满足这个需要，你可能必须向执行官展示你的需求。这当然意味着对所有内部财务报表，你都必须能够提出这些需求。

萨班-奥克斯利法案同时规定，组织机构须有可信的、详细的安全策略。（本章前面探讨过安全）SOx 的第 404 条与 IT 安全关系最密切。

即使你不在美国，如果使用你的产品的组织机构与美国公司有业务往来，那么也会受到 SOx 的制约。请咨询律师。

11.13.2　其他法律要求

如果是在美国阅读本书，应该注意到美国医疗保险便携和责任法案（HIPAA）。这个法案限制了个人医疗记录的访问和公开。你不能向未授权方泄露个人医疗信息，而且第三方也不能对统计数据进行再处理以确定到某个个人。HIPAA 最近已经成为 2012 年平价医疗法案（Affordable Care Act，ACA）的一部分。

格雷姆-里奇-比利雷法（Gramm-Leach-Bliley）适用于财务公司，同样禁止未授权的个人信息公开。

如果你的产品要用于美国政府部门，那么 2002 年的联邦信息安全管理法案（FISMA）可能适用。

如果这还不够让你头痛，你还应该检查 2010 年的多德—弗兰克华尔街改革和个人消费者保护法案是否适用于你的项目。这个法案实现了财务法规改革，在某些情况下适用于美国之外，但与美国公司有业务往来的公司。如果外国公司被裁定要在美国执行重要的财务活动，该法案要求外国公司在美国接受审慎监管。

你还应该检查 2003 年的隐私和电子通信条例（EC 指令）是否适用于你的项目。这些指令可能很快会更新，它们适用于非欧盟国家的公司在欧盟的运营，也适用于欧盟的公司将数据发往其他国家，尤其是美国。

在英国，1998 年的数据保护法案禁止以任何与你的组织的注册信息不符的方式使用数据（包括公开数据）。这项法案禁止了绝大多数的私人信息公司，但也让个人能访问他们自己的个人数据。

还有很多，很多。我们强烈建议你咨询组织机构的律师。毕竟，他们拿报酬就是为了在合法性方面提出建议。

11.13.3　标准

法律需求不限于国家的法律。有些产品必须满足一些行业或职业标准。例如：

> 该产品应该符合我们的 ISO 9001 认证。

我们已经考虑了非功能需求的内容，下面来看看如何发现它们。

11.14　发现非功能需求

像所有需求一样，非功能需求可能随时出现。但是，有一些地方为我们发现非功能需求提供了更好的机会。

11.14.1　用博客记录需求

如果你正试图提取非功能需求，博客和 wiki 会相当有用。利用模板中的非功能需求小节和子小节作为标题开始博客，即不要只说"易用性需求"，而是用子小节"易于使用"、"个性化和国际化"、"学习的容易程度"、"可理解性和礼貌"以及"可用性"。不要限制人们的贡献，要鼓励你的团队和利益相关者，在这些分类中贡献出他们认为正确的产品属性。你肯定会收到一些解决方案，它们不是需求，但你可以基于它们进行抽象，发现背后的需求。

11.14.2　用例

你可以从非功能需求的角度来考虑每个用例。例如，IceBreaker 产品有一个产品用例名为"检测结冰的道路"。它得到道路除冰调度表，展示了要处理的道路和分配给这些道路的卡车。相关的利益相关者告诉你，调度表会被一名初级或中级工程师使用。对于每种非功能需求类型，与这些利益相关者探讨产品的需求。

例如（我们按需求在模板中的顺序列出它们），进度表的观感应该让新工程师（他们的流动率很高）立即感到舒服。

> 描述：该产品应该让新工程师觉得熟悉。
> 理由：我们常常会有新的初级工程师，希望产品的外观能让他们接受。

量化这项需求有一点困难，但在阅读了第 12 章之后应该能为它写下合适的验收标准。目前写下利益相关者的意图就够了。

接下来是易用性和人性化需求。利益相关者希望调度表能让工程师易于指派卡车到正确的道路上。需求看起来是这样的。

> 描述：该产品应该产生一份易于阅读的调度表。
> 理由：只处理正确的道路是很重要的。

这个理由告诉我们，希望调度表易读与道路处理的准确性有关。因此，在为这项需求编写验收标准时，可以加入正确处理的道路作为量化指标，从而检测产品是否成功实现这项需求。

执行需求关注多少、多快等问题。在这个例子中，调度表必须在工程师等待的数秒中内产生：

> 用户发出请求后，产品应该在 3 秒内得到调度表。

还有另一项执行需求：

> **产品应该能够对 5000 条道路进行冰情预测计算。**

操作和环境需求关注物理操作环境。在 IceBreaker 的例子中，它们对所有产品用例来说都是一样的。自然，只需要写一次即可，它们从总体上描述了产品要求的计算机、数据库等。

可维护性和支持需求规定了一些特殊条件，适用于保持产品更新或移植到另一个环境。IceBreaker 产品的客户打算为不同的道路管理部门监控道路，所以可维护性需求是这样写的：

> *产品应该在 2 天内加入新的道路管理区域。*

同时，因为这个产品用例常常在夜间启动，所以我们有如下需求。

> *描述：产品应该实现自支持。*
> *理由：帮助平台会没有人。也没有其他用户可以提供帮助。*

安全性需求关注对产品的访问。对于 IceBreaker 产品来说，客户不希望未授权的人运行调试程序：

> *产品应该只允许高级或更高级别的工程师访问。*

也存在审计需求，道路管理部门必须能够证明他们正确地处理了道路：

> *对所有进行调度的情况，产品应该保留所有的冰情预测。*

这个产品用例的文化需求是考虑适合工程师的工作方式：

> *产品应该使用工程师社区接受的术语。*

最后是法律需求。许多道路管理部门有法定的义务，要证明他们尽职地监控并处理了他们控制的道路：

> *产品应该得到所有道路调度表和后续处理的审计报告，这必须符合 ISO 93.080.00。*

11.14.3　模板

在访谈利益相关者时，利用模板作为非功能需求类型的检查清单。在模板中查看每一个子类型，并探索它的例子。关于非功能需求的更多解释和例子，参看附录 A 中的模板。

11.14.4　原型和非功能需求

你可以利用原型来帮助导出非功能需求。在需求阶段，原型常常是白板上的草图、纸张上的原型，或是一个快而脏的仿制品，只代表产品可能的样子。这里的意图不是要设计产品，而是要从原型反向推导出需求，从而确保理解了需求。我们在第 5 章中讨论了这个过程。

在调度的产品用例的例子中，利益相关者对界面草图很喜欢，它用闪烁的蓝色表示待处理的道路，用绿色表示安全的道路，用黄色表示已处理的道路。工程师对能够看到区域和道路的拓扑图也很高兴。

> **产品应该清楚地区分安全的道路和不安全的道路。**
> **产品应该让不安全的道路变得很明显。**

【关于制作需求原型的详细指导，可参见第5章。】

你还不知道"闪烁的蓝色"是否很直观，还需要一些人机工程方面的输入信息或用户调查信息，但是原型的意图是很明显的。

利用模板来检查你的原型。对每个非功能需求类型，这个原型建议了哪些需求？仔细检查原型，记住它不是需求，而是需求的模拟。将原型交给开发者并期望得到正确的产品，这是不切实际的。

11.14.5 客户

产品的客户也可能有一些相关的期望。在许多情况下，构建一个新产品是为了向用户或业务顾客提供一项服务，服务的吸引力取决于一项或多项非功能需求。例如，提供便携性，或高度易用性，或安全功能可能是开发工作的关键。另外，客户可能说，如果不能对当前交易的状况提供交互式的、图形化的展示，他就不想要这个产品。因此顾客成了关键非功能需求的主要来源。

如果功能需求得到了满足，非功能方面的品质可能说服潜在的顾客购买产品。毕竟，很有可能是非功能属性影响了你最近的购买决定。请想想你喜欢的产品的非功能需求。

表11-1总结了对用例或功能需求应该问的问题。询问你的客户，这些问题在多大程度上与正指定的产品有关。客户或市场部门知道什么会让顾客购买该产品。要利用他们的知识。

表 11-1 发现非功能需求

是谁或是什么	他们或他是否有以下需求？
用户（2）	观感（10）
	易用性（11）：是否对这类用户有特别考虑？
	安全（15）：是否需要保护或防止这些用户？
	文化（16）：有可能冒犯或误导用户吗？
操作环境（5，6，8）	可操作性（13）：特别是对合作产品。
	执行（12）：环境提出的要求。
	可维护性（14）：考虑环境可能发生的改变。
顾客、客户和其他利益相关者（2）	观感（10）
	易用性（11）
	文化（16）
相邻系统（6，8）	法律（17）：包括这类相邻系统的特别权利。
	操作（13）
	执行（12）

对每个用例或对整个产品，考虑表 11-1 中第一列中的因素。如果知道了关于这个因素的足够知识，就利用它来触发关于第 2 列中的需求类型的问题。括号中的编号对应于 Volere 需求规格说明模板中的小节号。

我们也应该提及 Roxanne Miller 的著作 *The Quest for Software Requirements*（前面曾引用）。该书为非功能需求提供了大量的处理方法，可以作为业务分析师在发现非功能需求时的指导和检查清单。

11.15　不要编写解决方案

我们已经提到过编写解决方案而不是需求的危险。但问题是如此广泛（特别是对非功能需求），而且可能相当严重，所以，如果我们再次提及这个问题，你会原谅的。

不要预先定下一个设计方案，或强制某个解决方案。同理，不要采用当前对问题的解决方案并把它当成需求写下来。例如，如果这样编写一项安全需求：

> **在访问账户数据时，产品应该要求输入口令。**

那么设计者就强制使用了口令。这意味着即使有比口令更好的安全设备（确实存在许多选择），产品的构建者也不能使用。这样，糟糕的需求就阻止了设计者寻找替代的，也许是更好的解决方案。

如果这样写：

> **产品应该确保账户数据只能被授权的用户访问。**

你就是在要求产品设计者或安全顾问（有资质做这件事的人）寻找最有效的安全解决方案。

除了可能解决错误的问题之外，写下解决方案来代替需求的一个主要问题在于，技术在不断地变化。解决方案将你锁定在这种技术或那种技术上，不论选择的是什么，等到产品构建时，这种技术可能已过时。通过写下一份不包含任何技术成分的需求，你不仅允许设计者使用最合适的、最新的技术，而且当新技术出现时，允许产品改为采用新的技术。

考虑下面的易用性需求：

> **产品应该使用鼠标。**

我们可以这样写需求，消除技术的成分：

> **产品应该使用一种指点设备。**

实际上，需求可以改进为下面这样：

> **产品应该允许用户直接操作所有的界面元素。**

这项非功能需求自然包括了触摸屏和直接用手指操作界面内容，甚至包括眼动检测。

为了遵从不要写解决方案的指导原则，请检查你的需求。如果它包含任何技术因素或任何方法，就重写它，避免提及任何技术或方法。可能需要反复做几次，直到达到要求的技术无关性，但对最终产品设计的影响来说，这是值得的。

Earl Beede 建议使用"三次打击"的方式来改进需求：列出需求的 3 个错误，然后重写需求，解决这些问题。如此进行 3 次，这样需求就能达到尽可能好的程度。

11.16　小结

非功能需求描述了产品的品质表现，或者"有多好"，它是否必须快速、安全、有吸引力等。这些品质源于产品要求实现的功能。

即使是像图 11-7 中展示的普通家用水龙头这样简单的东西，也有决定它成功或失败的非功能需求。

- ❑ 观感：产品应该看起来易于操作；
- ❑ 易用性：产品应该能够让手湿的人使用；
- ❑ 执行：最多转两圈就应该能达到最大出水量；
- ❑ 操作：当水温上升到 70℃时，产品应该能够继续正常操作；
- ❑ 可维护性：产品应该能够让有经验的操作者在 4 分钟内完成例行维护（如更换垫圈）；
- ❑ 安全：产品应该不能被小于 6 岁的幼儿操作；
- ❑ 文化：手柄转动的方向应该符合当地的习惯；
- ❑ 法律：产品应该符合昆士兰水管和下水委员会的安装要求。

图 11-7　普通盥洗室水龙头会有多少非功能需求？

在这个阶段你已经写下了描述，通常也写下了理由，以反映非功能需求的意图。有一些内容看起来可能有点模糊，有些看起来像是出于良好的愿望。要记住你还没有完成需求，因为还没有写验收标准。在写验收标准时，你会写下测量指标，量化每项需求的含义。我们将在下一章分析这个任务。

第 *12* 章
验收标准和理由

本章讨论如何测量需求，使它们无二义、可理解、可沟通、可测试。

我们这里所说的"验收"，意味着解决方案完全满足或符合需求。也就是说，解决方案准确地实现了需求所要求做的事情，或具备需求所要求的属性，不多也不少。但是，为了测试解决方案是否满足需求，需求本身必须是可测量的。举一个简单的例子，如果需求要求一条"长度合适"的绳子，很明显，任何提交的解决方案都是不可能测试的。相反，如果需求说绳子应该是"直径2厘米，长2米"，要测试提交的绳子是否满足需求就很简单了。

> "我常说，当你可以测量你所说的东西，并用数字把它表达出来，你对它是有了解的；但是如果不能用数字来描述，那么对它的知识就是不足的，不能满意的。"
>
> ——Lord Kelvin

当然，为绳子的长度增加一个测量标准很容易。为某些需求增加一个测量标准要难得多，但仍然是可能的，而且是绝对需要的。

需求的测量指标就是"验收标准"。它量化了需求的行为、执行方式以及一些其他品质。

到目前为止，本书主要在探讨需求的"描述"。描述记录了利益相关者针对这项需求的意图，也是利益相关者们告诉你需求时正常的说话方式。但要想准确地了解他们的需求，必须以某种方式对描述进行量化。一旦测量需求（也就是用数字来表述），误解的可能性就很小了。

12.1　正式性指南

Kent Beck 的极限编程技术有一个不错的方面（许多方面都不错），就是坚持在编写代码之前编写测试用例。测试用例定义了一些准绳，编码实现必须符合它们。验收标准差不多是一样的：它是需求的准绳。为需求加上测试标准，实际上就是在写它的测试用例。

参考阅读

Beck, Kent, and Cynthia Andres. *Extreme Programming Explained: Embrace Change*, second edition. Addison-Wesley, 2004.

如果你采用用户故事，那么我们强烈建议，你要特别注意功能的理由。这和我们所说的理由是差不多的，对最后得到正确的产品有重要的影响。在故事卡片背面写下测试用例，可以达到与验收标准同样的目的。

在第 11 章中，我们建议兔子项目使用博客来发现非功能需求。对于博客中的每一项非功能需求，我们现在建议导出相应的验收标准，与利益相关者确认，并利用这个验收标准编写测试用例。

骏马项目需要准确理解需求的含义，并容易分享。根据我们的经验，如果项目有多个利益相关者（这对骏马项目来说很平常），不同的利益相关者会对需求有不同的理解。为每项需求加上理由和验收标准，就意味着几乎不可能发生误解。我们建议骏马项目为需求编写验收标准。

大象项目必须使用理由和验收标准。这些项目必须得到一份书面的规格说明并交给另一方，可以是组织机构的另一部门或外包商。如果希望另一方理解并提交正确的产品，就要让规格说明书只包含无二义的、可测试的需求，这一点对大象项目至关重要。

12.2 验收需要标准的原因

如果产品有一项需求，要执行某个功能或具备某种属性，那么测试活动必须展示产品确实执行了该项功能，或具备了该项期望的属性。为了进行这样的测试，需求必须有一个测试基准，这样测试者才能比较提交的产品和最初的需求。测试基准就是验收标准，即需求的量化，它说明了产品必须达到的标准。

> "让每项需求都有一个质量测量标准，这让我们能够将所有对需求的解决方案分成两大类：满足需求的和不满足需求的。"
>
> ——Christopher Alexander, *Notes on the Synthesis of Form*

你也应该考虑产品的构建者。有理由认为，如果他们知道产品的验收标准，他们就会按标准构建。如果他们被告知产品将用于水下，验收标准是产品必须在水下 15 米处连续操作 24 小时，那么他们不太可能用不防水的材料来构建这个产品（参见图 12-1）。

图 12-1　如果他们知道产品被接受所必须达到的操作标准，那么构建者自然会构建满足标准的产品

根据公认的测量指标对需求进行测试，其中最难的部分可能是为需求定义合适的测量指标。这需要一些技巧，但肯定是能做到的。

假定利益相关者缺乏经验，要求产品是"用户友好"的。你对这个短语的理解可能与利益相关者的理解不同。但是，只要你能测量"用户友好性"（即用数字来衡量），那么你和利益相关者就能得到相同的理解。

而且，对友好性的测量指标会传递给开发者，他们将它作为测试基准。他们现在知道你和利益相关者会怎样测试待提交的产品：你们会用验收标准来检验它。

那么，如何找到"用户友好"的测量指标？

首先，你需要理解这项需求的理由。这就是"理由"起作用的地方。你询问"这项需求的根据是什么"，或者不要那么正式，"为什么有这项需求"。

假定经过询问，利益相关者指出他认为，"用户友好的产品会让目标客户喜欢"。进一步探询后指出，"客户喜欢"意味着他们自愿转换到新产品，毫不犹豫地使用它。

> 描述：产品应该用户友好。
> 理由：我们需要客户自愿转换到新产品，毫不犹豫地使用它。

这种解释给了我们可以测量的东西：使用产品之前犹豫的时间，完全采用产品之前经过的时间，或用户在使用一段时间后的满意度。

> 验收标准：客户第一次见到产品时，平均在 5 秒钟内开始使用它。

或

> **验收标准：在产品发布 6 个月后，80%的客户自愿使用它。**

或

> **验收标准：产品上线 6 个月至 1 年时进行客户调查，满意度超过 75%。**

这些验收标准中的一些可能看起来有点难测试，但这是一项重要的需求。理由告诉了我们这一点，因为它说客户要自愿使用该产品。如果客户不切换到新产品，项目就会失败，所以值得花些力气来开发和测试这项需求。

总之，要让需求准确，它就不能只是一段文字描述，还需要理由和验收标准。

12.3　理由的理由

理由就是需求的原因，或存在的道理。我们发现，为需求加上理由，更容易理解真正的需求。利益相关者常常会告诉你一个解决方案，而不是他们真实的需求。或者他们会告诉一项很模糊的需求，以致（暂时）没什么用处。在前面给出的例子中，客户要求一个"用户友好"的产品，但如果你知道了理由是需要让用户采用该产品，这就有了意义。

> *利益相关者常常会告诉你一个解决方案，而不是他们真实的需求。*

假设理由不同。比如说，客户给出的理由不是愿意采用，而是表明"用户友好"产品是指易于使用，与现有产品相比，用户犯的错误更少。对应的需求就有了不同的含义，导致的验收标准也完全不同。

> **描述：产品应该用户友好。**
> **理由：用户必须发现新产品比原有产品更容易使用，这样他们犯的错误更少。**
> **验收标准：所有用户输入的平均错误率应该小于 1.5%。**

理由不仅是帮助你发现验收标准的指导，它也帮助你发现，是否有好几项不同的需求伪装成了一项需求。一个利益相关者说的"用户友好"是指产品易于使用，另一个说的"用户友好"是指产品令人兴奋，还有一个说的"用户友好"是指用户愿意再次使用它。在这种情况下，你有 3 项不同的需求，每项需求都有各自的验收标准，测量期望的属性。

而且，理由也为如何实现需求的决定提供了基础。从开发者的角度考虑：你通常必须选择几种可能的实现方案，如果你理解需求背后的考虑，就能得到最合适的解决方案。当你需要折中的决定时，如果你理解了需求对业务的相对重要性，理解了需求没有正确实现对业务的影响，也有助于决定。

> **描述：产品应该确保购买者的连接来自批准的国家。**
> **理由：某些国家没有版权法，供应商禁止我们销售给这些国家。**

不要忘记测试者需要一致的理由。针对需求的验收标准,有很多种方式来设计测试,有些方式比另一些方式要花更多时间和成本。对怎样安排测试时间和费用,如果测试者要做出最佳决定,就需要理解需求的理由。

> 必须做许多工作来测量需求的真正含义。

稍后,在产品使用和维护时,理由仍将起到重要作用。通过阅读原代码和观察用户,你可以弄清楚软件产品在做什么。但假定你需要对产品进行变更:如果不理解产品为什么这么做,做出正确变更的可能性就会下降,变更与产品中遥远的相关部分发生冲突的可能性就会上升,这是波浪效应。由于不理解理由而导致的问题,也是软件维护成本非常高的一部分原因。

理由是业务和提交的产品之间的认知纽带。知道了存在的理由,业务分析师就能够发现正确的需求表述,开发者就能够构建正确的产品。

在向利益相关者询问需求的理由时,你可能看起来就像一个儿童,不断问父母为什么。这就对了,因为这是需求分析师的职责。你必须问为什么,不断地问为什么,直到理解了需求的真正理由。但是事还没完,因为还要做许多工作来测量需求的真正含义。这就是为什么要导出验收标准。

12.4　导出验收标准

为了找到合适的验收标准,要从分析得到的需求描述和理由开始。

> 描述:产品应该让购买者容易找到他选择的音乐。

这项需求相当主观,而且有一些模糊。理由为需求提供了更多的信息。

> 理由:音乐购买者熟悉因特网,习惯了方便和快速的响应时间。他们不能忍受慢慢查找或很不方便找到他们选择的曲子。

现在你知道需求在于速度(这一点很容易量化)和不方便程度(这是关于复杂度和易用性的)。对于速度方面,查找的时限是一项合适的测量指标。假设市场调研人员告诉你,10 秒钟是目标用户的忍受极限,为了比竞争对手做得更好,你的产品选择 6 秒钟作为目标。

对于不方便性方面,生物工程学人员和市场调查人员都说,购买者应该在 3 个动作之内找到一首曲子(这里的动作是指点击、手势、菜单选择、声音控制或用户其他有意识的动作)。

这些测量指标将导致下面的验收标准。

> 验收标准:普通音乐购买者应该能够在 6 秒钟内,通过不超过 3 个动作,定位任意一首曲子。

请注意,6 秒钟的时限也告诉设计者,要让音乐购买者清楚地知道怎样购买音乐,因为 6 秒钟的时限意味着没有时间来犹豫,没有时间思考接下来该做什么。

由于业务或真实世界的限制，某些验收标准可能开始不能实现，或者客户不愿意花费所需的成本，来得到满足验收标准的实现。因此有时候可能会对验收标准进行一些调整，以适应产品的操作环境、使用意图和客户的预算。请将这些调整看作是"业务误差"（business tolerances）。因为我们可以肯定产品的某些目标用户会在平均操作水平之下，所以可以将验收标准调整如下：

> 验收标准：90%的音乐购买者应该能够在 6 秒钟内，通过不超过 3 个动作，定位任意一首曲子。

如果不能测量一项需求，它就不是真的需求。

12.5 测量的尺度

所有需求都可以测量：你要做的就是找到合适的尺度来测量它。

测量的尺度是用于测试产品符合程度的单位。例如，如果说需求是针对一定的操作速度，那么尺度就是完成给定动作或一组任务的时间（毫秒、分钟、月等）。对于一个易用性需求，可以测量学习产品所需要的时间，或达到公认能力水平的时间，或者可能是使用该产品完成工作的差错率。

各种品质都有测量尺度。颜色可以用指定它的 CMYK 四种成分色的值来测量，声音的轻重程度可以用分贝来测量，光照强度可以用流明来测量，字体可以用字体名称和字号来测量。实际上，几乎对所有东西都存在测量尺度。

你可以测量所有东西。

到目前为止，本书的作者唯一没能找到测量尺度的就是爱：我们找不到任何方法来测量爱一个人有多深。欢迎读者提供建议。

12.6 非功能需求的验收标准

非功能需求是产品必须具备的品质，诸如易用性、观感、执行特点等。因此，验收标准是对这些品质进行量化。下面我们来看所有不同类型的非功能需求的验收标准。

让我们来看一个例子。作者曾遇到这样一项需求，是针对青少年市场的电子消费产品。

> 描述：产品应该很酷。

这项需求初看上去没希望，不能测量：没有酷的测量尺度。但是，如果你再仔细想想，就会发现"酷"的意思通常是"期望拥有的东西"。

即使是模糊、有二义性的需求，也可以测量。

如果我们询问产品为什么要"酷"，就会得到理由，即产品必须吸引消费者，让他们想拥有该产品，并被别人看到拥有该产品。为了满足这项需求，我们必须先测量产品对目标受众的吸引力。首次尝试的验收标准如下。

> **验收标准：40%的人在商店看到展示的产品，会拿起它。**

自然，你不会等到用上真正的产品，然后看看它是否能通过测试。你会像大多数电子产品公司一样，针对目标受众的代表人群，测试产品原型。

我们将验收标准改进。

> **验收标准：40%的目标受众在商店看到展示的产品，会拿起它，至少玩 5 秒钟。**

我们还觉得，如果拿起产品的人将产品展示给别人看，这个动作就表明他觉得这个产品是值得拥有的。"嘿，看这个"的姿态表明，他认为产品有价值。因此，

> **验收标准：40%的目标受众在商店看到展示的产品，会拿起它，至少玩 5 秒钟，并向同伴展示。**

当然，更好的验收标准是测量人们是否真正购买产品，但对于目标市场，我们必须考虑到不是所有人都能买得起它。因此简单地拿起、把玩、展示该产品，就被看成是第一个测试，检验它有多吸引人，或没有它的人会感到多羡慕，或者客户所说的，"它很酷"。

当然，"酷"不只是商店的展示。我们需要添加其他的需求，说明产品的使用有多方便。很清楚，很酷的产品必须很方便使用。

在本章的前面有一个需求的例子，它指定了一个"用户友好"的产品，客户说的"用户友好"指的是职员喜欢它。你可以测量"喜欢"：如果职员喜欢该产品，他们就会使用它。你可以测量他们多快开始使用它，使用的时间和频率，或过了多少时间大家开始说该产品是好的，用户之间互相建议使用它。所有这些验收标准量化了客户的期望，即职员喜欢并使用该产品（参见图 12-2）。

图 12-2　通过调查在引入产品前后用户的工作实践，或测量在产品提供后多久他们开始使用它，或在使用一段时间之后调查他们对产品的喜欢程度，可以测量用户对产品的喜欢程度

可以写下这样的验收标准。

> 验收标准：在引入该产品的 3 个月之内，60%的用户应该用它来完成规定的工作；在这些用户之中，应该有 75%以上的用户对产品表示赞许。

请注意，你在添加验收标准时对需求起到澄清作用。通过商讨测量指标，需求从模糊的、带有一些二义性的意图变成了形式完整的、可测量的需求。

你会发现，通常不可能在第一次访谈时就得到完整的、可测量的需求。确实，利益相关者不太可能用这样精确的方式，来表达他们自己的意图。我们建议你顺水推舟，不要为了需求可测量而放慢需求发现的过程，要了解利益相关者的意图（将它写成需求描述）以及理由。然后分析你的理解，编写对验收标准的最佳阐释，与利益相关者讨论并改进它。你们必须都同意，你建议的验收标准准确地测量了这项需求。

12.6.1 产品失败

确定验收标准时，你也可以问利益相关者："你觉得什么是满足需求失败？"假定有以下需求。

> 描述：产品必须在可接受的时间内产生道路除冰调度计划。

很清楚，测量的尺度是时间。客户告诉你，他认为多少时间就等同于失败。例如，如果工程师必须等待超过 15 秒钟才能得到调度计划，客户就认为该产品不可接受。这意味着下面的验收标准（加上了适当的业务误差）。

> 验收标准：在 90%的情况下，提出请求后 15 秒钟内，工程师应该得到产品生成的道路除冰调度计划。任何情况下都不应该超过 20 秒。

但有一些时候，可能发现品质测量不能达成一致意见，因此不能得到验收标准。在这些情况下，可能最初的需求不是真正的需求。也可能几项需求被当成了一项需求，这时，每项子需求都有自己的测量方法。还可能需求非常模糊，它的意图非常不切实际，以致根本不可能知道它是否已被满足。例如，我们不能想象这样一项需求的验收标准。

> 描述：我希望有一个产品，如果我的祖母还在世的话，她将喜欢它。

12.6.2 主观测试

某些需求必须通过主观测试来测量。例如，对于一件用于公众领域的产品，如果有一项文化需求是"不冒犯任何团体"，那么验收标准可能是下面的样子。

> 验收标准：产品应该让测试组 85%以上的人感到友好，测试组由可能与产品发生联系的人员代表组成；测试组所代表的利益团体感觉到被冒犯的不超过 10%。

这里的业务误差是因为，实际上不能指望 100%的人通过所有的测试。在这种情况下，业务误差保护了产品不至于受到少数极端观点的攻击，同时又测量了"感到被冒犯"。

对于这类情况，测试原型或专门构建的模拟系统，而不是测试提交的产品，通常更为经济实惠。如果你投入精力构建了真正的产品，然后发现目标用户感到被冒犯，你会不开心。

> 尽管验收标准是产品表现的测量指标，但测试为特定目的构建的原型通常更为经济实惠。

你可以采用主观测试作为验收标准，但验收标准中的数字不是主观的。假定你有一个验收标准："将操作[某项任务]的时间减少目前所用时间的 25%。"这意味着当前的时间必须知道并记录下来，而不仅仅是猜测。客户必须很好地理解减少 25%这一目标的原因，并且意见一致，而不是你主观认为什么可以接受。期望 25%的理由（而不是 20%或 30%），应该来自于研究业务得出的经验数据。

12.6.3　标准

有时候数字不合适，或者你可以引用标准，得到更好的验收基准。例如前面提到的需求，产品"不冒犯任何团体"，可以通过引用组织机构执行的标准来解决。或者，你的公关部门可能有一些标准，规定可以对公众讲什么或展示什么。通过指出产品必须符合标准，你实际上为"不冒犯"建立了测试基准。

有时候，其他标准可能适用于你要开发的这类产品。例如，ISO 9241 标准涉及人机系统交互的工程学。简单看一下 ISO 标准清单，你会发现验收标准中可能需要引用许多其他标准。

你用到的许多标准更可能来自你的组织机构。你的组织机构有一些品牌标准，通常由公关部门维护。许多观感需求的验收标准是这样写的。

> 验收标准：产品应该符合[组织机构]的品牌标准。

你可能考虑添加指示，说明去哪里可以找到该标准，或添加公关部门的联系方式，他们负责标准。

法律需求有天生的标准，即法律。你可以引用相应的法律作为验收标准，但因为你和开发团队可能不能理解，所以简单的办法是让法务部给出意见，证明解决方案符合法律的标准。

让我们来看看每一类非功能需求，考虑如何编写合适的验收标准。

12.6.4　观感需求

观感需求指定了产品外观和行为的精神、情绪和风格，以及用户使用产品留下的印象。这类需求的理由要么是坚持品牌标准，要么是希望强化顾客的认知。但这两种情况稍有不同。

先看一下品牌标准。产品要么符合标准，要么不符合。组织机构中会有公关部门，负责品牌标准。因此验收标准应该明确品牌标准是什么，并说明谁负责认证产品符合标准。

> 验收标准：产品应该由公关部领导认证，符合今年的公司品牌标准。

如果理由是强化顾客的认知，我们建议下面的验收标准。

> 验收标准：60%的目标用户在第一次见到该产品的 5 秒钟内，就意识到产品属于该公司。

观感需求可能始于对意图的"感觉式"说明。但通过确定理由和寻找可测量的方面，总可以找到合适的验收标准。

> 观感需求可能始于对意图的"感觉式"说明。但通过确定理由和寻找可测量的方面，总可以找到合适的验收标准。

12.6.5　易用性和人性化需求

易用性和人性化是产品使用体验的需求，换言之，是目标用户使用产品的舒适性。产品通常要求易于使用，易于学习，能被特定类型的用户使用，等等。要为这些需求编写验收标准，必须发现测量尺度，能够量化需求的目标。

下面来看一些例子。

> 描述：产品应该直观。

为了测量"直观"，必须考虑"直观"是针对什么用户而言的。在 IceBreaker 的例子中，你得知用户是道路工程师，他们拥有工程学位，并有气象学方面的经验。

> 理由：工程师必须觉得它易用而且直观，否则他们就不会用它。

知道了这个理由，"直观"就定义得更清楚了。

> 验收标准：在首次使用该产品时，不参考产品以外的帮助，道路工程师应该能够在 10 分钟内得到一份正确的除冰预报。

有时"直观"实际上意味着"易于学习"。在这种情况下，必须询问可以花多少时间用于培训，从而得到类似以下的验收标准。

> 验收标准：在经过一天的培训后，10 个道路工程师中应该有 9 个能够成功地完成[选择的任务清单]。

易用性需求的验收标准也可以量化成实现给定任务允许的时间、允许的差错率（量化易于使用）、用户的满意率、易用性实验室的评分等。要寻找需求的真正含义，让利益相关者同意你提出的验收标准能正确测量该含义，从而确认需求的含义。

> 描述：产品应该用起来令人愉快。
> 理由：我们希望人们享受产品的使用，这样他们就会继续访问我们的网站。
> 验收标准：与其他 10 个类似的站点相比，70%的代表测试小组成员会更频繁地访问我们的网站。

> 要寻找需求的真正含义，让利益相关者同意你提出的验收标准能正确测量该含义，从而确认需求的含义。

可用性需求规定了常见的残障人士使用该产品应该多容易，这可能导致下面的验收标准。

> **验收标准：产品应该通过认证，符合美国残疾人法案。**

可能需要指定法案的相关部分，以及负责认证的实体。

12.6.6　性能需求

大多数时候，性能需求很容易量化：在描述速度、精度、容量、可用性、可靠性、可伸缩性等方面的需求时，我们倾向于使用数据。所以，性能需求的本质通常将指出测量尺度是什么。下面来看一些例子。

> **描述：响应应该足够快，以避免打断用户的思路。**

"快"表明要测量时间。建议的验收标准是：

> **验收标准：在 95% 的情况下，响应时间将不超过 0.5 秒，在其他情况下不超过 2 秒。**

类似地，对可用性需求的验收标准可能如下：

> **验收标准：在前 3 个月的运营中，在早上 8:00 至晚上 8:00 之间产品的可用时间应该达到 98%。**

验收标准可以表现为一个范围。对性能需求来说尤其如此。例如：

> **验收标准：产品应该允许每小时 3000 次下载，但最好每小时 5000 次。**

使用范围的原因是为了防止开发者构建出过于昂贵的产品，他们应该采用最佳的设计折中，来满足预算和设计限制条件。

因为多数的性能需求本身都是量化的，所以编写合适的验收标准应该很直接。如果需求是以正确的量化方式提交的，那么验收标准和需求就是一回事。编写任何一个都可以。

> 如果需求是以正确的量化方式提交的，那么验收标准和需求就是一回事。

12.6.7　操作需求

操作需求指明了产品操作的环境。在某些情况下，产品必须在恶劣或特殊的情况下使用。回顾一下来自 IceBreaker 产品的例子。

> **描述：产品应该在卡车内和卡车附近使用，在夜间，在下雨、下雪或结冰的情况下使用。**

操作需求的验收标准量化了要求环境下使用的成功率。对于以上的操作需求，验收标准量化了产品经受环境考验的能力。例如：

> **验收标准**：在模拟的 5 年一遇的暴风雨条件下[①]，操作者应该能在[给定的时间]内成功地完成[任务的清单]。在暴露 24 小时后，产品仍能操作正常。

操作条件也可能指明产品必须与之共存的伙伴或协作系统。在这种情况下，验收标准将引用伙伴系统的规格说明书，或与伙伴系统通信的方式：

> **验收标准**：与 Rosa 气象站之间的接口应该通过认证，符合国家运输通信 ITS 协议（NTC/IP）。

这项验收标准是可测试的（由来自 NTC 的工程师完成），并向产品的构建者指明了一份已知的、被接受的标准。

而且，操作基础设施中的大多数东西都有标准：

> **验收标准**：产品必须符合 W3C 在 2011 年 4 月发布的 HTML5 标准。

12.6.8　可维护性需求

可维护性需求指明了对产品维护方面的期望。通常，这类需求的验收标准量化了进行某种变更所允许的时间。这并不是说所有的维护性变更都可以预期，但是如果发生预期的变更，那就可能量化这些变更所需的时间。

> **验收标准**：所有功能迁移到新的网站时，站点不可访问的时间不能超过 10 分钟。

12.6.9　安全需求

安全很重要，心怀梦想的开发者不可忽略。你的组织机构可能已经有一些安全标准，要么是行业特定的，要么是产品类型特定的。重要的是要知道哪种标准适用，并加入到验收标准中。

采取这一步还有一项好处：想办法开脱责任。如果将来发生问题，至少你可以说产品是符合标准的。

12.6.10　文化需求

文化需求在本质上是主观的，有点难以量化。验收标准通常基于谁来认证产品可以接受。例如：

> **验收标准**：布鲁克林的 Shatnez 实验室将认证产品是否符合 shatnez 准则[②]。
> **验收标准**：公关部将给出意见，表明产品中没有词语或符号会被解释为带有宗教或政治倾向。

在大多数情况下，公关部被认为是处理文化问题的权威。这项验收标准是一般性的，可以包

---

① 这是可接受的气象学条件的量化。它意味着（理论上）每 5 年会遇到一次这样严重的暴风雨。

② 感谢 Ethel Wittenberg 提供的信息，即犹太教禁止穿尼龙和羊毛混纺的衣物。

含在大多数规格说明书中。

> 验收标准：公关部将认证产品在文化上能被目标受众接受。

12.6.11 法律需求

法律需求指明了产品必须符合哪些法律。因此，下面的验收标准适用于大多数法律需求：

> 验收标准：如果产品的用户发起诉讼，你的客户会赢。

但是，验收标准必须能够以经济实用的方式来测试，诉讼的代价太大，轻易不能进行。因此大多数验收标准是这样的：

> 验收标准：法律部或公司的律师将认证产品符合[相关法律]。

编写法律需求也是为了确保产品兼容指定的标准。大多数标准是由一些组织编写的，这些组织要么有一些人来认证标准兼容性（"标准律师"），要么发布一些指南，让你自己能认证标准兼容性。不管哪种情况，都可以写出验收标准，指明如何验证是否符合标准。

12.7　功能需求的验收标准

功能需求是产品必须做的某件事情，即产品必须完成的动作。验收标准指明了如何得知产品已经成功地完成了该动作。对功能需求来说，不存在测量的尺度：动作要么完成，要么没完成。完成就是权威满意，认为产品正确地执行了该动作。这里的权威要么是数据源，要么是发起该行动的相邻系统。

如果动作是记录一些东西，那么验收标准就是记录的数据与权威的数据保持一致。例如：

> 描述：产品应该记录气象站的读数。
> 理由：准备除冰调度表需要这些读数，而且必须保存以备审计。
> 验收标准：记录下来的气象站读数应该与负责传送的气象站所记录的读数相同。

本例中的权威是气象站：它发起了该动作，同时它也是数据来源。可以说产品的需求是在气象站传送数据时，忠实地记录下数据（允许产品对数据进行必要的操作）。如果这个动作正确地执行了，那么产品的数据将与气象站传送的保持一致。

这项验收标准并没有指出如何测试一致性。它只是一个简单的陈述，测试者用它来确保符合需求。

如果功能需求是进行某种计算，那么验收标准将指出，计算的结果必须与权威对数据的看法一致。如果需求是"产品将检查……"，那么验收标准将是"被检查的数据将符合……"，同样引用数据的权威来源。"产品将计算……"引出的验收标准是"结果将符合……",并给出得到结果的算法(或算法的来源)。

功能需求的一般原则是,验收标准确保功能正确地执行。这就要探讨测试用例。

测试用例

你可能发现,这时候可以考虑为功能需求编写测试用例。这种方式是一些敏捷技术提倡的,即先写测试代码,再写产品代码。基本思想是迫使程序员专注于认识所有功能的验收标准。

许多需求分析师对开始编写测试用例感到不舒服。但是测试人员会感觉很舒服(我们可以肯定这一点),他们会帮助或替你编写测试用例。测试在开发周期的早期是最有效的,让测试人员参与需求活动总是有好处的。测试人员最适合告诉你,功能需求是否可测试。

> **参考阅读**
>
> Beck, Kent. *Test Driven Development: By Example.* Addison-Wesley, 2002.
>
> Merkow, Mark. *Secure and Resilient Software, Requirements, Test Cases, and Testing Methods.* Auerbach Publications, 2011.

12.8 验收标准的形式

编写验收标准最常见的方式是采用自然语言的文字和数字。如果你采用这种方式,就要确保验收标准中使用的所有术语在规格说明书中都有定义,并在需求中一致地使用。最好的方式是创建数据字典(参见附录 A 需求模板的第 7 节),定义工作范围内的术语。

【数据字典的定义的示例参见附录 A 需求模板的第 7 节。】

12.8.1 定义数据

例如,在 IceBreaker 项目的需求中常常提到"路段"。如果查看数据字典,就会发现如下定义:

路段 = 路段标识符 + 路段坐标集

然后你预期会发现每个属性的定义,例如:

路段标识符 = *500米道路的唯一标识符。每条路中最大路段数为10000*

验收标准要完整,需求规格说明书必须包含验收标准中使用的术语的定义。

定义数据的另一种策略,是在单个需求的验收标准中定义术语。但是,因为常常需要在多项需求中引用相同的术语,所以维护一个中心的字典还是有意义的,可以作为需求的交叉引用。你对数据的理解不断增加，这意味着你可以逐步创建业务数据/信息模型，为需求指定基本的存储数据。

12.8.2　图式验收标准

在编写验收标准时，目标是尽可能与实现无关，从而能给设计者和开发者提供最大的自由度，选择如何来满足每项需求。问题是，自然语言本质是过程式的（你被迫以串行的方式来写），有时候这种顺序被误解为需求的一部分。你可能考虑下面的一些方式。

12.8.3　决策表

假定你的验收标准定义了客户的折扣率，根据是客户成为客户的时间长短，累积的消费，他是否是忠实客户计划的成员。与其用文本描述这些规格，不如创建一个决策表，这样更清楚，如表 12-1 所示。

表 12-1　决策表形式的验收标准。对于每组条件组合，决策表确定了适用哪种折扣率，以及是否提供忠实客户资格

条　件						
超过12个月的客户	Y	Y	Y	N	N	N
累积消费超过N	Y	Y	N	N	N	Y
忠实客户	Y	N	N	N	Y	Y
动　作						
5%折扣	X					X
提供忠实客户资格		X	X			
2%折扣		X				
0%折扣			X	X	X	

在这种情况下，因为条件的组合有许多种方式，决策表就成为编写验收标准的有效方式。决策表不像文字验收标准那样顺序化，因为你可以按任意顺序来看它。而且，通过确定所有可能的条件组合方式，你和熟悉折扣策略的业务人员可以看到哪里有遗漏的动作，或不一致的规则。

12.8.4　图

另一种图式验收标准就是画一张图。如果你想表示值随时间的变化，如扩展性需求，这种方式就特别适合。例如，假定客户希望产品能在下一年中支持顾客从目前的 50 万增长到 100 万。当然，你可以用文本的方式来编写验收标准，但画成图可以向开发者和测试者传递更多信息。在图 12-3 中，你不仅看到一个数字到另一个数字的增长，而且看到预期何时出现最快增长。只要

看到这张图，开发者和测试者就更好地理解了业务，以及要解决的问题的本质。

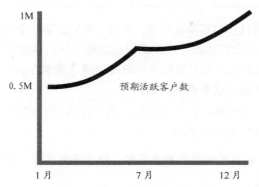

图 12-3　业务的预期增长。这张图展示了业务随时间的增长，是一项扩展性需求的验收标准

　　既然我们可以采用各种形式来定义验收标准，我们希望你能看到其他图式验收标准的机会。请考虑过程模型、状态模型、决策树、动态模型或其他技术，只要能够以二义性最小的方式表达所需的测量指标。

12.9　用例和验收标准

　　用例，不论是产品用例（PUC）还是业务用例（BUC），是一组需求（包括功能性的和非功能性的），目标是期望的成果。虽然每项需求都有自己的验收标准，但用例的验收标准是一个整体，是一组需求协作的基准测试。

> 可以将验收标准应用于用例。

　　为了避免混淆业务用例的验收标准，我们称之为"成果"。也就是说，这个验收标准是用例（业务用例或产品用例）按预期工作所得到的预期成果。由于我们是在讨论一组需求，每项需求都有验收标准，所以可以认为成果是所有这些单个验收标准的汇总。请注意，有些组织机构称之为 PUC 的"最终状态"或"退出条件"。

　　我们建议你在需求收集的早期就利用成果。在启动阶段（或确定业务事件时），尝试从利益相关者那里得到每个业务事件意图取得的成果。你可以问："当这个业务事件发生时，需要实现怎样的业务？"这个问题的答案，加上你自己的一点信息，就是这个业务用例的成果或验收标准。随着业务用例演变为产品用例，可以使用相同的或非常类似的验收标准。你会发现我们的结论：早期的成果验收标准消除了许多误解，澄清了业务用例要完成的意图。

　　在记录单项需求和它们的验收标准时，要记住它们中的每一个都必须以某种方式对产品的目标作出贡献。如果每个用例都有一个验收标准，就更容易确保记录的所有需求都对整体的用例作出了贡献。

12.10 项目目标的验收标准

我们已经讨论过为项目目标编写验收标准。当然，我们在第 3 章并没有称之为验收标准（我们称之为测量指标），但实际上它就是。让我们快速回顾一下：项目目标是关于进行项目投资的理由或要解决的问题的一个陈述。如果你打算不怕麻烦和花费来开发一个产品，就要有一个客观的测试基准来测量提交的产品，这是有意义的。

目标的测量指标与单项需求的验收标准实际上是一样的。唯一的不同就是验收标准测量单个的需求，而目标的测量是针对整个产品的。

【关于编写可测量的项目目标，请参考第 3 章 "确定业务问题的范围"。 】

12.11 解决方案限制条件的验收标准

限制条件是一种特殊类型的需求（他们是全局需求，通常是管理层预先规定的），但它们也需要正确指定，像其他类型的需求一样。例如，附录 A 的 3a 小节是解决方案的限制条件。这些限制条件对问题解决的方式进行了约束，也可以说它们对问题强行规定了一种解决方案。例如：

> 描述：产品的软件部分必须运行在 Linux 系统上。

这项需求反映了管理层决定采用 Linux 操作。它可能有（也可能没有）一个不错的技术出发点，但这不是这里的要点。你被告知你提供的任何解决方案必须符合这个限制条件。

我们可以测试符合程度（要么符合该需求，要么不符合），只要必须符合的东西是可测量的。例如，可以测试是否符合一项法律的要求，但是如果限制条件是 "应该感到快乐"，那么不能测试是否符合。对于本例的 Linux 限制条件，可以这样写：

> 验收标准：当运行在 Red Hat Enterprise Linux 5.0 版上时，所有的软件功能都应该能正常操作。

类似地，所有其他限制条件（如实现环境、伙伴应用、商业上架销售软件、开源软件、工作场地环境、时间预算、财务预算）都应该有验收标准。

12.12 小结

验收标准既不是测试，也不是对测试的设计，而是测试提交的产品时必须采用的测试基准。它是构建测试用例的输入信息，测试者通过测试用例来确保产品的每项需求都符合它的验收标准。

> 验收标准是产品要执行的、无二义性的测试基准。

量化或测量需求让你有更好的机会与利益相关者进行交流。通过对测量指标达成一致，你确保正确地理解了需求，并且你和利益相关者的理解是一样的。你也会发现，量化需求确保了需求既是希望的，也是必要的。

为需求加上验收标准鼓励测试人员参与需求过程。测试人员应该在开发周期的早期参与进来——这一点怎么强调都不过分。测试人员能帮助你指定验收标准，但这并不是说测试人员应该编写验收标准。然而，测试人员是很好的知识来源，他们知道某些事情是否能被测试，验收标准是否包含了正确的量化方式。换言之，测试人员是验收标准的顾问。

验收标准（而非描述）是真正的需求。你所写的需求描述是利益相关者说明需求意图的方式。如果利益相关者和我们大多数人一样，那么他们的交谈应该使用日常语言。不幸的是，日常语言常常是有二义性的，并且不够精确。你需要用验收标准来澄清需求，验收标准是用无二义的、精确方式来陈述的，可能使用数字或测量指标来表达它的含义。

> 验收标准是真正的需求。

验收标准也是在多个利益相关者之间达成一致的手段。尝试澄清和测量时，几乎总是会使隐藏的含义变得明确，使隐含的需求浮出水面，更重要的是，让利益相关者在需求上达成一致意见。

验收标准通常在写下需求描述之后导出。通过检查需求描述和理由，确定哪种量化方式最能体现用户需求的意图，从而导出验收标准。有时会你发现，这种仔细检查会导致需求的改变，但这些改变是朝着好的方向，应该认为很正常。它们的出现只是意味着需求在开始时没有得到正确的理解。只要有耐心和恒心，善于使用测量指标，就能确保每项需求都是无二义的、可测试的和真实的。

> 通过检查需求描述和理由，确定哪种量化方式最能体现用户需求的意图，从而导出验收标准。

第 *13* 章
质量关

本章讨论防止不合适的需求进入需求规格说明书。

请考虑需求是怎么来的。它不是完全随机的（我们提供了网罗技术来帮助你提炼需求），它也不是完全无格式的（我们提供了模板和白雪卡来帮助你阐述需求）。但需求来自于人，人们并非总能确定他们需要什么，并非总能解释他们想要什么，需求也并非总是编写得很小心，完整而无二义。

这就是需求工作的要点：你必须确保交给开发者的东西是准确的、完整的、无二义的，陈述了真正的需求。任何不足都有违需求工作的初衷。开发者可以构建任何东西，但他们首先必须知道他们必须构建什么。

那么，这就是质量关的任务，即确保从此以后，每项需求都尽可能接近完美。达成这项伟业的方法是让质量关守关人确认每项需求，然后再将它加入规格说明书中。

请注意，在图 13-1 中，质量关处理的进入数据流是规范的潜在需求，"潜在"表明它还没有发布。在它公开发布之前，必须由质量关进行测试（而且必须通过测试）。只有这样才能成为已接受的需求。

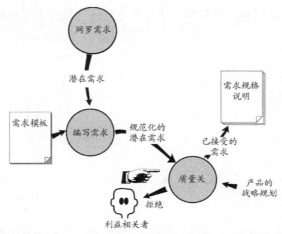

图 13-1 （摘自 Volere 需求过程）质量关是检查每项需求并确保它合适的活动。"合适"在这里指需求能为后续活动提供清晰、完整和无二义性的描述，说明要构建什么。为了确保得到一份合适的需求规格说明，所有的需求都必须经过质量关确认

当规范的潜在需求到达质量关时，它应该足够完整，以便能进行测试，决定是否纳入规格说明书。被拒绝的需求退回给提出者，要求澄清、修改或取消。

质量关测试单项需求。稍后，在第 17 章"需求完整性"中，我们将探讨如何确保得到一组完整的需求。

你还应该考虑质量关效应。如果需求分析师知道质量关守关人用于测试需求的标准，他们就被迫提升游戏规则，在需求到达质量关之前，改进需求的质量。

13.1　正式性指南

本章讨论了最规范形式的质量关。值得强调的是，你可以（实际上也应该）在需求收集的任何阶段，将部分或全部的质量关测试应用于一项需求。你实现质量关的方式取决于项目需要的正式程度。

兔子项目的利益相关者地理位置接近，人数比较少，所以可以很好地采用口头沟通需求的方式。但是，缺少书面需求使得判断需求是否正确变得有点困难。在尝试实现一项需求之前，开发者必须确保它是在范围之内的、可测试的、不是镀金的，并满足我们在本章中讨论的其他要求。质量关适用于兔子项目，但可能不像我们这里介绍的那样正规。兔子项目的团队成员应该阅读本章，坚持采用本章的原则来复查他们的用户故事。

骏马项目通常在迭代式的开发循环内采用书面的需求。这种实践导致了需求收集和发布部分能工作的产品版本之间的时间比较短。但是，尽快将产品交到用户手中不应该被看作是避免测试需求的做法。即使是最快的开发循环，在尝试任何实现之前花一点时间来测试需求仍然非常有效率。骏马项目应该使用相当正式的质量关。

大象项目会得到一份需求规格说明书。大象项目的规模意味着，即使是需求中的小错误，如果不及早发现，也有可能成为大问题。如果最终规格说明书太厚，对整份文档的有效测试将受到影响，因为如果超过了 15 页，人们就不会认真阅读，会采用略读。在单项需求（或一组内聚的需求）产生时就进行测试，然后再纳入规格说明书，这种想法成功的可能性要大得多。

13.2　需求质量

在这个阶段，让我们花点时间来考虑需求质量的效果，并解释为什么这很重要。

我们将讨论需求规格说明。记住，它不必采取传统的形式。传统的形式一般都是书面的文档，有时候很长，一般比较乏味，带有批准签名、版本号、发布日期以及其他管理细节。我们认为在某些情况下需要这种类型的文档，而在另一些情况下不需要。所以，考虑到本章的目的，"规格说明"是指一项或多项需求的集合，它可以是你选择的任何方式，包括存在于你头脑中。

考虑到本章的目的，"规格说明"是指一项或多项需求的集合，它可以是你选择的任何方式，包括存在于你头脑中。

需求规格说明将在后续的开发活动中用到，最后用来构建产品，不论产品是什么。因此，如果规格说明是错的，产品也会错。质量关测试就是要尽可能地确保需求的正确性。

软件开发的错误中，有 50%～60% 源自于需求和设计活动。大约 5% 的错误源自于开发的编程阶段。这种分布暗示（强烈暗示），让需求正确是有好处的。需求错误代价巨大，如果允许错误经过需求过程进入后续的开发活动，代价就会越来越大。

开发每进入一个新的阶段，修复错误的成本就会增加。这种增加具体如何还有争论（有些软件评论员认为，如果产品进入维护阶段，这种增加会达到上千倍），但不论增加是多少，它都很重要。修复错误的代价在增长，不论采用哪种类型的生命周期（瀑布、增量或者任何其他类型）。所有后期的活动都依赖于需求，所以需求中未发现的错误意味着将来必须花费额外的工作量来修正它。软件生产力研究所的 Capers Jones 计算过，消除需求错误所需的返工量通常占了软件开发成本的 50%。

你可以有理由不相信某些研究，也可以有理由不相信某些数字，但基本信息总是对的：越早发现错误，修正成本就越低。

越早发现错误，修正的成本就越低。

这些数字表明（不，坦率地说，它们在呐喊），应该在需求活动期间花时间来测试并更正需求，而不是让错误的需求渗入后续的活动。简而言之，测试需求是开发产品最便宜、最快的方式。

13.3 使用质量关

在中世纪，城堡和要塞设有关卡，防止入侵者和不希望的旅行者进入。关卡通常装有吊闸，而且有重兵把守，负责保护安全。这里描述的质量关有着相同的作用，即防止不受欢迎的、不想要的需求进入规格说明。

质量关防止不受欢迎的、不想要的需求进入规格说明。

需求要通过质量关并进入需求规格说明（规格说明不一定是一份正式的书面文档），必须经过一系列的测试。这些测试确保需求是完整的、准确的，不会因为不适合将来的设计和实现而引起麻烦，如图 13-2 所示。

在本章后面的部分，我们将讨论需求测试。讨论时要记住，描述这些测试比执行它们更花时间。

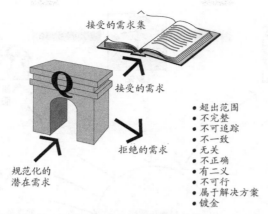

图 13-2 质量关测试每项需求的正确性和合适性。接受的需求将纳入需求规格说明，拒绝的需求退回给提供者

13.4 超出范围

项目中有一个很常见的问题，就是超出范围的需求。利益相关者很容易变得很有热情，开始提出与产品的目标无关的需求，即我们这里要探讨的：超出范围。

这种泛滥会在大多数项目中发生。不受控的需求蔓延导致项目延期或超预算，甚至不能提交最初项目规划要提交的产品。本章稍后我们将进一步探讨范围蔓延。

在第 3 章中，我们讨论了如何建立上下文范围模型，确定工作的范围。这里我们提供上下文范围模型的另一种用法，即作为需求是否超出范围的仲裁者。

【第 3 章讨论了如何确定工作的范围，并建立了上下文模型来定义这个范围。】

你已经看到，上下文模型中的数据流进入或离开工作领域，它们决定了功能。很自然，如果你决定要自动化某些功能，就必须编写需求。让我们来看看如何利用数据流和需求之间的这种联系。

假定你是质量关守关人，遇到了下面的潜在需求：

> **产品应该为卡车驾驶员支付加班费。**

请看图 13-3 中的上下文模型。没有进入工作的数据流（提供驾驶员的信息），工作知道卡车，但不知道谁驾驶卡车。这项需求意味着需要一些数据流（驾驶员的信息、工作小时、薪酬水平、税收减免、工资和许多其他信息），很清楚要增加工作的范围。

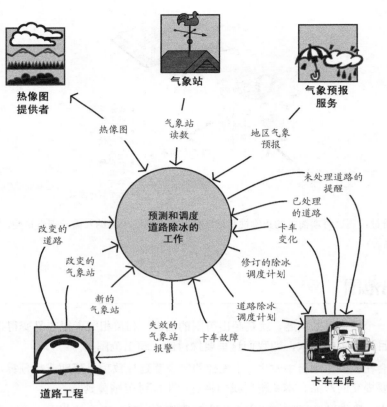

图 13-3 上下文模型利用进出的数据流展示了工作的范围

你可以看到，要么这项需求超出了范围，要么工作的范围不正确。考虑到要做的工作的本质，你可以断定这项需求超出了范围，并拒绝它。

假定有一项潜在需求是这样的：

产品应该报告天气预报的准确性。

上下文模型中没有数据流是和报告天气预报有关的。假定报告必须送给工作之外的某个实体，增加承载这方面信息的数据流，你就增加了工作的范围。虽然它的主题事务似乎与要做的工作有关，但缺少数据流就清楚地表明，按照现在的情况，它不是工作的一部分。

下面是另外一项潜在需求：

产品应该记录卡车活动的小时。

这项需求可能在范围之内或之外。要准确判断，就需要这项需求的理由。一方面，如果理由是提供某种卡车活动的报告，那么我们就可以说它超出了范围，因为上下文模型中没有数据流承载这方面的信息。另一方面，假定我们遇到这样的情况：

> 描述：产品应该记录卡车活动的小时。
>
> 理由：卡车在 24 小时内不应调度超过 22 小时，以便进行维护和清洁。

这项理由表明，数据是在工作内部保存和使用的，没有理由让它离开工作。考虑到这个理由，你可以说需求是在范围之内。

相关性

虽然上下文模型很清楚地说明了范围，但你也必须考虑需求的相关性。

在第 3 章中，我们讨论了如何确定项目的目标，并记录为量化的项目目标。在整个项目中，这些目标是相关性的仲裁者。

【第 3 章讨论了如何确定产品的目标。】

要测试需求的相关性，就要比较它的意图和项目的目标。测试相当简单：这项需求对项目的目标作出贡献吗？这项需求对产品满足项目目标，有直接或间接的帮助吗？

> 需求是否对项目的目标有贡献？

让我们回到 IceBreaker 项目。假定你是质量关守关人，并遇到了以下需求：

> 产品应该维护一个查找表，表中记录了一年中日出和日落的时间。

初看上去这似乎是相关的。产品必须预报道路结冰，而结冰通常在晚上，因此这项需求似乎对产品目标作出了贡献：

> 项目目标：精确预报道路结冰时间，有效地安排合适的除冰处理。

但是，如果我们进一步研究一下就会发现，是道路表面的温度决定了是否会结冰，而道路温度是由气象站监视并传输的，不论夜晚还是白天都不会影响实际的温度。白天也完全有可能结冰，所以没有理由让产品知道关于白天和黑夜的知识。

需求可能间接地对产品作出贡献。有时候产品的需求要做的一些事情与目标没有直接的联系，但是如果没有这些需求，产品将不能实现它的目标。例如，考虑下面的需求：

> 描述：产品应该记录卡车能装载多少盐。

初看上去，这项需求似乎与产品的目标没有什么关系，产品的目标是有效地调度除冰卡车，用除冰物质来处理道路。但请看这项需求的理由：

> 理由：不同的卡车载重量不同。调度要根据卡车的载重量，来决定处理多少预测会结冰的路段。

现在需求的理由很明显了。质量关守关人可以放行这项需求：它对项目的目标作出了贡献。

许多非功能性需求也可以看作是对项目的目标有间接贡献。相比之下，无关的需求表明需要和需求的提出者谈谈，因为“无关的需求”可能意味着利益相关者对项目的目标有误解，或者意味着新的业务领域正在打开。

在考虑相关性时，要特别注意需求规格说明（附录 A）中，以下的部分。

- ❑ 用户（第 2 节）：为谁构造这个产品，产品是否适合这些用户？
- ❑ 需求限制条件（第 3 节）：产品是否在限制条件下相关？需求是否考虑到了所有的限制条件？
- ❑ 相关事实（第 5 节）：需求是否存在没考虑到的一些外部因素？
- ❑ 假定（第 5 节）：需求是否与你对项目所作的假定保持一致？

13.5 测试完整性

在第 16 章“沟通需求”中，我们将讨论如何利用需求项框架（我们也称之为“白雪卡”），作为一种更容易的方式，来阐明一项完整的需求。我们利用这些卡片来培训，并作为低技术含量的需求收集方法。图 13-4 是一个例子。

需求编号： 75　　**需求类型：** 9　　**事件/BUC/PUC编号：** 6

描述： 如果一个气象站传送读数失败，产品将发出警告。

理由： 传送读数失败可能表明该气象站失效并需要维护，并且用于预测结冰的数据可能不完整

来源： George Shaw，道路工程

验收标准： 对每个气象站，当每小时记录下来的各类读数个数不在制造商规定的范围之内时，产品将通知用户

顾客满意度： 3　　**顾客不满意度：** 5

依赖关系： 版本1　　**冲突：** 无

支持材料： Rosa 气象站规格说明

历史： 2012 年 11 月 29 日最后一次修改

Volere
Copyright © Atlantic Systems Guild

图 13-4 用 Volere 白雪卡阐明一项完整的原子需求。所有属性都已列出，需求分析师已注明这项需求与其他需求没有冲突。这项需求通过了完整性检查

可以将需求项框架看作是针对原子需求的一个分格的容器，每一格是这项需求的一个属性。这里我们使用白雪卡来测试需求的完整性。

13.5.1 是否存在遗漏的属性

完整性的第一项测试就是用白雪卡作为检查清单,确保提供了所有的属性。

【第 16 章详细讨论了编写需求的过程。】

有时候,并非所有的属性都需要。例如,有时描述就很清楚地说明了为什么该需求很重要,这种情况下写理由就没有什么意义了。有时描述可以去掉,因为有清楚可读的验收标准。有时候没有支持材料。

【白雪卡是附录 A 中 Volere 需求规格说明书模板的一部分。】

很自然,如果缺少了一个属性,那么原因应该是它不必要,而不是因为它太难写或没有注意到。如果缺少某个属性的原因是还在调查它,也许在等待某人的回答,那么在需求上注明,让大家知道,以防止不必要的提问。

> 支持材料:等待郡里的工程师提供道路处理量的细节。

完整性测试指出每项需求都应具备所有相关的属性。如果缺少某些属性,原因要么很明显,要么需要解释。

13.5.2 是否对利益相关者有意义

需求列出了所有需要的属性后,你应该确保这些属性增加了需求的含义,促进了共同的理解。要做到这一点,需求的编写必须尽可能清晰。尽管我们崇尚言简意赅,但必须确保写下的需求包含了所有需要的信息。

> “每件事都应该尽可能地简单,而不只是简单一点。”
>
> ——爱因斯坦

对需求的每个属性进行测试。站在每个利益相关者的角度,问一下:“是否有可能误解它?”例如,图 13-4 包含下面的信息。

> 支持材料:Rosa 气象站规格说明书。

我们会问:“这会让人迷惑吗? Rosa 气象站的规格说明书是否不止一份?关于在哪里找到这份规格说明书有疑问吗? ”这些问题的答案有助于更准确地表达我们的意思。修改后的结果如下。

> 支持材料:2010 年 1 月 22 日发布的 DRS511 Rosa 气象站规格说明书 1.1 版。

13.6　测试验收标准

需求可能是有二义性的。实际上，任何英语（或任何其他语言）的陈述都可能有二义性，会产生不同的主观理解。这显然不应是我们编写需求的方式。为了克服这种二义性，我们增加了测量需求的验收标准，让需求更准确，更可测试。

【关于如何编写验收标准的完整解释，参见第 12 章。】

质量关守关人的任务就是确保验收标准是合理的需求测量指标，即可以对照需求来测试产品。

第一个要问的问题就是"需求是否有一个正确定义的验收标准"。如果没有，对它的理解就可能不充分。对验收标准的下一个问题是"它是否能作为设计验收测试的输入信息"。你也应该考虑是否存在经济有效的方法，来测试实现这项需求的解决方案（在项目的限制条件范围内）。

验收标准也必须符合项目的目标。我们已经讨论了需求必须怎样符合项目的目标，所以需求的度量方式同样满足这个目标，这显然是有意义的。

虽然验收标准使用数字来表达需求，但是数字本身必须不是主观确定的，要基于事实依据。例如：

> **描述：产品应该易于学习。**
>
> **验收标准：用户在第一次使用该产品时，应该能在开始 30 分钟内学会处理一项申请。**

关于这项验收标准要问的问题是："30 分钟这个数字从何而来？"它是否来自于某个利益相关者的突发奇想？或者它是基于一些证据，这些证据表明超过 30 分钟用户将感到受挫并放弃？如果需求的编写者在需求的支持材料中包括对这类证据的引用，当然是比较有用的。

验收标准也可是采用事先定义的标准。例如，如果需求规定产品要符合公司的品牌形象，那么验收标准就应该引用公司的品牌标准，并让公关部门来验证。

安全需求可能也会采用标准作为验收标准，要么是特定行业的安全标准，要么是组织机构自己的安全标准。

在采用标准时，质量关守关人应该检查标准是否适用于这项需求，开发人员是否能得到标准，交付符合标准的产品。

验收标准采用数字还是引用标准，这取决于需求的类型。执行需求和可用性需求通常采用数字，而观感、安全和文化需求大多采用标准。

不论哪种情况，缺乏合适的验收标准就足以拒绝这项需求。

13.7　一致使用术语

诗人在写诗时，希望对任何一个读者，诗歌都能触发丰富的、富于变化的想象。需求分析师的愿望恰恰相反：他希望不同的人阅读时，对每项需求的理解都是一样的。需求规格说明不是诗歌，它们甚至也不是小说，小说的读者要通过想象来理解小说讲的故事。需求必须只有一种解释，否则构建的产品就很可能满足了需求的错误解释。

规格说明书是否包含了其中用到的每一个主题事务术语的定义？

要让指定的需求只能以一种方式理解，除了验收标准之外，你还需要在规格说明书中定义术语及其含义。Volere 需求规格说明书模板的第 4 节是"命名惯例和术语"。这一节是项目特定的词汇表，为理解需求提供了一个起点。

最后，原子需求中使用的每个术语都正式定义在第 7 节中，形成数字字典。术语都有无二义的定义，利益相关者一致同意，然后用于编写需求。

每一次对已定义术语的引用都符合其定义吗？

保持一致性的第二件事，是检查每项需求使用术语的方式都符合定义。有一个不一致的例子：我们曾经审查过一份需求规格说明书，其中许多部分都用到 viewer 一词。我们的审查发现，根据使用的上下文的不同，该词有 6 种不同的含义。如果用到这个词的需求继续保持这种歧义，最终产品将产生严重的问题。

没有权威（这里是数据字典）来定义需求中使用的术语，开发者和利益相关者就会假定不同的含义，不同的利益相关者自然理解不同，项目就会沦为巴别塔[①]。

关于不一致性最后的一点：你应该对它有心理准备，你应该利用质量关来消除它。

13.8　限制条件下是否可行

可行的需求是指这样一些需求：我们能以经济有效的方式为它们开发解决方案，并在实施之后能成功运营。另外，解决方案的实施必须满足产品设计和项目预算方面的限制条件。

【限制条件在附录 A 中 Volere 需求规格说明模板的第 3 节中描述。】

质量关拒绝了下面的需求，因为它不可行：它不能成功运营。

卡车驾驶员应该接收气象预报，并安排调度他们自己的除冰行动。

卡车驾驶员手上没有预报道路结冰时间所需的信息，因为他们不知道哪些道路已处理，哪些道路处于危险状况。协调一些卡车去处理一个郡的道路是需要集中控制的。

产品的用户不一定是熟练的计算机操作者。例如，采用最新的高科技向很老的人支付养老金，这可能不行。可能要等今天的青少年退休时，这个方案才可行。当然，到了那个时候，今天的高

---

① 巴别塔来自圣经故事，巨塔的建设最终被放弃了，因为建设者们使用不同的语言。这是我们希望在软硬件项目中避免的情况。

科技又会被明天的高科技所取代。

你可能还需要考虑组织机构是否足够成熟，能够应付某项需求。如果请的是最低工资的体力劳动者，指定的产品却需要有工程学位才能使用，那就没什么意义了。

你是否具备实现这项需求的技术能力？写下一项需求是容易的，但是为它构建一个能工作的解决方案是另一回事，而且是更困难的事。指定的产品超出你的开发能力，这是没有意义的。这种检查相当于评估（不幸的是，这里没有度量方法），即评估需求是否超出了构建团队的技术能力。

> 是否具备实现这项需求的技术能力？

是否有时间和财力来实现该项需求？这项检查要求你预估（或咨询）满足该需求的成本，并评估它在总预算中所占的份额（预算应该作为一项限制条件，在附录 A 需求规格说明的第 3 节列出）。如果实现一项需求的成本超过了它的预算，那么这项需求所附的顾客价值将表明应该怎么做：高价值的需求要沟通和谈判，低价值的需求要放弃。

> 是否有时间和财力来实现该项需求？

是否所有利益相关者都接受该需求？如果相当一部分利益相关者不太认可一项需求，那么历史经验告诉我们，在产品中加入这项需求是徒劳的。经验表明，利益相关者会设法破坏产品的开发，因为他们不同意产品的某些部分。经验还表明，用户会忽略或不使用产品，因为并非所有的功能都符合他们的预期。

> 是否所有利益相关者都接受该需求？

是否存在其他限制条件，让该需求不可行？是否存在一些伙伴应用或预期的工作环境与该需求冲突？是否存在一些解决方案限制条件（对解决方案设计方式的限制条件），使得需求难以实现或不可能实现？

13.9　需求还是解决方案

很不幸，对需求的描述常常以解决方案的形式给出。我们在谈论需求时，总是无意识地说出我们认为需求应该如何解决，基于我们的个人经验。这导致陈述把重点放在一种可能的解决方案上（这种方案不一定最合适），通常隐藏了真正的需求。

> 需求越抽象，就越不可能是解决方案。

检查该需求：它是否包含技术元素？它的编写方式是否描述了某种过程？想想下面这个潜在的解决方案：

> 产品应该使用 JavaScript 来实现界面。

你不知道这是不是最佳解决方案。不论如何，它都不是真正的需求，必须退回给提出者，要求澄清。

有时我们无意识地陈述了解决方案。例如，下面就是一个解决方案：

> **产品应该在菜单条上有一个时钟。**

"时钟"和"菜单条"都是解决方案的一部分。我们建议真正的需求应该这样写：

> **产品应该让用户意识到当前的时间。**

这似乎有点迂腐，但可能有更好的方法来实现这项需求。如果以一种抽象的方式来编写需求，其他解决方案都是可能的。除了时钟外，有很多其他的方式让人们意识到时间（星盘可能是一种，但不一定更好）。同样，除了 JavaScript 以外，也有其他一些方式能构建易用的界面。

检查需求的技术内容。你必须拒绝所有不是需求的解决方案，除非解决方案实际上是限制条件。

13.10 需求价值

需求所附的顾客满意度/不满意度评分，说明了顾客对该项需求价值的认识。满意度评分（从 1 到 5）表明，如果成功实现该需求，顾客将感到多高兴。不满意度评分（从 1 到 5）表明，如果未能成功实现该需求，顾客将感到多不高兴。

> 顾客满意度/不满意度评分，说明了顾客对该项需求价值的认识。

质量关要检查，需求是否包含顾客对它的适当价值评分。

【关于顾客满意度和顾客不满意度，参见第 16 章"沟通需求"。关于如何利用顾客满意度和
　　　不满意度评分来排列需求的优先级，参见第 17 章"需求完整性"。】

13.11 镀金需求

"镀金"这个术语来自镀金浴室龙头：有些有钱人和摇滚明星喜欢拥有镀金的龙头。从镀金的龙头里出来的水不会比从镀铬的龙头里出来的好。不同之处在于，镀金的龙头更贵，对某些人来说，可能看起来更好。软件业使用这个术语来指代那些不必要的特征或需求，它们对产品成本的贡献多于对产品功能的贡献。

下面来看一个例子。假设 IceBreaker 产品有一项需求，要在工程师登录时放一段古典音乐。根据我们对 IceBreaker 产品的理解，我们怀疑这是一项镀金需求。它没有对产品的目标做出贡献（除冰，让道路安全）。

质量关守关人判断这项需求是镀金需求。它存在也许是因为"有了就很不错"，但如果产品不实现该需求，没有人会介意。对镀金的第一项检查就是："如果没有该需求，会有影响吗？"

如果没人能真正提出该需求的正当理由，那么可以认为它是镀金需求。

> 如果没有该需求，会有影响吗？

第二项检查也许更可靠，即查看需求所附的满意度/不满意度评分。不满意度评分很低说明需求可能是镀金的。归根到底，如果顾客说需求不实现也没有关系，那么他就是在指出该需求对产品的贡献是不重要的。

> 不满意度评分很低说明需求可能是镀金的。

赶紧要补充的是，不必要的镀金需求和很酷的特征是不同的，很酷的特征有助于产品的销售，或者让用户更容易接受。某些特征可以被认为是镀金的，但拒绝之前要问一下，它们是否增加了产品的吸引力，还是只增加了成本。

要点在于你应该知道一项需求是否是镀金的。如果是，而你决定实现它，那么应该是有意识的选择。

13.12　需求蔓延

需求蔓延是指，在大家认为需求已经完成后，新需求又进入规格说明书。很自然，需求过程永远不会结束（产品不断地演进），但是总存在一个项目阶段，在这个阶段打算要开始构建产品的工作。在这个阶段之后发生的需求被视为需求蔓延。

质量关在控制蔓延方面是有作用的。我们前面曾指出，你可以利用上下文模型中的数据流，来决定需求是否超出范围。同时，你也应该确保每项需求都包含有效的顾客满意度/不满意度评分。这些评分告诉你，顾客认为该需求具有的价值。如果评分高，那么蔓延的需求也许可以容忍（伴随着预算的调整）。

需求所附的理由必须有意义，因为通常蔓延的需求的理由会表明，该需求超出了范围。

在本章早些时候我们提到了需求的相关性，以及需求必须怎样与产品的目标相关，并在工作的范围之内。如果需求蔓延到范围之外，或与产品的目标无关，那么我们建议你认真地考虑一下。范围是否正确？产品的目标正确吗？符合实际吗？我们建议你仔细找出需求蔓延的根源。也许范围在一开始就设错了，也许范围应该变更（与业务利益相关者商议，并对预算进行合适的调整）。

图 13-5 展示了需求蔓延的影响，其中展示了提交功能的成本。看看产品的规模增加 35% 时会发生什么：需要增加的工作量超过 35%，而这一部分在某些人看来应该是免费的。如果需求的增长超过了最初的期望，预算必须成比例地增加。但你是否常常听到：“只是再加一点点，不会影响到预算吧？”

需求蔓延的名声不好，主要是因为它打乱了开发进度，增加了因此而导致的提交产品的成本。不是为需求蔓延辩解，我们确实认为查看导致蔓延的原因，并讨论如何处理这个问题，是一种审慎的做法。

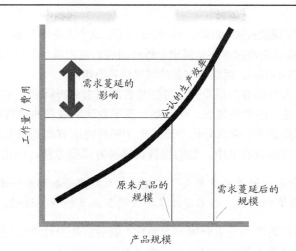

图 13-5　如果你知道自己组织机构的生产效率，那么把产品的规模换算为工作量或费用就很简单，只要采用这样的图。成本与规模之比不是一条直线：成本增加不成比例，因为考虑到集成，规模增加需要更多的工作量。如果发生需求蔓延，所需的工作量也会增加。正是这种不成比例的增长，导致了许多项目进度延迟或完全失败

首先，大多数需求蔓延都是因为一开始就没有正确地收集需求。如果需求不完整，那么随着产品开发的进行，越来越多的原来忽略的东西就需要发现。用户意识到产品的提交就在眼前，开始要求越来越多的"新"功能。但它们真的是新功能吗？我们认为它们实际上从来就是产品的一部分。只是到目前为止，还没有纳入需求规格说明。

> 大多数的需求蔓延都是因为一开始就没有正确地收集需求。

类似地，如果用户和客户没有机会完整地参与需求过程，那么毫无疑问，需求将是不完整的。几乎可以肯定，当提交日期临近时，需求会蔓延，用户开始要求那些他们知道需要的功能。

我们也观察到蔓延产生的一个原因是最初的预算太低，不符合实际情况（出于政策上的原因）。当难以置信的显著蔓延发生时，问题已不再是需求蔓延，而是产品能否正确地实现其功能。

需求也会变更。通常它们的更改有个很好的理由：业务变了，或者新的技术进步让大家期望变更。这类变更常常被视为需求蔓延。实际上，如果变更导致正式需求过程"结束"后产生新的需求（它们不能事先预见），那么这类需求蔓延就是不可避免的。

在这种情况下，质量关的职责是让项目管理层意识到需求蔓延正在发生，如果可能，帮助确定蔓延的原因。

13.13　实现质量关

我们已经将质量关描述为测试需求的过程，现在你必须决定如何在组织机构中实现它。

第一项决定是谁来实现质量关。如果它由一个人实现，这个人是谁？是否应该由一个小组实现？如果是这样，这个小组应该由测试者还是需求分析师组成？包括项目负责人吗？包括客户代表吗？实现质量关的组织机构各不相同，对这些问题的回答也各不相同。

我们建议你从两个人开始你的质量关：可能是首席需求分析师和一名测试人员。要记住，这个质量关是对需求的快速、简单的测试，而不是涉及半数团队成员的辛苦过程。我们有一些客户以电子化的方式实现了质量关：需求分析师通过电子邮件将所有的需求发送给质量关守关人，守关人将其中一些加入到规格说明书中。他们报告说这种方式很方便，也很有效。

> 我们建议你从两个人开始你的质量关：可能是首席需求分析师和一名测试人员。这个质量关是对需求的快速、简单的测试，而不是涉及半数团队成员的辛苦过程。

使用需求工具的客户通常为需求分配一个属性，表明它是否已通过测试，已经被质量关守关人批准。当然，质量关守关人是唯一对这个属性有书写权限的人。

正式性也带来许多问题：质量关需要多正式？我们是否要出具一些检查报告？我们是否应该举行事先安排的质量关检查会议？诸如此类。

大多数时候，我们建议客户保持他们的质量关的非正规方式，只要能满足检查需求的需要。有些组织机构面对复杂的、技术相关的主题事务，他们的质量关正规而严格，这是有必要的。有些客户面对的主题事务比较容易理解，需求收集过程的所有参与者都通晓业务，他们的质量关非常不正式，以至于几乎没人注意到。

使用自动化的工具，有助于减少质量关过程中人的干涉。某些需求收集工具可以完成初步的机械性的检查，确保所有属性都存在、使用了正确的术语、提供了正确的标识符等。

> 使用自动化的工具，有助于减少质量关过程中人的干涉。

原有的流程也可以在质量关中起作用。如果人们已经有了检查工作的职责，那么他们可能参与质量关。如果已经有审查流程，应该针对需求进行调整，而不是试图实现一个全新的过程。

质量关的其他方式

我们已经讨论了作为一个过程的质量关，在这个过程中，指定的质量关守关人先测试需求，再将它们纳入需求规格说明。我们曾提到这个过程应该是一个持续的，但非正式的过程。当然，还有一些其他的方式来测试需求的质量。

例如，需求分析师可以相互测试得到的需求。如果分析师能以一种放弃自我意识的方式工作，那么这种非正式的"伙伴结对"的方式就很有效。伙伴相互检查对方的输出，在过程的早期发现错误。如果两个分析师懂得客观地对待彼此的工作，这种策略最有效。

> 在"伙伴结对"中，需求分析师相互测试得到的需求。

另一些时候，这个过程要正式和严格得多。我们曾为一个大象项目工作，它的质量关实现是一个 4 阶段的过程。采用这种方法，在第一阶段，每个开发者都有一份检查清单，在开发过程中用它来进行非正式复查，并改进需求。

第二阶段是同级复查，由团队中的其他成员正式复查每项需求。我们发现，让测试小组的人来进行同级复查是很有效的。这些复查不是检查整个规格说明书，而是关注与特定用例相关的所有需求。针对需求记录复查结果，并作为需求历史的一部分。

第 3 个阶段是团队复查，包括顾客和用户。有问题的需求没有通过质量关的测试，它们由一个人来展示，团队成员进行讨论，并试图解决问题。

第 4 个阶段，即最后的阶段，是管理者复查，主要关注质量关成功和失败的总结。复查的成果将用于管理和改进需求项目过程。

【关于定制需求开发过程的更多信息，参见第 2 章和第 17 章。】

不论你的情况如何，都应该将质量关视为需求进入规格说明书之前的一种测试手段，以及改进需求过程质量的一种方式。

13.14 小结

质量关对潜在的需求进行测试，用下列标准来评估它们：

- ❑   完整性；
- ❑   可追踪性；
- ❑   一致性；
- ❑   相关性；
- ❑   正确性；
- ❑   二义性；
- ❑   可行性；
- ❑   是解决方案；
- ❑   镀金；
- ❑   蔓延。

在需求活动中需求得到测试。通过防止不正确的需求进入规格说明书，质量关降低了开发成本，因为尽早消除错误是开发产品最快、最省钱的方式。

测试需求对需求的编写者也有好处。如果分析师知道他的需求将接受特定的测试，那么自然就会在编写时考虑到让需求能通过测试。对正确性更重视，反过来又导致了更好的需求实践，同时产生更少的错误，更有效地利用分析时间。

实现质量关的方式，应该反映出你的组织机构的特定要求和特点。不论哪种情况，要确保所有的需求必须通过质量关才能进入规格说明书，无一例外。

第 *14* 章
需求与迭代开发

本章讨论如何在迭代开发环境中发现和实现需求。

14.1　迭代开发的要求

我们的行业中有一项重要的进步，即开发者和业务人员共同承诺，尽一切努力，尽可能快地交付有价值的、适当的、能工作的产品。要做到有价值和适当，交付的产品就必须有助于业务完成其工作（保险、零售、通信、医疗图像、银行、政府），不论组织机构工作的目的是什么。

让我们看看这个承诺中"快"的部分。任何有一定规模的工作，要为它交付能工作的产品，通常就需要等，有时候要等很长时间。当然，人们不想等。如果他们遇到问题，就想很快有解决方案，赶在业务问题再次变化之前。

许多组织机构不是等待需求的所有细节都得到定义，而是更喜欢迭代完成这些业务活动，定义一些需求，开发一部分解决方案，定义更多的需求，这样增量式交付发行版本，直到解决方案被判定完成。这种迭代的方式意味着，业务环境和开发环境中的关注点、想法和变化更加同步。结果是开发者更了解今天的业务问题，工作的产品适合今天的业务环境。

你肯定遇到过一些开发技术（通常称为"敏捷"），如 SCRUM、Crystal Clear、极限编程、看板等等。共同之处在于，这些技术的目的是迭代式地交付能工作的产品。核心思想是避免在前期编写完整的需求规格说明书（瀑布过程），而是迭代式地构建产品，在产品开发的同时发现需求。敏捷技术提倡采用跨职能的小团队，定期以较小的增量来交付软件。他们也提倡与客户合作，包括客户与开发者之间经常对话，在开发之前充实、澄清和探索需求。和开发一样，软件的交付也是增量式的，每次交付都为整个产品添加一些能工作的功能。

业务分析师常常问我们，怎样让需求发现适应迭代式开发：

- ❑　怎样让需求发现变成迭代式？
- ❑　怎样沟通需求，同时避免不必要的文档？
- ❑　怎样将业务需求分解为迭代式开发？

怎样让需求发现变成迭代式？

14.2 迭代的需求过程

图 14-1 展示了一个迭代式过程，它集成了业务需求分析、需求发现和工作产品的开发。让我们先看看这个过程中涉及的活动，稍后我们再来看看谁做什么以及如何管理迭代，它们都有哪些变化。

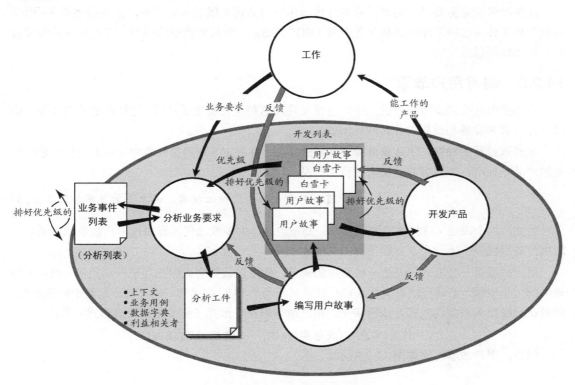

图 14-1　迭代开发过程中的需求

14.2.1　工作

工作位于图的顶部，代表组织机构的日常运营。随着这种运营的进行，涉及的人不断发现新的业务要求和机会："我们应该让这个过程更快"，"我们要启动一项新服务"，"让我们更新服务台"，"我们要调查新兴市场"，等等。这些持续出现的业务要求需要分析，以便采取合适的行动来满足它们。

14.2.2　分析业务要求

分析业务要求是一项持续的活动，收集新的业务要求（可以是各种形式的，即可以是一个匆忙打进的电话，也可以是一份详细的业务计划书）并对它们进行探讨、评估和排列优先级。这里使用的技术和本书前面探讨的分析技术一样，用于发现工作范围、利益相关者和问题的目标，并为每个新业务要求确定业务事件。新的业务事件添加到业务事件列表（"分析列表"），其中包含所有确定的业务事件。分析师根据当前业务情况、要求和重要性，为列表中的事件排列优先级。分析业务要求时，需要业务分析师的技能和业务利益相关者提供的输入信息，目的是正确地选择当前的优先级。

在帮助确定业务要求的同时，业务分析师还针对高优先级的业务事件，仔细描述业务用例，得到分析工件。这些工件可以是业务用例（BUC）场景，或其他类型的模型，它们是利益相关者和开发团队可以接受的。

14.2.3 编写用户故事

产品要做什么来支持和改进工作？分析工件为这种决定奠定了基础。这种决定是由业务分析师、开发者和业务利益相关者共同作出的。

这是该过程的关键。团队成员检查真正的业务，并决定（利用第 8 章中介绍的方法）最有收益的产品是什么，即对拥有者最有价值的产品。

【关于需求分析的核心技术，请参见第 7 章和第 8 章。】

当然，这个决定（这种解决方案设计）必须沟通。大多数迭代过程通过用户故事来沟通。一组用户故事代表了下一个发行版需要的功能。

用户故事是一种方式，表达一种层次的需求，你可以认为它大致相当于产品用例（PUC）场景中的一个步骤，但这可能有变化，它有时候只相当于 PUC 的名称。用户故事起源于极限编程，但现在已经被大多数迭代式方法所接受。用户故事的常见形式（至少是建议的形式）是：

作为[角色]，我想要[功能]，以便能实现[理由]。

例如，用户故事可能如图 14-2 所示。

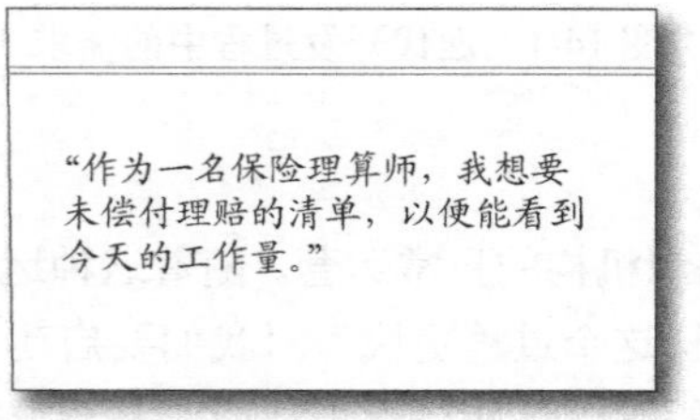

"作为一名保险理算师，我想要未偿付理赔的清单，以便能看到今天的工作量。"

图 14-2 写在索引卡片上的用户故事

这个故事最初是手写在一张索引卡片上的，就像图 14-2 中那样。（稍后我们将展示 Volere 白雪卡如何使用，作为用户故事的更为结构化的载体。）这个用户故事是简短的，在演进的这个阶段，实际上是一个占位符，表明有一个功能的细节还有待了解。

故事写下来后，被加到开发列表中。在这里为它们排列优先级，根据是架构和开发的要求，当然还有业务的要求和优先级。这种优先级排列是持续的，这导致产品更及时，更接受业务的关注点。

> 这种优先级排列是持续的。

14.2.4 开发产品

用户故事为开发产品下一个发行版提供了需求。如果开发者与业务分析师密切协作（迭代式开发要有效，这些人需要聚在一起），有机会为这些用户故事充实需求。通常测试用例也写在故事卡片上，并根据需要加上其他开发注解。自然，传统的需求可以写在白雪卡上，我们建议对非功能需求这样做。因为实际上在需求对话和这部分产品的开发之间没有延时，所以可以通过口头的方式来沟通某些需求，记在开发者的头脑中。

如果交互的机会受到地理边界或职责划分的限制，那就可能有必要针对每个用户故事导出或编写原子需求。在这种情况下，开发者可以使用白雪卡来编写功能和非功能需求，提出关于业务的问题。

在图 14-1 中可以看到，开发中的发现可以产生反馈，可能导致开发列表的变更。开发者向工作交付能工作的产品，它包含一部分产品，或者像更多人所认为的，一个发行版。

因为产品是以零碎的方式开发，所以最新交付的产品部分可能不太符合用户的想法，因此，用户可能提供反馈，要求对产品进行变更。这种灵活性一度被作为敏捷过程最重要的好处进行宣传：交付一些东西，如果用户不喜欢，就重设计、重构，再次交付。这种方式近似于"无数猴子坐在字处理程序前，最终打出整套莎士比亚作品"，幸运的是，这已不再受到青睐（也是有理由的）。不管怎样，你的过程应该有能力在产品交付后进行细微的纠正。

参考阅读

Boehm, Barry, and Richard Turner. *Balancing Agility and Discipline: A Guide for the Perplexed*. Addison-Wesley, 2004.

Cockburn, Alastair. *Agile Software Development: The Cooperative Game*. Addison-Wesley, 2006.

Cohn, Mike. *Succeeding with Agile: Software Development Using Scrum*. Addison-Wesley Professional, 2009.

Highsmith, Jim. *Adaptive Software Development: A Collaborative Approach to Managing Complex Systems*. Dorset House, 1999.

迭代开发的要点是处理小的部分，即容易管理的少量需求，所有人都能够更容易理解的功能增量，更容易接受并集成到工作环境中的小部分能工作的产品。而且，由于稳定的交付节奏，利益相关者变得更投入，对最终的结果更有兴趣。

14.3　业务价值分析与优先级

对新业务的分析可能导致分析列表中添加新的业务事件，对列表中已有的事件进行变更，或变更分析列表的优先级。

对于每个业务事件以及分析列表中相应的 BUC，业务分析师和业务利益相关者一起，监视相对的业务价值，即某个 BUC 相对于列表中其他 BUC 的业务价值（参见表 14-1 中的例子）。这种相对价值决定了 BUC 的优先级，指明了它们的开发顺序。

表 14-1　业务分析列表。业务分析列表展示了一些业务用例以及它们相对的
业务价值。这个列表的目的是排列业务事件的优先级

业务用例	投资的业务价值（1-5）	不投资的损失（1-5）	当前优先级
BUC1	3	4	第三
BUC2	5	1	
BUC3	5	5	第一
BUC4	2	1	
BUC5	4	2	
BUC6	5	4	第二
BUC7	5	2	

针对每个业务用例，问下面的问题。答案必须来自业务：

❑　相对于这个项目的目标和收益，对这个 BUC 投资一个新的解决方案会带来多少业务价值？评分从 1（很少甚至没有）到 5（最大的可能价值）。

❑　相对于业务目标，如果不对这个 BUC 进行改进，会导致多大损失，或带来多少不利？同样，评分从 1（其实并不重要）到 5（会严重影响这部分业务）。

这种 BUC 层面的价值分析，确定了投资新的解决方案让哪些业务功能或过程的受益最大。作为一部分日常工作，业务分析师持续进行这个层面的价值分析，以反映业务当前的状态。目的是让每部分新的开发都能真正反映什么对当前的业务状态最有利。

> 这种 BUC 层面的价值分析，确定了投资新的解决方案让哪些业务功能或过程的受益最大。

业务分析师的职责是澄清这些选择，但最终做决定的是业务拥有者。业务分析师利用分析列表，让开发团队意识到目前什么是对业务最有价值的。

> 业务分析师的职责是澄清这些选择，但最终做决定的是业务拥有者。

采用 BUC 作为用户故事来源的好处在于，所有故事都可以追溯到 BUC。在业务环境变化时，业务分析师可以确定哪些 BUC 受到影响，再与开发者探讨哪些用户故事可能受到影响。这种联系让我们有可能意识到变更引起的涟漪反应，并制订计划。

14.4　如何编写好的用户故事

用户故事确定了产品要为用户做的事情，但它也必须关注业务用例所确定的业务问题。因此 BUC 作为故事的起点，每个 BUC 通常导出一个或多个故事。

14.4.1　问题

假定你的组织机构是一家银行。这家银行的 BUC 场景中的第一步总结如下：

> 银行希望防止用户意外地透支他们的银行账户。无安排透支的罚金虽然可以带来利润，但会导致与顾客争吵，他们声称需要更好的方式来监控他们的账户。

要发现用户故事，问这个问题：产品可以为用户（这里是银行顾客）做些什么，来满足这个 BUC 背后的业务意图？

假设，你和业务利益相关者讨论之后，确定如果银行账户持有者能检查账户余额，就不太可能意外地透支。这提供了故事的起点：

> 作为银行账户持有者，我想在线检查账户余额。

初看起来，这似乎是一个合理而明显的故事，但有些需求分析师可以让它好得多。首先，其中没有"以便能实现"的部分。有些作者说这可以省略，但我们强烈建议总是在故事中包含理由。如果没为需求提供理由（即省略"以便能实现"的部分），你只是揭示了部分需求，这让开发者和测试者处于不利的处境。而且，没有这种理由（它和白雪卡上的理由是一回事），将来维护团队就丧失了价值线索，不知道为什么某项需求要包含在软件产品中。

问题是："为什么账户持有者想检查账户余额？"让我们再看看这个故事，这次注意这项需求给出的理由：

> 作为银行账户持有者，我想在线检查账户余额，以便能够每天 24 小时访问我的账户余额。

这并不是检查账户余额的好理由。"每天 24 小时"带来了一点启发，但它只是告诉我们，账户持有者可能是个夜猫子。为什么账户持有者想检查账户余额？这不是为了开心才做的事，所以可能背后有某种业务理由。我们只是还不知道理由是什么。让我们推测一下。

假设经常检查的理由是账户持有者预算紧张，关注透支。如果是这样，产品的拥有者（即银行）可以更有效率，同时提供更好的服务。

除了让账户持有者重复检查余额，确定没有透支，更好的办法是提供一种功能，如果正常的每月支付（房租、水电、学费等）让账户余额降到零或负数，就通知账户持有者。

> **作为银行账户持有者，我想在月度余额预计会降到零或更低时收到通知，以便能够安排透支。**

通过安排透支，银行客户避免了无安排透支的罚金，银行觉得这对客户关系更好。

而且我们建议，如果账户拥有者能定期收到通知，告知账户中能自由支配的钱，就更有用了。

> **作为银行账户持有者，我想得到通知，告知所有月度支付扣除后能自由支配的钱，以便知道我能安全地花多少钱。**

如果你试图在没有 BUC 指导的情况下编写用户帮助，可能最后得到明显而简单的功能，让账户持有者在线检查余额。但是，正如我们看到的，这种简单化的方式只写下首先想到的故事，得到的功能通常不能解决真正的业务问题。如果其他银行解决了真正的问题（也就是说，如果他们理解客户真正的需求），提供这项服务来吸引更多客户，那么最初的故事很难说提供了最佳的业务价值。

> BUC 提供了业务指导，这样用户故事会支持业务，而不只是确定用户界面。

不止如此。故事是一个占位符，作为后续对话的基础。如果故事开始就很糟糕，那你就可以预期，完成的时候它也只不过是普普通通。相比之下，如果你写下好故事，那么由此而得到的产品肯定是极好的，为业务提供了更好的价值。

要编写真正的好故事，你不能只是被动地聆听业务利益相关者，写下他们认为想要的东西。你必须应用业务分析师的许多手艺，我们已经在本书中进行了介绍。

- ❑ 创新很重要。如果你的故事没有创新，那么它们可能没有对原有的东西提供任何改进，因此，可能没有对业务提供真正的价值。
- ❑ 在编写故事时，创新触发器应该作为检查列表。你有义务让故事更好。
- ❑ 业务事件的真正起源很重要。询问事件发生时的情况，让你的产品尽可能靠近那一点。
- ❑ 思考问题的本质。通过考虑真正的根本需求，而不是猜测解决方案，你几乎总是能得到更好的故事。
- ❑ "在横线之上"思考。

这几点我们在第 7 章和第 8 章中进行了探讨。值得回去再看看其中对编写好故事的建议。好故事的要点是：开始的故事越好，最终的产品就越好。糟糕的故事导致糟糕的产品，好故事带来卓越的产品。

> 好故事带来卓越的产品。

14.4.2　用户故事形式化

用户故事的粒度不同，但通常在产品用例和原子需求之间。奇怪的是，故事具体的细节程度并不重要，只要它能传递意图，作为确定优先级的基础，并导出后续的详细对话。

用户故事的构成如下：

作为[角色]，我想要[功能]，以便能实现[理由]。

大多数迭代开发团队在空白卡片上编写用户故事，但你也可以使用 Volere 白雪卡（也用于原子需求）。图 14-3 展示了怎么做。

需求编号替换为用户故事编号，请注意用户故事 6.1 追溯到 BUC 6。描述包含了"作为[角色]，我想要[功能]"，理由包含了"以便能实现[理由]"。你的测试条件写在白雪卡的验收标准区域。

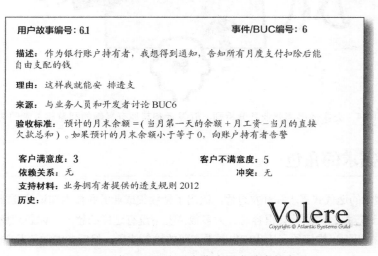

图 14-3　你可以用白雪卡作为用户故事的容器

14.4.3　充实故事

如果选择故事进行开发，它们就从列表中移除并进行扩展。这种扩展通常是开发者、业务分析师和不同利益相关者对话的结果。这种扩展和编写原子需求相当一致，业务分析师或开发者添加正确实现所需要的各种功能细节，非功能需求附加在故事卡上，或者成为新卡片的主题。如图 14-4 所示，扩展用户故事涉及一些领域专家的输入信息：业务，易用性、安全性、观感等非功能需求，技术，创新，等等。

当然，这些专家领域的知识可能不是由不同的人提供的，这取决于组织机构中专业知识的分布情况。故事卡片提供了一个聚集点或关注点，来探索不同类型的需求，产品需要实现这些需求，才能实现故事最初的意图。

表达需求细节的方式取决于你的工作方式。在集中式的小团队中（兔子项目），你可以直接在故事卡片上写注释，这些注释随后变成需求规格说明。如果你在较大的或分布式的项目中工作（骏马或大象项目），你可以为用户故事相关的每个原子需求编写白雪卡。后一种方式将得到更正式的规格说明，如果你将开发工作外包，这一点尤其重要。

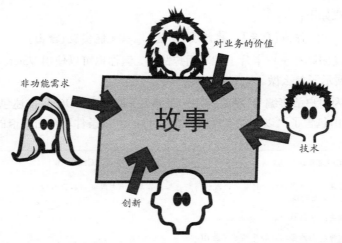

图 14-4　充实故事需要业务分析师、开发者和其他有兴趣的利益相关者的协作

14.5　迭代需求的角色

图 14-1 中展示的迭代式需求和开发过程，突出了持续集成业务和技术知识的要求。如果只有一个人来处理这些知识，那么沟通就会很容易。大多数情况下没有这样的超人，你必须找到每条输入信息的来源，不论他在组织机构何处。让我们先看看需要的输入信息，然后考虑如何发现合适的角色。

你需要一名主题事务专家，他是业务和工作问题的知识来源，他既提出业务要求，也回答问题，告诉你变更，作出业务方面的选择。你也需要技术解决方案方面的知识来源，这个来源有时候称为系统架构师，有时候是开发者。这个来源对解决方案提供建议，确定机会，决定怎样采用可用的技术来最好地实现业务需求。

考虑到业务问题视角和技术解决方案视角的关注点不同，也需要有人知道如何建立、分析和追踪业务考虑和技术考虑之间的联系。

14.5.1　业务知识

业务知识很重要。因为项目的理由就是要改进拥有者的一部分业务，提供最佳价值的产品，所以我们可以说，业务是项目中最关键的部分。业务知识自然是由业务人员负责。但在许多情况下，这种知识散布在不同的利益相关者那里，每个人擅长业务的某一部分。

一方面，如果开发者必须和所有不同的人交谈，就很难进行迭代式开发。另一方面，让一个人负责所有业务知识是有问题的，除非是很小很简单的项目。

解决这个问题的一种尝试是找一个业务代表，他与开发团队密切合作，实际上成为团队的一员。这个人常被称为"产品拥有者"，负责回答所有业务相关的问题。

问题很简单：很难找到一个人拥有这个角色需要的所有技能。考虑到产品拥有者需要业务的深度知识，了解当前的技术问题，创新而有想象力，全天陪同开发团队，能够提出需求，理解问题的本质，正确地决定优先级，以及其他许多事情。如果组织机构中有人满足这些要求，那你真是非常走运。唉，大多数团队没有这种奢侈的享受。

许多迭代开发团队已经放弃了产品拥有者角色，因为太难产生好效果了。有些组织机构开发销售的软件，他们有产品经理的角色（有时候称为项目经理），这个人负责产品最终的成功，他的角色很像理想的产品拥有者。大多数团队现在采用业务分析师和业务利益相关者组合的方式，作为业务知识的来源。

14.5.2　分析和沟通知识

为什么业务分析师是业务知识的有用来源？因为业务分析师既不属于业务，也不属于开发团队。业务分析师中立的渠道，他所受的训练是观察和发现业务需求，并将这些需求告诉开发者。传统业务分析师和迭代业务分析师之间的区别在于，后者告诉开发者的需求是小得多的业务碎片，并且采用了一些技术来鼓励和促进反馈。

14.5.3　技术知识

技术知识体现为开发者、系统架构师、测试员、外部供应商等角色的某种组合。这完全取决于你如何在组织机构中分配责任。但是，业务专家与技术专家之间有一个很大的差别。技术专家投身于解决方案和追踪最新技术，他们的工作是完成项目和解决问题。业务专家关注业务的运营，以及他们的日常工作。他们希望技术专家带来更好的工具，为他们提供帮助。

14.6　小结

今天高速发展的世界，需要我们迭代地开发和改进业务问题的解决方案。我们需要一些方法来持续探索业务及其问题，将这些要求告诉技术专家，他们为业务提供技术解决方案。

这种持续的工作探索意味着，业务分析师持续地将新故事或需求加入分析列表。这个列表又持续地按价值进行分析，最重要的是按业务价值来分析。列表根据价值和紧急性来排列优先级，最高优先级的需求交给开发者开发。

有了业务分析师和其他人给出的输入信息和解释，开发者写下最能满足业务要求的故事。开发者对开发列表中的用户故事排列优先级，针对选出的故事，扩展并决定产品下一个发行版要实现的原子需求。每个发行版的反馈意见都在告诉团队，他们是否真正朝着最佳价值的产品在前进。

第15章
复用需求

本章研究已经写下的需求并探索复用它们的方式。

几天前，作者之一需要知道如何在他的计算机上输入"度"的符号，即摄氏温度的℃。我知道肯定有人知道，所以访问了 Mac 支持论坛。我输入了查找关键字，找到一篇帖子，有个好人以前回答过这个问题，所以现在我就可以复用以前某人提供的知识。

我们都在复用知识：你留在暖气系统上的条子提醒自己如何重启它，博客上的帖子介绍了除去地毯上的红酒渍的最佳方法，烹饪菜谱，智能手机上的事项日历。所有这些都是知识，是我们为需要的时候准备的。

有些是刻意留下来给将来复用的，有些保存下来不是为了复用（例如支持论坛上的帖子）。不论是否为了复用，我们可以得到数量惊人的知识，只要我们愿意使用。

几年前，复用代码很流行。整个运动发展起来是基于这样的假定：通过复用代码，开发时间就可以大幅减少。这种说法的真实性无人质疑，但不知什么原因，代码复用的想法从未取得进展。至少，我们很少看到内部代码的复用。

在代码复用讨论会上偶尔听到的一段对话，阐释了这种方式的一个主要问题。

开发者："我懂了。从现在开始，我写所有的代码时都要考虑到能复用。"

开发经理："不，你没懂。从现在开始，你要复用代码。"

这就是问题：每个人都想写出别人能复用的组件，没人想复用别人的组件。但不一定必然如此。

如果你要为新产品指定需求，那么开始时问一下"这些需求或相似的需求是否已经写过"，总有可能节省一些工作量。

15.1 什么是复用需求

尽管产品可能有不同的名称和不同的功能，但你构建的产品并不是完全独一无二的。在一个组织机构中，项目常常构建相同或类似的产品：零售公司构建零售软件产品，科研中心构建科学产品。因此，组织机构中的某人可能已经开发了一个产品，其中包含了与你的工作有密切关系的某些需求（并非所有）。

利用这些需求，你作为需求收集者的效率将大大提高。在需求项目的早期阶段，就要寻找那些已经写下的需求，经过一些修改或抽象，它们可以加入到你自己的需求中。图 15-1 展示了这种思想。

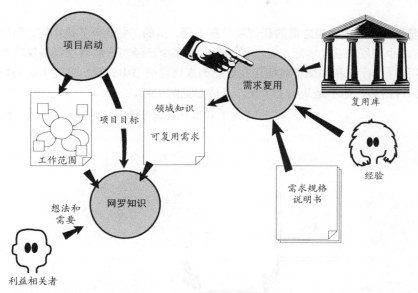

图 15-1　需求复用指利用为其他项目写下的需求。它们可以有几种来源：规格说明书的复用库、其他类似的或相同领域的需求规格说明，或者非正式地来自其他人的经验

但是这些需求准确地说并不是免费的：你必须对它们做一些工作。成功的复用始于一种组织文化，这种文化有意识地鼓励复用，而不是重新发明。如果有这种态度，那么你就已经准备好在自己的需求过程中包含需求复用了。

成功的复用始于一种组织文化，这种文化有意识地鼓励复用，而不是重新发明。

在召开项目启动会议时，利用附录 A 需求模板的前 7 个部分来触发关于复用的问题。

【关于如何举行项目启动会议，请参考第 3 章。】

（1）项目的目标：组织机构中是否存在其他项目与本项目一致，或实际上包含相同的领域？

（2）客户、顾客和其他利益相关者：可以复用一份利益相关者名单、利益相关者图或利益相关者分析表格吗？产品的用户：其他产品是否涉及相同的用户，从而具有类似的易用性需求？

（3）强制的限制条件：限制条件是否已在其他项目中指定？是否有组织机构的限制条件，也适用于你的项目？

（4）命名标准和定义：你几乎肯定可以利用原有词汇表的一些部分。

（5）相关事实与假定：注意最近一些项目的相关事实。对其他项目的假定也适用于本项目吗？

（6）工作的范围：你的项目很有可能成为组织机构正在开发的其他项目的相邻系统，要利用其他工作上下文模型已经建立好的接口。考虑你的工作范围，是否其他项目已经定义了类似的业务事件？

（7）业务数据模型和数据字典：是否有重叠或相关的项目，其业务数据模型可以作为你的起点？

别太急着说现在的项目与之前的任何项目都不同。是的，主题事务是不同，但如果你不去看那些名字，有多少底层的功能实际上是一样的呢？有多少已经写好的需求规格说明包含了可以不必改动就使用的材料，或稍作调整就能用在自己的规格说明书中？我们发现大量的规格说明书可以从已有的部件组装，而不是从头去发现。具体参见图 15-2。

【关于利益相关者图和利益相关者分析，参见附录 B。】

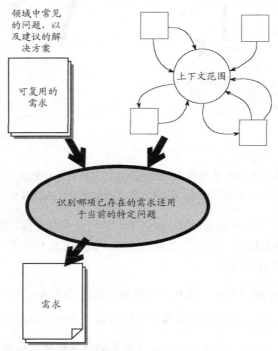

图 15-2 在项目启动阶段，上下文范围的主题与它的相邻系统和边界数据流一起，将指明从以前的项目中复用需求的潜力

启动会议上的利益相关者是很好的可复用组件的来源。要向利益相关者询问其他包含项目工作相关知识的文档。要考虑是否其他人已经调查过一些主题领域，而这些领域又与你的项目有重叠。要仔细检查启动会议的提交产物，它们为确定可复用的知识提供了关注点，否则这些知识也许不能发现。

启动会议的提交产物为确定可复用的知识提供了关注点，否则这些知识也许不能发现。

在网罗知识时，要持续寻找可复用的需求，向访谈对象提问："以前是否回答过这个问题或类似的问题？是否知道某些文档可能已经包含了这个问题的答案？"这种相当不正式的方式意味着你将以多种不同的方式遇到潜在可复用的需求。某些已被精确地表述，从而可以直接复用；另一些将只提供知识来源的线索或方向。

复用的问题是，除非知识唾手可得，否则它就会躺在某个数据库中积灰，不会被复用。当然，今天的搜索技术极大地加速了这个过程。现在每个人，尤其是较大的公司，都有可搜索的内联网、wiki、SharePoint、需求工具和数据库，包含丰富的可能复用的需求。

我们前面曾提到，利用附录 A 需求模板的前 7 小节来驱动项目启动，这为发现可复用的需求提供了良好的起点。我们推荐你在记录了第一个工作上下文模型后，马上用它作为驱动，在组织机构中查找可复用的需求知识。至少也要查找模型中的每个接口。你可能会发现其他的地方、文档、项目和人员，它们与每个接口有联系，并且可能已经指定一些需求，与你的项目有关。

自然，如果每个人都按一致的方式来组织需求和使用术语，就像我们建议的那样，那么所有的需求就更容易被将来的项目复用。在这一章中，我们探讨了复用背后的思想，发展能力来发现潜在的复用需求，以及留下可复用的知识痕迹的习惯。

15.2 可复用需求的来源

如果你希望学习如何烹制出完美的煎鸡蛋，最好方法就是向你仰慕的煎鸡蛋高手询问并学习。他们会告诉你鸡蛋应该新鲜，不超过 5 天，黄油（有点咸味的最好）应该加热到金黄色而不是棕色。打破鸡蛋并温柔地让它滑入冒泡的黄油中，用调羹把金黄的黄油浇在它上面，直到蛋白变得不透明。在端上来时撒上一些新鲜香菜，并向食客提供 Tabasco 辣酱。

这个例子展示了非正式的、有关经验的需求复用，当我们向同事问问题时，就在这样做。我们希望从他人的经验中学习，这样不必从头开始努力。也许不能找到所有想知道的事情，也许会对得知的东西做一些改变，但是我们是在其他人的知识的基础上使用它。

> 非正式的、有关经验的需求复用：当我们向同事问问题时，就在这样做。我们希望从他人的经验中学习，这样不必从头开始努力。

关于煎鸡蛋，更多正式的可复用需求来自于烹饪书籍。例如 Jenny Baker 在她的 *Simple French Cuisine* 一书中告诉我们：

"加热足够的油……用大蒜瓣煎西红柿……在上面打上鸡蛋，慢慢煎到完成。"

Elizabeth David 在 *Italian Food* 一书中建议我们：

"融化一些黄油……加入一片意大利干酪……每道菜打入两个鸡蛋……在煎鸡蛋时盖上平底锅。"

你可以认为烹饪书籍是一份需求规格说明：只是它针对的上下文范围不同于你当前的工作。尽管以上两份菜谱存在不同，但都有一些方面可以复用，用来编写一份新的煎鸡蛋菜谱。因此，一旦你知道了工作的上下文范围，就可以寻找针对全部或部分这一上下文的需求规格说明，将它们作为潜在可复用需求的来源。

> 一旦你知道了工作的上下文范围，就可以寻找针对全部或部分这一上下文的需求规格说明，将它们作为潜在可复用需求的来源。

参考阅读

3 位烹饪书作者使烹饪知识可以得到和复用，他们是 Jenny Baker、Elizabeth David 和 Delia Smith。这些作者的书可以让你提高烹饪技巧并享受美味的食物。

Baker, Jenny. *Simple French Cuisine*. Faber & Faber, 1992.

David, Elizabeth. *Italian Food*. Penguin Books, 1998.

Smith, Delia. *How to Cook: Book One*. BBC Worldwide, 1998.

你可以复用需求或知识，来源可以是我们讨论过的任何一种：同事的经验、已有的需求规格说明、领域模型，当然还有书籍。你只需要意识到所有遇到的事情的可复用潜能。这种意识本身就要求你进行抽象，这样就能透过原有需求的技术和过程来看问题。抽象也包括透过主题事务来发现可复用的组件。我们在本章后面部分将更多地讨论抽象。现在先看看利用模式的思想。

15.3 需求模式

模式是一种指南。如果你试图重复某项工作，或者近似地重复某项工作，它给出一种可遵循的形式。例如，建造古典建筑的石头切割工人使用木制的模子，帮助他们将柱状的石头雕刻成统一的形状。裁缝在剪布料时使用纸模，这样每件衣服都有同样的基本形式，但也要做一些小的调整，满足不同客户体形的需求。

但是从需求的角度来看什么是模式呢？模式意味着构成某种逻辑功能组的一组需求。例如，我们可以考虑书店卖书的需求模式：确定价格、计算适用的税金、收款、包书、谢谢惠顾。如果这是一个成功的模式，那么在将来所有卖书活动中使用这一模式将对你有好处，而不是重新发明如何卖书。

通常，我们使用需求模式来记录业务用例（BUC）的处理策略。如果使用 BUC 作为工作的一个单元，那么每个模式受限于它的输入、输出和存储数据，因此，我们可以认为它是一个独立的微系统。

【关于业务事件和业务用例之间的联系，请参考第 4 章。】

需求模式改进了需求规格说明的精确性和完整性。由于复用了已经为其他项目指定的一组功能的需求知识，因此减少了得到规格说明的时间。要做到这一点，就要寻找可能适用于你的项目的模式。记住，模式通常是一种抽象，你可能需要做一点工作让它符合你的需要。但是，完成规格说明所节省的时间和使用他人的模式所获得的深刻见解是非常重要的。

Christopher Alexander 的模式

参考阅读

Alexander Christopher et al. *A Pattern Language*: *Towns, Buildings, Construction*. Oxford University Press, 1977.

最重要的一组模式（这启发了软件设计的模式运动）在 *A Pattern Language* 一书中介绍，该书是以 Christopher Alexander 为首的一些建筑师编写的。这本书识别并描述了一些模式，它们给人们日常生活带来功能和方便，应用在建筑、生活空间和社区中。这本书向建筑师们介绍了这些模式，作为构建新项目的指南。即使你不是建设者或建筑师，也可以从这本书中学到很多。

图 15-3 展示了"等腰高搁板"，这是 Alexander 和他的同事们定义的一个模式的名称。在这个例子中，他们研究了很多人，观察我们进入和离开房间时发生了些什么事情。假设现在是去上班的时间，你很匆忙，需要带上钥匙、太阳眼镜、门禁卡和手机。如果这些东西很难找到，你就会生气，可能会忘掉什么东西，这是一天糟糕的开始。"等腰高搁板"模式就是基于这种观察，即我们需要在到达时有地方放钥匙和其他一些东西，这样在离开时就能容易地找到它们。

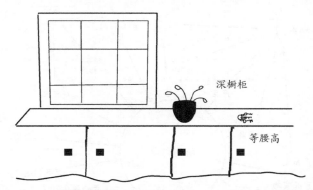

图 15-3　Alexander 定义了等腰高搁板模式，原因正如他说的："在每间屋子或工作场地，都有一些每天要多次接触的物体。如果这些东西不是就在手边，生活就会感觉不适并充满错误——东西会忘记或放错地方。"

该模式指出，应该有一个等腰高的水平表面（这样便于取物），就在大门内（这样就不必把东西拿很远），它要足够大，可以放一些常常拿进拿出的东西。在作者的家中，在没有意识到的情况下就实现了等腰高搁板模式。我们注意到自己很自然地把钥匙放在进门右手边的一级楼梯上（我们都习惯使用右手）。我们也注意到，不需要告知，我们的客人也把他们的钥匙放在了"等腰高踏板"上。

请注意该模板的角色：它是一个指南，而不是一组严格的指令或实现。它可以复用，因为不需要重做试验或重新发明。它是一组知识或经验，可以进行调整和直接使用。

现在来看看模式应用在需求上的情况。

15.4 业务事件模式

先来看一个需求模式的例子。像大多数模式一样，这个模式基于对一个业务事件的响应。

> **模式名称**：顾客希望购买产品。
>
> **上下文**：从顾客那里接收订单，提供或订购产品，并开具发票。
>
> **要点**：组织机构有来自顾客的要求，希望提供产品或服务。不能满足顾客的要求可能导致顾客寻找其他供应商。有时在收到订单时，产品和服务不能提供。

下面的模型更详细地定义了这个模式，我们从图 15-4 中的上下文模型开始。你可以利用该图来决定该模式的细节是否与你正在做的工作相关。上下文边界上的数据流（或实物流）表明了所做工作的类型。如果大部分数据流符合你的业务事件的输入和输出，那么该模式也许可以用在你的项目中。

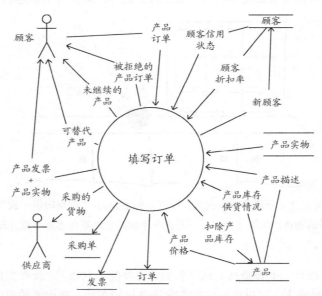

图 15-4 这个上下文模型定义了"顾客希望购买产品"模式的边界。箭头确定了数据流或实物流。所有进入"填写订单"的流被一部分工作使用，这部分工作执行业务规则，产生的流离开"填写订单"。有些流来自或进入相邻系统，如"供应商"或"顾客"。其他流来自或进入信息库，如"产品"或"订购单"，它们用一对平行线表示。当然，这个图只是一个汇总，展示了边界，单个需求位于"填写订单"过程内部

15.4.1 事件响应的上下文

了解了该模式是否适合使用之后，就可以进一步了解细节。这可以通过一些不同的方式来表达。使用的技巧取决于你对模式了解的深度和广度。例如：

- ☐ 从顾客发出产品订单开始所发生的事情的逐步文字描述。
- ☐ 所有与订单填写相关的单个需求的正式定义。
- ☐ 一个详细的模型，在指定单项需求之前将该模式分解为一些子模式以及它们的依赖关系。

15.4.2 事件响应的处理

图 15-5 展示了大模式如何分解为一些子模式。从这个图中，我们可以确定潜在可复用的一组需求。例如，该图展示了一个名为"计算找零"的子模式，它与其他子模式交互。不论何时，如果我们需要为计算任何类型的找零确定需求，都可以独立地使用这个子模式。子模式之间的互动表明，如果我们对计算找零的模式感兴趣，其他模式也可能与我们有关。其他描述这个模式的方式包括使用 UML 活动图、顺序图或场景说明。

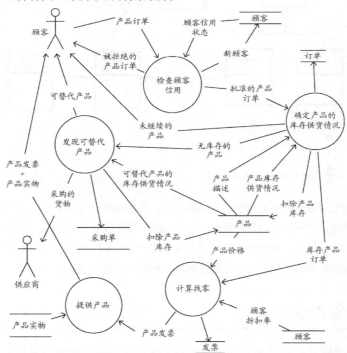

图 15-5　该图将"填写订单"过程（参见图 15-4）分解为 5 个子过程（一组功能上相关的需求），同时展示了它们之间的依赖关系。每个子过程（用圆圈表示）通过命名的数据流与其他子过程、数据存储或相邻系统相连。每个子过程也包含一定数量的需求。这个模型没有随意强制指定处理过程的顺序，而是关注过程间的依赖关系。例如，我们可以看到"确定产品的库存供货情况"过程依赖于"检查顾客信用"过程。为什么？因为前一过程需要知道"批准的产品订单"才能开始工作

15.4.3　事件响应的数据

图 15-6 中的类图展示了参与"顾客希望购买产品"模式的类，以及它们之间的关联。我们可以将每个对象特有的属性和操作组织在一起。例如，"产品"类有一些特有的属性，诸如名称和价格。类似地，它有一些特有的操作，诸如计算折扣价格、发现库存水平等。因为我们有了"产品"这个类的这些知识，所以在需要指定产品相关的需求时，也许就能复用这些知识的部分或全部。

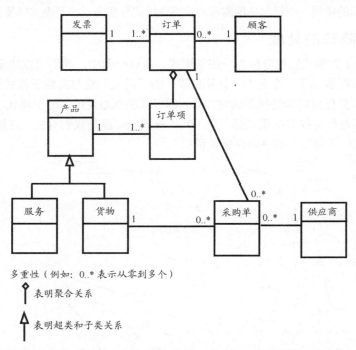

图 15-6　这个类图展示了一些类和它们之间的关联，这些都是"顾客希望购买产品"这一模式的一部分。请考虑这个图所表述的业务规则。顾客可能下零份或多份订单，每份订单都要开发票。一份订单包含一些订单项，每个订单项是一项服务或一件实体货物。只有实体货物可以向供应商采购。现在请考虑在哪些情况下，这些业务规则、数据和过程可以复用

15.5　通过抽象形成模式

我们讨论的需求模式是对很多业务事件（通常来自完全不同的组织机构）分析的结果，这些业务事件的主题是顾客希望购买某种东西。我们通过抽象来记录共同的处理策略，从而导出该模式。因此，如果你的项目包含了一个业务事件，其中心内容是顾客希望购买某种东西，那么这个模式就是一个符合实际的起点。

类似的情况也适用于其他业务事件和其他领域。利用第 7 章中讨论的思想，关注横线之上的

思考，找到问题的本质。透过具体看到抽象，从而形成模式。要把眼光从组织现在使用的技术上移开，看到在处理的业务策略。不要将工作看成它目前的具体形式，要看成一条基线，将来的工作也可以在这条基线上完成。

【利用第 7 章中讨论的思想，关注横线之上的思考。】

当然，你可以有许多模式，涉及许多业务事件和主题领域。为了将它们记录下来以便查找，我们利用以下的模板（它本身实际上也是一个模式），用一致的方式将它们组织起来。

> **模式名称：** 一个描述性的名称，以便与其他人交流。
> **要点：** 该模式存在的理由。
> **上下文：** 该模式相关的边界情况。
> **机制：** 通过文字、图片和对其他文档的引用来描述该模式。
> **相关模式：** 可能与该模式一起应用的其他模式，可能有助于理解该模式的其他模式。

15.5.1　特定领域的模式

假定你目前的工作是一个图书馆的系统。在上下文范围中几乎肯定有这样一个业务事件：图书馆用户希望续借图书。图 15-7 展示了系统对该事件的响应模型。如果"图书馆用户"提出"续借请求"，系统的响应要么是"续借被拒绝"，要么是"准予续借"。

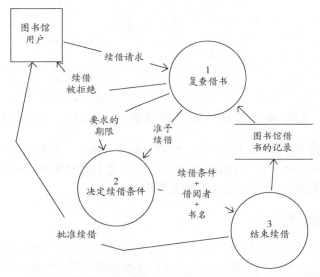

图 15-7　图书馆系统对"图书馆用户希望续借"这一事件的响应的总结

你在图书馆领域的项目上工作，得到了特定产品的详细需求规格说明。作为这项工作的副产品，你识别了某些有用的需求模式，一些与业务事件相关的需求，它们可能在图书馆领域的其他项目中复用。

如果你采用一致的要求来指定需求，就让其他人更容易接近它们，从而更可复用。若你或别人开始另一个图书馆的项目，已经写好的那些规格说明书将是一个好起点。它们通常是这个领域的可复用需求知识的巨大来源。

> 采用训练有素的过程来编写需求规格说明书有一项好处：你得到的需求更容易被将来的项目复用。

现在假设你要面对一个极为不同的领域：卫星广播。这个上下文范围中有一个业务事件是"卫星广播者希望对许可证续约"。当卫星广播者提交了广播许可证请求之后，产品的响应是要么拒绝该请求，要么提供新许可证。图 15-8 总结了系统对该事件的响应。

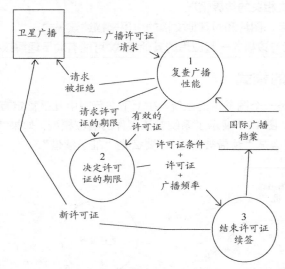

图 15-8　卫星广播产品对"卫星广播者希望对许可证续约"事件的响应模型

当你在为卫星广播项目的需求而工作时，也会发现需求模式，可能在这个领域的项目中复用。

现在让我们看得更深入一些。我们已经讨论了在特定主题领域确定和复用需求模式的想法。但是我们如何才能够在最初的领域之外使用模式呢？

15.5.2　跨领域的模式

第一眼看上去，对"图书馆用户希望续借"的响应与对"卫星广播者希望对许可证续约"的响应很不一样。实际上，它们的不同之处在于它们来自非常不同的领域。不管怎样，让我们再来看看这两个事件响应，这次寻找相似之处。如果发现了相似之处，我们就有机会导出更抽象的模式，可适用于许多其他领域。

书和广播许可证都是"要续约的东西"。根据续约的请求，业务将决定是否同意续约。对书和许可证续约的业务规则有一些相似之处。例如，业务将检查续约者是否符合续约的条件，它决定续约的条件，它记录所作的决定并通知续约者。通过观察一些不同的响应，可以得到一个抽象：我们得到了某种处理策略，对所有要续约的东西都运用。我们也发现"要续约的东西"的某些属性是一样的，不论是在讨论书还是广播许可证。例如，每件要续约的东西都有唯一的标识符、标准的续约周期以及续约费用。

图 15-9 展示了我们对这两个业务事件的处理策略进行抽象的结果。我们使用抽象来确定共同的特征。要做到这一点，我们透过表象来看问题，发现有用的相似之处或分类。而且，在我们寻找共同之处时忽略了一些特征。

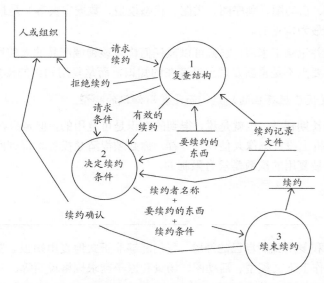

图 15-9　在图书馆领域和卫星广播领域的业务事件之间寻找共同之处，得到了这个业务事件用例模型

在创建抽象时，你忽略了实际的物品和主题领域。例如，在图 15-9 中，我们忽略了图书馆的书和广播许可证这两件实际物品。我们把注意力集中在两个系统执行的底层动作上，目的是发现相似之处，以便于利用。例如，如果一个路由分配系统的一部分在功能上与一个容器存储系统有相似性（作者之一确实发现了这些相似性），那么对一个系统所做的工作就能在另一个系统中复用。

确定和使用模式的技能与其他一些能力有关：

❑　从不同的抽象层次来看待工作的能力；

❑　按不同的方式进行分类的能力；

❑　发现望远镜和注满水的玻璃半球都是一种放大装置的能力；

❑　指出显然不同的事情之间相似之处的能力；

❑　忽视实际物品的能力；

❑　以抽象的方式来看问题的能力。

15.6　领域分析

领域分析是对一个主题事务领域的通用知识进行调查、记录和指定的活动。你可以把领域分析看作是非项目系统分析：目的是了解有关的业务策略、数据和功能，而不是构建什么东西。在该领域所获得的知识将用于该领域内所有构建产品的项目，最好是得到复用。

领域分析工作进行的方式与常规系统分析的一样。也就是说，你与领域专家一起工作，以提取他们到目前为止还说不清楚的知识，记录下来以便其他分析师复用。这个过程表明常规的分析模型（事件响应模型、活动图、顺序图、类图、状态模型、数据字典等）是最有用的，因为这些模型在分析工作中是最为常见的。

领域知识被发现并记录下来后，它就可以被任何构建该领域产品的人使用。领域知识适用于该领域的所有产品。要点不是重新发现已经存在的知识，而是复用知识的模型。

> 要点不是重新发现已经存在的知识，而是复用知识的模型。

领域分析是一项长期任务。也就是说，得到的知识是可复用的，但是只在有机会复用时它才是有益的。在领域分析上投资就像其他投资一样：你必须很清楚投资将得到回报。从领域分析的角度来看，领域知识被复用的次数是没有限制的。

15.7　小结

通过与同事交谈和复用我们自己的经验，我们能够非正式地复用知识。需求建模技术提供了一些提交产物，如工作上下文模型、活动图、场景和原子需求规格说明等。而且，所有这些都让需求可视化，从而可能被更多的人复用。

为项目写下的需求规格说明书也可能包含一些你觉得可复用的内容。我们容易忽视来自其他项目团队的东西，但查看其他团队的文档通常能有收获。自然，需求文档越清晰越好，就越可能让别人觉得可复用。

第 *16* 章
沟通需求

本章讨论将需求以书面的形式确定下来。

在开发世界的一头，你有业务；在另一头，你有开发者和技术员，他们已经为这项业务做了一些工作。任务说起来比做起来要简单得多，就是将业务要求告诉开发团队。通常，你通过编写一份需求规格说明书来完成这项任务，但还有其他一些方式可以将信息精确而正确地传递给需要的人。对需求的要求是，它们传递的方式必须让收到信息的人确实去读它、理解它、利用它。

编写需求不是一项单独的活动，而是在网罗和发现需求时完成的。然而，关于编写和汇总需求，有些事情是重要的，我们在本章中讨论。

> "不论他头脑中的想法多么出色，也不论他的时钟装置多么准确，他的口头描述却不能同样精彩。他（John Harris，他解决了经线问题）出版的最后一部作品概述了他与经线委员会（Board of Longitude）不愉快交往的全部历史，将他没完没了的婉转曲折的风格带到了顶峰。第一个句子连续不断，实际上没有停顿的长达 25 页。"
>
> ——Dava Sobel，*Longitude*

16.1　正式性指南

本章探讨的是"沟通"需求。你不必总是将需求写成规格说明书，但它们必须规范到一定的程度，让所有涉及的利益相关者能看清楚，并同意你对需求的理解。

兔子项目通常不编写正式的需求规格说明书，但你应该考虑如何沟通需求的某些属性。具体来说，兔子项目通常编写测试用例来代替验收标准。如果你使用故事卡片，那它们"必须"包含理由，加上顾客价值也是有用的。

要记住，让需求正确不是让开发变得更加官僚主义，而是让它更有效。

骏马项目应该始于需求知识模型（如本章稍后的图 16-2 所示）。要确保你知道这些组件在哪里记录，如何记录。不需要将它们全部放在一份规格说明书中，但需要在某个地方记录它们。骏马项目应该考虑他们需要的规格说明的量。我们在这里描述了一份完整而严格的规格说明书，但在得到每一部分的规格说明之前，请评估你的需要。

大象项目编写完整的规格说明书，并且应该使用某种自动化的工具来维护它。有许多这样的工具，主要是考虑让需求分析师团队能够同时访问规格说明书。因为大象项目的规模、片断性和长生命周期（因此涟漪效应的变更也更多），所以需要特别考虑确保足够的形式化（包括一致同意的需求知识模型），从而确保需求能够从产品追踪到工作，从工作追踪到产品。

16.2　将潜在需求变成书面需求

在网罗需求或制作原型时，发现的需求并不总是准确的，因为它们只是关于需求的想法或意图，有时候是模糊的、半成形的。相比之下，你得到的需求规格说明是产品构建合同的基础。因此，它必须包含清晰、完整、可测试的要求，说明必须构建什么。本章的任务就是将半成形的想法变成准确的、可沟通的需求表述，图 16-1 展示了这项任务。

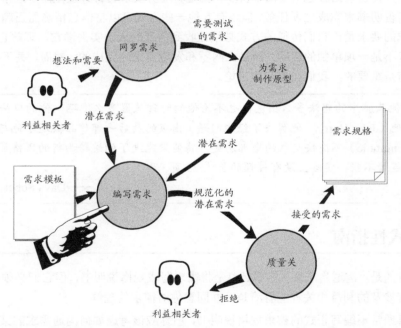

图 16-1　在需求网罗和制作原型时，你发现需求的意图，我们称之为"潜在需求"。编写活动将前面得到的思想和半成形的想法变成精确的、可测试的需求，称为"规范化的潜在需求"。最后，需求经过质量关的测试，加入需求规格说明

这种从模糊到精确的转换并不总是很直接，我们发现有一些帮助是很有用的。为了做到这一点，我们利用了规格说明书模板和需求项框架。模板是一个拿来就可用的需求规格说明编写指南或检查清单，需求项框架是针对单独一项需求的容器，我们称之为"原子需求"。让我们从头开始。

16.3   知识与规格说明书

在开始编写需求并将它们汇集成规格说明书之前，值得花一些时间来考虑需求过程中积累起来的知识。理解这种知识，拥有共同的语言来谈论它，你就能更好地决定如何编写、公布和分发需求规格说明。

让我们从图 16-2 中的需求知识模型开始。将这个模型看作一个概念整理系统，它包含了你的需求信息。也可以将它看作是模板内容的一种抽象形式。图 16-2 中的每个矩形代表了一类需求信息。存放这些信息的方式并不重要，也不必太在意它的格式。简单来说，信息才是这个概念模型中的要点。考虑事实，而不是文档或数据库。

考虑事实，而不是文档或数据库。

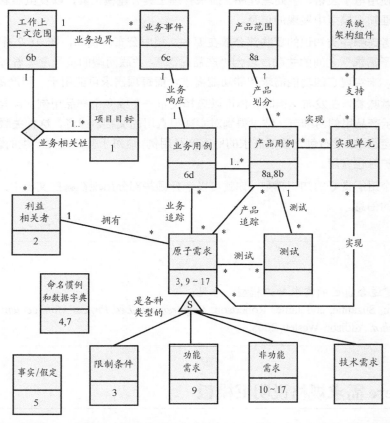

图 16-2   需求知识模型反映了你在需求过程中发现的信息。为了方便，我们使用了 UML 类图对这些信息建模。每个类（表示为一个矩形）是关于该主题（类名）的一部分信息。类之间的关联（连线）是利用这些信息所需的关系。类中所附的数字对应 Volere 需求规格说明模板中的小节号（参见附录 A）

为了方便，我们建议大部分信息可以包含在规格说明书中。为此，类上的编号提供了对 Volere 需求规格说明书模板的交叉参考。

知识模型（参见图 16-2）中的类与其他类关联。这些关联表示了工作关系，为类模型中的信息提供了额外的意义。例如，"工作上下文范围"、"项目目标"和"利益相关者"之间有三方关联。这种关系表明了三者之间的依赖，因为改变范围就会改变利益相关者，改变目标就会改变范围，并可能改变利益相关者。第 3 章中我们讨论了范围、利益相关者和目标的三位一体。图 16-2 提供三位一体的图形表示，为了赋予它更多的含义，我们在模型中将该关联命名为"业务相关性"。

【完整的 Volere 需求知识模型请参见附录 D。】

可以将知识模型看作是收集、管理和追踪的需求信息的一种抽象表示。现在由你决定如何格式化并保存这些知识。你决定使用怎样的自动化过程和手动过程组合，来记录和追踪这些内容。项目通常组合使用电子表格、字处理程序、需求管理工具、建模工具，以及虽然老式但仍然有效的卡片，来管理知识模型中展现的信息。

你也应该考虑哪些类知识的哪些部分放在哪些文档中公布。例如，图 16-2 中包含了"产品用例"和"原子需求"之间的关联，名为"产品追踪"。关联两端的星号意味着每个产品用例由一组需求组成，来实现它的功能需求和非功能需求，而每项需求可能用于一组产品用例。

这种关联意味着，在发布文档时，你可以选择发布一个或多个产品用例，包含所有相关的原子需求，来展示产品用例的细节。结果得到对实现很有用的文档。或者，这种关联也意味着你可以选择一项特定需求，发布包含该项需求的所有产品用例。这对于确定变更产生的影响是有用的，在将来系统维护时也有用。

如果有一个组织良好的知识模型，你就可以选择哪些部分出现在哪些文档中，为利益相关者提供他们所需的信息。

参考阅读

关于构建适合自己的需求知识模型，参见：

Robertson, Suzanne, and James Robertson. *Requirements-Led Project Management: Discovering David's Slingshot*. Addison-Wesley, 2005.

16.4　Volere 需求规格说明书模板

人们已经写了很多好的需求规格说明。如果能建设性地利用一些已有的好的需求规格说明，你编写另一份需求规格说明书的任务就会容易些。

> 法国沙特尔宗教学校的校长 Bernard 曾说过，我们就像站在巨人肩膀上的侏儒，我们之所以比巨人看得更多，看得更远，并不是因为我们的眼光锐利，也不是因为我们的身体有什么特别，而是因为我们被巨人的身躯托举得很高。"
>
> —— John of Salisbury

【Volere 需求规格说明模板在附录 A 中。本章会经常引用该模板。】

Volere 需求规格说明模板是"站在巨人的肩膀上"完成的。本书的作者从那些成功构建的产品的需求规格说明中借用了一些有用的元素，把这些最好的元素打包成一份可复用的模板。这个模板可以作为你的需求规格说明的基础。这样，你也站在了巨人的肩膀上。

Volere 模板就像一个需求的分格容器。我们检查了一些需求文档，把它们的需求分成各种类型。事实证明，这些类型有利于识别和提取需求。每个类型在模板中占据一部分。

16.4.1 模板目录

项目驱动

1．项目的目标

2．利益相关者

项目限制条件

3．强制的限制条件

4．命名惯例和定义

5．相关事实和假定

功能需求

6．工作的范围

7．业务数据模型和数据字典

8．产品的范围

9．功能需求

非功能需求

10．观感需求

11．易用性和人性化需求

12．执行需求

13．操作和环境需求

14．可维护性和支持需求

15．安全需求

16．文化需求

17．法律需求

项目问题

18．开放式问题

19．立即可用的解决方案

20．新问题

21．任务

22．迁移到新产品

23．风险

24．费用

25．用户文档和培训

26．后续版本需求

27．关于解决方案的设想

16.4.2　模板部分

模板包括了 5 大部分内容。第一部分是项目驱动。这些因素首先导致了项目的发生。驱动包括了项目的目标：为什么你会参与该项目的需求收集，以及谁想要这个产品。

接下来是项目限制条件。它们将限制项目的需求和结果。限制条件在项目启动阶段写进规格说明书，但可能有一些机制能够更早地确定它们。

可以将这两部分看作是为需求定下了必须遵守的基调。

接下来的两大部分是产品的需求。功能需求和非功能需求在这里指定。每项需求都以一定的详细程度进行描述，这样产品的构建者就能精确地知道要构建什么来满足业务需要，要测试什么来确保交付的产品满足其需求。

模板的最后一部分是项目问题。这些不是产品的需求，而是如果产品要变成现实就必须要面对的问题。模板的这一部分也包括了"后续版本需求"，其中保存那些不打算在产品的首次发布中实现的需求。如果你采用迭代开发技术，后续版本需求类似于开发列表。

完整的 Volere 需求规格说明书模板包含了例子和指导，帮助指定其内容。对于每一节，内容、动机、考虑、例子和形式为模板用户提供了编写需求的指导。我们建议你用该模板作为指南，编写你的需求规格说明书。

16.5　发现原子需求

需求规格说明书的前 8 节介绍了项目驱动、限制条件和项目范围，混合使用了模型和自由文本。

但是，原子功能需求和非功能需求应该写得更正式，采用一致的结构。我们称之为“原子”需求是因为它们不需要分解。它们确实包含一些属性，就像真正的原子包含一些亚原子粒子，但作为一个单元来处理更有用。这些属性构成了完整的原子需求，最好是看成需求项框架。

16.5.1 白雪卡

在我们讨论需求项框架的属性之前，我们想介绍一下白雪卡。它只是一张卡片（当然是空白的），包含了需求项框架的属性。我们从 William Pena 那里借鉴了卡片的想法，他是一名建筑师。Pena 的建筑公司的成员使用卡片来记录他们设计的楼房的需求和相关的问题。团队成员将包含未解决问题的卡片贴在会议室的墙上，然后使用这种可视化的方式来快速了解楼房的建造进度。

在收集需求时，我们发现这些卡片的类似用途。图 16-3 展示了白雪卡的例子。在网罗需求时，这种低技术含量的需求收集方式很方便，当然，卡片可以转移到自动化的工具中。白雪卡也可以用作故事卡片，因为它们有一些共同的属性。

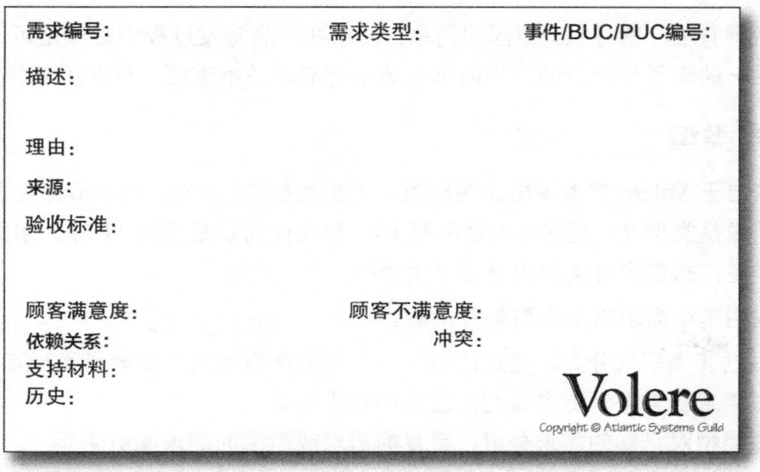
需求编号：　需求类型：　事件/BUC/PUC编号：
描述：
理由：
来源：
验收标准：
顾客满意度：　顾客不满意度：
依赖关系：　冲突：
支持材料：
历史：
Volere
Copyright © Atlantic Systems Guild

图 16-3　以白雪卡的方式展现的 Volere 需求项框架。使用一张（8×5）英寸的卡片记录一项原子需求。需求分析师逐步发现并把各条目补充完整，从而得到一项完整、严格的需求

在需求研讨会上，我们将一小叠白雪卡放在学员的桌子上。学员在研讨会过程中用它们来记录需求。令我们吃惊的是，尽管白雪卡是低技术含量的东西，但学员总是在研讨会结束时拿走所有没用过的白雪卡。后来我们收到电子邮件，说他们在需求收集过程的早期有多么喜欢使用白雪卡。

在我们自己的项目中，我们在访谈利益相关者时使用白雪卡，记录从他们那里听到的需求。开始需求没有完全成形，所以我们可能只是记录下描述和需求来源。随着时间推移，我们对需求有了更好的了解，就不断地填写卡上的其他部分。

使用松散的卡片有一个好处，它们可以分发给分析师。我们有一些客户在需求收集阶段的早

期使用白雪卡。他们发现可以很方便地将卡片订在墙上，或交给分析师作进一步澄清，或邮寄给他们的用户（我们曾收到过背面有我们的地址并贴上邮票的白雪卡），通常能够单独处理一项需求。

> 我们曾收到过背面有我们的地址并贴上邮票的白雪卡，感到非常有趣。

我们也使用白雪卡来记录用户故事，更多内容请参见第 14 章。

> 我们也使用白雪卡来记录用户故事。

16.6　原子需求的属性

现在让我们看一下完整、规范化的原子需求是怎样构成的。在我们处理构成一项需求的每个部分时，可考虑如何发现它，它如何适用于你的项目。在探讨这些属性时，请参考图 16-3。

16.6.1　需求编号

每项需求必须有唯一的标识。原因很简单：需求在产品开发过程中必须是可追踪的，所以给每项需求一个唯一的编号是合理的。如何唯一地指定需求并不重要，只要用某种方式完成就行。

16.6.2　需求类型

需求类型来自于 Volere 需求规格说明模板。模板包括 27 小节，每小节都包含一种不同类型的需求。功能需求是类型 9，观感需求是类型 10，易用性需求是类型 11 等。如果你难以决定一项原子需求的类型，指定多种类型也是可以接受的。

以下几点说明了给需求附上类型是有用的。

- ❑ 可以根据其类型来分类。通过比较一个类型的所有需求，更容易发现互相冲突的需求。
- ❑ 理解了需求的类型，更容易写出适当的验收标准。
- ❑ 通过按类型对已知的需求分组，重复的需求或遗漏的需求就更明显了。
- ❑ 将需求按类型分组也有助于让利益相关者参与。例如，可以很容易地确定出所有的安全需求，将它们交给安全专家复查。

16.6.3　事件/用例编号

使用业务事件作为划分工具，工作上下文范围被分解为一些小块。工作对每个业务事件的响应就是业务用例（BUC）。如果你决定了业务用例的哪部分由产品来处理，那就是产品用例（PUC）。为了方便引用，所有这些都有标识符，通常就是一个数字。

你可以针对任何部分来编写原子需求，但通常业务分析师针对 BUC 编写需求。不论针对哪个层面来编写需求，你都应该提供标识符。事件/BUC/PUC#让你和所有人能从原子需求回溯到它的群组。图 16-4 展示了需求是怎样标识的。

| 需求 #: **75** | 需求类型: **9** | 事件/BUC/PUC　#: **6** |

图 16-4　需求、需求类型和事件/用例标识符

回溯是有用的，但能够针对一个 BUC 汇集整套需求更有用。这让你能验证这个 BUC 的所有需求是否已经编写。并且，假定你一次实现一个 BUC，这让开发者更清楚地看到需要完成的任务。

16.6.4　描述

描述是该项需求的意图。它是一句英语（或你使用的自然语言）句子，用利益相关者的词汇说明他们想要的是什么。不必太关注它是否有二义性，但也不应太随意地使用自己的语言。验收标准将确定这项需求的准确含义，让它可测试。写下描述的目的是记录利益相关者的意愿。所以就目前来说，描述只要清楚到你和利益相关者能明白就行了。

16.6.5　理由

理由是需求存在的原因。它解释了为什么该需求是重要的，该需求对产品的目标作出了什么贡献。为需求加上理由有助于你和利益相关者理解需求真正的要求。理由指出了需求的重要性，告诉开发者和测试者要花多少工作来开发和测试它。

在用户故事（故事卡片）中，理由是故事的"以便能实现……"部分。我们强烈建议你总是包含理由，只有在最迟钝的人都很清楚需要这项需求时才省略理由。

16.6.6　来源

来源是首次提出该需求的人，或者要求该需求的人。你应该为需求附上提出者的姓名或首写字母，以防有问题或需要澄清，或者该需求与另一项需求发生冲突。如果它被质量关拒绝，这也有用。需求提出者必须拥有适合该类需求的知识和职权。

16.6.7　验收标准

验收标准是解决方案必须达到的量化基准测试。虽然需求的描述和理由是用用户的语言写成的，但验收标准是以精确、量化的方式写成的，这样就可以测试交付的解决方案是否满足需求。

验收标准和理由相当重要，所以我们花了一整章来讨论它。如果你还没有这样做，请看第 12 章"验收标准和理由"，其中有这个主题的详细内容。

【第 12 章深入介绍了验收标准。】

16.6.8　顾客满意度和不满意度

每项需求都应该包含顾客满意度和不满意度评分，参见图 16-5。如果成功地提交了需求的实现，你的客户（或利益相关者小组）有多高兴？满意度评分对此进行度量。如果不能提交这项需

求的实现，你的客户有多不高兴？不满意度评分对此进行度量。

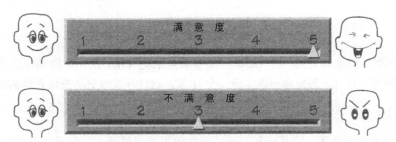

图 16-5　满意度和不满意度评分反映了客户对最终产品是否实现某项需求的看法和考虑。满意度高分表示如果能成功交付这项需求，客户会非常高兴；不满意度高分表示或者如果产品不能实现这项需求，客户会很不高兴

例如，下面是一项很普通、很平常的需求：

> **产品应该记录公路网络的改变。**

自然，客户希望产品能记录下公路网络，这样它能告诉工程师哪些道路必须处理。客户不太可能对这项需求激动不已，所以满意度的评分是 3～5 分。但是，如果产品不能记录道路的改变，估计客户会相当愤怒，因此他的不满意度评分是 5 分。高的不满意度评分说明了需求的重要性。

现在考虑以下需求：

> **如果一个气象站传送数据失败，产品应该发出警告。**

产品的这项功能是有用的，有了它感觉不错。客户可能会把它的满意度评分定为 5。然而，该需求对产品的正确操作并不是太重要：如果一个气象站传送读数失败，工程师最终总会注意到。在这种情况下，客户的不满意度评分可能是 2 分或 3 分。换言之，如果产品不实现这个功能，工程师不会很不开心。

满意度和不满意度评分表明了需求对客户的价值。尽管它们通常附加在每项原子需求上，你也可以为每个产品用例附上评分，表明客户对成功交付这部分工作所赋予的价值。

通常由客户来决定满意度和不满意度评分。因为客户为产品的开发付费，按理说他应该是决定需求价值的人。但是，有些组织机构喜欢让主要利益相关者构成的小组来决定评分。

16.6.9　优先级

需求的优先级说明了需求的实现相对于整个项目的重要性，决定了哪些需求将在产品的下一个版本中优先开发。

【关于优先级技术的更多内容，可参考第 17 章。】

16.6.10 冲突

需求间的冲突是指两项或多项需求不能同时实现，开发一项需求将妨碍另一项需求的开发。例如，一项需求可能是计算到达目的地的最短路径，另一项需求可能是计算到达目的地的最快路径。考虑到由于交通堵塞或其他情况，最短路径并不一定是最快路径，这样就产生了冲突。

类似地，在你开始审视解决方案时，可能会发现两个或多个需求之间有冲突：对一项需求的解决方案也许意味着另一项需求不可能实现，或受到严格的限制。

冲突会发生。发生冲突时不要太担心，因为你总有某种办法来解决问题。第 17 章有解决冲突的更多建议。

16.6.11 支持材料

不要试图把所有东西都放入需求规格说明书。总会有一些其他材料对需求来说是重要的，可以简单地在此处引用。

> 支持材料：Thornes, J. E. *Cost-Effective Snow and Ice Control for the Nineties.* Third International Symposium on Snow and Ice Control Technology, Minneapolis, Minnesota, Vol. 1, Paper 24, 1992.

如果你编写的需求涉及许多步骤才能完成（例如，计算按揭的利息），比较容易的做法是不要将这些步骤作为需求，而是指向计算利息的权威文档。类似地，总是有一些业务规则、标准、法律、法规和其他情况，对于这些情况，更有效的需求写法类似于"产品应该决定含盐度"，并指向一份文档。该文档说明了产品要成功发现正确的含盐度，开发者需要做些什么。

这是一个有用的属性，但不要用过度。并非所有需求都需要支持材料。

16.6.12 历史

历史属性记录了需求首次提出的日期、更改的日期、删除的日期、通过质量关的日期等。如果感觉会有帮助，可以加上负责这些活动的人的姓名，但要限制历史，只包含必要和与环境相关的信息。

16.7 汇编需求规格说明

与其说需求规格说明是写出来的，不如说是汇编的（参见图 16-6）。Volere 需求规格说明模板和白雪卡提供了方便的指导，说明了汇编哪些内容才能得到完整的需求规格说明书。模板指出了规格说明书要包含的主题，白雪卡表明了每项原子需求要包含的内容。

要记住，并非总是要汇编出完整的规格说明书后才能开始其他活动。你也可以发布不完整的版本，这样做有许多理由。

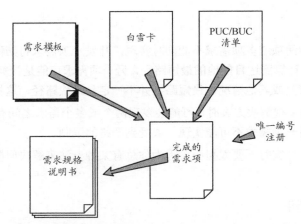

图 16-6　汇编需求规格说明书。模板提供了需求类型的指南，解释了如何描述每一类需求。以白雪卡为指导，把每项功能需求和非功能需求的组成部分集中在一起。你每次为一个 PUC 编写需求。可以认为需求规格说明是由许多完成的白雪卡汇集而成的

你也许想考虑规格说明的排序方式。模板似乎在说，需求是按类型发布的：所有功能需求在一起，所有观感需求在一起，等等。但在你自己的工作中可能会发现，发布属于一个产品用例的所有需求更有用。这样做的好处是开发者更容易完成他们的工作，你也更容易看到这个 PUC 有一组完整的需求。

自然，你汇编的规格说明书可以用其他方式发布，某种自动化的方式将有所帮助。

16.8　自动化的需求工具

低科技的方式在需求收集的早期阶段当然是可行的。但是，如果项目中有多位需求分析师，你会发现随着工作的推进和需求数量的增加，自动化的工具会带来好处。工具不需要很精细。实际上，我们的许多客户发现字处理程序或电子表格就能满足需要。我们不知道事实如何，但我们强烈地感觉到大量的需求规格说明书都是用微软公司的 Word 写的。

有许多不同的自动化需求工具可用。幻想这些工具能够出去帮你发现需求当然很美，但这不可能，你必须自己去发现需求。工具只是为你记录需求。这些工具的功能变化挺大，这里不准备推荐很多工具。我们的网站上维护了一份可用需求工具的清单（www.volere.co.uk/tools.htm）。我们推荐你以此作为起点，找到适合你的工具或组合。

在你决定使用某个工具之前，请将需求知识模型（参见图 16-2）与可用的工具进行比较。该工具能帮你记录哪类知识？不同类知识之间的关系呢？该工具能帮你维护哪些关系？要记住，你不太可能找到一个工具，它能处理你的需求知识模型的方方面面，但你肯定能找到一个尽可能接近的。

免费的工具也可以使用。查看开源站点，寻找免费的需求工具，也看看使用 Google Docs 的

可能性。Google Docs 是一个免费的字处理软件（还有电子表格和演示应用），如果多名业务分析师和利益相关者需要协作完成规格说明书，它是很有用的。Microsoft SharePoint 也提供了一种协作的方式，来创建需求规格说明书。

四处看看，你肯定会找到适合记录需求的工具组合。

参考阅读

需求工具一直在改变。我们维护了一个可用工具的清单，网址是 http://www.volere.co.uk/tools.htm。

16.9 功能需求

这里的例子是 IceBreaker 项目的一项功能需求：

> **产品应该记录新的气象站。**

这项需求声明了一个动作，如果执行该动作，将对产品的目标作出贡献。如果目标是要预测何时道路将结冰，那么它就必须从气象站收集数据，因此就必须知道气象站的存在和位置。在新的气象站加入网络时，产品必须能够记录它们的细节。

类似地，下面这项需求也会对产品的目标作出贡献：

> **如果一个气象站传送读数失败，产品应该发出警告。**

如果产品要知道气象站工作异常和产生不完整数据的可能性，就需要这项需求。但是，这些功能需求的例子是不完整的，你可能也会认为它们太随意，也许含义模糊。

为了完成每项需求，你使用白雪卡作为检查清单，执行下列步骤：

- ❑ 给这项需求一个标识编号；
- ❑ 指明导出这项功能的产品用例或业务事件；
- ❑ 如果理由不是不言自明的，就记下理由；
- ❑ 指明来源；
- ❑ 加上验收标准；
- ❑ 描述所有已知的冲突；
- ❑ 包括所有有用的支持材料。

图 16-7 展示了完整的功能需求。

需求编号：75	需求类型：9	事件/BUC/PUC编号：6

描述： 如果一个气象站传送读数失败，产品将发出警告

理由： 传送读数失败可能表明该气象站失效并需要维护，并且用于预测结冰的数据可能不完整

来源： V.Appia，道路工程师

验收标准： 对于每个气象站，当每小时记录下来的各类读数个数不在制造商规定的范围之内时，产品将通知用户

顾客满意度：3	顾客不满意度：5
依赖关系：无	冲突：无
支持材料：Rosa 气象站规格说明	
历史：V.A 在 2013 年 7 月 28 日提出	

Volere
Copyright © Atlantic Systems Guild

图 16-7　白雪卡上的一项完整的功能需求

【关于如何导出和编写功能需求，请参考第 10 章。】

16.10　非功能需求

非功能需求的编写与其他需求类似。它们拥有全部的常规组成部分：标识编号、类型、描述、验收标准等。因此你使用白雪卡，像编写功能需求一样来编写它们（参见图 16-8）。

【第 11 章描述了这些类型的需求，并讨论了如何编写它们。】

需求编号：110	需求类型：11	事件/BUC/PUC编号：6,10,13

描述： 产品应该对道路工程师易于使用

理由： 工程师不必为了使用该产品而参加培训课程

来源： Sonia Henning，道路工程管理者

验收标准： 一个道路工程师将在首次接触该产品的一小时内，能够成功地执行指定的用例

顾客满意度：3	顾客不满意度：5
依赖关系：无	冲突：无
支持材料：	
历史：A.G. 在 2013 年 8 月 25 日提出	

Volere
Copyright © Atlantic Systems Guild

图 16-8　一项非功能需求，这是一项易用性需求

在这里，你关注产品必须具备的属性，如它的观感，它必须怎样易于使用，它必须多么安全，哪些法律适用于该产品，以及所有不属于基本功能，但产品必须具备的其他属性。

16.11　项目问题

项目问题是需求活动中发现的一些关注点。你可以利用 Volere 需求规格说明模板的 18～27 小节作为检查清单，或指导你编写这些内容。

有时候，我们在需求规格说明中加入项目问题，是担心如果不这样做就会遗漏它们。但是，如果你的组织机构已经有了过程或合适的文档来记录这些信息，就不要将这些问题加到需求规格说明中。

16.12　小结

编写需求规格说明不是一项独立的活动，而是与需求过程的其他部分一起完成的。无论何时，如果需求分析师有所发现，就写下需求或部分需求。并非所有需求都是同时完成的。

即便如此，编写规格说明也不是一项随意的活动。业务事件、业务用例、产品用例、模板和需求项框架使之成为一个有序的过程，而且它们也随时度量完成程度，更重要的是，指出哪些地方需要完善。

需求知识模型是管理需求知识的文档系统的一种抽象视图。它为追踪一部分知识对其他知识的影响提供了基础。我们建议你构建自己的知识模型（用我们的模型作为起点），来指导你的需求发现活动。

正确地编写需求是很重要的。一组好的需求能得到数倍的回报：构建工作更精确，维护成本更低，完成的产品更准确地反映了顾客的需要和想法。

第 *17* 章
需求完整性

本章讨论确定需求规格说明是否正确和完整，并设定需求的优先级。

在需求过程的某个阶段，你需要发布全部或部分需求规格说明，因为其他人，如开发者、测试者、市场人员及供应商需要它。待发布的规格说明书不一定包含全部需求：它可以是针对下一次迭代的部分版本，或因市场原因而希望发布的规格说明版本，或在投标书（RFP）中使用的节选，或因其他原因而发布的部分。不管怎样，在发布规格说明之前，需要确保相对于它的目的它是完整的。

这里使用术语"规格说明"来表示你拥有的任何形式的需求集合。它不一定是正式的书面规格说明书，它甚至不一定是正式的。它可以是 wiki 或一组故事卡片，它可能只包括产品的部分发布版的需求。不论你的意图如何，在将规格说明交给其他人之前，进行完整性复查确保它是充分的。

图 17-1 展示了质量关和需求规格复查是如何配合工作的。质量关测试单项需求，确保它表述正确、无二义性、在范围内、可测试、可追踪、不是镀金需求，从而确定只有正确的原子需求才包含在规格说明中。

【第 11 章探讨了质量关。】

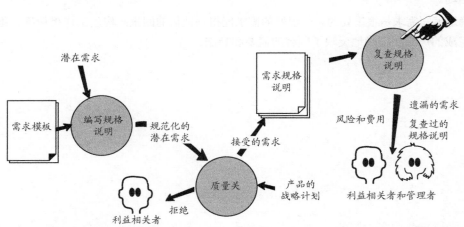

图 17-1　你已经到达了过程的这个阶段，此时，需要把规格说明作为一个整体来考虑。质量关已测试并接受了单项的需求，它们被允许进入规格说明。现在需要评估规格说明是否完整。这种复

294

查可以迭代进行，最好每次针对一个产品用例的需求

现在你必须考虑规格说明是否完整，这意味着将规格说明作为一个整体来复查，确保应该有的部分都有。这种复查是有意义的，如果你考虑进行以下测试：

- ❑ 确定是否遗漏了需求；
- ❑ 排列优先级，这样构建者能理解需求的重要性和紧急性；
- ❑ 检查需求之间的冲突，这会阻碍一项或多项其他需求的实现。

此外，在这个阶段，项目管理层还应该执行另两项任务：

- ❑ 预估构建的成本；
- ❑ 评估项目所面临的风险。

复查需求规格说明可以在任何时候进行，而不只是在发布之前，因为它可以是一项持续的活动。例如，你可以将复查规格说明作为需求活动进度的检查。规格说明完成的质量（或毫无质量可言）说明了进度，而不是规格说明的数量。

17.1 正式性指南

兔子项目很少将所有需求编写成一份完整的规格说明，相反，他们在每批需求到来时做出反应。本章讨论的复查过程对于在这样的项目中逐步检查完整性是有用的。兔子项目的开发者应该看看本章介绍的无事件检查和 CRUD 检查的小节。关于优先级的小节，虽然是为书面需求而写的，但也适用于兔子项目。

骏马项目几乎总有某种类型的书面规格说明。它不必像大象项目的规格说明那样规范，但最好知道它是完整的、相关的。骏马项目可能不会创建我们这里描述的所有模型，但这也可以：没有这些模型，复查过程仍然有效。骏马项目肯定应该排列需求的优先级。

大象项目总是需要完整的规格说明。这要么是法定的，要么是因为你打算将产品的开发外包。如果是法规的要求，那你就有义务确保得到完整和正确的规格说明，在某些情况下还要说明如何肯定它的完整性和正确性。如果你打算外包，但没有准确的规格说明，那你可能会对最终结果感到失望，因为供应商只能按你的要求来构建。

在这个复查过程中，我们用到一些模型，最突出的是一个存储数据的模型（UML 类模型、实体关系图，或你选择的模型）。大象项目几乎总是会利用模型，所以这里我们提供了另一种方法，让你能够从这样的表示中获得好处。

17.2 复查规格说明

复查的过程是迭代式的。寻找问题或遗漏，修正问题，这可能意味着引入新问题。因此，可

能需要让这个过程迭代一次或两次，确保规格说明书没有漏洞。保持记录你遇到的错误是有用的，在复查中发现的错误类型指出了需求过程中哪里需要改进。

这种复查为你提供了一个理想的机会，重新评估以前关于项目是否应该继续的决定。如果规格说明书存在严重错误或不完整，或者测量表明费用和风险超过好处，几乎总是表明需要考虑对项目执行安乐死。

17.3　审查

有一种相当有效的规格说明复查方式，它是一个正式的过程，称为"Fagan 审查"。Fagan 审查已经存在很长时间了，关于它的论述很多，所以我们不打算在此重复太多，只简要介绍这个过程就够了。

审查过程开始时，由一名协调人确定要审查的材料和审查者。审查者收到被审查的文档的概要，他们大约有一天的时间来研究这些材料。审查会议（限制在 2 小时以内）利用以前发现的问题的检查清单来分析文档。这份检查清单将应用于该文档："这个错误是否存在？那个错误是否存在？"事实证明，这是非常有效的错误捕捉方法，比其他复查技术的错误检出率更高。如果发现新错误（不在清单上的错误），就会更新清单。作者对文档进行返工，协调人确保所有的错误都已消除。如果有必要，协调人会安排跟进的审查。

参考阅读

关于 Fagan 审查最初的论文（软件行业引用最多的论文之一）是：

Fagan，Michael. *Design and Code Inspections to Reduce Errors in Program Development.* IBM Systems Journal，vol. 15，no. 3（1976）：pp. 258~287.

（我们说这种审查已经存在很长时间了。）

你可以很容易地采用一些 Fagan 法则。试试这些：

- ❑　指派一名协调人（可能是业务分析师），负责安排审查和分发资料；
- ❑　建立最容易犯的错误的检查清单，你会在后续的审查中扩充这份清单；
- ❑　给审查者一些时间来阅读文档，准备审查；
- ❑　将审查限制在 2 小时以内，审查一天不超过两次；
- ❑　审查者人数为 3~8 人。

对于确保需求的正确性和完整性，Fagan 审查可以是非常有效的工具。请试试。

17.4　发现遗漏的需求

复查确定了是否适用于产品的所有需求类型都已发现。利用 Volere 需求规格说明模板及其需求类型作为指导，确定你的规格说明书是否包含了产品的性质所要求的那些需求类型。例如，如果你正在开发一个财务产品，但却没有安全性需求，那么肯定有些东西漏掉了。类似地，一个Web 产品如果没有易用性或观感需求，肯定会有麻烦。

【附录 A 是 Volere 需求规格说明模板。】

功能需求应该足够完成每个用例的工作。为了检查这一点，假设你就是这个产品，把每个产品用例推演一遍。如果做了需求要求的所有事情，是否能得到用例的成果？用户（在进行角色扮演时应该和用户在一起）是否满意地认为产品会完成他们工作的要求？

寻找产品必须处理的异常情况。是否产生了足够的异常场景和可选场景来处理这些不测事件？功能需求是否反映了这些情况？复查场景，针对每一步，确定是否可能产生异常，或者是否有异常会阻止用户到达这一步。

【场景在第 6 章中讨论。】

针对非功能需求类型检查每个产品用例。它是否具备了它需要的和适合该类用例的所有非功能需求？利用需求模板作为检查清单。依次查看每个非功能需求类型，阅读它们的描述，并确保所有可能适用的非功能需求都已包含在规格说明书中。

17.5　已发现所有业务用例吗

针对每个业务事件，你确定业务的响应（业务用例，BUC），并确定响应的哪些部分需要由产品来完成（产品用例，PUC）。我们建议你每次收集一个 PUC 的需求，持续到涵盖所有业务事件为止。这种策略是有效的，当然，前提是你已经发现所有的业务事件。

那么如何知道你是否已经发现了所有的业务事件呢？有一个简单的过程，它利用了需求过程和系统建模的输出信息。换言之，你不必产生更多的文档，只要更好地利用已有的信息。

为了进行复查，你不必产生更多的文档，只要更好地利用已有的信息。

图 17-2 展示了确认业务事件清单是否完整的过程。在我们描述其中的活动时，请参考这个模型。

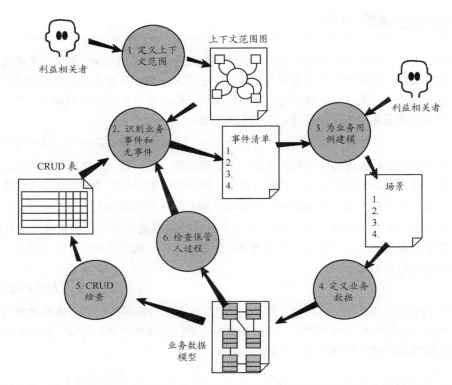

图 17-2　确定所有业务事件已经被发现的过程。该过程是迭代式的，执行每项活动直到"识别业务事件和无事件"的活动不再发现新的业务事件为止

1．定义上下文范围

我们这里考虑的上下文范围是要研究的工作的范围。在第 3 章"确定业务问题的范围"中，我们建立了一个上下文模型来展示 IceBreaker 工作的范围，图 17-3 再次展示了这个模型。上下文范围模型主要是在启动活动中完成的，然后在需求分析过程中精化。这里描述的复查过程检查上下文范围图的完整性，如有必要，就对它进行更新。

2．识别业务事件和"无事件"

在项目启动或网罗开始的阶段，你通过研究上下文范围图中的边界数据流来确定业务事件。如果工作之外发生一个业务事件，相邻的系统就会向工作发送一个数据流（我们称之为边界数据流），工作处理数据流中包含的数据并做出响应。因此业务事件与每个进入的边界数据流有关。出去的数据流要么是对外部业务事件的响应（工作响应的方式是处理进入的数据流并产生出去的数据流），要么是一个时间触发的事件的结果（如报表、发出提醒或警告等）。简而言之，上下文范围模型中的每个数据流都与一个业务事件相联系，你已经确定了所有可能的业务事件……暂时是这样。

【第 4 章告诉你如何从上下文范围模型中确定业务事件。】

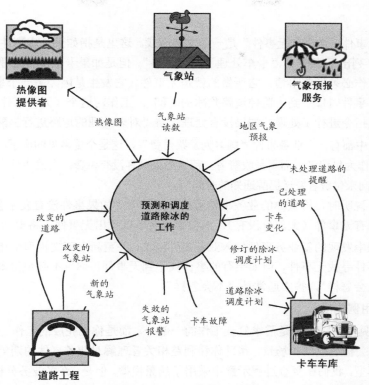

图 17-3 工作的上下文范围图展示了进入和离开工作范围的数据。这些数据传递被称为边界数据流。我们利用这些数据流来确定业务事件

这项活动的输出是一份业务事件清单。IceBreaker 的事件列表如表 17-1 所示。

表 17-1 IceBreaker 工作的业务事件列表

事件名称	输入数据流	输出数据流
1. 气象站传送读数	气象站读数	
2. 气象局预报天气	区域气象报告	
3. 道路工程师通知改变的道路	改变的道路	
4. 道路工程师安装了新的气象站	新的气象站	
5. 道路工程师改变了气象站	改变的气象站	
6. 到了测试气象站的时间		失效的气象站告警
7. 卡车车库改变了卡车	卡车改变	
8. 到了检测结冰道路的时间		道路除冰调度计划
9. 卡车处理了一条道路	已处理的道路	
10. 卡车车库报告卡车出问题	卡车故障	修订的除冰调度计划
11. 到了监控道路除冰的时间		对未处理的道路进行提醒

3．无事件

现在寻找无事件。术语"无事件"是一个文字游戏。这里是指如果基本事件没有发生所引起的事件。表 17-1 列出了事件 9，"卡车处理了一条道路"。但是如果卡车没有处理那条道路，会发生什么情况？工作必须做些事情，它所做的就是无事件（它发生是因为另一个事件没有发生）。所以我们确定了事件 11，"到了监控道路除冰的时间"。工作对这个（无）事件进行响应，将检查道路是否按照指令进行了处理，如果没有处理，将"对未处理的道路进行提醒"。

在许多业务中都有一个业务事件"顾客为发票付费"，这是个更常见的例子。你肯定很熟悉这个事件，也许是作为付费者，而不是收费者。那么如果顾客没有付费，会发生什么情况？对应的无事件就是"到了向未付费者发送提醒通知的时间"。

在复查规格说明时，检查你的业务事件清单，问一下"如果事件没有发生会怎样"。不是所有的业务事件都有无事件（大部分没有），但检查该清单以找出无事件，将揭示遗漏的事件。

将这个过程中发现的新业务事件加入业务事件清单，并更新上下文模型中相应的数据流。继续为清单中的事件寻找无事件，但如果有的事件找不到无事件，你也不必想得太多。若你问"如果事件没有发生会怎样"，答案通常是"不会怎样"。

4．为业务用例建模

活动 3（参见图 17-2）不是需求复查工作的一部分，而是你已完成的工作。作为需求调研工作的一部分，你会构建模型和场景，帮助你和利益相关者理解对业务事件的期望响应。由于场景是最常使用的模型，我们在复查过程示意中采用了场景模型。但是，许多业务分析师喜欢用 UML 活动图或类似的表格。你用哪种模型并不重要，重要的是你的模型展示了业务用例的功能，通过这些信息，你可以决定功能要用到的存储数据。

参考阅读

Robertson, James and Suzanne Robertson. *Complete Systems Analysis: The Workbook, the Textbook, the Answers.* Dorset House, 1998.

这本书是关于业务用例建模的全面描述。

5．定义业务数据

复查过程的下一部分是你可能已经完成的一步：构建正研究的工作所需要的存储数据的模型。你可以使用类图、实体关系模型、关系模型，或你喜欢的任何其他数据建模表示法。只要它显示了类、实体或表，以及它们之间的关联或联系，就足够了。

图 17-4 展示了 IceBreaker 工作中使用的数据模型。

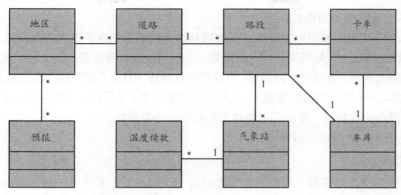

图 17-4　这个模型展示了预测和调度道路除冰所存储的数据，使用了 UML 类模型表示法

如果构建这类模型不是你经常做的事，就请一个数据库人员来帮你。他们在开发的某个阶段必须构建这样的模型，他们可能现在正在做，这个模型可以用于其他目的，而不只是辅助逻辑数据库设计。但是，必须坚持让数据库人员构建"业务数据"的模型，而不要开始设计数据库。它们是两回事。

如果你不想构建存储数据的模型，简单的替代方法就是列出业务所使用的数据类。数据类（也称为"实体"）是主题事务相关的存储数据，它们是我们存储数据所关心的东西。你可以将类看作是基本数据项的集合（正确的名称是"属性"），它对业务很重要。它可以是真实的，诸如客户或销售的产品，它也可以是抽象的，诸如账户、合同或发票。重要的是要注意，类没有字符或数字的值。例如，账户没有字符或数字的值，但它的属性（账户编号、账户余额等）有字符或数字的值。在你决定某样东西是类还是属性时，这是一个有用的规则。

另一个规则可能更有用，即类有唯一标识。因此组织机构赋予标识符的所有东西都是类（账户、信用卡、汽车、货运、航班等），它们都有唯一标识符。

> 类是唯一标识的。

不要在确定数据类上花太长的时间。只要做到足够好，不用花费整月的时间。有一些启发对于确定属性和确定类是有帮助的：

- ❏ 业务中使用到的具体或抽象的东西；
- ❏ 可以标识的东西，如账户、销售机会、顾客；
- ❏ 数据的主题，而不是数据本身；
- ❏ 有确定商业目的的名词；
- ❏ 产品或服务，如抵押、服务协议；
- ❏ 组织机构的分支、位置或结构；
- ❏ 角色，如专案负责人、雇员、经理；
- ❏ 要记住的事件，如协议、合同、订购；

❑　上下文范围图中的相邻系统。

也可以从上下文范围模型中发现类。工作用到的存储数据来自于进入的数据流，通过其他数据流离开。可以这样认为：如果工作内存在数据，必定是某些数据流带来的。反过来，你可以分析上下文模型中的数据流，查看它们的属性，"这个属性描述了什么"或"这项数据的主题是什么"，这些主题就是类。分析所有的边界数据流，包括进入和离开的，寻找满足前面列出的类的属性的"东西"。分析完所有的数据流，你就几乎确定了所有的业务数据类。

现在我们进入一个有趣的部分。

6. CRUD 检查

每个数据类都（在类模型中检查）必须被创建（Created）并被引用（Referenced）。有些也被更新（Updated）或被删除（Deleted）。创建一个 CRUD 表，如表 17-2 所示，以显示是否每个类都有相应的动作。这些动作是业务用例执行的，所以这一步能揭示遗漏的事件。

每个数据类都必须被创建并被引用。有些也被更新或被删除。

表 17-2　CRUD 表。每个单元格显示了业务事件的编号，这些业务事件对实体执行了
创建、引用、更新或删除操作。表中的空格暗示着遗漏的事件

类	创　　建	引　　用	更　　新	删　　除
车库		7		
地区		2，8，10		
气象预报	2	8，10		
道路	3	4，8，9，10	3	
路段	3	4，8，10，11	3，9	
温度读数	1	6，8，10		
卡车	7	8，9，11	7，10	
气象站	4	1，6	5	

如果一个类被引用但是却没有被创建过，这表明创建事件被遗漏了。如果实体被创建却没有被引用，那就表明要么遗漏了事件，要么创建了不必创建的数据。有些类（并非所有的类）会被更新或删除。自然，后两个操作要发生，数据必须已被创建。

CRUD 表中的空位揭示了遗漏的业务事件。例如，车库、地区没有创建业务事件，但它们被引用了。因此下上下文范围是不完整的：它没有创建这些存储数据类的输入数据流。

如果发现了遗漏的业务事件，你必须重新访问利益相关者，找到关于这些事件的更多知识。如果你确定了这些事件，更新上下文范围图，将它们加入事件列表，更新 CRUD 表，继续该过程。

CRUD 表的删除列只展示因业务策略的原因而删除的类。这与数据库归档或清理不一样。例

如，如果"车库"将停业，那么它将被删除。但是，"气象预报"永远不会删除，因为这样做没有根本的业务策略原因。

7. 保管人过程检查

工作过程可以分为基本过程和保管人过程。基本过程是指那些与系统存在的理由有联系的过程，例如，分析道路、记录气象预报、调度卡车去处理道路等。与之不同，保管人过程是为了维护（保管）存储数据。这些过程对数据进行更改，原因只是为了保持数据最新，它们不属于基本处理过程。

例如，如果你递上信用卡来完成支付，信用卡公司将记录支付的金额和其他细节。这就是基本过程。

现在假设你搬了新家。你通知信用卡公司变更地址，公司相应地更新记录。这就是保管人过程，它的存在只是为了保持数据最新。

要检查保管人过程，就要查看类模型和 CRUD 表，确保有足够的业务事件和相应的过程来维护工作存储的所有数据。如果类包含可更改的属性，那就可能有一个保管人业务事件来修改这些属性。

> 如果类包含可更改的属性，那就可能有一个保管人业务事件来修改这些属性。

8. 重复直到完成

业务事件发现过程的步骤 1 到步骤 6 是迭代式的。也就是说，必须持续不断地重复这个过程（确定业务事件、对业务用例建模、加入类模型、检查类被创建、引用、更新和删除），直到第 2 项活动"确定业务事件和无事件"不再能发现新的事件为止。至此，可以确信再也没有其他与工作相关的业务事件了。

你也可以根据需要运用一些自动化的工具，因为这个过程可以部分自动化。手工完成并不难，但如果可以进行部分自动化，为什么不呢？

17.6　排列需求优先级

需求的一个问题是太多。排列优先级让你能选择哪些需求在产品的哪些版本中实现。确定优先级很复杂，因为它们涉及不同的因素，而这些因素彼此之间常常产生冲突。另外，由于不同的利益相关者可能有不同的目的，对优先级达成一致意见可能比较困难。

虽然困难，这项任务迟早要做，越早越好：越早排列优先级，就越容易。但让我们回到困难：在排列优先级时有不少因素要考虑。我们前面曾提到顾客满意度和顾客不满意度。

每项需求都应该包含顾客满意度和顾客不满意度评分。这些评分帮助顾客考虑单项需求的相对价值，并对它们排列优先级。

【关于顾客满意度和顾客不满意度，参见第 16 章。】

要排列需求的优先级，可以将它们分成逻辑上的小组（按你的逻辑）。这些小组分别作为一个单元来排列优先级，假定其中所有的需求与小组整体具有相同的优先级。一个小组可能是一个用例、一个组件、一项特征，或其他需求分组，只要能够作为一个单元来排列优先级，而不用单个处理就行。

> 可以将需求分组，并将它们作为一个单元来排列优先级。

为了易于阅读，在后面几页中，我们使用术语"需求"来表示"一组需求"、"特征"、"产品用例"，或你使用的其他分组方式。

17.6.1　影响优先级的因素

下列因素通常会影响决定优先级：

- 实现的成本；
- 对顾客或客户的价值；
- 实现产品所需的时间；
- 技术实现的容易程度；
- 业务或组织机构实现的容易程度；
- 对业务的好处；
- 遵守法律的要求。

不是所有因素都适用于每个项目，而且每个因素对每个项目的相对重要性也不一样。在一个项目中，对不同的利益相关者来说，这些因素的相对重要性也不同。由于这些复杂性，你需要某种对优先级达成一致意见的过程，以提供决策的方式。这个过程的一部分是确定何时决定优先级。

17.6.2　何时确定优先级

你何时就应开始作出选择？一旦存在两项任务即可作选择。要记住，让需求知识变得越可视，就越有机会进行不盲目的选择，并帮助他人进行选择。

如果需求有良好的结构，你就可以在项目早期对它们排列优先级。本书描述的过程包含了项目启动会议（第 3 章），提倡建立工作上下文模型，然后利用业务事件来排列优先级。我们强烈建议你在启动会议上对每个业务用例指定优先级。如果喜欢，可以在这时候为业务事件附上顾客满意度和不满意度评分。早期的优先级说明了哪些业务应该首先调查，哪些业务较晚调查也问题不大，或者有时候可以放弃一些业务。而且，你将使用第一次的优先级来指导迭代开发和版本计划。

编写原子需求时，你应该不断考虑是否排列它们的优先级。如果某些需求明显具有较低的价值，那就注明。利用前一节讨论的顾客满意度评分和不满意度评分，帮助人们作出选择。

不断排列优先级的一部分原因是期望值管理。利益相关者常常假定术语"需求"意味着这些功能肯定会实现。"需求"实际上是一些期望或愿望，需要清楚地了解它们，以决定是否实现它们。例如，可能有一项需求，它的优先级很高，但由于多种限制条件，不能够百分之百地满足它的验收条件。但是，确实有办法满足 85% 的验收条件。

> 利益相关者常常假定术语"需求"意味着这些功能肯定会实现。"需求"实际上是一些期望或愿望，需要清楚地了解它们，以决定是否实现它们。

如果你在项目过程中一直不断排列优先级，人们就能够接受这种折中，而不会感觉受到欺骗。排列优先级让利益相关者准备好接受一个事实，即你不能实现所有的需求。

17.6.3 需求优先级等级

可以将需求优先级分为几个等级，只要它适合你的工作方式。常见的需求优先级等级是"高"、"中"、"低"，但这种方式通常意味着所有需求都具有某种高优先级。还有 MoSCoW 方法也很流行，这个缩写表示必须有（Must）、应该有（Should）、可以有（Could）、不会有（Won't）。

某些组织机构将需求指派给不同的发布版：R1、R2、R3 等。其思想是，R1 需求是最高优先级的需求，计划出现在第一个版本中。但将需求分派给发行版本后，假定你发现 R1 的需求还是太多。此时就需要进一步排列优先级。

将需求按优先级分类的思想常被称为"分诊（triage）"。这个术语（源于法语动词 tirer，意思是"分类"）来自于医疗领域。它在拿破仑的战争中首次采用，那时战地医院不能够治疗所有受伤的士兵。医生运用分诊的方法将伤者分成 3 类：

- ❏ 不需要治疗也能活下去的；
- ❏ 不能活下去的；
- ❏ 不治疗就不能活下去的。

由于缺少医药资源，医生只治疗第 3 类伤者。这种分类的思想可以在项目中运用，使用如下的分类：

- ❏ 下一个版本需要的需求；
- ❏ 下一个版本肯定不需要的需求；
- ❏ 如果可能，你想要的需求。

如果第 1 类和第 3 类包含太多的需求，不能在预算范围内实现，就需要进一步排列优先级。

参考阅读

Davis, Al. *Just Enough Requirements*. Dorset House, 2005.

17.6.4 优先级电子表格

优先级电子表格（参见图 17-5）能够排列大量需求的优先级。理想情况下，特别是如果你很好地不断排列了需求的优先级，这些需求应该属于"如果可能，你想要的需求"一类。

Volere Prioritisation Spreadsheet

Copyright © The Atlantic
Systems Guild 2006

Requirement/ Product Use Case/Feature	Number	Factor-score out of 10	%Weight applied	Factor-score out of 10	%Weight applied	Factor-score out of 10	%Weight applied	Factor-score out of 10	%Weight applied		Total Weight
		Value to Customer	40	Value to Business	20	Minimise Implementation Cost	10	Ease of Implementation	30	Priority Rating	100
Requirement 1	1	2	0.8	7	1.4	3	0.3	8	2.4	4.9	
Requirement 2	2	8	3.2	8	1.6	5	0.5	7	2.1	7.4	
Requirement 3	3	7	2.8	3	0.6	7	0.7	4	1.2	5.3	
Requirement 4	4	6	2.4	8	1.6	3	0.3	5	1.5	5.8	
Requirement 5	5	5	2	5	1	1	0.1	3	0.9	4	
Requirement 6	6	9	4	6	1.2	6	0.6	5	1.5	6.9	
Requirement 7	7	4	2	3	0.6	6	0.6	7	2.1	4.9	

图 17-5 这个优先级电子表格可以从 www.volere.co.uk 下载

参考阅读

可下载的 Volere 优先级电子表格（www.volere.co.uk）为排列需求的优先级提供了一种方法。这个电子表格包含了一些示例数据，你可以用自己的数据替换。

在这一章的前面，我们确定了 7 个优先级因素（也可以使用其他与你的项目相关的优先级因素）。在我们的电子表格（见图 17-5）中，我们把因素的个数限制为 4 个，因为 4 个以上权重系统很难达成一致意见。

"适用权重百分比"列展示了每个因素分配的相对重要性。通过利益相关者的讨论和投票，可以得到这个权重百分比。

在第 1 列，列出你打算排列优先级的需求。这些可能是原子需求，或公认的需求分组。对每个需求/因素组合按 10 分制打分。这个分数反映了这项需求对这个因素的积极贡献。例如，对于需求 1，我们给第一个因素打了 2 分，因为我们相信它对"对顾客的价值"没有太多的积极贡献。同一项需求"对业务的价值"评分为 7，因为它确实对我们的业务有积极贡献。对"减少实现成本"的评分为 3，我们认为实现这项需求相对来说比较昂贵。易于实现一项评分为 8，表明实现该需求相对比较容易。

对每个评分，电子表格计算出权重评分，即用评分乘以权重百分比。通过累加需求的权重评分，就得到了该项需求的优先级评分。

你可以使用多种投票系统来得到每个因素的权重和每项需求的评分。为了确保听到每个人的意见，发出选票（金星排名、虚拟钱，或其他类似手段），要求每个利益相关者将选票投给对他优先级最高的需求。当然，这个电子表格只是一个工具，让一组利益相关者对需求的优先级达成一致意见。通过让复杂的情况变得更为可视化，从而使人们能够沟通他们的兴趣，尊重他人的观点，并进行协商。

17.7   冲突的需求

如果不能同时实现，两项需求就有冲突，因为一项需求的解决方案阻碍了另一项需求的实现。例如，如果一项需求要求产品能"被所有人使用"，而另一项需求要求产品要"十分安全"，那么两项需求不能按规定同时实现。

优先级，正如我们前面讨论的，可以预防某些冲突的发生。但是，没有什么是完美的，所以你可能需要采取以下步骤。

发现需求冲突的第一个途径，就是将需求按它们的类型分类，然后检查每个类型的所有需求项，寻找那些验收标准互相冲突的需求，参见图 17-6。

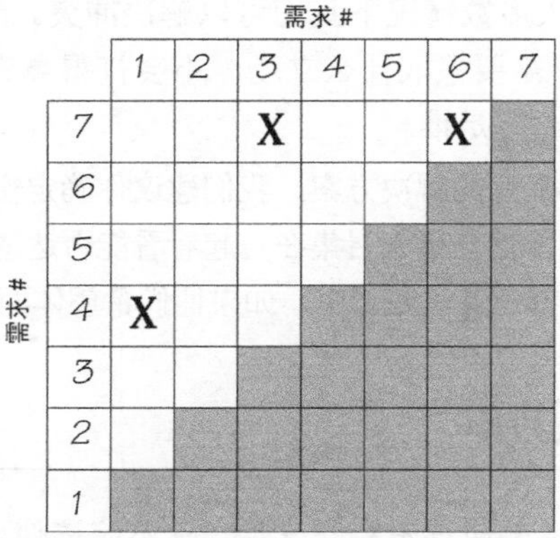

图 17-6   这个矩阵确定了有冲突的需求。例如，需求 3 和需求 7 是互相冲突的。如果我们采用了一个实现需求 3 的解决方案，将对需求 7 的实现产生负面影响，反过来也是一样

当然，一项需求可能与规格说明中任何其他需求发生冲突。为了帮助你发现这些问题，下面列出一些我们经常发现的需求冲突的情况：

- ❑　使用相同数据的需求（按照使用的术语进行匹配查找）；
- ❑　相同类型的需求（按照需求类型匹配查找）；
- ❑　使用相同度量尺度的需求（查找那些验收标准使用相同度量尺度的需求）。

对于功能需求，在它得到的结果中寻找冲突。例如，假定在 IceBreaker 项目中，有一项需求要求除冰卡车走最短距离的路线，而另一项需求指定要给出最快的路线。这两项需求可能导致不同的结果。

冲突的产生可能是因为不同的利益相关者提出了不同的需求，或者利益相关者提出的需求与客户对需求的想法不一致。这对于大多数的需求收集工作来说都是正常的，它表明需要建立某种冲突解决机制。

> 需求间的冲突对于大多数的需求收集工作来说都是正常的，它表明需要建立某种冲突解决机制。

你作为需求分析师，越快解决冲突，越早解决冲突，就越有成效，因此我们建议你在解决冲突过程中扮演领导的角色。当你将冲突的需求隔离出来时，单独与每个利益相关者接触（这就是记录下每项需求来源的原因）。与利益相关者一起查看需求并确保你们对需求的理解是相同的。重新对满意度和不满意度评分：如果某个利益相关者对该需求打了低分，那么他对因其他需求而放弃该需求可能并不在意。对提出这两项（冲突）需求的利益相关者单独进行这项工作，暂时不要让他们在一起。

单独与每个利益相关者交谈时，探讨他的理由。他真正想得到的结果是什么？如果其他的需求优先，该需求是否可以妥协？同时，确保需求不是解决方案，因为利益相关者常常依据自己的经验来要求解决方案，自然，每个人的经验不同。

通过与利益相关者交谈，大多数情况下我们可以解决冲突。注意我们使用了术语"冲突"而不是"争辩"。不存在争辩。不需要采取什么立场，不会打得鼻青脸肿，然后一方获胜。利益相关者甚至不需要知道冲突的另一方是谁。

如果你作为调解人不能获得满意的解决方案，我们建议你确定实现有冲突需求的成本，评估它们相关的风险，然后带着这些数据，把当事人召集在一起看看能否达成某种折中。除非是有很极端的办公室政策，否则利益相关者通常都愿意达成折中，如果他们希望体面地解决问题并不丢面子的话。

17.8　二义性的规格说明

规格说明如果要做到实用，就应该没有二义性。你不应该使用任何代词，并对无限定的形容词和副词保持警觉，因为这些都会引起二义性。在编写需求时，不要用"应该（should）"这个词，它暗示该项需求是可选的。但是即使遵照这些指南，可能仍然存在某些问题。

验收标准将需求量化，从而使它无二义性。在第 12 章，我们描述了验收标准，解释了它们是怎样使每项需求可度量、可测试。如果你正确地应用了验收标准，那么规格说明书中的需求将没有二义性。

接下来谈一谈需求描述。显然它们二义性越少越好，但是如果有正确量化的验收标准，那么不好的需求描述也不会带来多大的损害。然而，如果你对需求描述比较在意，我们建议你随机地选取 50 项需求。从中选择一项，让一些利益相关者给出他们的解释。如果所有的利益相关者都对需求的意义达成一致意见，那么就把它们放在一边。如果对某项需求有争议，就再多选 5 项需求。重复这种复查，直到清楚规格说明书是可接受的，或者直到有争议的需求列表变得很长（每项有二义的需求将带来 5 项新需求），从而表明问题显然存在。

如果问题很糟，那么考虑让一个水平更好的技术作者来重写规格说明书。或者，如果真是非常糟糕，考虑放弃该项目。需求问题是问题项目中最常见的问题，如果你知道需求是糟糕的、有二义的，继续推进就没有意义。

规格说明书用到的所有术语，都必须在数据字典部分得到明确定义。如果每个词都有达成共识的定义，而且一致地使用术语，那么整个规格说明书的意思就是一致的和无二义的。

17.9 风险评估

风险评估不是真正的需求问题，而是项目问题。在需求过程的这个阶段，你已经得到了要构建的产品的完整的规格说明书。你已经花了一定的时间得到这份规格说明，正打算花更多的时间来创建该产品。现在应该是暂停一下，考虑继续下去所涉及的风险。

作为需求分析师，你不必独自进行风险分析。这项任务更有可能由项目经理执行。如果组织机构足够大，员工中应该有人接受过风险评估方面的培训。

业务分析师在风险评估中的角色，是考虑需求是否包含某种风险，可能影响项目的成功。某些需求比其他需求风险更大。例如，某些需求可能要求一种技术或实现，但开发团队从未尝试过。这不是说它们不能实现，但存在不能实现的风险。考虑 Volere 需求规格说明书模板中以下部分可能包含的风险。

参考阅读

DeMarco, Tom and Tim Lister. *Waltzing with Bears: Managing Risk on Software Projects*. Dorset House, 2003.

这本书包含了识别和监控风险的策略。

17.9.1 项目驱动

1．项目的目标

产品的目标是否合理？你的组织机构能够实现它吗？你是否打算做一些从未做过的事，而且只有不切实际的乐观告诉你可以成功地实现目标？

2．客户、顾客和其他利益相关者

客户是否愿意合作？他是否对该项目没有兴趣？顾客是否得到了正确的代表？是否所有的利益相关者都参与进来并对项目和产品抱有热情？有敌意的或未确定的利益相关者对项目将产生非常负面的影响。有哪些机会让所有的人作出所需的贡献？如果得不到所需的配合，将会有什么风险？

3．产品的用户

他们是否得到了正确的代表？尽管用户代表小组很有用，经验表明他们常常在评估真正的用户需要什么时犯错误。用户是否能够告知正确的需求？许多项目领导常常指出，用户对需求贡献的质量是最严重和最常见的风险。

许多系统开发工作将导致用户的工作和工作方式的实质性改变。你是否考虑到用户将不能适应新安排的风险？要记住，人们不喜欢被改变，而新产品给用户的工作带来了改变。用户是否有能力操作新产品？要仔细考虑这些风险，因为用户没有准备好改变的风险可能演变成实质性的问题。

17.9.2 项目限制条件

1．强制的限制条件

限制条件是否有理由？它们是否规定了设计解决方案，而你的组织对这种方案却没有经验？对于构建产品所需的工作量而言，预算是否合理？不切实际的进度计划和预算是项目报告的最常见的风险之一。

2．相关事实和假定

假定是否合理？你是否应该制定应急预案，以应对一个或多个假定没能成为现实的情况？假定实际上是风险，这样考虑是有价值的。

17.9.3 功能需求

1．工作的范围

工作的范围正确吗？是否因为没有加入足够的工作，从而不能得到一个满意的产品？如果范围不够大，那么结果将是产品不能完全满足用户的需要。不能正确地确定工作范围总是会导致对产品的修改和增强的需求提前到来。

2．业务数据模型和数据字典

术语的定义让每个人对需求中包含的术语都有同样的解释吗？

3．产品的范围

产品的范围是否包括所有需要的功能，还是只包括了容易的部分？在给定的预算和时间内可行吗？错误的产品范围会带来风险，导致交付后有许多变更请求。

其他常见的风险包括蔓延的用户需求和不完整的规格说明书。风险分析并没有消除风险，但它确实让你和管理层意识到可能发生的问题，并能够制定合适的计划来监控和处理风险。尽早发出警报，要好过看着灾难发生，而心里明白你本来能够阻止它。

17.10　度量所需的工作量

度量所需的成本或工作量，这通常不是需求分析师的职责。我们在这里讨论这一主题是因为，既然需求已经知道，现在就是度量产品规模的理想时机了。常识告诉你，不能不清楚要构建的产品的规模以及所需的工作量就继续开发。

为此，我们在附录 C 中包含了对功能点计数的简短介绍。该附录展示了这种技术的工作方式，说明它是预估规模的一种有效方式。

【附录 C 对这种常用的技术给出了简单但足够的入门介绍，可用来测量工作或产品的规模。】

在需求收集过程中完成的工作，为度量过程提供了输入信息。你的上下文模型是工作规模的权威指南。你可以简单数一下写下的需求的数目。所有这些都是度量，都比猜测工作量和盲目接受最后期限要强得多。

一项最常见的风险就是错误估计完成项目所需的时间。这项风险最后几乎总是成为真正的问题，因为随着时间流逝，项目团队常常采取走捷径的办法，忽视质量，最后在计划的时间之后交付一个糟糕的产品。花一点时间来度量产品的规模，从而准确决定构建产品所需的工作量，就可以避免这样的风险。

我们建议在完整性复查中包括某种规模度量活动。

17.11　小结

复查是为了评估需求规格说明的正确性、完整性和质量。复查也让你有机会测量构建产品的好处、成本和风险，从而评估是否值得继续开发该产品。

请考虑图 17-7 中的模型。它测量了风险、构建和产品运营成本，以及相应比例的收益，对产品的总体价值提供了综合评定。你的情况如何？如果成本和风险是高分，而收益是低分，就要考虑放弃该产品。相反，你会喜欢高成本、高风险的高收益，但你可能得不到。要点是比较这些因素，注意到产品的总体情况表明它应该构建还是应该避免。

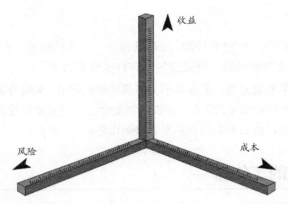

图 17-7　每个轴代表一种因素，这些因素确定产品是否值得开发。成本轴测量了构建和运营的成本，可以用功能点或其他规模度量方法来评估。收益轴测量了对业务的价值，以及利益相关者对产品的满意度评分。风险轴测量了风险分析活动所确定的风险严重程度

到这里，本书要结束了。从第一页到这里，我们尝试分享我们多年来在世界各地的需求项目的经验。如果我们能通过本书给你一些建议，展示一个过程，给你一些提示，建议一个方向，解决一个问题，提供一种捷径，解释以前不可解释的问题，那就成功地实现了我们的目的。

如果这本书成为你的需求工作的忠实伴侣，那就是我们的期望。如果我们让你的需求发现方式有了明显的改变，如果你觉得这些需求比没有本书之前更好，那么我们过去一年的工作就没有浪费。

请享用我们的书。我们希望它带来一些变化，一些对你有益的变化。

附录 A
Volere 需求规格说明书模板

本附录是编写严格和完整的需求规格说明书的指南。

目录

使用本模板

Volere 需求规格说明书模板的意图，是作为需求规格说明书的基础。它为每一种需求类型提供了几个小节，适用于今天的软件系统。你可以从 Volere 的网站下载本模板，并根据你的需求收集过程和需求工具进行调整。本模板可以和 Yonix、Requisite、DOORS、Caliber RM、IRqA 及其他流行的工具配合使用（参见 www.volere.co.uk/tools.htm）。

除了用作需求规格说明书的基础，在没有事先的书面许可的情况下，不可以出售本模板或用它来获取商业利益。可以修改和复制，用于你的需求工作，但只要在文档中使用了本模板的任何部分，都应该包含下面的版权说明：

We acknowledge that this document uses material from the Volere Requirements Specification Template, copyright © 1995-2012 the Atlantic Systems Guild Limited.

Volere 需求分析

Volere 是在需求工程和业务分析领域，经过多年实践、咨询和研究得到的结果。我们将经验打包在通用需求过程、需求培训、需求咨询、需求评审、各种可以下载的指南和文章、需求知识模型，以及这份需求模板中。我们也提供需求规格说明书编写服务。

Volere 需求规格说明书模板的第一个版本是 1995 年发布的。自那时以来，成千上万的组织机构将该模板作为发现、组织和沟通需求的基础，节省了工作量。

Volere 的网站上有一些文章，介绍了 Volere 技术、Volere 用户的经验和案例研究、需求工具，以及对需求实践有用的其他信息，还有对本模板的后续更新。

Volere 的公开讲座定期在欧洲、美国、澳大利亚和新西兰进行。关于课程的时间安排，可参考 www.volere.co.uk。

需求类型

为了易于使用，我们将需求划分为一些类型，这样比较方便。这种视角的好处有两点：有助于发现需求，有助于对需求分组，将特定专业相关的需求放在一起。

"功能性需求"是产品的基本或本质主题事务。它们描述了产品必须做的事情，或必须采取的处理动作。

"非功能性需求"是功能必须具备的一些属性，如性能和易用性等。不要被这个不幸的名称所蒙蔽，对于产品的成功来说，这些需求与功能需求同样重要。

"项目限制条件"是由于构建产品的预算或时间而导致的对产品的约束。

"设计限制条件"限制了产品设计的方式。例如，产品可能必须实现在一个手持设备中，主要顾客将使用这种手持设备；或者必须利用原有的服务器和桌面计算机，或其他硬件、软件和业务方式。

"项目驱动"是与业务相关的动力。例如，项目目标是一种项目驱动，所有利益相关者也是，每个人都有不同的理由。

"项目问题"定义了项目执行要面对的情况。我们将项目问题作为需求的一部分，目的是展示一幅完整的图景，说明对项目的成功和失败产生影响的所有因素，并展示经理们如何利用需求作为项目管理的输入信息。

测试需求

Volere 理念是在开始编写需求时就立即开始测试需求。通过加入需求的"验收条件"使需求变得可测试。验收条件用于对需求进行测量，这样就能确定给定的解决方案是否满足需求。如果某项需求无法找到验收条件，那么这项需求要么有二义性，要么还没有被很好理解。所有的需求都必须测量，都应该带验收条件。

需求项框架

需求项框架是编写每项原子需求的指南。该框架（也称为"白雪卡"）的组成部分在这里确定。你可能决定添加更多的属性，以便为你的环境提供必要的可追踪性。例如，实现该需求的产品，实现该需求的软件版本，或对该需求感兴趣的部门。还可以添加其他属性，但添加时要有节制：不要随意添加属性，除非它们确实有帮助。每个属性你都需要维护。

这个需求项框架可以自动化，也应该自动化。如果你下载了本模板，会发现一个 Excel 表，实现了白雪卡。

这里，我们将逐节讨论 Volere 需求规格说明书模板，并提供例子。每一节包含内容、动机、考虑、例子和形式，为模板用户在编写每一类需求时提供了指导。

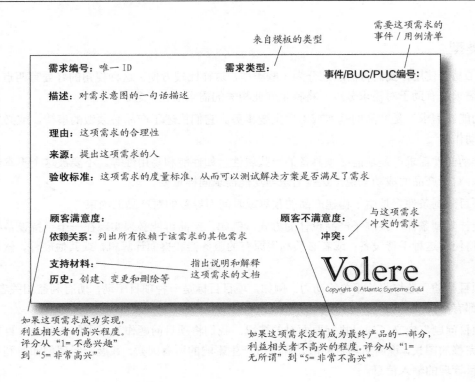

来自模板的类型

需要这项需求的
事件／用例清单

需求编号：唯一 ID　　　　需求类型：　　　　　　事件/BUC/PUC编号：

描述：对需求意图的一句话描述

理由：这项需求的合理性

来源：提出这项需求的人

验收标准：这项需求的度量标准，从而可以测试解决方案是否满足了需求

顾客满意度：　　　　　　　　　　　　　　顾客不满意度：

依赖关系：列出所有依赖于该需求的其他需求　　　冲突：

与这项需求
冲突的需求

支持材料：　　　　　　　　　指出说明和解释
历史：创建、变更和删除等　　这项需求的文档

Volere
Copyright © Atlantic Systems Guild

如果这项需求成功实现，
利益相关者的高兴程度。
评分从"1=不感兴趣"
到"5=非常高兴"

如果这项需求没有成为最终产品的一部分，
利益相关者不高兴的程度。评分从"1=
无所谓"到"5=非常不高兴"

1.　项目的目标

　　模板的第 1 小节关注客户要你构建新产品的根本理由。它描述了客户面对的业务问题，解释了产品将如何解决该问题。

1a.　该项目工作的用户业务或背景

内容

对开展的业务、它的上下文以及触发开发工作的情况的简短描述。同时也应描述用户希望用交付的软件来完成怎样的工作。

动机

没有这项陈述，项目就失去了理由和方向。

考虑

应该考虑用户的问题是否严重，是否应该解决和为什么应该解决。

也许没有问题，但有重要的商业机会，你的客户希望开拓。如果是这样，描述该机会。

或者，项目要探索或调查可能性。在这种情况下，项目的交付物不是新的产品，而是一份文

档，提供了产品能满足（或不能满足）的需求。

形式

简短的文字描述通常足以说明对项目的理解。你可以加入当前状况模型、业务过程模型、当前文档的例子、当前状况的照片和视频、网站地址和组织机构图，来支持这段描述。

1b. 项目的目标

内容

描述我们希望该产品做什么，以及它将为工作的整体目标带来什么好处。本节不要太冗长，简短地解释项目目标，常常比长而杂乱的论述更有价值。简短准确的目标让利益相关者更清楚，更有机会就目标达成一致。

动机

在开发过程中可能会迷失这个目标，这样的危险是存在的。随着开发工作的进行，随着顾客和开发者不断发现更多的可能性，系统可能在建造过程中偏离最初的目标。这不是件好事，除非客户有意要改变目标。有可能需要指定一个人作为目标的监管员，但也可能只需要将目标公开，并定期提醒开发人员注意这些目标。在每次复查会议上，都应该强制承认这些目标。

例子

> 对于在线订购产品的顾客，我们希望做出立即和完整的响应。
> 目标是通过准确预报和调度道路除冰，减少道路事故。

测量指标

任何合理的目标都必须可测量。如果希望检验项目是否成功，这一点就是必需的。业务通过这个项目所获得的好处，必须由测量指标来量化。如果项目值得去做，就必须有过硬的业务理由。假定项目的目标是：

对于在线订购产品的顾客，我们希望做出立即和完整的响应。

必须问一下这个目标给组织机构带来的好处。如果立刻得到响应会让顾客更满意，那么测量指标必须量化这种满意。例如，可以测量回头业务的增长（因为开心的顾客会再次光顾）、调查表中顾客满意评分的增加、回头顾客所带来的收入增加等。

问一下涉及哪一种目标。

❑　　服务目标：通过量化为客户所做的事来测量。

❑　　收入目标：量化一段时间内的收入或收入的增长。收入目标也可以通过市场份额来量化。

❑　　法律目标：这不是量化，而是知道产品满足一项法规（可以是当地的法律，或行业和组织机构的标准）。

目标坚定、合理且可测量，这对于后续开发是至关重要的。

形式

你可以用"目标、好处、测量指标（Purpose，Advantage，Measurement，PAM）"的方式来组织你的目标。

- ❑ 目标：一句话解释组织机构投资这个项目的理由。
- ❑ 好处：一句话描述如果项目成功，组织机构将实现的好处。
- ❑ 测量指标：一句话或一张图表，量化新产品将提供的好处。

其他形式的目标也可以采用某种目标模型。例如，"扩展的企业建模语言（Extended Enterprise Modeling Language，EEML）"包含一种目标建模技术。如果你的组织机构在使用企业建模，那么这就为企业战略目标与单个项目目标提供了联系。

2. 利益相关者

本节描述了利益相关者，即与产品有利益关联的人。你值得花足够的时间准确地确定并描述这些人，因为不知道他们的后果可能非常严重。

2a. 客户

内容

这一项给出了客户的姓名（有时称为发起人）。可以有多个姓名，但如果超过 3 个，本项就会失去意义。

动机

客户对接受该产品有最终决定权，因此必须对提交的产品满意。可以认为客户是对产品进行投资的人。如果产品是为内部使用而开发的，那么客户和顾客的角色由相同的人来担当。如果无法找到一个客户的姓名，那么也许就不应该构建该产品。

考虑

有时候，如果为外部用户构建一个软件包或产品，客户是市场部门。在这种情况下，必须指定市场部门的某个人作为客户，并记下姓名。

形式

- ❑ 加标注的组织机构图，说明客户在组织机构中的位置。
- ❑ 列出一些决定，由客户负责做出。

你也可以包含一张图表，展示复查点，并分列出你要提交给客户的东西，作为项目进度的指示器。

2b. 顾客

内容

打算购买该产品的人。对内部使用的开发来说，顾客和客户可能是相同的人。客户也可能是一位经理，决定他手下的人是否要采用新的/改变过的产品。如果开发一个大量部署的产品，本节将描述一位假想用户，作为产品顾客的原型（参见第 2e 小节[①]）。

动机

顾客最终决定是否从客户那里购买该产品。只有理解了顾客以及他在使用产品时的期望，才能收集到正确的需求。

形式

列出顾客要负责做出的决定。你也可以包含一张图表，展示复查点，并分列出你要提交给客户的东西，作为项目进度的指示器。这可能包括一些可能的原型或模拟器，你会在项目过程中提交给顾客。

2c. 其他利益相关者

内容

其他的一些人或组织机构的角色和名称（如果可以得到），他们或者受到产品的影响，或者需要他们提供输入信息以便构建产品。

例如，利益相关者可能包括：

- 客户/发起人（参见第 2a 小节）；
- 顾客（参见第 2b 小节）；
- 主题事务专家；
- 公众人员；
- 当前系统的用户；
- 市场营销专家；
- 法律专家；
- 领域专家；
- 易用性专家；
- 外部机构的代表；
- 业务分析师；
- 设计师和开发者；
- 测试人员；
- 系统工程师；
- 软件工程师；
- 技术专家；
- 系统设计师。

---

① 本附录中提及的"小节"均指本附录内各节的节号，如第 2e 小节指附录 A 的第 2e 小节。

完整的清单请访问 http://www.volere.co.uk，下载利益相关者分析模板。

对于每一类利益相关者，提供下面的信息：

- ❏　利益相关者标识（角色/职务、人名和组织机构名称的组合）；
- ❏　项目需要的知识；
- ❏　利益相关者/知识组合的涉及程度；
- ❏　利益相关者/知识组合的影响程度；
- ❏　在相同知识方向具有兴趣的利益相关者之间处理冲突的协议。

动机

不能找齐所有的利益相关者会导致遗漏需求。

形式

利益相关者图包含每个角色的名称，以及这个角色提供的知识。下面的图是一个通用利益相关者图，你可以用它作为检查清单，将角色名称换成你的项目中具体的人/角色/组织机构。确定利益相关者还有另一种方式，就是利益相关者分析表。从 www.volere.co.uk 可以下载一份示例。带注释的组织机构图对于确定利益相关者也有是有的的。

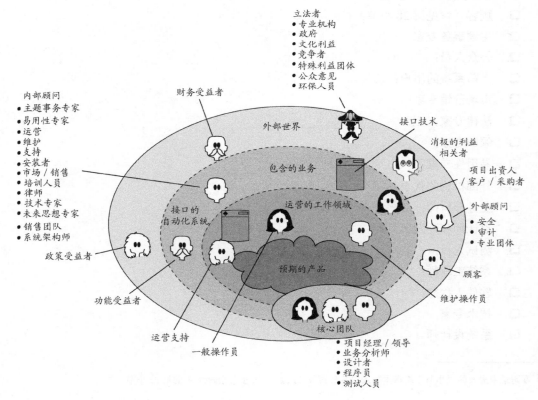

2d. 产品的直接操作用户

内容

产品的特殊类型的利益相关者列表——潜在用户的列表。针对每种类型的用户，提供以下信息。

- ❑ 用户姓名/分类：最可能是一个用户团体的名称，如学校里的儿童、道路工程师或项目经理。
- ❑ 用户的角色：总结用户的职责。
- ❑ 主题相关经验：总结用户在业务方面的知识。按照新手、熟练工或专家来评级。
- ❑ 技术经验：描述用户在相关技术方面的经验。按照新手、熟练工或专家来评级。
- ❑ 其他用户特征：描述任何可能对产品的需求和最终设计产生影响的其他特征。例如，身体能力/障碍、智力能力/障碍、对工作的态度、对技术的态度、物理位置、教育程度、语言技能、年龄段、性别、种族群体。

动机

用户是为了完成工作而与产品交互的人。利用用户的特征来确定产品的易用性需求。用户也被称为参与者。

例子

用户的来源可能很广，有时甚至预料不到。考虑用户可能是办公室职员、商店店员、经理、接受过专门训练的操作员、普通公众、随意的用户、路人、文盲、手工艺人、学生、测试工程师、外国人、儿童、律师、远程用户、通过电话线或因特网使用该产品的人、救险工作人员等。

形式

简单的列表或表格，包含每个用户角色的用户特征+用户名称/代表。

2e. 假想用户

内容

为假想用户编写一个故事，包括假想用户的姓名、年龄、工作、家庭、爱好、居住地、喜欢的食物、喜欢的音乐、喜好、厌恶、度假地、对技术的态度、对金钱的态度，或其他任何特征，这些特征可能影响此人对产品的看法。如果用一张照片（从网上下载）来代表这个想象的人，会有帮助。

动机

有一个或多个（不超过 3 个）假想用户，你可以让需求针对你试图满足的人。如果你正在为大众消费品或公众使用的产品确定需求，这就是一种特别有效的技术。

形式

一段概述，包含了此人的人生故事，包括照片。这段概述可以是一份文档，用于对项目参与者介绍假想用户。你也可以将这段概述制作成大尺寸（A3）的卡片，在会议上展示，并提醒参与者你们要发现谁的需求。另一种办法是建立一个故事板，说明假想用户的生活。此外，你也可以为假想用户创建一个网站，添加此人的日常生活故事，让他或她变得生动。刻画和探讨这个假想客户的各种方式，都是为了帮助人们将假想用户想象成一个真正的用户，得到具体的真实需求，而非空泛的需求。

2f. 对用户设定的优先级

内容

在每类用户后面附上一个优先级，说明用户的重要性和优先权。按以下优先级划分用户。

- ❑ 关键用户：这些用户对产品的后续成功是至关重要的。给由这类用户提出的需求更高的重要性。
- ❑ 次要用户：他们将使用该产品，但他们的意见对产品的长期成功并无影响。如果次要用户的需求和关键用户的需求发生冲突，应该优先考虑关键用户的需求。
- ❑ 不重要的用户：这类用户的优先级是最低的。这包括不常用的、未授权的和没有技能的用户，以及误用了该产品的用户。

按照每种用户类型，列出其在潜在顾客群所占的百分比，是为了评估对这类用户要考虑多少。

动机

如果认为某些用户对产品或组织更重要，那么应该写明，因为这会影响设计该产品的方式。例如，我们需要知道，是否有一个大顾客曾经特别询问过该产品，并且如果他们得不到想要的东西，结果会造成严重的业务损失。

某些用户可能被列为对产品没有重要影响的类别，这表示这些用户会使用该产品，但在产品中没有被赋予利益。换言之，这些用户不会抱怨，也不会对产品作出什么贡献。来自于这些用户的任何特殊需求都只有较低的设计优先级。

形式

在用户特征表（参见第 2d 小节）中包含用户重要性评分，为项目核心团队提供信息。根据组织机构的文化，这可能是敏感信息。

2g. 用户参与程度

内容

如果合适，在每一类用户后面附上参与程度的说明，用户将以这样的程度参与提供需求。描述希望这些用户提供的贡献——例如，业务知识、界面原型，或易用性需求。如果可能，评估为了能够确定完整的需求，这些用户至少必须花多少时间。

动机

许多项目因为缺少用户参与而失败，有时候是因为要求的参与程度没有明确。如果用户必须在完成他们的日常工作和进行新项目之间进行选择，日常工作通常处于优先位置。这要求项目从一开始就明确具体的用户资源分配。

形式

在用户特征表中（参见第 2d 小节），包含预估的用户参与时间，以及你希望该用户提供的知识。

2h. 维护用户和服务技术人员

内容

维护用户是特殊类型的直接操作用户，他们的需求集中在产品的维护和变更上。

动机

许多这类需求将通过考虑不同类型的维护需求来发现，详见第 14 小节。但是，如果我们确定了维护产品的人的特征，就有助于触发一些可能遗漏的需求。

形式

在用户特征表中（参见第 2d 小节）包含维护用户。

3. 强制的限制条件

本节描述对产品最终设计的限制条件。限制条件是全局的，它们是适用于整个产品的因素。产品必须在声明的限制条件下构建。通常你知道这些限制条件，或在项目进行之前就有要求。它们可能是由管理层确定的，值得认真考虑，它们限制了你能做的事，从而塑造了产品。限制条件像其他类型的需求一样，有描述、理由和验收标准，编写的格式一般与功能性需求和非功能性需求的格式一样。

3a. 解决方案的限制条件

内容

规定解决问题必须采取的方式。描述强制使用的技术或解决方案，包括适用的版本号。还应该解释使用该技术的原因。

动机

确定指导最终产品的限制条件。客户、顾客或用户可能有一些设计偏好，或者只有特定的解决方案才可以接受。如果不满足这些限制条件，解决方案将不会被接受。

例子

限制条件与其他原子需求的写法一样（属性可参考需求项框架）。每项限制条件都要有理由和验收标准，这很重要，因为这有助于暴露出假限制条件（解决方案冒充限制条件）。同时，通常也会发现限制条件会影响整个产品，而不是一个或几个产品用例。

> 描述：产品应该使用目前的双向无线电系统与卡车中的驾驶员通信。
> 理由：客户不会花钱买新的无线电系统，也没有其他与驾驶员通信的方式。
> 验收标准：产品产生的所有信号都要通过他们的双向无线电系统让所有驾驶员听到并理解。

> 描述：产品应该使用 Windows XP 操作系统。
> 理由：客户使用 XP，不愿意更换。
> 验收标准：产品应该经 MS 测试小组认证，与 XP 兼容。

> 描述：产品应该是一个手持设备。
> 理由：产品将销售给徒步旅行者和登山者。
> 验收标准：产品应该不超过 300g 重，不超过 15cm×10cm×2cm，应该不需要外部电源。

考虑

我们希望定义一个边界，在此边界范围内我们可以解决问题。注意，任何人如果有在某项技术方面的经验，都会倾向于从该项技术的角度来看需求。这种倾向性导致人们出于错误的原因强加一些解决方案限制条件，假限制条件很容易就潜入到需求规格说明书中。解决方案限制条件应该只限于那些绝对不可商榷的解决方案。换言之，不论如何解决这个问题，都必须使用这种特定的技术。其他任何解决方案都是不可接受的。

形式

在需求表或数据库中，将限制条件需求作为一种特殊类型的原子需求。关于原子需求的属性，参见本模板开始处的原子需求框架示例。同时请参考www.volere.co.uk网站上关于原子需求的文章。限制条件的另一种形式可以是新产品/更新产品的系统架构图（参见第3b小节和第3c小节）。

3b.　当前系统的实现环境

内容

描述安装产品的技术环境和物理环境。这包括自动的、机械的、组织的和其他设备，以及非人员的相邻系统。

动机

描述产品必须适应的技术环境。该环境成为产品的设计限制条件。需求规格说明书的这一部分为设计者提供了足够的环境信息，以使产品能成功地与它周围的技术实现互操作。

操作需求是从本部分导出的。

例子

这可以显示为一张图，用一些图标来代表每一个独立的设备或人（处理节点）。在处理节点间添加接口，并说明它们的形式和内容。

考虑

当前系统的所有组成部分，无论是何种类型，都应该包含在实现环境的描述中。

如果产品将会影响当前组织，或对当前组织很重要，在此处将包括一张组织机构图。

形式

用一张图来展示每个硬件和软件组件/子组件/设备/构建块，它们将用于产品实现。具体使用什么图取决于组织机构和项目的工作方式。这里重要的问题在于，让决定如何实现功能需求和非功能需求的人，对实现环境理解无误。常常使用几种 UML 图，包括类图、组件图、组件结构图、部署图和包图。也可以使用其他多种自定义的图。

3c. 伙伴应用或协作应用

内容

描述那些不属于产品的一部分的应用程序，但产品必须与这些应用程序协作。这些可能是外部应用程序、商业软件包或已存在的内部应用程序。

动机

提供由于伙伴应用程序引起的设计限制条件。通过描述这些伙伴应用或对它们建模，将发现潜在的集成问题并对它们加以重视。

例子

这一部分可以通过包含书面的描述、模型或对其他规格说明书的引用来完成。描述必须包含对产品有影响的所有接口的完整规格说明。

考虑

查看工作上下文范围模型，以确定是否某个相邻系统应该被作为伙伴应用对待。也可能需要查看某些工作细节来发现相关的伙伴应用。

形式

一张图或一张表，确定待构建的产品与其他相邻系统间的所有接口。要记住，相邻系统可能是软件、人或硬件。一些相邻系统是在组织机构内部的，因此可能更易于理解或受到影响。另一些相邻系统可能在组织机构之外，可能很难甚至不能影响。产品范围图（参见第8a小节的例子）常用于确定与伙伴应用或协作应用之间的接口。

3d. 立即可用的软件

内容

描述商业的、开源的，或其他立即可用的软件（OTS），这些软件必须用于实现产品的某些需求。也包含采用非软件的立即可用的构件，如硬件或其他商业产品，作为解决方案的一部分。

动机

确定并描述商业的、免费的、开源的或其他产品，它们将成为最终产品的一部分。这些产品的特征、行为和接口是设计的限制条件。

考虑

在收集需求时，你可能会发现需求与该 OTS 软件的行为和特征有冲突。请记住使用 OTS 产品是在全部需求已知之前就强制决定的。因为这一发现，必须考虑该 OTS 软件是否是一个可行的选择。如果使用该 OTS 软件是不可商榷的，那么冲突的需求必须放弃。

注意，发现需求的策略会受到使用 OTS 的决定的影响。在这种情况下，调查工作上下文范围和比较 OTS 产品的能力是并行进行的。根据 OTS 软件的全面程度，也许可以去发现匹配和不匹配之处，而不必以原子细节的方式编写每项业务需求。不匹配之处就是要确定的需求，这样就可以决定是通过修改 OTS 软件来满足这些需求，还是修改这些业务需求。

既然在软件领域有如此之多的诉讼，就应该考虑使用 OTS 是否会让自己卷入法律诉讼。第 17 小节包含这方面的内容。

形式

模型或书面文档，指明利用这个OTS软件产品能实现的功能需求或非功能需求。如果该OTS产品有结构良好的需求规格说明书和系统架构模型，那么该模型将有助于你确定该产品能满足哪些需求。如果该产品的文档不是可追踪的、组织良好的，那么你就需要对自己的需求做更多的细节工作，才能发现在怎样的层面上可以将你的需求映射到该OTS产品上。另一种形式是有一个或几个人，是这种OTS产品的专家，他们可以回答你的问题，这样就不必为了神秘的市场营销文档而困惑。

3e. 预期的工作地点环境

内容

描述用户工作和使用该产品的工作地点。此处应该描述任何可能对产品设计产生影响的工作地点特征，以及工作地点的社会和文化环境。

动机

确定工作地点的特点，这样产品可以为补偿一些困难条件而设计。

例子

> 打印机离用户的桌子有一定的距离。这个限制条件暗示不应该强调打印输出。
>
> 工作场地比较嘈杂，所以声音信号可能不起作用。
>
> 工作场地在户外，所以产品必须适应各种天气状况，显示信息要在阳光下也能看得见，如果有纸张输出，应该考虑风的影响。
>
> 产品将用在图书馆中，它必须特别安静。
>
> 产品是一台影印机，用在特别关心环保的机构中，它必须能使用再生纸。
>
> 用户会站立工作，或者会拿着该产品工作。这意味着应该是一个手持产品，但只有仔细研究了用户的工作和场地后，才能提供确定操作需求所需的输入信息。

考虑

物理工作环境限制了工作完成的方式。产品应该克服存在的任何困难，但是可以考虑重新设计工作场地，而不是让产品来满足它。

形式

- ❑ 工作场地的书面描述。
- ❑ 丰富的图片展示工作场地的所有组成部分。
- ❑ 工作场地的照片。
- ❑ 工作场地的视频。

3f. 进度计划限制条件

内容

任何已知的最后期限，或商业机会的时限，都应该在此处说明。

动机

确定会影响产品需求的关键时间和日期。如果最后期限的时间很短，那么需求必须保持在构建时间允许的范围之内。

例子

- ❑ 为了按期发布软件。
- ❑ 可能有其他部分的业务或其他软件产品依赖于该产品。
- ❑ 市场商业机会的时限。
- ❑ 计划好的业务变更将使用这个产品。例如，组织机构将启用一个新工厂，在开始生产之前需要该产品。

考虑

通过给出日期并描述为什么它是关键的，说明存在的最后期限。同时也会确定最后期限之前的一些日期，在这些日期里应该可以提供产品的某些部分用于测试。

也应该对不能遵守最后期限所带来的影响问一些问题：

- [ ] 如果我们不能在年底之前完成构建该产品，会发生什么？
- [ ] 如果我们不能在圣诞购物季开始之前拥有该产品，在财务上会产生什么影响？
- [ ] 产品的哪些部分对圣诞购物季最为关键？

形式

书面陈述，给出最后期限的日期和理由，以及不能满足最后期限所产生的影响。

3g.　该产品的财务预算是多少

内容

该产品的预算，以金钱或可用资源的形式说明。

动机

需求不能超出预算。这可能限制了产品能包含的需求的数量。

知道预算的意图在于确定是否真的需要该产品。

考虑

目的是限制无节制的野心，防止团队在只能买一架 Cessna 时，去收集空客 380 的需求。在预算范围内构建产品是否实际？如果答案是否定的，则要么是客户并没有真正下决心构建该产品，要么是客户认为该产品没有足够的价值。不论哪种情况，都应该考虑是否值得继续下去。

形式

书面陈述，给出预算的金额和资金的来源。

3h.　企业限制条件

内容

本节包含企业特定的需求，该企业投资于你的项目。

动机

理解一些有时候似乎是无关或没有道理的需求，因为它们与项目的目标没有明显的关系。

例子

> *产品只能使用美国制造的组件。*
> *产品应该让 CEO 能使用所有功能。*

考虑

你是否打算在 Macintosh 上开发产品，而办公室经理曾宣布只允许用 Windows 系统的计算机？

是否一名董事也是另一个公司董事会的成员，该公司生产的产品类似于你要构建的产品？

无论你是否同意这些企业需求对结果几乎没有影响，事实是系统必须符合这些企业需求，即使你能找到更好、更有效或更经济的解决方案。在这里探讨一些问题，可以省去将来的麻烦。

企业需求可能完全与组织机构内部的政策有关。在其他情况下，你需要考虑客户的组织机构的政策，或国家的政策。关于企业需求，另一种看法是将它们作为限制条件，它们由战略决定来确定，在你的项目能控制的范围之外。

4. 命名惯例和定义

根据我们的经验，所有项目都有自己独特的词汇表，通常包含各种缩写和简写。如果不能正确理解这些项目特有的术语，肯定会导致误解、浪费时间、团队成员间的沟通问题，最终得到质量糟糕的规格说明书。

4a. 定义利益相关者在项目中使用的所有术语，包括同义词

内容

一个词汇表，包括在需求规格说明书中使用的所有名称的含义。选择名称要小心，避免不同的、不希望的含义。

如果你在研究的工作已经有一份术语表，那就用它作为起点。随着分析的推进，这份词汇表应该扩大和改进，但目前，它应该介绍利益相关者使用的术语，以及这些术语的含义。这个词汇表反映出工作领域当前使用的术语，也可以基于你的行业中使用的标准名称。

对于每一项，编写一段描述。相应的利益相关者必须同意这段术语含义的描述。

我们建议你加上所有的缩写和简写。我们常常遇到有些团队成员使用缩写，但承认他们不知道这些缩写的含义。本节让你有地方记录这些缩写。

动机

名称十分重要，它们能反映含义，如果定义得好，可以省掉数小时的解释。在项目的这个阶段注意名称将有助于尽早澄清一些误解。

随着详细工作的推进，词汇表为更准确的业务/工作数据模型和数据字典（参见第 7 小节的模板）提供了输入信息。随着分析数据字典的演进，词汇表中的许多定义在字典中得到扩展，添加它们的构成数据。

例子

> 卡车：在冬季，将除冰物质散布到道路上的运输工具。"卡车"不是指运送货物的运输工具。
>
> BIS：商务智能服务。Steven Peters 管理的部门，对机构的其他部门应用商务智能。
>
> 热像图：针对一个地区或其他地理区域，测量其不同部分的温度差异。得到的热像图意味着知道了参考点的温度，就可以确定该区域的任意部分的温度。

考虑

利用已有的参考资料和数据字典。显然,最好不要对已有的术语进行重命名,除非它们很模糊,容易引起歧义。

在项目的开始就要强调避免有二义性的词和同义词。解释它们会怎样增加项目的成本。

形式

已有的术语词汇表,行业字典的链接,或问题域常用术语清单,并用一句话来描述每个术语的含义和目的。

5. 相关事实和假定

相关事实是一些外部的因素,对产品有影响,但不会在需求模板的其他部分提及。它们不一定会转化为需求,尽管也可能会转化。相关事实提醒开发者注意一些情况和事实,它们会对需求产生影响。

5a. 事实

内容

本节确定一些事实,它们对产品有影响,但不是强制性的需求限制条件。事实为规格说明书的读者提供更多的背景知识,以理解业务问题。

动机

相关事实为规格说明书的读者提供了背景信息,可能对需求有所贡献。它们将对该产品的最终设计产生影响。

例子

> 一吨除冰物质将处理 3 英里的单车道路面。
> 现存应用程序是用 10 000 行 C 代码组成的。

5b. 业务规则

内容

这些业务规则可能影响工作/业务/领域,即需求的来源。相关的业务规则将触发需求。

动机

在需求发现过程的各个阶段,都会提及业务规则。一条业务规则是否与你在做的项目有关,通常很难立即弄清楚。本节提供一个地方来记录业务规则,随着对工作的理解逐渐加深,再重新审视它们,利用它们作为触发器,来发现相关的需求。

例子

> 卡车司机轮班的最长时间是 8 小时。
>
> 工程师每周维护一次气象站。

形式

描述业务规则的书面陈述，该规则的理由，该规则的权威性。在新项目开始时，确定是否已经确定了一些相关的业务规则。如果是这样，这些业务规则可以考虑进行需求复用。如果你的项目发现了新的或变更的业务规则，就添加到企业的"业务规则手册"中。业务规则手册是所有项目的输入，也由所有项目更新。

5c. 假定

内容

开发者所做的假定的清单。这些假定可能是关于预期的操作环境的，也可以是任何对产品有影响的事情。作为管理预期的一部分，假定还包含关于产品不会做什么的说明。

动机

让人们声明他们所做的假定。同时，让项目中的每个人意识到所做的假定。

例子

- ❑ 关于新的法律或政策决定的假定。
- ❑ 关于开发者预期到时候会准备好供他们使用的东西的假定。例如，产品的其他部分、其他项目的完成、软件工具、软件组件等。
- ❑ 关于产品将操作的技术环境的假定，这些假定应该突出那些期望兼容的领域。
- ❑ 开发者可获得的软件组件。
- ❑ 可与本产品同时开发的其他产品。
- ❑ 采购的组件的可获得性和功能。
- ❑ 对此项目以外的计算机系统或人员的依赖性。
- ❑ 产品特别不会实现的那些需求。

IceBreaker 项目中有一些假定的具体例子，例如：

> 处理后的道路至少在 2 小时内不需要再次处理。
>
> 道路处理止于郡县边界。
>
> 道路工程的 Apian 系统在 11 月之前可以进行集成测试。
>
> 处理卡车最快能在 40 英里/小时的速度下操作。它们的装载量是 2 kg。
>
> 气象局的预报按规范 1003-7 传递，该规范是由他们的工程部门发布的。

考虑

我们常常无意识地作出假定。有必要与项目团队的成员交谈，以发现他们所作的任何无意识的假定。询问利益相关者（包括技术上的和业务上的）以下问题。

- ❑　预计会得到哪些软件工具？
- ❑　会有任何新的软件产品吗？
- ❑　预计会用一种新的方式来使用现有的一个产品吗？
- ❑　是否认为我们将能够处理一些业务变更？

在项目早期声明这些假定是很重要的。也可以考虑假定正确的可能性，如果可能的话，列出假定没有发生时可以采取的其他选择。

这些假定应该是暂时性的。也就是说，在规格说明书发布时，它们应该都得到澄清：假定应该要么成为一项需求，要么成为一项限制条件。例如，如果假定与一个伙伴产品的功能有关，那么这种功能应该已经证实是具备的，这成为使用它的一项限制条件。相反，如果购买的产品不合适，那么构建所需的功能就会成为项目团队的一项需求。

形式

一段描述假定的书面陈述，以及假定未能成真时对项目的影响。根据假定的复杂性，有可能需要包含对其他文档或人员的引用。

可以用一些因果图来分析和分享对假定的理解，如 Peter Senge 的动态模型（dynamics model）。

6.　工作的范围

工作的范围确定了要研究的业务领域的边界，大致描述了它如何适应环境。在理解了工作和它的限制条件之后，就可以建立产品的范围（参见本模板的第 8 小节）。

6a.　当前的状况

内容

这是对原有业务处理过程的分析，包含人工的和自动的处理过程，这些过程可能被新产品取代或改变。在 Volere Brown Cow Model 中，这个视图被称为"现在如何"（How-Now）视图。业务分析师可能已经完成了这方面的调研，作为项目业务用例分析的一部分。这里也适合建立一些业务处理过程模型。这些模型包括角色、个人、部门、技术和过程。它们展示了工作流和过程组件之间的依赖关系。

动机

如果项目打算对原有的人工或自动化系统进行变更，就需要理解建议的变更所带来的影响。研究当前的状况奠定了基础，以便理解建议所带来的影响，并选择最佳的替代方案。业务过程建模并非总是导致创建软件。相反，某些过程变更和角色分配方式，可能是进行必要改进的最佳方式。

形式

有很多不同的表示法适用于创建业务过程模型。例如活动图、业务过程图、泳道图和数据流图。

6b. 工作的上下文范围

内容

工作上下文范围图确定了为构建该产品需要调查的工作。注意这包括的范围超出了目标产品。如果我们不了解产品将支持的工作，就不太可能构建与它的环境无缝集成的产品。

上下文范围示例图中的相邻系统（如气象预报服务），说明了需要理解的其他与主题相关的领域（系统、人和组织）。相邻系统与工作上下文范围之间的接口，说明了为什么我们对相邻系统有兴趣。对地区气象预报服务来说，我们关心它何时、如何、在何处、为谁、怎样以及为何产生地区天气预报信息。

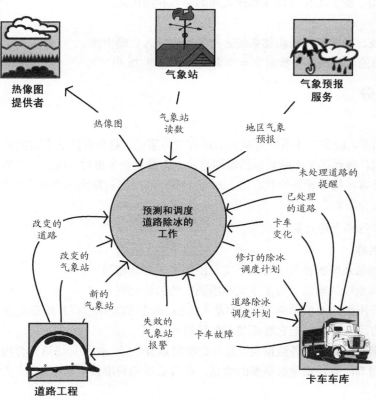

动机

清楚地定义工作研究和需求工作的边界。如果没有这种定义，我们就不太可能构建与它的环境无缝集成的产品。

例子

工作上下文模型确定了要研究的这部分世界与其他人、组织、硬件和软件（称为相邻系统）之间的联系。输入和输出代表了工作与世界的其他部分之间交换的数据和物质。工作上下文是划分调查范围和发现需求的基础。

考虑

上下文范围图中使用的名称，应该与第 4 节中的命名惯例保持一致，最终应在第 7 小节的数据字典中定义。如果没有这些定义，上下文范围模型就缺少必需的严格性，有可能被误解。相关的利益相关者必须同意上下文模型中展示的接口定义。

形式

- ❑　一张图，展示工作与相邻系统之间的输入和输出流。

或

- ❑　一张表，确定工作与相邻系统之间的所有输入和输出流。

输入和输出的名称最终在数据字典中定义（参见第 7b 小节）。

6c.　工作切分

内容

一个事件清单，确定工作系统要响应的所有业务事件。业务事件是真实世界中发生的对工作产生影响的事情。当到了工作做某事的时间时，也会发生业务事件。例如，产生每周的报表，提醒没有付款的顾客，检查设备的状态等。对每个事件的反应被称为一个业务用例（BUC），它代表了工作的一部分功能。

该事件清单包括下列元素。

- ❑　事件名称。
- ❑　来自相邻系统的输入（与上下文范围图中的名称相同）。
- ❑　对相邻系统的输出（与上下文范围图中的名称相同）。
- ❑　对业务用例的简单总结（这一项是可选的，但我们发现它在开始确定业务用例的需求时非常有用——可以把它看成是迷你场景）。
- ❑　与该事件相关的业务数据类（在开始研究该事件时，你不知道这部分内容。随着你逐渐深入细节，会开始理解重要的数据，并将它添加到事件清单中）。

动机

确定工作系统的逻辑上的大块，这些大块可以作为发现详细需求的基础。这些业务事件也提供了子系统的信息，可以作为详细分析和设计的基础。每个业务事件有一个业务用例，它的细节可以单独研究。但是，所有 BUC 之间是通过存储的业务数据联系在一起的（参见第 7 小节）。

例子

业务事件清单

事件名称	输入和输出	BUC 小结
1. 气象站传送读数	气象站读数（进）	记录属于该气象站的读数
2. 气象服务预报天气	地区气象预报（进）	记录气象预报
3. 道路工程师建议改变的道路	改变的道路（进）	记录新的或改变的道路，检查所有气象站都与道路联系在一起
4. 道路工程师安装新的气象站	新气象站（进）	记录该气象站并将它与相应的道路联系在一起
5. 道路工程师变更气象站	变更的气象站（进）	记录对气象站的变更
6. 到了测试气象站的时间	失效的气象站告警（出）	确定是否有气象站超过 2 小时没有传输数据，并向道路工程师通知失效的气象站
7. 卡车车库变更一辆卡车	卡车变更（进） 修订的除冰调度表（出）	记录对卡车的变更
8. 到了检查结冰路面的时间	道路除冰调度表（出）	预测将来 2 小时的冰情，为将要结冰的道路分配卡车，发出调度表
9. 卡车处理一条道路	已处理的道路（进）	记录道路在未来 3 小时内处于安全状态
10. 卡车车库报告卡车故障	卡车故障（进） 修订的除冰调度表（出）	为前面分配的道路重新分配可用的卡车
11. 监控道路除冰的时间	未处理的道路提醒（出）	检查所有已调度的道路是否在分配的时间内已得到处理，对仍未处理的道路发出提醒

考虑

尝试列出业务事件是测试工作上下文范围的一种方法。这个活动揭示了对项目的不准确看法和误解，促进了准确的沟通。在进行事件分析时，常常会促使你对工作上下文范围图进行某种改动。

我们建议针对工作的不同部分收集需求。这要求将工作切分，我们发现业务事件是最方便、最一致、最自然的方式，可以将工作划分为可管理的单元，并能够从细节回溯到工作范围。

形式

针对每个事件，业务事件表/清单包含以下信息：事件编号、事件名称、输入的名称、输出的名称、业务事件响应的小结。业务事件清单中的名称必须与工作上下文模型/表中的名称匹配（参见第 6b 小节）。

6d. 确定业务用例

内容

详细确定业务用例（BUC）对业务事件的响应。

动机

理解在业务事件发生时，必须执行的详细业务响应，为发现详细需求提供基础。在理解 BUC 的基础上，可以讨论待构建的产品应该实现 BUC 的哪些部分。

例子

在下载本模板时附带的规格说明书示例中，可以找到 BUC 场景的例子。

考虑

不论使用什么方法来指定 BUC 的细节，你都应该停留在业务事件的输入和输出边界之内。如果发现了额外的输入或输出数据，就需要修改事件清单和工作上下文图中的输入/输出数据。

形式

指定 BUC 可以采用分析师觉得合适的任意模型组合。最常用的方式是活动图、BUC 场景、处理流图、序列图、思维导图和访谈记录。唯一要注意的是 BUC 中的输入和输出必须与对应业务事件的输入和输出完全一样，这样就能实现追踪。

7. 业务数据模型和数据字典

7a. 数据模型

内容

指定和产品密切相关的基本主题事务、业务对象、实体和类。形式可能是初期的类模型、实体关系模式，或其他数据模型。

动机

澄清系统的主题事务，从而意识到还未考虑的需求。为了发现遗漏的需求，你可以利用创建、引用、更新、删除（CRUD）表，来交叉检查数据模型和事件。数据模型是与工作范围相关的所有业务数据的规格说明。

例子

这个例子是业务系统的业务主题事务模型，使用了统一建模语言（UML）的类模型表示法。它确定了被研究的工作的范围内，过程所创建、引用、更新和删除的所有数据。关于工作范围的更多信息，参见第 6 小节。

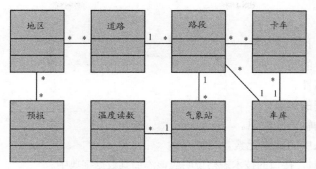

在这个模型中，每个矩形代表业务数据的一个类。该类的属性在数据字典中定义。例如：

地区=由县议会确定的一个地理区域

地区名称+地区面积+地区坐标集

类似地，每个属性也定义在数据字典中：

地区名称=工程师确定一个地区时使用的唯一名称

你可以使用任何类型的数据或类模型来记录这方面的知识。要点是记下业务主题事务的含义和各部分之间的联系，并展示在项目里是一致的。如果已经建立了公司内部标准的表示法，就使用它，因为这有助于在不同项目间复用知识。

数据模型的更多例子，参见下载本模板时附带的规格说明书示例。

考虑

是否有一些类似系统或重叠系统的数据或对象模型，可以作为研究的起点？是否有该系统要处理的主题事务的领域模型？

形式

你可以用许多不同类型的数据模型对业务数据建模，但最可能遇到下面的模型：

❑　UML 类模型

❑　实体关系模型

❑　一个表，显示类名、类之间的关联和每个类的属性。

如果你的组织机构偏好特定的模型，你就必须使用它。不论使用哪种模型，都要注意一点：你构建的数据模型是"业务数据模型"，不是数据库的设计。你的模型关注对工作上下文范围内的所有数据进行逻辑划分，从而识别业务类，以及这些业务类之间的业务关系。你的模型将作为输入信息，用于设计数据的实现。每个业务类的属性，定义在数据字典中（参见第 7b 小节）。

7b.　数据字典

本模板第 4 小节中描述的词汇表是一个起点，让我们建立对术语的共同理解。随着调查范围开始确定，你就在正式的数据字典中确定输入和输出数据。这个数据字典中定义的术语，直到最基本的层面，就是用于确定详细原子需求的那些术语。

内容

数据字典确定了下面的内容。

- ❑　数据模型中的类。
- ❑　这些类的属性。
- ❑　这些类之间的关联。
- ❑　所有模型的输入和输出。
- ❑　输入和输入中的数据元素。

在作出实现决定时，接口的技术规格说明应该添加到数据字典中。

动机

工作上下文图准确定义了待研究工作的范围，产品范围图定义了待构建产品的边界。只有确定了这些范围边界上信息流的属性，这些定义才是完全准确的。

例子

下面是道路除冰项目的部分数据字典，我们在本模板中一直以该项目为例。请注意，这个版本的字典在同一类型中是按字母排序的。

名称	内容	类型
Depot	Depot Identifier	Class
District	District Name +District Size	Class
Forecast	Forecast Temperature+Forecast Time	Class
Road	Road Name+Road Number	Class
Road Section	Road Section Identifier+Road Section Coordinates	Class
Temperature Reading	Reading Time+Temperature Measurement	Class
Truck	Truch Identifier	Class
Road De-Icing Schedule	{ Road Section Identifier+Treatment Scheduled Date+ Treatment Scheduled Start Time+Critical Start Times+ Truck Identifier }	Data flow
District Name	Listed in District Celsius	Attribute/element
District Size	Measured in Kilometers	Attribute/element
Forecast Temperature	Measured in Celsius	Attribute/element
Forecast Time	HH/MM/SS 24-hour clock	Attribute/element
Reading Time	HH/MM/SS 24-hour clock	Attribute/element
Read Name	See Road Database	Attribute/element
Road Number	See Road Database	Attribute/element
Road Section Coordinates	See Road Database	Attribute/element

名称	内容	类型
Road Section Identifier	See Road Database	Attribute/element
Temperature Measurement	Measured in Celsius	Attribute/element
Treatment Scheduled Date	YY/MM/DD	Attribute/element
Treatment Scheduled	HH/MM/SS	Attribute/element
Start Time	24-hour clock	Attribute/element
Truck Identifier	Number between 1and 1,000;refer ti Chief Engineer for list	Attribute/element
Critical Start Time	Treatment started after this time is not guaranteed to be effective	Attribute/element
Treatment Scheduled Date	YY/MM/DD	Attribute/element
Treatment Scheduled	HH/MM/SS	Attribute/element
Start Time	24-hour clock	Attribute/element

在最终做出实现决定时，设计者/实现者将数据的格式添加到数据字典中。

考虑

数据字典提供了需求/业务分析师和设计者/开发者/实现者之间的联系。实现者为字典中的术语添加实现细节，确定数据将如何实现。而且，他们还根据所选的技术而添加一些术语，与业务需求无关。在你研究工作时，常常会发现，你放在"命名惯例和术语"（第 4 小节）中的条目，实际上是特定的数据流或数据属性。发生这种情况时，应该将该条目移至数据字典。

形式

数据字典可以用多种形式来维护，这取决于你拥有的工具。重要的问题是，尽可能容易地在需求、文档和模型中使用术语的地方实现交叉引用，指向数据字典中的定义。维护数据字典常用的形式包括电子表格、数据库和自动化的需求工具。

8. 产品的范围

8a. 产品边界

内容

用例图确定了用户（参与者）与产品之间的边界。通过与相应的利益相关者一起工作，检查每个业务用例（BUC），确定业务用例的哪些部分将被自动化（或通过某种产品来满足）以及哪些部分由用户来完成，就得到了产品边界。这项任务必须考虑到用户/参与者（第 2 小节）的能力、限制条件（第 3 小节）、项目的目标（第 1 小节）、你对工作的知识，以及你认为哪种技术最有利于工作。

用例图的例子展示了产品边界（矩形框）之外的用户/参与者。产品用例（PUC）是边界内的椭圆。编号让每个 PUC 能回溯到导出它的 BUC（参见第 7 小节）。箭头表明了使用关系。在这一版本的 PUC 图中，我们在箭头上添加了名称，让它更准确，且可追踪。注意，参与者可以是自动的系统或是人。

通过确定每个 BUC 的产品边界应该在哪里，你就导出了 PUC。这些决定是基于你自己和相应利益相关者对工作的知识，以及需求限制条件。你的内部设计可能意味着用几个系统用例（SUC）来实现一个 PUC。

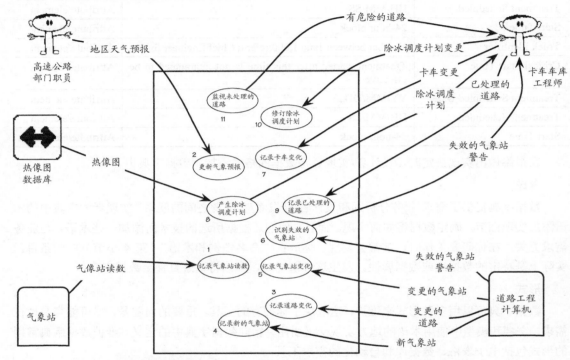

这张产品用例图中的序号与业务事件列表（参见第 7 小节）中的 BUC 序号相对应。

例子

你可以看到，PUC 图是对少量（少于 20 个）PUC 的有效总结。如果 PUC 数量很多，那么产品范围图和 PUC 汇总表（参见第 8b 小节）就是更好的选择。

下面是道路除冰项目产品范围图的例子。这种图中每个接口的内容都定义在数据字典中，也可以由原型或某种模拟来支持。有些项目发布独立的接口规格说明文档。这份文档的内容就是定义产品范围图中的接口，常常有原型和模型的支持。

形式

❑　产品用例图

❑　产品范围图，并带有每个用例的规格说明

❑　范围图中接口的规格说明和原型

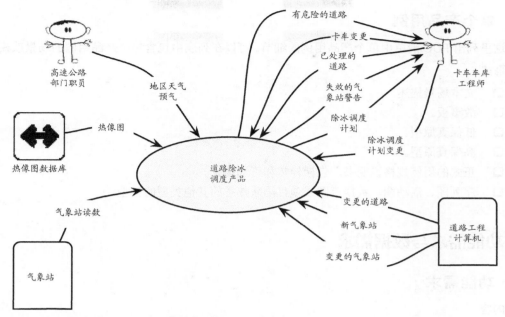

这张产品范围图总结了产品与参与者用户的接口。

8b. 产品用例清单

产品范围图很有用，总结了产品与其他自动化的系统、组织机构和用户之间的所有接口。如果 PUC 的数目在可管理的范围之内（例如，少于 20 个），那么 PUC 图就是一种有用的图形方式，汇总了与产品相关的 PUC。在实践中我们发现，产品用例清单更有用，因为它可以处理大量的 PUC，并准确地确定了输入和输出数据，定义了每个 PUC 的边界。

PUC 编号	PUC 名称	参与者	输入和输出
1	记录气象站读数	气象站	气象站输数（入）
2	记录气象预报	高速公路部门职员	地区气象预报（入）
3	记录道路变化	道路工程计算机	变更的道路（入）
4	记录新气象站	道路工程计算机	新气象站（入）
5	记录气象站变化	道路工程计算机	变更的气象站（入）
6	识别失效的气象站	卡车车库工程师	失效的气象站警告（出）
7	记录卡车变化	卡车车库工程师	卡车变更（入）
8	产生除冰调度计划	卡车车库工程师 热像图数据库	除冰调度计划（出） 热像图（入）
9	记录处理的道路	卡车车库工程师	处理的道路（入）
10	修订除冰调度计划	卡车车库工程师	除冰调度计划变更（入） 已修订的除冰调度计划（出）
11	监视未处理的道路	卡车车库工程师	有危险的道路（出）

8c. 单个产品用例

这里列出 PUC 清单中单个产品用例的细节。可以在列表中包含每个产品用例的场景或模型。

形式

- ❏ 文本场景描述。
- ❏ 故事板。
- ❏ 低保真原型。
- ❏ 高保真原型。
- ❏ 正式的用例规格说明书，包括异常和可选场景。
- ❏ 序列图、活动图、数据流图或项目团队熟悉的其他类型的模型。

9. 功能需求与数据需求

9a. 功能需求

内容

对每项原子功能需求的规格说明。像其他所有类型的原子需求（功能、非功能、限制条件）一样，可使用需求项框架作为指导，看看哪些属性需要指定。关于原子需求及其属性的完整解释，包含在本模板的介绍材料中。

动机

指定产品执行的详细功能需求。

例子

<table>
<tr><td>需求编号：75</td><td>需求类型：9</td><td>事件/BUC/PUC编号：7, 9</td></tr>
<tr><td colspan="3">描述：产品应该记录所有已处理的道路</td></tr>
<tr><td colspan="3">理由：为了能够安排未处理的道路并突出潜在危险</td></tr>
<tr><td colspan="3">来源：Arnold Snow，总工程师</td></tr>
<tr><td colspan="3">验收标准：记录的已处理和未处理的道路应该符合驾驶员的道路处理日志，并在道路处理完后 30 分钟内完成记录</td></tr>
<tr><td>顾客满意度：3</td><td colspan="2">顾客不满意度：5</td></tr>
<tr><td>依赖关系：所有的需求使用道路和调度数据</td><td colspan="2">冲突：105</td></tr>
<tr><td colspan="3">支持材料：工作上下文图，第 5 节的术语定义</td></tr>
<tr><td colspan="3">历史：2010 年 2 月 29 日创建</td></tr>
</table>

Volere
Copyright © Atlantic Systems Guild

验收标准

每项功能需求必须有一个验收标准或测试用例。无论使用哪一种，它都是基准，让测试者能够客观地确定实现的产品是否满足了需求。

考虑

如果得到了事件/用例清单（参见第 6c 小节、第 8a 小节和第 8b 小节），就可以利用它来引出每一个事件/用例的功能性需求。如果没有事件/用例清单，可为每项功能需求分配一个唯一编号，为了便于追踪，在开发过程的晚些时候将这些需求划分为事件/用例相关的小组。

如果还没有确定产品的边界，还没到确定产品用例（PUC）的时候，就应该针对业务用例（BUC）编写功能性和非功能性需求。如果你打算编写业务需求，并要求供应商说明他们的产品能满足哪些业务需求，这种策略就特别好。

形式

记录和维护原子需求（功能需求、非功能需求和限制条件）的形式取决于你可用的工具。Volere白雪卡通常有助于发现需求，但由于需求的数量巨大，且需要进行变更，最好是采用某种自动化的方式来管理和维护原子需求。常见的原子需求管理形式包括以下几项。

- ❑ 电子表格。
- ❑ 你使用的需求工具提供的数据库。市场上有大量不同的工具，请参考 www.volere.co.uk/tools 上的清单。
- ❑ 内部网络，用以维护原子需求及其属性，并让别人能访问。
- ❑ 自己创建的数据库。

不论用哪种方式来记录和维护需求，重要的是编号和术语要保持一致，这样就能够检查完整性，并响应变更。

> **非功能需求**：第 10～17 小节描述了非功能需求。这些需求的形式与前面描述的功能需求一样。

10. 观感需求

10a. 外观需求

内容

本节包含了与产品的精神相关的需求。客户可能对产品提出特殊的要求，如公司的品牌、使用的颜色等。本节将记录外观方面的需求。在外观需求清楚之前，不要尝试开始设计。

动机

确保产品的外观满足组织机构的期望。

例子

> 产品应该吸引十多岁的少年儿童。
>
> 产品应该符合公司的品牌标准。

验收标准

> 在没有提示或诱导的情况下，一些十多岁的儿童代表在每一次遇到该产品的 4 分钟内，将开始使用它。
>
> 品牌办公室将认证产品满足当前的标准。

考虑

即使是使用原型技术，理解外观需求也是很重要的。原型是用来帮助提取需求的，不应该看作是需求的替代物。

10b.　风格需求

内容

规定产品的情绪、风格或感觉的需求，它会影响潜在顾客看待产品的方式。同时也包括利益相关者对用户与产品交互的次数的期望。

如果是需要制造的产品，在这一节，还应该描述包装的外观。包装可能有一些需求，这些需求针对的是尺寸、风格以及与机构中的其他包装的一致性。要注意在包装方面的欧洲法律，它要求包装不能比内在的产品大很多。

在这里记录的风格需求将指导设计者创造出客户喜爱的产品。

动机

由于今天市场的状况和人们的期望，我们不能承担构建一个风格错误的产品的代价。当功能性需求得到满足之后，通常是产品的外观和风格决定了它们是否能够成功。这一节的任务就是准确地决定产品以怎样的方式展现在它的目标顾客面前。

例子

> 产品应该表现出权威性。

验收标准

> 在第一次遇到这个产品时，70%的潜在顾客代表会同意他们可以相信该产品。

考虑

观感需求指定了客户对产品外观的看法。这些需求可能初看起来相当模糊（例如：“保守和专业的外观"），但会由它们的验收标准来量化。验收标准让你有机会从客户那里知道这准确地代表什么意思，向设计者提出准确的要求。

11. 易用性和人性化需求

本节关注一些需求，让产品的直接用户觉得易用，并符合人体工程库。

11a. 易于使用的需求

内容

描述客户认为目标用户应该怎样容易地操作产品。产品的易用性是源自产品目标用户的能力和产品功能的复杂性。

易用性需求应该包括以下属性。

❑ 使用效率：用户可以多快、多准确地使用该产品。

❑ 易于记忆：预期一个随意的用户对产品的使用可以记住多少。

❑ 错误率：对于某些产品来说，用户少犯错误或不犯错误是很重要的。

❑ 使用该产品的总体满意度：这对于面临许多竞争的商业、交互式产品来说特别重要。网站就是一个好例子。

❑ 反馈：用户需要多少反馈才能相信产品真正准确地完成了用户希望的工作。某些产品（如安全关键的产品）对反馈需要的程度要超过另一些产品。

动机

指导产品设计者构建符合最终用户期望的产品。

例子

> 对于 11 岁的儿童，产品应该易于使用。
> 产品应该帮助用户避免犯错。
> 产品应该让用户想用它。
> 没经过培训的人，以及可能不懂英文的人，应该能使用该产品。

验收标准

这些需求例子可能看上去过于简单，但它们确实表达了客户的意图。为了完全确定这些需求的意义，需要增加度量标准，并针对需求进行测试，这就是验收标准。上面例子的验收标准可能是：

> 　　由 11 岁的儿童组成的测试组中，80%应该能够在[指定的时间]内成功地完成[任务清单]。
> 　　使用该产品一个月，总的错误率应该少于 1%。
> 　　在 3 周的熟悉期后，75%的目标用户会经常使用该产品。

考虑

参考本模板第 3 小节，确保已经考虑了来自所有不同类型用户对易用性需求的观点。

可能需要与用户和客户进行特别的会谈，以决定是否必须在产品中加入特殊的易用性考虑。

还可以考虑向一个易用性实验室咨询，该实验室曾测试过相似项目条件（本模板的第 1～7 小节）下产品的易用性。

11b.　个性化和国际化需求

内容

根据用户个人偏好或语言选择来改变或配置产品的方式。

个性化需求应该包括下列问题。

- ❑　语言、拼写偏好，以及习惯用语。
- ❑　货币，包括符号和小数点惯例。
- ❑　个人配置选项。

动机

确保产品的用户不会受困于（或简单接受）产品构建者的文化习惯。

例子

> *产品应该保留购买者的购买偏好。*
> *产品应该允许用户选择语言。*

考虑

考虑产品潜在顾客和用户所处的国家和文化。所有外国用户都会喜欢有机会转换成他们家乡的拼写和表达方式。

通过允许用户定制他们使用产品的方式，让他们有机会更紧密地参与组织中，并享受属于他们自己的个人使用体验。

也可以考虑产品的可配置性。配置允许不同的用户拥有不同功能变化的产品。

11c.　学习的容易程度

内容

学习使用该产品应该多容易。这种容易程度有一定的变化范围，用于公共场所的产品不需要学习时间（如停车计费器或一个网站），而一些复杂的、高技术性的产品需要相当的学习时间（我们知道有一个产品需要一个大学毕业的工程师接受 18 个月的培训才能够有资格使用）。

动机

量化客户认为可接受的用户学会使用该产品的时间。该需求将在用户如何学习该产品方面为设计者提供指导。例如，设计者可能在产品中设计详细的交互式帮助机制，或者随产品提供一份教程。另外，可能产品的构建要使得产品的所有功能在用户第一次接触时都显而易见。

例子

> 对一个工程师来说，产品应该易于学习。
>
> 一个职员应该在短时间内能够高效地工作。
>
> 产品应该能被大众使用，在使用前无须接受培训。
>
> 在工程师参加了 5 周的产品使用培训之后，应该能使用该产品。

验收标准

> 一个工程师应该从开始使用该产品起，在[特定时间]内生产出[特定的结果]，无须使用操作手册。
>
> 在接受[小时数]的培训后，一个职员应该每[单位时间]能生产出[特定数量的产品]。
>
> 用户测试小组中的[一个大家同意的百分比]应该在[特定的时间限制里]成功完成[特定任务]。
>
> 在培训结束的最后测验中，工程师应该达到[一个大家同意的百分比]的通过率。

考虑

参考第 2d 小节"产品的直接操作用户"，确保已经考虑了所有不同类型用户对易用性需求的观点。

11d. 可理解性和礼貌需求

本节关注发现预期的最终用户熟悉的概念和隐喻方面的需求。

内容

这里指定一些需求，有了它们，用户才能理解该产品。"易用性"指的是易于使用、效率和类似的特征，而"可理解性"决定了用户是否本能地知道产品将为他们做什么，以及产品在他们的世界中处于怎样的位置。可以认为可理解性是产品对用户的一种礼貌，不要求用户了解或学习与他们的业务问题无关的东西。礼貌的另一方面，是对于产品已经能访问的信息，不应该要求用户输入。

动机

为了避免强迫用户学习产品内部结构的一些术语和概念，这些术语和概念与用户的世界没有关系。也为了让产品更好理解，从而更有可能被目标用户所采用。

例子

> 产品应该使用用户社区自然能够理解的符号和词语。
>
> 产品应该向用户隐藏它的结构细节。

考虑

参考第 2d 小节"产品的直接操作用户"，考虑从每种不同类型用户的角度来看问题。

11e.　可用性需求

内容

这些需求关注有常见残障的人如何方便地使用产品。这些残障可能与丧失肢体能力、视觉、听觉、知觉或其他能力有关。

动机

在许多国家中，要求一些产品能被残障人士使用。在所有情况下，如果将这一可观人群排除在潜在客户之外，将对产品本身不利。

例子

> 产品应该能被视力有障碍的人使用。
>
> 产品应该符合美国残疾人法案（Americans with Disabilities Act）。

考虑

与一般描述的用户相比，某些用户可能有残障。而且，部分残障是相当常见的。一个简单而不是很重要的例子是，大约 20% 的男性是红绿色盲。

12.　执行需求

12a.　速度和延迟需求

内容

明确完成特定任务需要的时间。这些需求常常是指响应时间，也可能指产品能够在预期环境中以合适的速度进行操作。

动机

某些产品，通常是实时产品，必须能够在给定的时间内执行某些功能。不能做到则可能带来灾难性的后果（例如，一架飞机上的对地雷达未能及时检测到一座山峰）或产品将不能处理要求的负载量（例如，一个自动售票机）。

例子

> 用户与自动产品之间的任何接口的最大响应时间不得超过 2 秒。
>
> 响应应该足够快，以避免打断用户的思路。
>
> 产品必须每 10 秒取一次传感器的值。
>
> 产品必须在 5 分钟内下载新的状态参数并根据参数进行改变。

验收标准

对速度需求来说，验收标准必须是可测试的性能度量标准。但是，我们发现大部分的执行需求都是以量化的方式说明的。上述第 2 项需求是一个例外，对此我们建立的验收标准应该是：

> 在 90% 的请求中，产品的影响应该少于 1 秒。所有响应都不应该超过 2.5 秒。

考虑

不同类型的速度需求，重要性的差异很大。如果是在研制一个导弹制导系统，那么速度是极其重要的。相比之下，对于每六周才运行一次的库存控制报告系统来说，速度就不需要像闪电一样快。请定制本模板的这一部分，对于你的环境中速度很重要的需求，给出例子。

12b. 安全性至关重要的需求

内容

对可能造成人身伤害、财产损失和环境破坏所考虑到的风险的量化描述。不同的国家有不同的标准，所以验收标准必须准确指出产品必须满足那些标准。

动机

理解并突出在期望的操作环境中使用该产品时，可能发生的潜在破坏。

例子

> 产品不应泄漏危害人体健康的有毒气体。
>
> 热交换器应该有防护，避免人接触。

验收标准

> 产品应该通过认证，符合美国卫生部的 E110-98 标准。这应该由有资历的测试工程师来认证。
>
> 在[特定数目人员组成的]用户测试小组中，没有人能接触到热交换器。热交换器也必须符合安全标准[指定具体哪个标准]。

考虑

这里给出的例子适用于某些产品，但不是所有产品。给出所有安全性至关重要的例子是不可能的。要让这个模板在环境中有效果，就应该定制它，加入针对产品的例子。

同时，注意不同的国家有不同的安全标准和与安全相关的法律。如果计划在多个国家销售产品，就必须注意这些法律。一个同事建议，对于电器产品，如果遵守德国标准，那么大部分国家的标准都支持了。

如果准备构建安全性至关重要的产品，那么相关的安全标准已经有了很好的规定。职员中可能会有安全专家。这些安全专家是与产品相关的关键安全性需求的最好来源。安全专家应该有用得上的丰富信息。

咨询一下法律部门，他们会注意到由于产品的安全缺陷所引起的法律诉讼。这可能是收集相关安全性需求的最好起点。

12c.　精度需求

内容

对产品产生的结果期望的精度的量化描述。

动机

设定客户和用户对产品期望的精度。

例子

> 所有金额都必须精确到小数点后两位。
> 道路温度的读数精确度应该达到±2℃的水平。

考虑

如果你在定义术语时做了一些详细的工作，那么一些精度需求可能已经在第 7 小节的数据字典中定义了。

你可能要考虑产品将使用哪种计量单位。读者会想起坠毁在火星上的航天器，因为发送的坐标采用公制单位，而不是英制单位。

产品可能也需要保持精确的时间，与某个时间服务器保持同步，或采用协调世界时（UTC）。

而且，要注意某些货币没有小数位，如日元。

12d.　可靠性和可访问性需求

内容

量化产品所需的可靠性。可靠性常常表述为允许两次失败之间的无故障运行时间，或允许的总失败率。

本节也量化产品预期的可访问性。

动机

对某些产品来说，不能经常失效是至关重要的。本节是探索失效的可能性，并确定切实可行的服务级别。这也让你有机会设定客户和用户在产品可用时间方面的期望。

例子

> *产品应该每天 24 小时、每年 365 天可用。*
> *产品应该在上午 8:00 至下午 5:30 之间可用。*
> *自动扶梯应该从早上 6 点至晚上 10 点运行，或直到最后一班航班到达。*
> *产品的无故障运行时间应该达到 99%。*

考虑

仔细考虑产品的真正需求是否可用，还是在任何时候都不会失效。

也要考虑可靠性和可用性的成本，该成本对产品是否合理。

12e. 健壮性或容错需求

内容

健壮性规定了产品在不正常的情况下继续工作的能力。

动机

要确保产品在经历了环境中的一些不正常的事情之后，仍能提供部分或全部的服务。

例子

> *产品在断开与中央服务器连接的情况下，应该能继续以本地模式工作。*
> *产品在切断电源之后应该提供 10 分钟紧急操作。*

考虑

不正常的情况几乎可以看作是正常的。今天的产品很大很复杂，因此任何时候都有可能出现某个部件不能正常工作的情况。健壮性需求是为了防止产品完全失效。

也可以在这节中考虑灾难恢复计划。这份计划描述了出错或不正常的事情发生之后，产品重新开始可接受的运行的能力。

12f. 容量需求

内容

指定处理的吞吐量和产品存储数据的容量。

动机

保证产品有能力处理期望的数据量。

例子

> 　产品必须能够从上午 9:00～11:00 满足 300 个并发用户使用，其他时间的最大负载是 150 个并发用户。
> 　在起飞时，产品的内舱应该能容纳至多 20 个人。

验收标准

在这种情况下，需求描述是量化的，因此是可以测试的。

12g.　可伸缩性和可扩展性需求

内容

指定产品必须处理的预期的规格增长。随着业务的增长（或业务预期的增长），我们的软件产品必须增加它们处理新的容量的能力。

动机

确保设计者考虑到将来的能力。

例子

> 　产品应该能够处理原有的 100 000 个顾客。这一数字预期在 3 年内会增长到 500 000。
> 　产品应该在上线 2 年内达到每小时处理 50 000 笔交易的能力。

12h.　寿命需求

内容

指定产品预期的生存期。

动机

确保产品的构建是基于对预期投资回报的理解。

例子

> 　产品应该在最大维护预算范围内至少运行 5 年。

13.　操作和环境需求

13a.　预期的物理环境

内容

明确产品操作所处的物理环境。

动机

突出指明可能需要特殊需求、准备或培训的情况。这些需求确保了产品适合在预期的环境中使用。

例子

> 产品应该由一个工人使用，站立在户外，可能寒冷且下雨。
>
> 产品应该用于嘈杂且灰尘大的环境。
>
> 产品应该能装入口袋或钱包。
>
> 产品应该能在微弱的光线下使用。
>
> 产品不应该比原有环境的嘈杂程度更响。

考虑

工作环境：产品是否将在某种特殊的环境中操作？这是否导致了特殊的需求？参见第 11 小节。

13b. 与相邻系统接口的需求

内容

描述与伙伴应用和设备接口的需求，产品需要它们才能成功地操作。

动机

对其他应用接口的需求常常要等到实现的时候才会发现。尽早发现这些需求可以避免大量的重复工作。

例子

> 产品应该支持 5 种最流行的浏览器的最近 4 个版本。
>
> 新版本的电子表格必须能够访问来自前两个版本的数据。
>
> 我们的产品必须能与远程气象站上运行的应用进行接口。

验收标准

对于每个应用间的接口，规定下面的内容。

- ❑ 数据内容。
- ❑ 物理材料内容。
- ❑ 实现接口的媒质。
- ❑ 频率。
- ❑ 容量。
- ❑ 触发器。
- ❑ 适用于接口的标准/协议。

13c.　产品化需求

内容

为了让产品可以发布或可以销售所必需的需求。这里也可以描述成功安装软件产品所需的操作。

动机

如果产品在出门前必须完成一些工作，那么要确保这些工作成为需求的一部分。同时，也量化了用户对安装产品所需的时间、金钱和资源的期望。

例子

> 产品应该可以下载。
>
> 产品应该能够由未培训过的用户安装，不需要参考独立打印的安装指南。
>
> 产品应该能放在一张 DVD 上。

考虑

某些产品对成为可销售或使用的产品有特殊的需求。也可以考虑对产品进行保护，只有付费的顾客可以使用它。

向市场部门询问，对于特定的环境和顾客对安装时间和费用的预期等方面，发现一些没有明确说明的假定。

大多数商业产品在这方面都有需求。

13d.　发布需求

内容

指定计划的产品发布周期以及发布将采用的形式。

动机

让每个人都意识到计划以怎样的频度来发布产品的新版本。

例子

> 维护版本将每年一次提供给最终用户。
>
> 每个发布版本都不应该让以前的功能失效。

验收标准

描述维护的类型以及它的工作量预算。

考虑

新产品是否会影响到现在的合同承诺或维护协议？

14. 可维护性和支持需求

14a. 可维护性需求

内容

对产品进行特定修改所需时间的量化描述。

动机

让每个人意识到产品维护的需要。

例子

> **新的 BI 报告必须在需求达到一致后的一个工作周内提供。**
>
> **新的气象站必须能在当天晚上加入产品中。**

考虑

可能存在一些特殊的维护需求,例如此产品必须能被最终用户维护,或由非最初开发者来维护。这会影响到产品开发的方式。另外,可能会有文档和培训需求。

可能需要考虑在这一节编写可测试性需求。

14b. 支持需求

内容

指定产品所需的支持级别。支持常常通过一个帮助平台来提供。如果人们对产品提供支持,这种服务就会被认为是产品的一部分:是否存在对支持的需求?也可以考虑在产品中内建支持,在这种情况下,本节就是编写这些需求的地方。

动机

确保产品的支持方面得到足够的描述。

考虑

考虑期望的支持级别,以及支持所采取的形式。例如,一项限制条件可能指出不能有打印形式的手册。另外,产品可能需要完全能够自支持。

14c. 适应能力需求

内容

对产品必须支持的其他平台或环境的描述。

动机

公开客户和用户关于产品运行平台的期望。

例子

> 该产品预计将运行在 iOS 和 Android 平台上。
>
> 产品可能最终被卖到日本市场。
>
> 设计出的产品将运行在办公室里，但我们打算有一个版本运行在饭店的厨房里。

验收标准

- ❏ 指定支持产品的系统软件。
- ❏ 指定预期的产品未来操作环境。
- ❏ 进行迁移所允许的时间。

考虑

询问市场部门，发现那些关于产品的可移植性没写明的假定。

15. 安全性需求

15a. 访问控制需求

内容

指定谁被授权使用该产品（包括功能和数据），以及在什么样的情况下授权，以及对产品的哪一部分的访问是允许的。

动机

理解并突出指明对产品安全保密方面的预期需求。

例子

> 只有直接经理可以看到他的职员的个人记录。
>
> 只有持有当前安全许可证的人才能进入大楼。

验收标准

- ❏ 要满足的安全标准。
- ❏ 可以访问特定数据的用户角色或人名。
- ❏ 可以添加、变更、删除特定数据的用户角色或人名。

考虑

是否存在管理层敏感的数据？是否有一些数据是低层用户不希望管理层访问的？是否有一些过程可能导致损害或可能用于个人获利？是否有些人不应该有权使用该产品？

避免在这里就提供安全需求的设计解决方案。例如，不要设计一个口令系统。这里的目标是确定什么是安全性需求。设计将从这些描述中产生。

考虑寻求帮助。计算机安全是一个高度专业化的领域，在这个领域里，没有正确资质的人将无所作为。如果产品需要比一般情况更强的安全性，我们建议进行安全性咨询。这种咨询不便宜，但安全性不够带来的结果的代价可能将更加高昂。

15b. 完整性需求

内容

指定数据库和其他文件，以及产品本身的完整性。

动机

目标有两方面：（1）理解对产品数据完整性的预期；（2）指定产品应该怎样做才能在意想不到的事情发生的时候确保它的完整性，这些事情包括受到外部攻击或授权用户的无意误操作等。

例子

> 产品应该防止引入不正确的数据。
> 产品应该能防止它们被有意地滥用。

考虑

组织机构越来越依赖于他们存储的数据。如果数据产生冲突、不正确，或者消失，可能会给组织带来致命一击。例如，几乎半数的小公司在火灾摧毁了他们的计算系统后破产。完整性需求的目标是防止数据和过程的完全丢失和冲突。

15c. 隐私需求

内容

指定产品必须做什么来保护产品存储的信息中包含的个人隐私。产品也必须确保所有关于个人数据隐私的法律都得到遵守。

动机

确保产品符合法律，保护顾客的个人隐私。很少有人会对不保护他们隐私的组织机构有好感。

例子

> 产品应该在向用户收集信息之前，让他们意识到它的信息操作。
> 产品应该向顾客通知它的信息策略的变化。
> 产品应该只有在满足组织机构的信息策略时，才能暴露私人信息。
> 产品应该根据相关的隐私法律和组织机构的信息策略，对私人信息进行保护。

考虑

隐私问题可能涉及法律，关于编写本节的需求，最好咨询一下组织的法务部门。

考虑在收集顾客的个人信息之前，必须向他们发布什么提示。另外，是否必须做一些事,让顾客一直意识到你拥有他们的私人信息？

在收集并保存顾客的私人信息时，他们必须总是能够选择同意或不同意。类似地，顾客应该能够查看他们的私人数据，如果需要，也能够要求更正这些数据。

另外还要考虑私人数据的完整性和安全性——例如，如果保存的是信用卡信息。

15d.　审计需求

内容

指定产品需要做些什么（通常是保留记录）以满足审计检查的要求。

动机

构建符合相应的审计规定的产品。

考虑

本节可能涉及一些法律。建议让组织的审计师批准这里写下的东西。

也应该考虑产品是否应该保留使用它的人的信息。这样做的目的是提供安全性，这样用户以后就不能抵赖曾使用过这个产品，或使用这个产品进行了某种交易。

15e.　免疫力需求

内容

说明产品必须做些什么来防止受到未授权或不希望的软件感染，如病毒、蠕虫、恶意软件、间谍软件和其他不希望的干扰。

动机

构建尽可能安全的产品，以防止恶意干扰。

考虑

每天都会有很多来自于未知的外部世界的恶意行为。人们购买软件,或其他任何类型的产品,是希望它能保护自己免受外界的骚扰。

16.　文化需求

16a.　文化需求

内容

本节包含针对社会因素的需求，这些因素会影响产品的可接受性。如果开发的产品是针对外国市场的，那么要特别注意这些需求。

动机

写明这些难以发现的开放式需求，因为这些需求在开发者的文化经验范围之外。

例子

> *产品不应该冒犯宗教或道德团体。*
> *产品应该能够区分法国、意大利和英国的道路编号系统。*
> *产品应该记录欧盟所有国家以及美国各州的公众假日。*

考虑

问一下是否产品将用于你所不熟悉的文化环境。问一下是否其他国家的人或其他类型的组织中的人会使用该产品。人们是否有与你的文化不同的习惯、节日、迷信、文化上的社会行为规范？是否有一些颜色、图标或文字在别的文化环境下有不同的含义？

17. 法律需求

17a. 合法需求

内容

规定该系统的法律需求的描述。

动机

符合法律要求，以避免将来引起延迟、诉讼和法律费用。

例子

> 个人信息的实现方式必须满足数据保护法案（Data Protection Act）。

验收标准

听取律师意见，确认产品没有违反任何法律。

考虑

考虑咨询律师来帮助确定法律需求。

是否存在必须保护的版权？另外，是否有一些竞争对手拥有一些版权，你可能会违反？

是否要求开发者没有看过竞争对手的代码，或没有为竞争对手工作过？

萨班-奥西利法案（SOX）、美国医疗保险便携和责任法案（HIPAA）或格雷姆-里奇-比利雷法案对产品有要求吗？与公司的律师一起检查一下。

是否有一些正等待通过的法律可能会影响到产品的开发？

是否有一些刑法条款需要考虑？

是否考虑到了税法对产品的影响?

是否有一些劳工法条款(如对工作小时的规定)与产品相关?

17b. 标准需求

内容

明确适用的标准和参考的详细标准的描述。这不是指国家的法律,可以将它看作是公司强制的内部法律。

动机

满足标准,以避免将来项目延期。

例子

> **产品必须符合军方标准。**
>
> **产品必须符合保险业标准。**
>
> **产品必须按照 SSADM 标准开发步骤来开发。**

验收标准

通过认证符合标准的一种度量方法。

考虑

有时,存在适用的标准这一点并不明显,因为它们的存在常被当作是理所当然的。考虑以下问题。

- ❑ 是否存在一些有适用标准的业界组织?
- ❑ 是否存在实践、监察或调查等行业规则?
- ❑ 对此类产品是否存在一些特殊的开发步骤?

> 项目问题:第 18 小节至第 27 小节处理为了满足需求,让产品成为现实,必须面对的项目问题。这些小节也将需求与发现和发展需求的项目活动联系起来。如果你使用一致的语言来沟通需求,那么项目经理就可以将需求作为输入,来驱动项目。Volere 需求知识模型(下载的模板 16 版中包含)提供了一个需求通用语言的基础,它确定了需求知识的分类,并在分类之间建立了关联。每个分类的知识都交叉参考到本模板中的小节。

18. 开放式问题

已被提出但仍然没有答案的问题。

内容

关于未确定但可能对产品产生重要影响的因素的描述。

动机

公开讨论不确定性，提供风险分析的客观输入信息。

例子

> 我们关于新版的处理器是否适合我们的应用程序的调查还没有完成。
>
> 政府正计划改变关于谁负责机动车路面除冰的规定，但我们还不知道会有怎样的改变。
>
> 是否使用地区气象中心的在线数据库，相关的可行性研究还没有完成。这个问题影响到我们处理气象数据的方式。
>
> 驾驶员的工作小时将发生变化，这可能影响到卡车调度的方式，以及驾驶员能够驾驶的路线长度。这些改变还在建议阶段，细节将在年底前确定。

考虑

在探索用户的业务时，常有一些问题浮出水面，目前还得不到回答。类似地，在收集将来产品的需求时，一些利益相关者可能不太确定将来的工作应该如何完成。在需求收集过程中，是否浮现出一些没有解决的问题？关于上下文范围图中的组织机构或系统，是否听到可能会发生什么变化的消息？是否有一些立法上的变化可能会影响到产品？关于硬件或软件提供商，是否有一些小道消息可能会对产品造成冲击？

形式

- ❏ 对影响到的需求的交叉引用（业务事件、BUC、PUC、原子需求、数据字典定义）。
- ❏ 对问题的总结。
- ❏ 涉及的利益相关者。
- ❏ 行动。
- ❏ 解决方案。

19. 立即可用的解决方案

本节查看一些可用的解决方案，并总结它们对于需求的适用性。这些讨论不是要成为替代方案的完整可行性研究，而是应该告诉你的客户，你已经考虑了一些替代方案，并确定了它们与产品需求的匹配程度如何。

19a. 已经做好的产品

内容

列出应该调查的现有的产品，这些产品可作为潜在解决方案。参考针对这些产品的一些已完成的调查。

动机

考虑是否可以购买一个解决方案。

考虑

是否可能购买一些已有的或马上会有的产品？也许在这个阶段还不能太肯定，但应该将所有可能的产品列出来。

同时也要考虑是否有一些产品是一定不能使用的。

19b. 可复用组件

内容

描述可能用于该项目的候选组件，包括采购的组件和公司自己开发的组件。列出可能的组件来源。

动机

复用，避免重复发明。

19c. 可以复制的产品

内容

其他相似产品或部分产品的清单，可以合法地复制它们，或很容易对它们进行修改。

动机

复用，避免重复发明。

例子

> 另一个电力公司已建成了一个顾客服务系统。他们的硬件与我们的不同，但我们可以买下他们的规格说明，这样可以省下大约 60% 的分析工作量。

考虑

尽管一个现成的解决方案也许不存在，但还是可能有些本质上很类似的东西，可以复制或做些修改，这样会比从头开始的效果好。注意，这种方式可能有危险，因为它假定作为基础的系统具有良好的品质。

这个问题总是需要回答。回答这个问题会迫使你查看类似问题已有的其他解决方案。

形式

针对 19a、19b 和 19c 小节中的每一项，确定你认为合适的替代方案。如果你的发现还是初步的，那就直说。加上大概的费用、实现的时间和其他有助于决策的因素，也是很有用的。

20. 新问题

20a. 对当前环境的影响

内容

关于新产品将怎样影响当前的实现环境的描述。本节也包括新产品不应该做的事情。

动机

尽早发现任何潜在冲突，否则可能要到实现阶段才会发现。

例子

> **任何对进度安排系统的改动，都会影响到部门中工程师和卡车驾驶员的工作。**

考虑

新产品是否可能破坏某些已存在的产品？人们是否会被新产品取代，或受到新产品影响？

形式

这些问题要求对当前环境进行研究。用一个模型来突出改变产生的影响，是让大家理解这方面信息的好方法。

20b. 对已实施的系统的影响

内容

关于新产品将怎样与现有系统协同工作的描述。

动机

只在极少的情况下，新的开发是完全独立工作的。通常有一些现有系统，新的系统必须与它们共存。这个问题迫使你仔细查看现有系统，看看是否与新的开发有潜在的冲突。

形式

提供一个模型，确定新系统与现有系统之间的接口，并由数据字典中对接口的定义来支持。这些接口也可以由原型或模式草图来支持。

20c. 潜在的用户问题

内容

关于现有用户可能产生的不良反应的细节。

动机

有时，现有的用户使用产品的方式让他们会受到新产品/功能的不良影响。确定任何可能的不良用户反应，决定我们是否要关注以及可以采取怎样的预防措施。

20d. 预期的实现环境会存在什么限制新产品的因素

内容

关于新的自动化技术、新的组织结构方式的任何潜在问题的描述。

动机

尽早发现任何潜在冲突，否则可能要到实现阶段才会发现。

例子

> 对于处理我们预计的增长模式来说，计划中的新服务器不够强劲。
>
> 新产品的尺寸和重量不适合物理环境。
>
> 电力不能满足新产品的突发性消耗。

考虑

这需要研究预期的实现环境。

20e. 后续问题

内容

确定我们也许不能处理的情况。

动机

警惕产品可能失效的情况。

考虑

我们会向产品发出一个不能提供服务的请求吗？新的产品是否会让我们陷入现在尚不存在的法律纠纷中去？现在的硬件能处理吗？

可能存在许多潜在的、我们不希望的结果。小心回答这些问题是有好处的。

21. 任务

交付产品需要执行哪些步骤？本节突出了构建产品所需的工作量，购买解决方案所需的步骤，修改和安装做好的解决方案所需的工作量。

21a. 项目计划

内容

用来开发产品的生命周期和方法的细节。

动机

确定将用于提交产品的方法，让每个人的期望都一致。

考虑

根据过程的成熟程度，新产品将使用标准方法来开发。但是，对特定的产品会存在一些特殊情况，需要对开发的生命周期做些调整。尽管这些不是产品需求，但是它们是成功开发产品所需要的。

如果可能，根据已经确定的需求，在每项任务后面附上对时间和资源的估计。把估计附加在第 6 小节、第 8 小节、第 9 小节中确定的事件/用例/功能上。

不要忘记数据转换、用户培训和移交工作。我们列出这些是因为它们常常在设定项目实现日期时被忽略。

形式

高层的过程图或任务清单，展示各项任务和它们之间的接口，这是沟通这方面信息的好办法。这里你也可以制定策略，以便尽可能地敏捷。

21b. 开发阶段计划

内容

关于每个开发阶段和操作环境中的组件的规格说明。

动机

确定实现新产品的操作环境所需的阶段，这样可以管理实现过程。

考虑

确定新产品的开发的各个阶段都需要哪些硬件和设备。这可能在需求过程的阶段还不知道，因为这些设备可能会在设计阶段决定。

形式

本节通常包含图和文字。对于项目的每个阶段，提供下列信息。

- ❑　阶段的名称。
- ❑　交付给用户的价值/好处。
- ❑　要求的操作日期。
- ❑　包含的操作环境组件。
- ❑　包含的功能性需求。
- ❑　包含的非功能性需求。

22. 迁移到新产品

在安装一个新产品时，总是要做一些事情，才能让新产品顺利工作。例如，数据库常常需要转换成不同的格式。常常需要收集新的数据，需要完成一些过程，需要执行一些步骤，才能够确保成功地迁移到新产品。

在许多情况下，组织机构将在一段时间内，同时运行老产品和新产品，直到证明新产品能够正确地工作。

本节让你确定迁移到新产品的时期需要完成的一些任务。它将作为项目计划过程的输入信息。

22a.　迁移到新产品的需求

内容

转换活动的列表。项目实施的时间表。

动机

识别转换任务，作为项目计划过程的输入信息。

考虑

会采用分阶段的实施来安装新的产品吗？如果是这样，描述每个主要阶段将实现的需求。

必须进行哪些数据转换？为了从已有的产品中把数据转换到新产品里去，是否有一些特殊的程序要写？如果是这样，这些转换程序的需求要在这里描述。

安装新产品时，需要进行哪些手工备份？

每个主要的组件何时到位？实现过程的各阶段何时发布？

新产品是否需要与原有的产品并行运行？

我们需要额外或不同的员工吗？

撤销老产品是否有一些特殊的工作要做？

本节是新产品的实现时间表。

形式

在开发任务、项目阶段、产品用例和原子需求之间提供交叉引用。

22b.　为了新系统，哪些数据必须修改或转换

内容

一份数据转换任务的清单。

动机

发现遗漏的任务，这些任务会影响项目的规模和边界。

验收标准

每次向数据字典（参见第 7 小节）加入内容时，问一下："这些数据放在何处？新系统会影响这些实现吗？"

形式

❑　描述当前保存数据的技术。

- ❏ 描述新的保存数据的技术。
- ❏ 描述数据转换任务。
- ❏ 可预见的问题。

23. 风险

所有项目都有风险。这里我们所说的风险是可能会出错的一些事情。风险不见得是件坏事，因为不承担风险就不会取得进展。但是，不受管理的风险（如赌桌上的掷骰子）与可管理的风险之间是有区别的。在可管理的风险中，可能性可以被很好地理解，并制定了应急预案。只有在风险被忽略，并成为问题时，它才是件坏事。风险管理包括评估什么是项目的最大风险，在风险变成问题时决定一系列的行动，以及监控项目，在风险变成问题时尽早提供警告。

内容

列出项目最可能和最严重的风险。针对每项风险，指出它变成问题的可能性，以及应急预案。

动机

发现和管理风险。

考虑

毫无疑问，在项目生命周期中风险会变化。对需求理解得越好，就越能更好地确定哪些风险对项目最严重。虽然如何管理风险是由项目经理决定的，但需求专家和开发者将为新风险提供输入信息，并帮助确定哪些风险正变成问题。

利用你对需求的知识作为输入信息，发现哪些风险与项目的关系最大。利用 Volere 需求知识模型（下载的模板 16 版中包含）作为触发器，识别相关的风险。

项目管理还有一个有用的输入信息：如果风险变成问题，将对进度计划和成本带来怎样的冲击？

或者，你可能喜欢识别一个最大的风险，即致命问题。如果风险成为问题，那么项目肯定会失败。通过这种方式识别一个风险，可以将关注集中在一个最关键的领域。项目工作于是就致力于阻止这个风险成为问题。

本书的目的不是要全面论述风险管理，需求规格说明书的这一节也不是要替代相应的风险管理。这里的目的是将风险分配到需求，并清楚地表明需求不是免费的，它们有成本，可以表示成金钱或时间，也可以表示成风险。之后，如果需要决定哪些需求应该具有更高的优先级，你可以使用这些信息。

形式

使用风险清单或日志。风险模型在下面来源中定义：DeMarco，Tom，and Timothy Lister. *Waltzing with Bears：Managing Risk on Software Projects*. Dorset House，2003。

针对每项风险，指出风险变成问题的可能性。在 *Assessment and Control of Software Risks*（Prentice-Hall，Englewood Cliffs，NJ，1994）一书中，Capers Jones 给出了全面的风险清单以及它们的可能性，可以把它们作为一个起点。例如，Jones 引用了下列风险作为最严重的风险。

- □　不准确的测试指标。
- □　测量不够。
- □　过大的进度压力。
- □　管理方面的错误实践。
- □　不准确的费用预估。
- □　银弹综合症。
- □　用户需求蔓延。
- □　低品质。
- □　低生产率。
- □　项目取消。

24.　费用

需求的其他费用是必须投入到产品构建过程中去的钱或工作量。当需求规格说明书完成时，可以使用某种估算方法来评估费用，然后以构建所需的资金或时间的形式表述出来。

估算费用时没有什么最佳方法。要点是利用与需求直接相关的测量指标，创建你自己的估算。如果你用我们描述的方式来指定需求，就会有下列测量指标。

- □　工作上下文范围中输入输出数据流的数目。
- □　业务事件的数目。
- □　产品用例的数目。
- □　功能性需求的数目。
- □　非功能性需求的数目。
- □　需求限制条件的数目。
- □　功能点的数目。

需求工作做得越详细，预估就越准确。费用估算就是估计在已有的环境下，每种类型的提交产物将使用多少资源。可以基于工作上下文范围在早期进行一些估算。在那个阶段，对工作的认识是总体上的。为了反映这种模糊性，你应该预估一个范围，而不是一个数字。可以利用这些测量指标，作为产品构建的时间、工作量和费用预估的基础。首先，需要确定在你构建产品的这个环境中，这些测量指标意味着什么。例如，你是否知道你们需要花多少时间，才能完成实现一个产品用例所需的全部工作？如果你不知道，就可以拿一个这样的用例，对它进行基准测试。

当对需求了解更多时，我们建议试一下通过功能点来估算，不是因为它天生是一种更好的方法，而是因为它已被广泛接受。人们对它知道得很多，这样可以与其他产品和其他的实施生产效率进行方便的比较。关于如何预估需求工作量和费用的详细信息，可参考附录 C "功能点计数简介"。

在这个阶段，客户应该知道产品可能的费用。你通常会告知完成产品的总体费用，但如果能指出需求工作的费用，或单项需求的费用，也是很不错的。

不管怎样做，不要对费用作出令人兴奋的乐观估计。应确保本节包含根据切实的提交产物，得到的有意义的数字。

25. 用户文档和培训

本节指定了用户文档，它将作为产品构建工作的一部分。这里不是文档本身，而是描述必须产生什么文档。包含这种描述是为了建立起客户的期望，让你的潜在用户和用户有机会评估这些建议的文档是否足够。

25a. 用户文档需求

内容

用户文档的清单，这些文档将作为产品的一部分提交。要注意，不要浪费时间来确定那些已经确定的东西。要记住，需求为用户文档提供了输入信息，尤其是产品用例、原子需求和数据定义。

动机

设定顾客对文档的期望，同时明确谁将负责创建这些文档。

例子

- ☐ 伴随产品的技术规格说明书。
- ☐ 用户手册。
- ☐ 服务手册（如果技术规格说明书中不包含）。
- ☐ 应急过程手册（如航班上的卡片）。
- ☐ 安装手册。

考虑

需要提交哪些文档？给谁？请记住，这些问题的答案取决于组织过程和角色。

对于每份文档，考虑以下的问题：

- ☐ 文档的目的；
- ☐ 使用文档的人；
- ☐ 文档的维护。

期望哪个层次的文档？用户是否将参与文档的制作过程？谁来负责保证文档更新？文档将采用怎样的格式？

利用你已经指定的需求，作为编写用户文档的输入信息。例如，你已经定义了需求中使用的所有术语，所以就要利用这些信息，在用户文档中使用同样的定义和字典。利用产品用例（PUC）场景作为核心，描述用户如何完成某项任务。如果其他人正在编写用户文档，那就告诉他们，可以利用许多已经完成的工作，作为用户手册的基础。

25b. 培训需求

内容

对产品的用户所需的培训的描述。要注意，不要浪费时间来确定那些已经确定的东西。要记住，需求为用户培训提供了输入信息，尤其是产品用例、原子需求和数据定义。

动机

目标有两方面：（1）设定对培训的期望；（2）确定由谁创建并提供这些培训。

考虑

需要哪些培训？谁来设计培训？谁来提供培训？举办培训的计划是什么？

利用你已经指定的需求，作为设计培训的输入信息。例如，你已经定义了一个 PUC 必须做什么，针对要执行某项任务的用户，利用这个 PUC 场景或模型作为基础，来设计培训。类似地，你已经定义了需求中使用的所有术语，所以就要利用这些信息，在用户培训中使用同样的定义和字典。

26. 后续版本需求

这里记录的需求，出于这样或那样的原因，不会在产品的第一个版本中实现。如果你在收集需求时能力很强，用户可能常常受到启发，想到更多的需求，不能在项目的限制条件下完成。虽然你不想在产品的第一个版本中包含所有这些需求，但也不想丢弃它们。如果你打算进行迭代式开发，那么这些需求就是待实现清单。

内容

可以包含任何类型、任何详细程度的需求。

动机

收集所有需求，即使它们不能成为当前开发的一部分。这样可以确保好主意不会遗漏，并提供了一种方式来管理待实现需求清单。

考虑

需求收集过程常常发现一些需求，它们超出了产品当前版本的成熟程度或时间许可。本部分包括了有待后续版本实现的需求。这样做的意图是避免扼杀用户和客户的创造性，集中保存将来要实现的需求。你也希望管理用户对系统的期望，让他们明白你会认真对待这些需求，但这些需求不会在本产品中实现。

许多人利用后续版本需求来计划将来的产品版本。每一项后续版本需求都标上版本号。当需求过程接近完成时，可以花更多的时间加入细节，如这些需求的费用和好处。

也可以对后续版本需求排列优先级。"低处果子"类型的需求以较低的实现成本提供较高的好处，这些需求是下一版本的最佳候选需求。也可以给那些有迫切要求的需求较高的优先级。

后续版本需求让每个人都明白，因为它表明他们的需求将被认真对待。你的用户和客户知道，需求不会被遗忘，只是暂时放在一边，待到合适的时候就会对它们进行复查，并决定是否在产品中实现。

27.　关于解决方案的设想

关于解决方案的设想显然不是需求。但在收集需求时，难免会想到如何实现。丢弃这些想法不好，把它们作为需求写下来更不好。比较实际的做法是在规格说明书中单独留出一节，记下这些想法。忠实地记录下每个想法，然后与需求一起，交给设计者。

内容

这里记录任何值得记录下来将来再考虑的关于解决方案的想法。可以采取粗略记录、草图、对其他文档的引用、对人名的引用、对已有产品的引用、原型等。目的是以最少的工作量记录下将来会再来考虑的想法。

动机

确保好主意不会遗漏。也帮助你区分需求和解决方案。

考虑

当你在收集需求时，不可避免会有一些关于解决方案的想法。本节提供了记录这些想法的方式。要记住，本节不一定要包含到每一份发布的文档中。

形式

关于解决方案的设想很适合作为博客的主题。这里其实是保存想法的地方，而博客就是发挥创造性和形成彼此想法的好地方。

附录 **B**

利益相关者管理模板

本附录包含一些模板，目的是帮助你管理利益相关者。它有三重目标：

☐ 帮助你发现项目的利益相关者；

☐ 帮助你在利益相关者缺席的情况下确定障碍；

☐ 帮助你在决策制定结构上达成一致意见。

B.1 利益相关者图示

图 B-1 是一个通用利益相关者图示，展示了利益相关者的可能类型。可利用它来帮助发现利益相关者。关于每一类利益相关者的讨论，请参考本书第 3 章的 3.1 节。

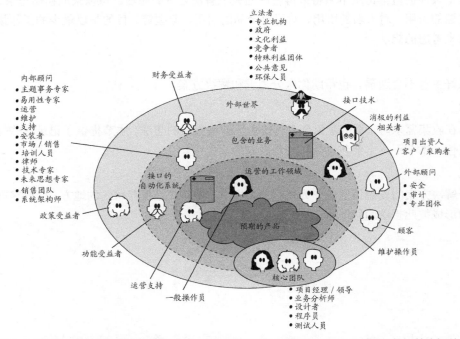

图 B-1　这幅一般利益相关者图展示了不同类型的利益相关者。用它来帮助确定利益相关者

B.2 利益相关者模板

表 B-1 是一份检查清单示例，你可以利用它来确定和分析利益相关者。请注意，该模板的利益相关者类型与利益相关者图示（图 B-1）是相对应的。对于每一类利益相关者，我们建议了代表该类的常见角色。当然，你会希望修改这份清单，包含适合你的组织的角色名称。利用电子表格来做这件事可能会更方便。这个模板的完整 Excel 电子表格版本可以在 www.volere.co.uk 上找到。

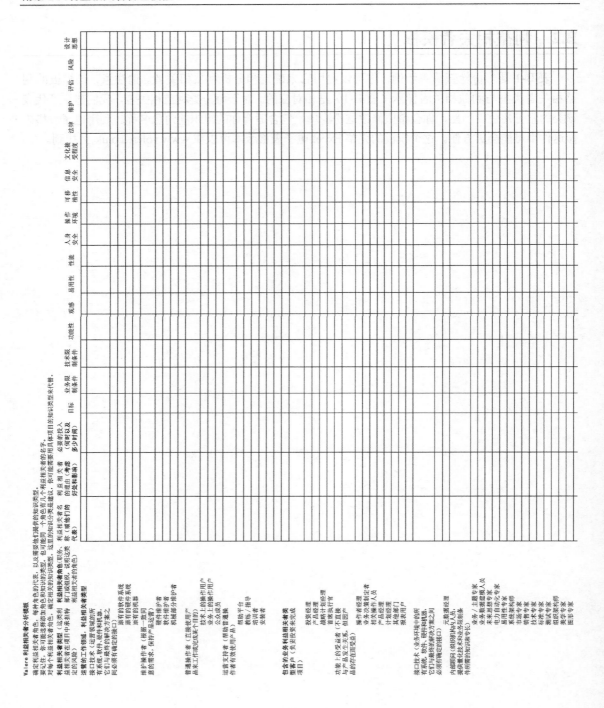

出资人（项目与组织机构其他部分之间的联系纽带，帮助解决问题和作出决定）
　出资赞助人
　项目负责人

更广阔环境的利益相关者类型
顾客（购买或使用你的产品，或影响你购买或使用的产品的公众成员）
　部门经理
　其他组织机构
　公众成员

接口技术（更广阔环境中的所有系统、软件、硬件和机器，它们与最终的解决方案之间必须有确定的接口）
　外部元素数据经理

外部顾问（组织机构外人员，提供量化技术和业务限制条件所需的知识和专长）
　审计师
　专业团体
　信息安全专家
　环境专家
　人身安全专家
　文化专家
　外包专家
　法律专家
　包装设计者
　制造商
　协调人员
　公众意见
　COTS提供商
　审查者

消极的利益相关者（不希望你的项目成功的人或组织机构）
　竞争者
　黑客
　政治团体
　压力团体
　公众意见

核心项目团队、利益相关者类型
核心团队成员（全身心投入项目的人员，这些投入利益相关者配置中的所有圈子都有关）
　项目经理
　业务分析师
　需求分析师
　系统分析师
　测试人员
　技术作者
　系统架构师
　系统设计师

附录 C
功能点计数简介

本附录讨论一种准确度量工作领域的规模或功能的方法，目的是利用这种度量来预估需求的工作量。

C.1　度量工作

我们将功能点简介作为附录，因为严格地说，它在业务分析师的一般职责范围之外。话虽如此，如果能够度量工作领域，从而预估项目的规模，肯定对需求分析师有好处。所以，本着让你对度量产生兴趣的想法，或者使你有兴趣让你的组织机构对度量产生兴趣，这里我们简单（但不是过于简单）地介绍功能点计数。

> 度量就是认知。
>
> ——开尔文男爵

需求活动是调研一部分工作，它可能导致工作的改变，而改变也许是通过部分工作自动化来实现的。调研的工作可以是自动化的、手工的、科学方面的、商业方面的、嵌入式的，或几个方面的组合，或其他方面的内容。度量工作的理由是了解工作的规模有多大。工作的规模越大（也就是说它包含越多的功能和数据），研究它所花的时间就越长。你可以预见到，研究航班订票系统比研究酒吧订位系统需要花更多的时间。为什么？因为航班订票系统包含更多的功能，需要更多的时间来发现和记录。

功能点是对工作领域中包含的功能数量的度量。如果你画过上下文范围图，功能点度量的是中心区域内的功能。

这样来看功能点：想象一下工作是由小人国的人完成的，就是《格列佛游记》中的那些小人。他们工作非常努力，所以工作量不是问题。但是，他们有一个缺点，即他们只能做一项任务，而且头脑非常简单，如果你有一项新任务，就要请一个新小人。当然，某些任务更复杂，需要完成更多工作，所以你为这些任务请了几个小人。现在你想象一下工作场所充满了这些努力工作的小人，每个小人都在做一项任务的部分工作。工作场所一共有多少小人？好吧，这取决于工作的数量和复杂程度。这让我们开始计算功能点，这和计算需要多少个小人来完成工作是一样的。

> 不能度量的东西就不能控制。
>
> ——Tom DeMarco

功能点是功能的中性度量。也就是说，工作的类型不会影响功能点计数。你可以计算航空交通管制、汽车交通管制或汽车巡航控制的功能点，在计算时，使用的方法是一样的。

一旦知道了工作领域的功能点数，就可以应用你的测量数据，确定需要多长时间来研究这样规模的工作领域。

这些年来，我们的行业已经建立起了大多数规模的测量数据，即实现一个测量单位的功能必须花费标准数量的工作。例如，如果使用功能点来确定产品的规模，那么存在实现一个功能点的业界标准小时数（或美元数）。因此，如果知道工作的规模，那么将规模转换为构建产品所需的工作量就是相对比较简单的事。

例如，软件生产率研究所（Software Productivity Research）的 Capers Jones 给出了下面的经验公式：

$$人月工作量=（功能点 \div 150）\times 功能点^{0.4}$$

因此，对于 1000 功能点的工作领域（这有一定规模，但不是很大），人月工作量是（1000 ÷ 150）$\times 1000^{0.4}$，结果是 105.66 人月。

Jones 的经验法则适用于完整的开发工作，它包含了项目开发方的所有人所花的工作量。在典型的软件项目中，大约一半的时间花在纠错上（其中大部分是更正错误收集的需求），所以可以安全地讲，Jones 给出的数字的 1/3 包含了全部的需求工作。

除此之外，我们不推荐度量整个实现，因为实现和开发环境中有太多变数，导致这种计算不太可靠。我们仅建议你预估需求分析所需的工作量。

请花一些时间来考虑你现在的评估过程是否足够准确，值得坚持，还是应该开始采用功能点计数。

当然，你可以采用任何自己和自己的组织机构都觉得合适的方法，来度量工作领域的规模。这里的关键词是"度量"。如果你还没有采用一种度量方法，那么我们建议从功能点计数开始。尽管这不是终极度量方法，但它被广泛采用，因此大家对它了解得很多，可以得到大量关于功能点的信息和统计数据。

> 这里的关键词是"度量"。

功能点不是度量工作规模的唯一方法。还可以使用 Mark II 功能点（标准功能点的一种变种），Capers Jones 的功能点（另一种变种），Tom DeMarco 的 Bang，或其他的许多方法。但是，在开发的需求阶段，功能点很方便，考虑到大家在这个阶段对产品的了解，它可能是最适合的度量方法。

如果你还没有采用其他的方法，并且希望开始使用功能点，继续阅读本附录。

参考阅读

Jones, Capers. *Applied Software Measurement: Global Analysis of Productivity and Quality*, third edition. McGraw-Hill Osborne Media, 2008.

Pfleeger, Shari Lawrence. *Software Cost Estimation and Sizing Methods, Issues, and Guidelines*. Read Publishing, 2005.

C.2　功能点计数快速入门

这肯定不是使用功能点来计算系统大小的全部知识。但它作为开始已经足够，可能让你在预估方面超过许多组织机构目前的水平。

参考阅读

Garmus, David, and David Herron. *Function Point Analysis: Measurement Practices for Successful Software Projects*. Addison-Wesley, 2001.

功能点是软件功能的度量，它的简单假定是有用的，即工作中包含的功能越多，研究它并收集需求的工作量就越多。工作中的功能直接源自它处理的数据。数据越多，越复杂，处理数据需要的功能就越多。因为数据更可视，更可度量，所以度量数据并根据数据外推出功能是有意义的。

随着开发的进行，你的模型变得越来越准确，因此度量也将随之变得更准确。但由于我们还处在需求阶段，所以比较适合采用以下的策略：

- 快速计算功能点。因为你处在项目的早期阶段，此时得到能接受的度量，比较晚得到准确的度量更有用。
- 计算产品整体的功能点数目，或以业务用例为单元分别计算功能点数。

C.2.1　工作上下文范围

让我们从已经拥有的东西开始计算功能点。在启动阶段，你构建了上下文范围模型。我们在第 3 章讨论了这个模型，方便起见，我们在图 C-1 中再次给出这个模型。

上下文范围图展示了进入和离开工作的数据流。每个进入工作的数据流都必须处理。处理它所需的功能数量取决于流所携带的数据量，即数据元素的数量。因此功能点计算的一个测量指标就是数据流包含的数据元素的数量。如果你已经为每个流编写了数据字典条目，元素计数会更容易一些。如果还没有，这个过程也很简单。

C.2.2　工作存储的数据

　　所需功能的另一项决定因素是工作存储的数据。每个数据库、文件或其他数据存储方式都要求某种功能来维护它。同样，功能的数量取决于数据的数量（体现为数据元素的数量）和数据的复杂性（数据组织为多少个记录或表）。如果已有了数据的类模型，就很容易发现，如图 C-2 所示。

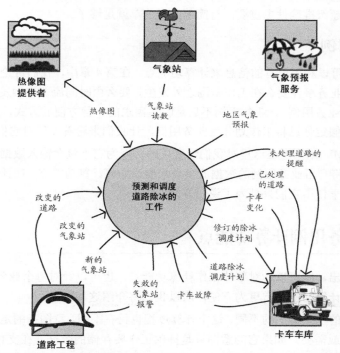

图 C-1　上下文范围模型是功能点计数的输入信息之一。它展示了进入和离开工作领域的数据流。每个流都触发某种功能，或者是某种功能的结果。功能的数量与数据流携带的数据量成正比

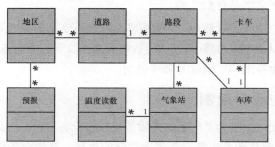

图 C-2　工作领域的存储数据模型。这个模型包含了一些类，每个类代表了某种东西，工作为之存储数据。每个类都有一些属性。功能点计数过程利用了类和属性的数量

数据模型中的每个类都包含一些属性，即描述该类的数据元素。有一个简单的办法来区分属性和类：属性有字符-数字类型的值，而类没有。

如果同时看图 C-1 中的上下文模型和图 C-2 中的类模型，你可以想象工作是怎样利用输入的数据来处理和维护保存的数据的。这两个模型应该看作是同一部分工作的两个视图。

如果你还没有数据模型，我们这里只要列出类，它们是工作能够唯一标识的东西。如果带有标识符（如信用卡、电话、账户、雇员、银行转账，或摩托车），就认为它是一个类。在这个阶段，考虑到速度比超级准确性更重要，有简单的类清单就足够了。

C.2.3 业务用例

同样，我们又可以利用已有的信息来计算功能点。在第 4 章中，我们讨论了利用业务事件来划分工作的思想。业务事件要么在工作范围之外发生，要么由时间流逝来触发，它将引发工作的响应（我们称之为业务用例）。业务用例不只是收集需求的一种方便的方式，也是计算功能点的一种方便的方式。假定你已将工作划分为业务用例，让我们来看看如何对它们进行度量。

不幸的是，UML 用例图在这里对我们没有帮助，因为它不包含输入数据、输出数据和存储数据的信息。我们将利用业务用例的数据流模型来展示如何计算功能点。在计算功能点之前没有必要画这些图，这里使用它们只是为了说明方便。

C.3 针对业务用例计算功能点

前面我们曾指出，既可以针对整体工作计算功能点，也可以针对每个业务用例计算功能点。针对每个业务用例计算功能通常更为方便，所以我们将介绍这种技术。

根据业务用例的主要意图的不同，这个计算过程也稍有不同。意图指的是相邻系统发起这个业务事件时的想法或需要。如果它的意图只是提供工作要存储的数据（在支付水电费账单时），那么它被称为"输入型"业务用例。如果相邻系统在触发业务用例时，主要意图是接收某种输出，那么我们自然称之为"输出型"业务用例。时间触发的业务用例被称为"查询型"。工作存储的数据会被查询，所以这个名字是有意义的。

为了度量业务用例的功能的数量（记住你是想弄清楚需要花多少时间来完成这个业务用例的需求分析），需要计算输入和输出的数据流中的数据元素，以及这个业务用例引用到的类的个数。我们将针对每种类型的业务用例展示这是怎样做的。

C.3.1 计算输入型业务用例

我们在第 4 章曾提到一个名为"气象站传输读数"的业务事件。这是一个相当简单的业务事件（见图 C-3），它的主要意图是更新一些内部存储的数据。这类业务用例的输出如果有的话，也是不重要的，可以安全地忽略。在图 C-3 中的业务用例模型中，你可以看到名为"气象站读数"

的输入数据流以及它触发的工作内部的功能。由于这种功能，它引用到了两个类的数据。"引用"在这里是指类被写入或读取，两种情况都可以。

图 C-3 中的业务用例模型展示了计算功能点所需的全部信息。

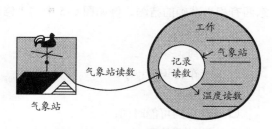

首先，计算构成"气象站读数"的数据元素或属性。如果已经有了这个数据流的数据字典，这很容易做到，如果还没有，可以估计一个数字。我们可以说，它大致包含气象站的标识符、温度、道路表面的湿度、数据、时间，可能还有一两项其他数据。这构成了 7 个属性。记下这个数字。

图 C-3 这个输入型业务用例的主要意图是更改内部存储的数据。它引用了两个类。读写都可以

业务用例引用了两个数据类。即使没有仔细研究这部分工作，也很容易看到这个业务用例不需要其他存储的数据。

接下来，将这两个数字转换成功能点。为了做到这一点，要利用图 C-4 中的矩阵。这个业务事件示例在输入流中包含 7 个属性，并引用了两个类。表格中符合这两个数字的单元告诉我们结果是 4 个功能点。

输入流的数据属性

		1-4	5-15	16+
引用的类	<2	3	3	4
	2	3	4	6
	>2	4	6	6

图 C-4 输入型业务用例的功能点计数。这里正确的功能点计数术语是"外部输入"

这是针对这个业务用例的。正式的功能点计数包含一个额外的步骤，其中你可以指定一个复杂度水平，并用它来调整功能点计数。但是，因为很少有人这样去做，而且这样增加的准确性也很有限，所以在这里不讨论这一步。

针对每一个输入型业务用例，重复执行前面概括的过程。然后将这些功能点计数累加起来，得到整个工作的一个总计数，或者可以使用这些计数来比较每个业务用例的相对成本。

当然，并非所有的业务用例都是输入型的。

C.3.2 计算输出型业务用例

在输出型业务用例中，业务用例的主要意图是得到输出数据流。也就是说，当相邻系统触发业务用例时，它希望这项工作产生某种东西。进入的数据流是对输出的请求，它包含这项工作确定相邻系统的想法所需的信息。工作产生重要的输出流，并在这样做时进行某些计算，更新存储的数据。

在度量输出型业务用例时，你要计算输出流中的数据元素，即单个数据项。你也可以称之为数据流的"属性"。此时如果有数据字典将很有帮助，但只要仔细检查输出流，就能对它包含的东西有相当准确的猜测。例如图 C-5 中的"修订的除冰调度计划"预期将包含下列数据元素：

- □　道路；
- □　路段；
- □　卡车标识符；
- □　开始时间；
- □　最近的可能时间；
- □　要处理的距离。

图 C-5　这是一个输出型业务用例。在发起这个业务用例时，相邻系统的主要意图是获得输出信息

可能还有其他一两项。假定有 8 个数据元素。这种猜测方式似乎有点随意，但如果看一下图 C-6，就会发现数据元素的范围是 1～5、6～9 和 20 以上。因此，这里你真正需要的是，尽可能地确定输出流中数据元素的数目落在哪个范围内。

下一步是查看这个业务用例引用的存储数据。在图 C-3 中，我们展示了业务用例引用的类。这里就不再提供类似的图了。回顾图 C-2 中的类模型，想象一下这个业务用例的处理过程。你打算重新调度分配给故障卡车的工作，所以要做的事情是找出分配给故障卡车的道路和路段，找到同一个车库的另一辆卡车，将道路和路段重新分配给它。

这里有 4 个类：道路、路段、卡车、车库。现在参考图 C-6 中的矩阵。输出流中属性的个数是 8，引用类的个数是 4。该矩阵指出这个组合有 7 个功能点。将这些功能点加到总的功能点中，然后继续处理其他的业务用例。

输出流的数据属性

	1-5	6-19	20+
<2	4	4	5
2-3	4	5	7
>3	5	7	7

（左侧纵向标注：引用的类）

图 C-6　输出型业务用例的功能点计数

C.3.3 计算时间触发型业务用例

时间触发型业务用例几乎总是报表。在到达预定时间时产生这些报表（在每月最后一天报告销售情况，在订购后 5 天送出发票），或者因为某人想看一份报表，从工作中获得信息。计算功能点的人将这种类型的业务用例看作是"查询"。这个名字不错，因为用例是从查询存储的数据开始的。

这类业务用例背后的假定是它不会执行任何重要的计算。如果处理过程不只是简单地读取数据，那它就必须归为输出型的业务用例。也就是说，对存储的数据进行了更新或涉及一些较重要的计算。你必须承认它的复杂性，从而反映出这种活动。

图 C-7 展示了一个时间触发的例子。每 2 小时，工作就会向卡车车库发送一份调度表，说明哪些道路必须处理。

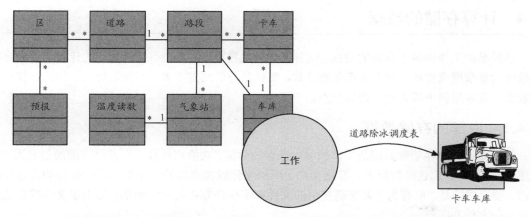

图 C-7　时间触发的业务用例的例子。这类业务用例没有来自相邻系统的输入，也被称为查询，这个名称来自于一个事实，即存储的数据只是简单地查出（没出修改），没有进行计算。这个业务用例引用了所有存储的数据类

如果图 C-7 中的业务用例要根据需要产生一份报表，那么卡车车库中的某人有可能会输入一些参数，以得到他想要的调度表。除非导致了比较重要的处理过程，或导致了存储数据的修改，否则它仍然应该看作是时间触发型，或查询型的业务用例。对于要求的报表，你要计算输入参数流和结果输出流的属性个数。但是如果一个属性同时出现在两个流中，只应该计算一次。

为了计算图 C-7 中的时间触发的业务用例的功能点，要利用图 C-8 中的查询矩阵。这个业务用例必须引用全部的 8 个类来预报结冰信息。我们前面看到的修订的调度表包含 8 个数据属性，这里的输出也是一样的。

要注意这些都是"不重复"的属性。你要计算的是唯一的数据元素，也可以称之为数据元素类型。

数据属性

	1-5	6-19	20+
1	3	3	4
2-3	3	4	6
>3	4	6	6

图 C-8 查询或时间触发型用例的功能点计数

如图 C-8 中的矩阵显示，8 个数据属性与超过 3 个引用类的组合意味着 6 个功能点。将这些功能点加到总的功能点中，然后继续处理其他业务用例。

C.4 计算存储的数据

必须维护工作领域中存储的数据。这种维护自然需要一些功能，这些功能的计数又要通过度量数据的复杂度来实现。对于这部分的计数，要做的与前面差不多，不同之处在于你只计算存储的数据。业务用例中根本没考虑这一点。

C.4.1 内部的存储数据

首先要计算的存储数据就是工作领域内保存的数据。功能点计数手册称这方面的信息为"内部逻辑文件"，它们包括数据库、普通文件、纸质文件或构成你的工作领域的一部分的其他任何东西。要记住的是，所有为了补充而提供的文件都不应计算在内——例如，与电子文件等价或接近的备份文件和手册。

利用数据的类模型来计算。这次针对每个实体计算它的属性。跳过那些仅仅由于技术原因而存在的属性，但要计算外键（从一个类到另一个类的链接）。计算应该足够精确，以便将类归为图 C-10 中的 3 列之一。

下一步是计算"记录元素"。这些要么是类本身，要么是子类型。如果它们是子类型，必须将所有子类型作为记录元素来计算。也就是说，如果类没有子类型，它就是一个数据单元，记为一条记录元素。如果有子类型，你就必须将所有子类型计为记录元素。在 IceBreaker 类模型中没有子类型，所以下面来创造一些。假定气象站有多种型号。有一种特殊的型号没有表面湿度传感器。因此，基于这种类型的气象站的数据进行预测会有些不同。而且，工作需要保存与这种类型的气象站相关的特殊数据。气象站有时也会失效。当它们失效时，工作需要存储一些特殊的数据，以跳过源自失效气象站的预测。

这些变化导致我们必须创建气象站类的两个子类型（也称为子类）。图 C-9 展示了得到的模型。

根据功能点术语，气象站实体计为两个记录元素（record element）。只要计算子类型，不用计算父实体。对于类模型中的其他实体，算作一个记录元素。

下一步是计算每个类中属性的个数。这没有初看上去那么费劲。根据图 C-10，你只需要知道这个类的属性是 1～19 个，或是 20～50 个，或是超过 51 个。由于有这些范围以及快速完成计算的愿望，对于实体的属性个数进行一些猜测也是允许的。

选一个类，例如"卡车"。卡车类有多少属性？或者说，它的属性超过 19 个吗？不太可能。所以让我们假定卡车类的属性不超过 19 个，而且没有子类，所以它应该算一个记录元素。这意味着它需要 7 个功能点的功能来支持它。

对其他的存储数据进行同样的计算。大部分的类会有 7 个功能点，因为它们都不应该超过 19 个属性。气象站是唯一有子类型的类（我们给了它两个假想的子类型），但它应该少于 19 个属性，所以应该算 7 个功能点。存储数据模型中有 8 个类，所以累计内部存储数据有 56 个功能点。

C.4.2 外部的存储数据

大多数工作会用到工作范围之外存储和维护的数据。例如，几乎每个项目都会引用组织机构的其他部门所拥有的存储数据，有时候还会用到别的组织机构的数据。

在上下文范围图中，对外部存储数据的引用表现为与"合作的相邻系统"进行交互。这些相邻系统接受数据请求并返回响应。例如，IceBreaker 工作利用了外部维护的热像图。当调度业务用例需要这部分数据时，它请求相应地区的热像图，热像图提供者做出响应，返回要求的信息。图 C-11 展示了这种交互。

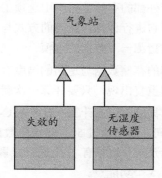

图 C-9　气象站实体有两个子类型。"失效的"子类型包含一些属性，表明要跳过基于当前读数所做的预测。"无湿度传感器"子类型包含一些属性，描述需要对这种没有湿度传感器的气象站所做的一些补偿性调整。这些子类型是必须的，因为它们的属性并不适合所有的气象站

数据属性

记录元素	1-19	20-50	51+
<2	7	7	10
2-5	7	10	15
>5	10	15	15

图 C-10　内部存储数据的功能点计数

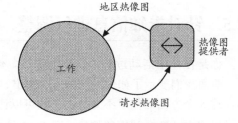

图 C-11　热像图提供者是一个外部系统，它维护一个地区内温差的数据库。这些数据太不稳定，不适合由 IceBreaker 工作来维护，所以它选择在需要这方面的数据时查询这个合作的相邻系统

尽管外部的存储数据不由这项工作进行维护，但是对数据的需要也增加了工作的功能。因此也必须对它进行计算。计算的方式与内部数据的计算方式相同。但是我们不需要创建数据模型，只要大致猜测一下数据的规模。

外部的存储数据与道路的温度有关。它给出了每条路上每一米的道路表面温度。但是，尽管这些数据重复出现，只要计算一次就行。

不，甚至不用去计算。看看图 C-12 中的矩阵，你还是只需要猜测属性个数是少于 19，在 20到 50 之间，还是超过 50。热像图数据库可能属于第一列的范围。进一步的经验猜测表明它少于 2 个记录元素（就算有 5 个记录元素，也不会对计算产生影响），所以这个外部数据为工作的功能增加了 5 个功能点。

	数据属性		
	1-19	20-50	51+
<2	5	5	7
2-5	5	7	10
>5	7	10	10

图 C-12　外部接口文件的功能点计数

对外部存储数据中的每个类重复这个过程。对于 IceBreaker 来说，数据库中似乎只有一个类。这有点不寻常，通常你会发现数据库中有多个类。

附加说明：图 C-11 展示了利用外部的存储数据。与相邻系统之间的数据流没有用于计算功能点，因为这个相邻系统是合作的相邻系统。也就是说，它与工作领域合作提供了某种服务。因此指向外部系统的数据流包含了查询数据库的参数，它们的属性与存储数据相同，没有重复计算。对于功能点计数来说，可以认为利用了相邻系统的数据库。在这种情况下，它提供的数据库访问就好像它在工作领域内一样。

C.5　针对未知信息进行调整

你是在需求活动过程中计算功能点。你可能没有进行完全准确的功能点计数所需的全部信息。前面我们展示了如何利用输入、输出、查询、内部文件和外部文件来计算功能点。但是即使你在这 5 个方面的信息不完整，仍然可以计算功能点。计数只要根据已有的信息进行调整。

根据在计算时利用的信息，图 C-13 给出了"不确定性范围"。例如，如果只利用了 3 个方面的信息，如输入、输出和查询（这些信息最容易使用，因为它们是上下文模型中的数据流），那么功能点计数的准确范围会在±15%。

用到的 参数个数	不确定性 范围
1	±40%
2	±20%
3	±15%
4	±10%
5	±5%

图 C-13　这个表源自 Capers Jones，展示了在功能点计数时，你使用的参数个数和对应的不确定性范围。这些信息来自对许多软件项目的研究

C.6　功能点计数的下一步

对于项目需求活动来说，功能点计数就是累计所有业务用例和存储数据的计数。现在必须将它转化为需求活动所需的工作量。在这份附录的前面，介绍了 Capers Jones 使用的经验法则。许多人使用这一法则，所以我们相信值得在你的项目中试一下。当然，来自你的组织机构的自己的数据更好，但要得到这些数据，必须在以前的项目中计算功能点，这样才能得到每个功能点所需的小时（或金钱）。

你也可以寻求帮助。这份附录最后建议了一些有用的信息来源。我们在本附录开始时说过，我们的目的是给出功能点计数的简要介绍，让你有兴趣在这个主题中进行进一步的研究。

互联网上有很多的资料，其中许多都是免费的。如果要寻找功能点和生产效率方面的更多信息，访问下面的组织是很好的开始。

❏　International Software Benchmarking Group：www.isbsg.org。

❏　International Function Point Users Group：www.ifpug.org。

❏　Software Productivity Research：www.spr.com。

❏　United Kingdom Software Metrics Association：www.uksma.co.uk/。

另外，我们还建议参考下面的资源。

❏　Bundschuh，Manfred，and Carol Dekkers. *The IT Measurement Compendium: Estimating and Benchmarking Success with Functional Size Measurement.* Springer，2010.

❏　Dekkers，Carol. *Demystifying Function Points: Clarifying Common Terminology.* 这一材料被 IBM 作为其内部定义标准之一。

❏　Dekkers，Carol. *Function Point Counting and CFPS Study Guides Volumes 1，2，and 3.* Quality Plus，2002. 除了案例分析之外，这些学习指南为 *IFPUG Certified Function Point Specialist*，（CFPS）认证测验提供了计算和提示。

❏　Fenton，Norman，and Shari Lawrence Pfleeger. *Software Metrics: A Rigorous and Practical Approach*，second edition. Thomson Computer Press，1996. 这本书描述了度量软件开发

过程的几种方式。单是案例研究（集中于 Hewlett-Packard、IBM 和美国国防部），就使这本书物有所值。

❑ Garmus，David，and David Herron. *Function Point Analysis: Measurement Practices for Successful Software Projects*. Addison-Wesley，2001.这本书提供了使用 IFPUG 规则进行功能点计数的完整处理方法。

❑ Pfleeger，Shari Lawrence. *Software Cost Estimation and Sizing Methods，Issues，and Guidelines*. Rand Publishing，2005.这本书包含了功能点计数和其他一些度量方法。内容广泛，推荐阅读。

❑ Putman，Lawrence，and Ware Myers. *Five Core Metrics: The Intelligence Behind Successful Software Management*. Dorset House，2003. 不是功能点，而是其他一些用于度量的好方法和好工具。这些作者展示了怎样利用 5 个主要机制（时间、工作量、规模、可靠性和过程效率）来控制和调整项目。

关于功能点计数还有许多内容，但这里的讨论对于快速计算需求工作所需的时间应该足够了。

附录 D
Volere 需求知识模型

Volere 需求知识模型（图 D-1）提供了一种语言，描述你在需求活动中发现和积累的知识。我们将它作为指南，告诉你需要发现的知识。它也是项目中各种利益相关者沟通的工具。该模型也可以作为规格说明，指明你打算发现和追踪的需求知识。你自己的过程必须确定谁收集哪种信息，达到怎样的细节程度，如何打包和复查。

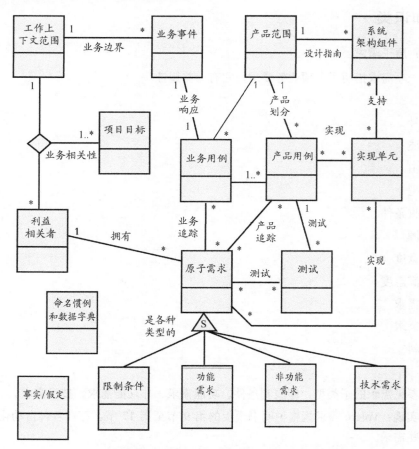

图 D-1　知识模型确定了需求相关知识的类及之间的关联

若你不熟悉这种表示法，请参考以下几点。

- ❑　矩形表示知识"类"。类的名称写在矩形中。
- ❑　两个或多个类之间的连线表示"关联"。
- ❑　"多重性"显示为 1 和*。这意味着如果你只有一个类，关联的另一端有多个类（*）。

D.1　需求知识类和关联的定义

　　知识模型的目的，是提供一种通用的语言来沟通和管理需求。以该模型作为起点，然后根据需要添加其他的类和关联，反映你需要的需求知识管理方式。当然，使用这个知识模型的每个人，对类名称的含义的理解都要一致。这意味着你需要一个字典来支持该模型。下面是知识类及其关联的定义，类列在关联之前。

D.1.1　知识类

知识类：原子需求

目的：一项需求指明了一项业务要求，它有一些属性。

属性：

需求编号

需求描述

需求理由

需求类型

需求验收条件

需求来源

顾客满意度

顾客不满意度

冲突的需求

依赖的需求

支持材料

版本号

考虑：参见需求的子类型，即限制条件、功能需求、非功能需求、技术需求。

建议的实现：Volere 需求规格说明书模板的第 9 节至第 17 节。存在各种自动化工具，让团队能存取这些需求。

知识类：业务事件

目的：业务事件是发生在工作范围之外的某件事，实际上是请求工作提供某种服务。例如，驾驶员通过电子收费站，顾客购买一本书，医生请求扫描一个病人，飞行员放下起落架。

业务事件也可以因时间流逝而发生。例如，顾客的账单在30天之内未支付，工作此时就要发出提醒。例如，还有两个月保险单就要到期。

属性：

业务事件名称

业务事件相邻系统/参与者

业务事件概述

考虑：识别业务事件很重要。自然，业务事件发生时的环境、相邻系统在业务事件发生时的活动也都很重要，表明了适当的响应是什么。

建议的实现：Volere需求规格说明书模板的第6节。列出业务事件和它们相关的输入输出流就足够了。为每个业务事件指定唯一的标识符是常见实践。

知识类：业务用例

目的：业务用例（BUC）是响应业务事件时完成的处理。例如，保单持有人决定要求理赔，业务用例是工作决定批准或拒绝理赔要求所完成的全部处理。参见产品用例。

属性：

业务用例名称

业务用例描述

业务用例输入

业务用例输出

业务用例理由

业务用例优先级

业务用例场景

异常用例场景

前提条件

退出条件

考虑：业务用例是工作自包含的部分，可以单独进行研究，因此它们是重要的单元，项目领导可以利用它们来安排分析工作。

建议的实现：Volere需求规格说明书模板的第6节。展示BUC时，可以综合使用各种业务流程模型、顺序图、活动图、场景或人们接受的其他任何表示方式，只要BUC在业务事件声明的边界之内。

知识类：限制条件

目的：限制条件是一类需求。它是加在产品设计或项目上的限制，如预算或时间限制。

考虑：我们将限制条件作为必须满足的一类需求。但是，我们突出它们，因为你和管理层意识到它们是很重要的。

建议的实现：Volere需求规格说明书模板的第3节。设计限制条件的记录方式应该和其他需求一样。属性参见知识类"原子需求"。

知识类：事实/假定

目的：假定声明了一种预期，基于它作出项目决定。例如，可能假定另一个项目会先完成，或某项法律不会改变，或某个供应商会有特定水平的表现。如果假定后来证实非真，可能对项目造成深远的、未知的影响。

事实是与项目相关的某种知识，影响项目的需求和设计。事实也可以声明产品明确不会做什么，以及相应的原因。

事实/假定是一个全局面，可能与知识模型中所有其他类发生关联。

属性：

事实/假定的描述

更多细节要参考的人和文档

考虑：假定表明一项风险。因此应该突出它们，让所有受影响的部分意识到假定。你可以考虑建立某种机制，在实现开始前解决所有假定。

建议的实现：Volere需求规格说明书模板的第5节。可以用任意的文本写成。它们应该定期向管理层及项目团队通报。

知识类：功能需求

目的：功能需求是产品必须做的事情。例如，计算费用、分析化学成分、记录名称的变更、找到新的路径。功能需求关注在研究的上下文中，创建、更新、引用和删除基本的主题事务。

属性：这是"原子需求"的子类型，继承了它的需求。

建议的实现：Volere需求规格说明书模板的第9节。属性参见知识类"原子需求"。

知识类：实现单元

目的：将实现打包的单元。

属性：实现单元名称。

考虑：这可能是顾客所说的"特征"。如果你的产品是一件消费品，那么它可能被称为"功能"。实现单元的选择是由实现技术和实现过程共同驱动的。如果你定制这部分的知识模型，可能会发现你将实现单元替换成几个类。重要的问题是你能够将实现单元清楚地追溯到相关的需求。

知识类：命名惯例和数据字典

目的：字典定义了需求中使用的术语。字典将在项目过程中扩展，以包含实现相关的所有术语。这个全局类与知识模型中所有其他类关联。一致地使用相同的术语（根据字典定义）有助于尽可能减少误解。

属性：

术语的名称

术语的定义

建议的实现：Volere需求规格说明书模板的第4节，这应该是"词汇表"的形式。与工作上下文和产品上下文一起，它向新团队成员提供了好的介绍。Volere需求规格说明书模板的第7节，这是正式的"字典"，定义了工作范围和产品范围内所有输入输出数据，及其属性。该字典提供了一种机制，将业务术语和实现术语联系起来。

知识类：非功能需求

目的：非功能需求是产品必须具备的一种品质。例如，快速、有吸引力、安全、可定制、可维护、可移植。非功能需求的类型有观感、可用性、执行和安全、运营环境、可维护性和可移植性、保密、文化和政策、法律。

属性：这是"原子需求"的子类型，继承了它的属性。

考虑：非功能需求属性很重要，决定了用户或购买者是否接受该产品。

建议的实现：Volere需求规格说明书模板的第10节至第17节。重要的是对所有非功能需求给出正确的验收标准。

知识类：产品范围

目的：产品范围确定了待构建产品的边界。范围是所有产品用例边界的汇总。

属性：

用户名称

用户角色

其他相邻系统

接口描述

建议的实现：Volere需求规格说明书模板的第8节。这最好是一张图，要么是用例图，要么是产品范围模型，并提供产品用例汇总表。有些接口描述可以提供原型或模拟。

知识类：产品用例

目的：产品用例是产品要实现的需求的一个功能分组。它是业务用例中你决定要做成产品的部分。

属性：

产品用例名称

产品用例标识符

产品用例描述

产品用例输入

产品用例输出

产品用例故事

产品用例场景

产品用例验收标准

产品用例负责人

产品用例好处

产品用例优先级

建议的实现：Volere需求规格说明书模板的第8节。产品用例是在大规模团队中进行沟通的好机制。它们可能采用模型、用户故事、场景或其他任何形式，只要适合参与的人。不论表现的形式如何，PUC的细节都应该在PUC的输出和输出所确定的边界之内。

知识类：项目目标

目的：目的是理解公司为什么决定投资做这个项目。可能存在多个项目目标。

属性：

项目目标描述

业务上的好处

成功的度量

建议的实现：Volere需求规格说明书模板的第1节。这是决定范围、相关性和优先级的基础，是项目的指路明灯。理想情况下，这个目标应该作为项目启动的一部分来定义。所有项目目标都应该明确定义，并得到利益相关者的同意，然后再投入工作量来发现详细需求。

知识类：利益相关者

目的：确定与项目有利益关系的所有人员、角色和组织机构。这包括项目团队、产品的直接用户、产品的其他间接受益者、具有构建产品所需的技术技能的专家、负责产品相关的规则和法律的外部组织机构、具有产品领域相关的专业知识的外部组织机构、产品的竞争对手、竞争产品的生产商。

属性：

利益相关者角色

利益相关者名称

知识的类型

必要的参与度

相应的网罗技术

联系方式（如电子邮件地址）

建议的实现：Volere需求规格说明书模板的第2节。利用利益相关者图和利益相关者分析模板，来定义每个利益相关者的属性。

知识类：系统架构组件

目的：一项技术、软件、硬件或抽象容器，影响设计、有利于设计或为设计加上了限制条件。

知识类：技术需求

目的：技术需求存在是因为实现所选择的技术。这些需求是为了满足技术的要求，不是源自于业务。

属性：这是"原子需求"的子类型，继承了它的属性。

考虑：

只是在你知道技术环境时，技术需求才应该考虑。它们可以和业务需求一起记录下来，但必须分清楚。

知识类：测试

目的：测试的设计是测试人员复查需求的验收条件（准确的度量）之后的结果，他们设计具有成本效益的测试来验证解决方案是否满足验收标准。

知识类：工作范围

目的：确定调研的边界，以发现、发明、理解和确定产品的需求。

属性：

相邻系统

输入数据流

输出数据流

工作上下文范围描述

考虑：工作范围应该公开记录下来，因为我们的经验表明，这是最常被引用的文档。上下文模型是确定工作上下文的有效沟通工具。

建议的实现：Volere需求规格说明书模板的第7节。最好用上下文模型来展示。

D.1.2 关联

关联：业务边界

目的：根据业务的功能现实来划分工作上下文。

多重性：

每个业务事件有一个工作上下文。

每个工作上下文可能有多个业务事件。

关联：业务相关性

目的：为了确保调查的范围、项目的目标和利益相关者之间有相关的业务联系。

多重性：三重关联是下面这样的。

对于一个工作上下文和一个利益相关者，有一个或多个项目目标。

对于一个项目目标和一个利益相关者，有一个工作上下文。

对于一个项目目标和一个工作上下文，可能有多个利益相关者。

关联：业务响应

目的：为了揭示哪个业务用例用于响应该业务事件。

多重性：

每个业务事件通常有一个业务用例，但也可能有多个。

每个业务用例只能用一个触发的业务事件。

关联：业务追踪

目的：为了追踪哪项需求是由哪个业务用例产生的。请注意，这是一个多对多的关联，因为一项需求可能存在于多个业务用例中。

多重性：

每个业务事件可能有多个原子需求。

每个原子需求可能对应多个业务用例。

关联：实现

目的： 为了追踪哪个产品用例是由哪个实现单元来实现的。

多重性：

每个产品用例可能有多个实现单元。

每个实现单元可能对应多个产品用例。

关联：拥有

目的： 为了追踪哪个利益相关者提出了哪项需求。"拥有关系"的考虑是确定谁来负责提供帮助，回答该需求相关的问题。

多重性：

每个需求有一个利益相关者。

每个利益相关者可能提出多个需求。

关联：产品划分

目的： 所有产品用例共同构成了完整的产品范围。产品范围被划分成一些产品用例。

多重性：

每个产品用例有一个产品范围。

每个产品范围可能对应多个产品用例。

关联：产品追踪

目的： 为了追踪哪项需求包含在哪个产品用例中，以便追踪和处理变更。

多重性：

每项需求可能对应多个产品用例。

每个产品用例可能包含多个原子需求。

关联：支持

目的： 为了追踪哪个系统架构组件支持哪些实现单元，以便追踪测试和评估变更的影响。

多重性：

每个系统架构组件可能支持多个实现单元。

每个实现单元可能对应多个系统架构组件。

关联：测试

目的： 为了追踪哪个原子需求或根据PUC分组的原子需求由哪些测试覆盖。

多重性： 每个测试可能对应多个原子需求。

D.2 标注模板小节编号的知识模型

Volere 需求知识模型是一个规范的结构，用于识别需求知识类并建立关联。在图 D-2 的视图中，类上的编号提供了对 Volere 需求规格说明书模板的相关小节的交叉引用。

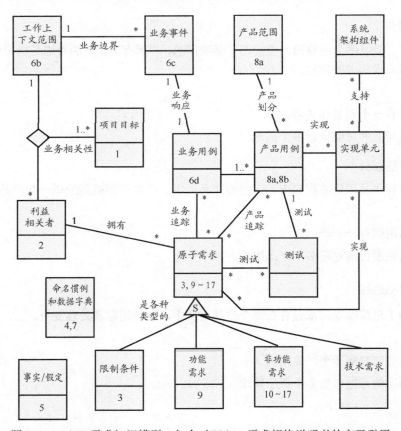

图 D-2 Volere 需求知识模型，包含对 Volere 需求规格说明书的交叉引用

词 汇 表

actor（参与者） 与产品用例交互的人或自动化系统。参与者也被称为用户或最终用户。

Adjacent system（相邻系统） 向你研究的工作系统提供信息或接收信息的系统（人、组织机构、计算机系统等）。

Agile development（敏捷开发） 利用迭代开发来开发软件的一种方式。存在许多敏捷技术，包括 Scrum、极限编程和水晶开发等。我们使用术语"迭代"来指所有敏捷或迭代开发。

Agile Manifesto（敏捷宣言） 一组原则，关注向顾客交付能工作的系统、协作式的工作实践和快速响应变化的能力。

Atomic requirement（原子需求） 可测试并无需进一步分解的一项需求。参见功能需求、非功能需求、限制条件和白雪卡。

Attribute（属性） 一项数据元素，对一个类进行描述（并归属于该类）。也用于表示原子需求的一个部分。

Blastoff（启动） 一种技术，通过建立范围-利益相关者-目标并验证项目的可行性，从而为需求活动奠定基础。

Brown Cow Model（Brown Cow 模型） 一种技术，用不同的系统视角来探讨工作并建模。这些视角是 Now、Future、How 和 What 的组合。

Business analyst（业务分析师） 一个角色，负责发现需求并与项目的利益相关者沟通需求。也称为需求分析师、需求工程师和系统分析师。

Business data model（业务数据模型） 一个角色，负责发现需求并与项目的利益相关者沟通需求。也称为需求分析师、需求工程师和系统分析师。

Business event（业务事件） 业务（通常称为"工作"）上发生的一些事件，要求做出响应的。例如，"顾客为发票付款"、"卡车报告所有已处理的道路"、"到了读取电表读数的时间"、"用户想查找网站"。

Business process model（业务过程模型） 业务中的过程模型，常用于理解当前的过程，以便进行改进。这样的模型可以采用多种表示法。

Business use case（BUC，业务用例） 工作对业务事件的响应。它包括一些处理过程和存储数据，这些是满足业务事件中隐含的需求所需要的东西。参见 Product use case（产品用例）。

Class（类） 研究的上下文范围中的一个物理或抽象实体，有一个或多个属性来存储数据。

Client（客户） 为产品的开发付费的人，或者承担项目的组织职责的人，也称为出资人（Sponsor）。

Constraint（限制条件） 一种需求，可以是组织上的或技术上的，对产品产生的方式进行了限制。它可能是一项管理上的规定，限制了产品设计的方式（"它必须能在 3G 手机上运行"），或是一项预算规定，限制了产品的规模，或是当前技术的特点，限制了可能的解决方案。

Context（上下文范围） 可能对产品的需求产生影响的主题事务、人和组织机构。研究的上下文范围，或称为工作上下文范围，确定了要研究的工作的范围，以及与工作系统交互的相邻系统。产品的上下文范围确定了产品的范围，以及它与用户和其他系统的交互情况。

Context diagram（上下文范围图） 工作范围的图形模型，展示了要调研的工作与外界的联系。

Commercial off-the-shelf products（COTS，商业上架销售产品） 由外部组织机构开发的产品（通常是软件），实现指定范围的功能。

Customer（顾客） 购买该产品的人。

Data dictionary（数据字典） 需求规格说明书中术语的规格说明（到元素的层面）。

Data element（数据元素） 一项数据，定义了研究上下文范围中的一组值或值的范围。也称为属性。

Dataflow（数据流） 从一个过程转向另一个过程的数据，通常用一个命名的箭头表示。

Data model（数据模型） 一个模型，展示了数据的类及其关联。也称为类模型。参见 Business data model（业务数据模型）

Design（设计） 在满足限制条件的前提下，构造满足需求的技术解决方案的行为。

Developer（开发者） 为产品的开发做出贡献的人。例如，程序员（常被称为开发者）、设计师、架构师。

Domain analysis（领域分析） 调研、记录和确定主题事务领域的一般知识的活动。

Essential viewpoint（基本观点） 一种观点，关注规则、策略和数据，区别于这些规则、策略和数据的任何实现。参见 Thinking above the line（横线上思考）。

External event（外部事件） 由工作范围之的相邻系统中发生的事情所触发的事件。例如，"顾客想开户"。参见 Time-triggered event（时间触发的事件）

Fit criterion（验收标准） 需求的量化标准或可度量标准，这样可以决定提交的产品是否满足需求。

Function point（功能点） 软件或工作的功能性的一种度量。功能点的概念是由 Allan Albrecht 首先提出的，今天计算功能点的方法是由国际功能点用户小组（International Function Point User

Group）确定的。

Functional requirement（功能需求） 产品必须完成的事情。功能需求是产品基本处理过程的一部分。

Innovation（创新） 关于问题的新思维，或不同的想法，导致发现新的、更好的工作方式。

Iterative devdopment（迭代开发） 有助于多次、持续交付软件解决方案的开发策略。

Naming conventions（命名惯例） 利益相关者在谈论工作时使用的术语（包括缩略语和缩写）。这些术语通常记录在一个词汇表中，就像你正在读的这个词汇表一样。

Non-functional requirement（非功能需求） 产品必须具备的属性或质量，如外观、速度、安全性或精度属性。

Persona（假想用户） 一个作为用户原型的虚拟人物，用于帮助你发现需求。

Product（产品） 将构造的东西，也是编写需求的目的。在本书中，产品通常指软件产品，但需求也可以针对硬件、消费品、服务或其他任何需要规定的东西。

Product use case（PUC，产品用例） 业务用例中打算自动化的那一部分。你为产品用例编写需求。参见 Business use case（业务用例）。

Project blastoff（项目启动） 参见 Blastoff（启动）。

Project goal（项目目标） 做项目的理由。目标必须包括量化的预期收益。

Prototype（原型） 产品的模拟，利用软件原型工具或低保真的白板和纸质模型来完成。参见 sketch（草图）。

Quality gateway（质量关） 在需求进入规格说明书之前，应用一组测试（相关性测试、二义性测试、可行性测试、适用性测试等）来确保单项需求的质量。

Rationale（理由） 需求的理由。它用于帮助理解需求，常常能揭示出需求的真正意图。

Requirement（需求） 产品必须完成的事情，或必须具备的属性，同时也是利益相关者想要的东西。

Requirement Analyst（需求分析师） 负责得到需求规格说明的人。需求分析师并不一定负责所有的需求提取工作，但是要负责协调需求工作。根据组织机构中的角色定义，此人可能被称为业务分析师、系统分析师或需求工程师。

Requirement creep（需求蔓延） 在认为需求已完整之后，无控制地向产品添加新的需求。

Requirement knowledge model（需求知识模型） 一个概念整理汇集系统（通常表示为一个数据模型），建立了沟通需求的通用语言（附录 D 是一个例子）。

Rquirments pattern（需求模式） 一组内聚的需求，执行某些可识别的、可能重复出现的功能。

Requirements specification（需求规格说明） 特定项目的需求知识的完整集合。需求规格说明定义了产品，并可能作为构建产品的合同。

Requirements specification document（需求规格说明文档） 根据沟通的对象和目的，全部或部分包含需求规格知识的一份文档。

Requirements specification template（需求规格说明模板） 收集和组织需求知识的一份指南。（附录 B 是一个例子。）

Requirements tool（需求工具） 能够维护全部或部分需求规格说明的一种软件工具。

Retrospective（事后分析） 一种复查，目的是收集经验，并为改进需求过程提供输入信息。也称为"学到的经验"。

Scenario（场景） 业务用例或产品用例的一种分解，划分为利益相关者可识别的一系列步骤。场景被用于发现和沟通工作知识。

Sketch（草图） 一件工作或建议的产品的快而脏的模型或原型。草图可以采用任何媒质（纸质、电子或白板），目的是让利益相关者更容易理解和讨论需求。

Snow card（白雪卡） 一张纸卡，展示了原子需求的各项属性。大多数需求团队使用电子版本的白雪卡。

Solution（解决方案） 实现需求的一种方式。也称为产品。

Sponsor（出资人） 参见"Client（客户）"。

Stakeholder（利益相关者） 产品涉及其利益的人，因此他对产品有需求。例如，开发的客户、用户或构建产品的人。某些利益相关者距离较远，如审计员、安全检查员和公司的律师。

System（系统） 在本书中，系统指的是业务或工作系统，不只是计算机或是软件系统。

System thinking（系统思维） 理解事务作为整体如何相互影响的技术。

System Analysis（系统分析） 对系统功能和数据进行建模的活动。系统分析可以通过多种方式来完成：利用 DeMarco 定义的数据流模型；利用 McMenamin 和 Palmer 的事件响应模型；利用 Jacobson 的用例模型，或利用任何其他面向对象的方法，最常用的是统一建模语言（UML）表示法。

Technological requirement（技术需求） 仅仅因为所选择的技术而要求的需求。它的存在不是为了满足业务需要。

Thinking above the line（横线上思考） 引出和讨论工作的本质。这种"思考"指的是探索（暂时）没有技术现实限制时的可能性。"横线"是 Brown Cow 模型中的水平线，分离了物理现实（How）和本质策略（What）。

Time-triggered event（时间触发的事件） 由某种时间相关的策略触发的事件。例如，"到了生成销售报告的时间"，"到了提醒驾驶员更换驾照"的时间。参见 External event（外部事件）。

Trawling techniques（网罗技术） 发现、提取、确定、发明需求的技术。

Use case（网罗技术） 一部分功能，描述了用户/参与者与自动化系统之间的交互。参见 Business use case（业务用例）和 Product use case（产品用例）。

User（用户） 使用该产品来完成工作的人或系统，也被称为参与者或最终用户。

User Story（用户故事） 一种发现需求的技术，采用的模式是"作为[……]我想要[……]以便能[……]"。有时称为故事卡片。

Volere 一组规则、过程、模板、工具和技术，目的是改进需求的发现、沟通和管理。（Volere 是意大利语，意思是"希望"或"想要"。）

Work（工作） 产品打算改进的组织机构的一个业务领域。业务分析师研究工作，再决定完成部分或全部工作的最佳产品。

Work scope（工作范围） 要调查的业务的范围，以及围绕它的真实世界。通常表示为上下文范围图。

参考文献

Ackoff, Russell, and Herbert Addison. *Systems Thinking for Curious Managers:With 40 New Management f-Laws*. Triarchy Press, 2010.

Alexander, Christopher. *Notes on the Synthesis of Form*. Harvard University Press, 1964.

Alexander, Christopher, et al. *A Pattern Language*. Oxford University Press, 1977.

Alexander, Ian, and Ljerka Beus-Dukic. *Discovering Requirements: How to Specify Products and Services*. Wiley, 2009.

Alexander, Ian, Neil Maiden, et al. *Scenarios, Stories, Use Cases Through the Systems Development Life-Cycle*. John Wiley, 2004.

Alexander, Ian, and Richard Stevens. *Writing Better Requirements*. Addison-Wesley, 2002.

Allweyer, Thomas. *BPMN 2.0*. Herstellung und Verlag: Books on Demand, 2010.

Beck, Kent, with Cynthia Andres. *Extreme Programming Explained: Embrace Change,* second edition. Addison-Wesley, 2004.

Beyer, Hugh, and Karen Holtzblatt. *Contextual Design: Defining Customer-Centered Systems*. Morgan Kauffmann, 1998.

Boehm, Barry. *Software Risk Management*. IEEE Computer Society Press, 1989.

Boehm, Barry, and Richard Turner. *Balancing Agility and Discipline: A Guide for the Perplexed*. Addison-Wesley, 2004.

Booch, Grady, James Rumbaugh, and Ivar Jacobson. *Unified Modeling Language User Guide,* second edition. Addison-Wesley, 2005.

Brooks, Fred. *The Mythical Man-Month: Essays on Software Engineering*. Addison-Wesley, 1979.

Brooks, Fred. *No Silver Bullet Refired. The Mythical Man-Month: Essays on Software Engineering,* 20th anniversary edition. Addison-Wesley, 1995.

Buzan, Tony, and Chris Griffiths. *Mind Maps for Business: Revolutionise Your Business Thinking and Practise*. BBC Active, 2009.

Carroll, John. *Scenario-Based Design*. John Wiley & Sons, 1995.

Checkland, Peter. *Systems Thinking, Systems Practice*. John Wiley & Sons, 1981.

Checkland, Peter, and J. Scholes. *Soft Systems Methodology in Action*. John Wiley & Sons, 1991.

Christensen, Clayton. *The Innovator's Dilemma: The Revolutionary Book That Will Change the Way You Do Business*. HarperBusiness, 2011.

Cockburn, Alastair. *Agile Software Development: The Cooperative Game*. Addison-Wesley, 2006.

Cohn, Mike. *User Stories Applied: For Agile Software Development.* Addison-Wesley, 2004.

Cooper, Alan. *The Inmates Are Running the Asylum: Why High Tech Products Drive Us Crazy and How to Restore the Sanity.* Sams Publishing, 2004.

Cooper, Alan, Robert Reimann, and David Cronin. *About Face 3: The Essentials of Interaction Design,* third edition. Wiley, 2007.

Davis, Alan. *Just Enough Requirements Management.* Dorset House, 2005.

DeGrace, Peter, and Leslie Hulet Stahl. *Wicked Problems, Righteous Solutions: A Catalogue of Modern Software Engineering Paradigms.* Yourdon Press, 1990.

DeMarco, Tom, Peter Hruschka, Tim Lister, Steve McMenamin, James Robertson, and Suzanne Robertson. *Adrenaline Junkies and Template Zombies: Patterns of Project Behaviour.* Dorset House, 2009.

DeMarco, Tom, and Tim Lister. *Waltzing with Bears: Managing Risk on Software Projects.* Dorset House, 2003.

DeMarco, Tom, and Tim Lister. *Peopleware. Productive Projects and Teams,* second edition. Dorset House, 1999.

Fagan, Michael. Design and Code Inspections to Reduce Errors in Program Development. *IBM Systems Journal* 15, no. 3 (1976): 258–287.

Fenton, Norman, and Shari Lawrence Pfleeger. *Software Metrics: A Rigorous and Practical Approach.* International Thomson Computer Press, 1997.

Ferdinandi, Patricia. *A Requirements Pattern: Succeeding in the Internet Economy.* Addison-Wesley, 2001.

Fowler, Martin. *UML Distilled: A Brief Guide to the Standard Object Modeling Language,* third edition. Addison-Wesley, 2003.

Function Point Counting Practices Manual. International Function Point Users Group, Westerville, OH.

Garmus, David, and David Herron. *Function Point Analysis: Measurement Practices for Successful Software Projects.* Addison-Wesley, 2000.

Gause, Donald, and Gerald Weinberg. *Are Your Lights On? How to Figure Out What the Problem Really Is.* Dorset House, 1990.

Gause, Donald, and Gerald Weinberg. *Exploring Requirements: Quality Before Design.* Dorset House, 1989.

Gilb, Tom. *Competitive Engineering: A Handbook for Systems Engineering, Requirements Engineering, and Software Engineering Using Planguage.* Butterworth-Heinemann, 2005.

Goldenberg, Herbert, and Irene Goldenberg. *Family Therapy: An Overview,* eighth edition. Brooks Cole, 2012.

Gottesdiener, Ellen. *Requirements by Collaboration: Workshops for Defining Needs.* Addison-Wesley, 2002.

Gottesdiener, Ellen. *Software Requirements Memory Jogger.* Goal/QPC, 2005.

Hass, Kathleen, and Alice Zavala. *The Art and Power of Facilitation: Running Powerful Meetings (Business Analysis Essential Library).* Management Concepts, 2007.

Hauser, John R., and Don Clausing. The House of Quality. *Harvard Business Review,* May–June 1988,3–73.

Hay, David. *Data Model Patterns: Conventions of Thought.* Dorset House, 1995.

Highsmith, James. *Adaptive Software Development: A Collaborative Approach to Managing Complex Systems.* Dorset House, 2000.

Holtzblatt, Karen, Jessamyn Burns Wendell, and Shelley Wood. *Rapid Contextual Design: A How-to Guide to Key Techniques for User-Centered Design.* Morgan Kaufmann, 2004.

Hull, Elizabeth, Ken Jackson, and Jeremy Dick. *Requirements Engineering,* second edition. Springer, 2005.

International Institute of Business Analysts. *The Agile Extension to the BABOK Guide.* IIBA, Canada, 2012.

International Institute of Business Analysts. *The Business Analysis Body of Knowledge BABOK Version 2.* IIBA, Canada, 2009.

Jackson, Michael. *Problem Frames: Analyzing and Structuring Software Development Problems.* Addison-Wesley, 2001.

Jackson, Michael. *Software Requirements and Specifications: A Lexicon of Practice, Principles, and Prejudices.* Addison-Wesley, 1995.

Jacobson, Ivar, Magnus Christerson, Patrik Jonsson, and Gunnar Övergaard. *Object Oriented Software Engineering: A Use Case Driven Approach.* Addison-Wesley, 1992.

Jones, Capers. *Applied Software Measurement.* McGraw-Hill, 1991.

Jones, Capers. *Assessment and Control of Software Risks.* Prentice Hall, 1993.

Kerth, Norman. *Project Retrospectives.* Dorset House, 2001.

Kovitz, Benjamin. *Practical Software Requirements: A Manual of Content and Style.* Manning, 1999.

Kruchten, Philippe. *The Rational Unified Process: An Introduction,* third edition. Addison-Wesley, 2003.

Laplante, Phillip. *Requirements Engineering for Software and Systems.* Auerbach Publications, 2009.

Lauesen, Soren. *Software Requirements: Styles & Techniques.* Addison-Wesley,2002.

Lawrence-Pfleeger, Shari. *Software Engineering: Theory and Practice,* fourth edition. Prentice Hall, 2009.

Leffingwell, Dean. *Agile Software Requirements: Lean Requirements Practices for Teams, Programs, and the Enterprise.* Addison-Wesley, 2011.

Leffingwell, Dean, and Don Widrig. *Managing Software Requirements: A Use Case Approach,* second edition. Addison-Wesley, 2003.

Maiden, Neil, and Suzanne Robertson. *Integrating Creativity into Requirements Processes: Experiences with an Air Traffic Management System.* International Conference on Software Engineering, May 2005.

McConnell, Steve. *Software Estimation: Demystifying the Black.* Microsoft Press, 2006.

McMenamin, Steve, and John Palmer. *Essential Systems Analysis.* Yourdon Press, 1984.

Meadows, Donella. *Thinking in Systems: A Primer.* Chelsea Green Publishing, 2008.

Merkow, Mark. *Secure and Resilient Software: Requirements, Test Cases, and Testing Methods.* Auerbach Publications, 2011.

Michalko, Michael. *Thinkertoys: A Handbook of Creative-Thinking Techniques.* Ten Speed Press, 2006.

Miller, Roxanne. *The Quest for Software Requirements*. MavenMark Books, 2009.

Norman, Donald. *The Design of Everyday Things*. Basic Books, 2002.

Pardee, William J. *To Satisfy and Delight Your Customer*. Dorset House, 1996.

Pfleeger, Charles, and Shari Lawrence Pfleeger. *Security in Computing,* fourth edition. Prentice Hall, 2006.

Pilone, Dan, and Neil Pitman. *UML 2.0 in a Nutshell*. O'Reilly, 2005.

Podeswa, Howard. *The Business Analyst's Handbook*. Course Technology, 2008.

Pohl, Klaus. *Requirements Engineering: Fundamentals, Principles, and Techniques*. Springer, 2010.

Prieto-Diaz, Rubén, and Guillermo Arango. *Domain Analysis and Software Systems Modeling*. IEEE Computer Society Press, 1991.

Robertson, James, and Suzanne Robertson. *Complete Systems Analysis: The Workbook, the Textbook, the Answers*. Dorset House, 1994.

Robertson, Suzanne, and James Robertson. *Mastering the Requirements Process,* second edition. Addison-Wesley, 2006.

Robertson, Suzanne, and James Robertson. *Requirements-Led Project Management: Discovering David's Slingshot*. Addison-Wesley, 2005.

Rumbaugh, James, Ivar Jacobson, and Grady Booch. *Unified Modeling Language Reference Manual,* second edition. Addison-Wesley, 2004.

Seddon, John, *Systems Thinking in the Public Sector*. Triarchy Press, 2010.

Senge, Peter. *The Fifth Discipline: The Art and Practice of the Learning Organization,* revised edition. Crown Business, 2006.

Sommerville, Ian, and Pete Sawyer. *Requirements Engineering: A Good Practice Guide*. John Wiley & Sons, 1998.

Spolsky, Joel. *Joel on Software: And on Diverse and Occasionally Related Matters That Will Prove of Interest to Software Developers, Designers, and Managers, and to Those Who, Whether by Good Fortune or Ill Luck, Work with Them in Some Capacity*. Apress, 2004.

Sullivan, Wendy, and Judy Rees. *Clean Language: Revealing Metaphors and Opening Minds*. Crown House Publishing, 2008.

Tockey, Steve. *Return on Software: Maximizing the Return on Your Software Investment*. Addison-Wesley, 2004.

Tufte, Edward. *The Visual Display of Quantitative Information,* second edition. Graphics Press, 2010.

Weinberg, Jerry. *Quality Software Management. Volume 1: Systems Thinking. Volume 2: First-Order Measurement. Volume 3: Congruent Action. Volume 4: Anticipating Change*. Dorset House, 1992–1997.

Wiegers, Karl. *More About Software Requirements: Thorny Issues and Practical Advice*. Microsoft Press, 2006.

Wiegers, Karl. *Software Requirements,* second edition. Microsoft Press, 2003.

Wiley, Bill. *Essential System Requirements: A Practical Guide to Event-Driven Methods*. Addison-Wesley, 1999.

Yourdon, Ed. *Death March,* second edition. Prentice Hall, 2003.

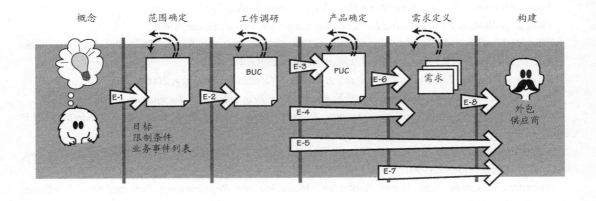

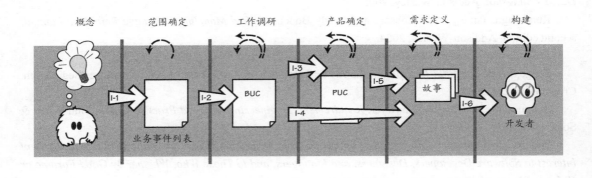

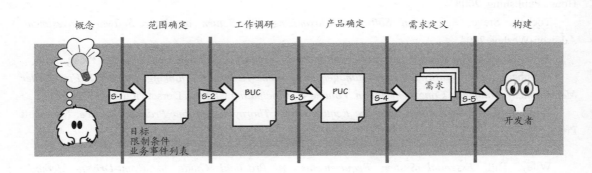

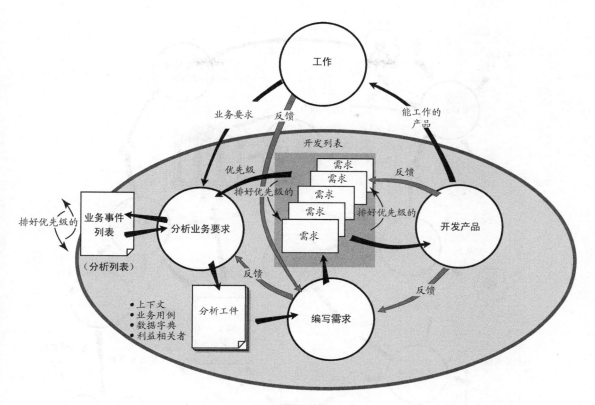

迭代需求过程

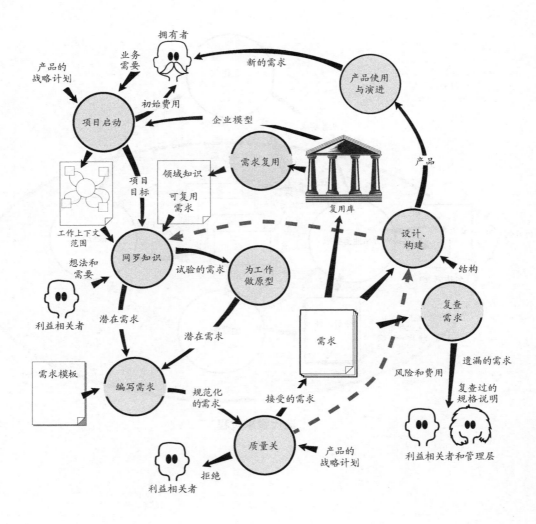

来自模板的类型

需要这项需求的
事件 / 用例清单

需求编号： 唯一 ID　　　　**需求类型：**

事件/BUC/PUC编号：

描述： 对需求意图的一句话描述

理由： 这项需求的合理性

来源： 提出这项需求的人

验收标准： 这项需求的度量标准，从而可以测试解决方案是否满足了需求

顾客满意度：　　　　　　　　　　　　**顾客不满意度：**

依赖关系： 列出所有依赖于该需求的其他需求　　　　　　　　　与这项需求
冲突的需求

冲突：

支持材料：　　　　　　　　　指出说明和解释
　　　　　　　　　　　　　　　　这项需求的文档
历史： 创建、变更和删除等

Volere
Copyright © Atlantic Systems Guild

如果这项需求成功实现，
利益相关者的高兴程度。
评分从 "1= 不感兴趣"
到 "5= 非常高兴"

如果这项需求没有成为最终产品的一部分，
利益相关者不高兴的程度。评分从 "1=
无所谓" 到 "5= 非常不高兴"

项目驱动

1. 项目的目标

1a. 该项目工作的用户业务或背景

1b. 项目的目标

2. 利益相关者

2a. 客户

2b. 顾客

2c. 其他利益相关者

2d. 产品的直接操作用户

2e. 假想用户

2f. 对用户设定的优先级

2g. 用户参与程度

2h. 维护用户和服务技术人员

3. 强制的限制条件

3a. 解决方案的限制条件

3b. 当前系统的实现环境

3c. 伙伴应用或协作应用

3d. 立即可用的软件

3e. 预期的工作地点环境

3f. 进度计划限制条件

3g. 该产品的财务预算是多少

3h. 企业限制条件

4. 命名惯例和术语

4a. 定义在项目中使用的所有术语，包括同义词

5. 相关事实和假定

5a. 事实

5b. 业务规则

5c. 假定

6. 工作的范围

6a. 当前的状况

6b. 工作的上下文范围

6c. 工作切分

6d. 确定业务用例

7. 业务数据模型和数据字典

7a. 数据模型

7b. 数据字典